国家自然科学基金重点资助项目
项目批准号：59838280

吴良镛院士主编：人居环境科学丛书（1）

人居环境科学导论

Introduction to Sciences of Human Settlements

吴良镛　著

中国建筑工业出版社

图书在版编目（CIP）数据

人居环境科学导论 / 吴良镛著 . — 北京：中国建筑工业出版社，2001.2（2025.8 重印）
（人居环境科学丛书 / 吴良镛院士主编）
ISBN 978-7-112-04506-8

Ⅰ. 人… Ⅱ. 吴… Ⅲ. 居住环境 - 环境科学 - 概论
Ⅳ. X21

中国版本图书馆 CIP 数据核字（2000）第 59758 号

吴良镛院士主编：人居环境科学丛书(1)
人居环境科学导论
Introduction to Sciences of Human Settlements
吴良镛 著
*
中国建筑工业出版社出版、发行（北京海淀三里河路9号）
各地新华书店、建筑书店经销
北京鸿文瀚海文化传媒有限公司制作
北京云浩印刷有限责任公司印刷
*
开本：787毫米 × 1092毫米 1/16 印张：26½ 字数：442千字
2001年10月第一版 2025年8月第二十七次印刷
定价：**70.00**元
ISBN 978-7-112-04506-8
(30140)

内容提要

人居环境科学（The Sciences of Human Settlements）是一门以人类聚居（包括乡村、集镇、城市等）为研究对象，着重探讨人与环境之间的相互关系的科学。它强调把人类聚居作为一个整体，而不像城市规划学、地理学、社会学那样，只涉及人类聚居的某一部分或是某个侧面。学科的目的是了解、掌握人类聚居发生、发展的客观规律，以更好地建设符合人类理想的聚居环境。

《人居环境科学导论》一书是吴良镛院士基于多年来的理论思考和建设实践著述而成。内容包括两部分：第一部分“人居环境科学释义”，阐述了人居环境科学的来由、人居环境的构成、人居环境建设的基本观念、人居环境科学的方法论，以及在保护和建设可持续发展的人居环境方面的研究实例；第二部分“道萨迪亚斯‘人类聚居学’介绍”，是吴良镛院士指导研究生章肖明等对希腊学者道萨迪亚斯人类聚居学思想研究的综述。

ABSTRACT

The book can be regarded as the author's response to the present conditions of urban and regional development in China. In the past two decades, China saw reform and the opening up of the economy, acceleration of urbanization, and the emergence of complex issues in urban and regional growth. Existing academic disciplines and professional practice that concern the built environment seem to be unable to cope with the new and wider issues on the horizon, lacking consensus and a common goal. There is a pressing need to revisit the traditional concept concerning human settlement, society and the environment in the light of holistic thinking.

The concept of the *Sciences of Human Settlements* is initially derived from C. A. Doxiadis's Ekistics. However, Doxiadis's singular *Science of Human Settlements* is here replaced by an interrelated and interacting group of sciences for the built environment. This book reviews the development of planning and design thoughts in the past century and proposes a new methodological framework for considering the contributions of the various disciplines and professional practices to the complex system of human settlements in China. Philosophically speaking, it is based on the science of complexity. It also considers the planning and design approaches and professional education required to be implemented.

The author is a professor of architecture and planning at Tsinghua University. Born in 1922, he started his studies of architecture and urban planning in 1940. In 1948-50, he studied with Eliel Saarinen. For the past 50 years, he has been teaching in Tsinghua University. He is Director of Institute of Architectural and Urban Studies, Director of the Center for Science of Human Settlements, and President of the Chinese Society of Urban Planning. He was vice- President of the Insternational Union of Architects (1987 ~ 1990) and President of the World Society of Ekistics (1993 ~ 1995) .

我们的目标是
建设可持续发展的宜人的居住环境

“人居环境科学丛书”缘起

18世纪中叶以来，随着工业革命的推进，世界城市化发展逐步加快，同时城市问题也日益加剧。人们在积极寻求对策不断探索的过程中，在不同学科的基础上，逐渐形成和发展了一些近现代的城市规划理论。其中，以建筑学、经济学、社会学、地理学等为基础的有关理论发展最快，就其学术本身来说，它们都言之成理，持之有故，然而，实际效果证明，仍存在着一定的专业的局限，难以全然适应发展需要，切实地解决问题。

在此情况下，近半个世纪以来，由于系统论、控制论、协同论的建立，交叉学科、边缘学科的发展，不少学者对扩大城市研究作了种种探索。其中希腊建筑师道萨迪亚斯（C. A. Doxiadis）所提出的“人类聚居学”（EKISTICS：The Science of Human Settlements）就是一个突出的例子。道氏强调把包括乡村、城镇、城市等在内的所有人类住区作为一个整体，从人类住区的“元素”（自然、人、社会、房屋、网络）进行广义的系统的研究，扩展了研究的领域，他本人的学术活动在20世纪60 ~ 70年代期间曾一度颇为活跃。系统研究区域和城市发展的学术思想，在道氏和其他众多先驱的倡导下，在国际社会取得了越来越大的影响，深入到了人类聚居环境的方方面面。

近年来，中国城市化也进入了加速阶段，取得了极大的成就，同时在城市发展过程中也出现了种种错综复杂的问题。作为科学工作者，我们迫切地感到城乡建筑工作者在这方面的学术储备还不够，现有的建筑和城市规划科学对实践中的许多问题缺乏确切、完整的对策。目前，尽管投入轰轰烈烈的城镇建设的专业众多，但是它们缺乏共同认可的专业指导思想和协同努力的目标，因而迫切需要发展新的学术概念，对一系列聚居、社会和环境问题作进一步的综合论证和整体思考，以适应时代发展的需要。

为此，十多年前我在“人类居住”概念的启发下，写成了“广义建筑学”，嗣后仍在继续进行探索。1993年8月利用中科院技术科学部学部大会要我作学术报告的机会，我特邀约周干峙、林志群同志一起分析了当前建筑业的形势和问题，第一次正式提出要建立“人居环境科学”（见吴良镛、周干峙、林志群著《中国建设事业的今天和明天》，城市出版社，1994）。人居环境科学针对城乡建设中的实际问题，尝试建立一种以人与自然的协调为中心、以居住环境为研究对象的新的学科群。

建立人居环境科学还有重要的社会意义。过去，城乡之间在经济上相互依赖，现在更主要的则是在生态上互相保护，城市的“肺”已不再是公园，而是城乡之间广阔的生态绿地，在巨型城市形态中，要保护好生态绿地空间。有位外国学者从事长江三角洲规划，把上海到苏锡常之间全都规划成城市，不留生态绿地空间，显然行不通。在过去渐进发展的情况下，许多问题慢慢暴露，尚可逐步调整，现在发展速度太快，在全球化、跨国资本的影响下，政府的行政职能可以驾驭的范围与程度相对减弱，稍稍不慎，都有可能带来大的“规划灾难”（planning disasters）。因此，我觉得要把城市规划提到环境保护的高度，这与自然科学和环境工程上的环境保护是一致的，但城市规划以人为中心，或称之为人居环境，这比环保工程复杂多了。现在隐藏的问题很多，不保护好生存环境，就可能导致生存危机，甚至社会危机，国外有很多这样的例子。从这个角度看，城市规划是具体地也是整体地落实可持续发展国策、环保国策的重要途径。可持续发展作为世界发展的主题，也是我们最大的问题，似乎显得很抽象，但如果从城市规划的角度深入地认识，就很具体，我们的工作也就有生命力。“凡事预则立，不预则废”，这个问题如果被真正认识了，规划的发展将是很快的。在我国意识到环境问题，发展环保事业并不是很久的事，城市规划亦当如此，如果被普遍认识了，找到合适的途径，问题的解决就快了。

对此，社会与学术界作出了积极的反应，如在国家自然科学基金资助与支持下，推动某些高等建筑规划院校召开了四次全国性的学术会议，讨论人居环境科学问题；清华大学于1995年11月正式成立“人居环境研究中心”，1999年开设“人居环境科学概论”课程，有些高校也开设此类课程等等，人居环境科学的建设工作正在陆续推进之中。

当然，“人居环境科学”尚处于始创阶段，我们仍在吸取有关学科的思想，努力尝试总结国内外经验教训，结合实际走自己的路。通过几年在实践中的探索，可以说以下几点逐步明确：

（1）人居环境科学是一个开放的学科体系，是围绕城乡发展诸多问题进行研究的学科群，因此我们称之为“人居环境科学”（The Sciences of Human Settlements，英文的科学用多数而不用单数，这是指在一定时期内尚难形成单一学科），而不是“人居环境学”（我早期发表的文章中曾用此名称）。

（2）在研究方法上进行融贯的综合研究，即先从中国建设的实际出发，以问题为中心，主动地从所涉及的主要的相关学科中吸取智慧，有意识地寻找城乡人居环境发展的新范式（paradigm），不断地推进学科的发展。

（3）正因为人居环境科学是一开放的体系，对这样一个浩大的工程，我们工作重点放在运用人居环境科学的基本观念，根据实际情况和要解决的实际问题，做一些专题性的探讨，同时兼顾对基本理论、基础性工作与学术框架的探索，两者同时并举，相互促进。丛书的编著，也是成熟一本出版一本，目前尚不成系列，但希望能及早做到这一点。

希望并欢迎有更多的从事人居环境科学的开拓工作，有更多的著作列入该丛书的出版。

吴良镛

1998年4月28日

序 言

一些重大的学术思想的形成，大概不可能像一个建筑设计或一项专题研究，凭借一时的思想火花——所谓灵感，迅速地做出成果，而必须要有相当长期的研究探索，凭借原有的和相关的理论基础，并通过反复实践检验，不断加工提炼，逐步形成体系，臻于成熟。为了使传统的建筑学、城市规划学和景观设计学更好地造福人民，适应社会经济的发展，吴良镛先生的学术思想，从《广义建筑学》到《人居环境科学导论》，在经历了近20年的探索过程后，现今可以通过本书相当完整地奉献给读者了。

通读本书后，可以体会到吴先生不仅构筑了一个学科大系统，而且吸收了我国最近阶段城市化高速发展的许多经验，并在一些重要的规划设计实践中亲自进行理性剖析，运用综合融贯、协同集成的思路与交叉科学密切结合。即使是一些看来较小、较窄的课题，也用较高、较宽的视角去处理，这不仅拓宽了专业思路，也提高了成果水平，包括菊儿胡同的规划设计、苏南一些城市规划、历史文化名城规划和长江三角洲的规划研究，以至建筑师大会《北京宪章》等等。比之八年前在《中国建设事业的今天和明天》中提出“人居环境学”的构想已经大大地系统化了。对比旁的学科，如生物学发展成为生命科学，也有类似的趋势。但都不仅是学科要领的变化，还必须是使学术结构、层次、分支等构成系统，并且使实际工作和学科得到发展，互动互补。《人居环境科学导论》的出版，对这两方面显然都具有重要的意义。

十多年来“人居环境科学”思想的形成和我国城市化的发展是紧密联系在一起的。拓展深化建筑和城市规划学科的设想在以下三方面已经成为现实：

（1）城市规划已不只限于传统的工作范围。属于区域规划性质的“市域城镇体系规划”已列入城市规划法，被普遍采用，进而为取得规划的宏观导向，形成有多方面专家参与制定的“城市发展战略”的做法，已普遍被大、中城市所运用，成为一项必办的工作。

（2）和建筑、市政等专业合体的城市设计已不只是一种学术观点，而且还渗透到各个规划阶段，为各大城市深化了规划工作，也提高了许多工程项目的设计水平。

（3）参与规划工作的专业扩展了，特别是环境科学和地理信息科学的参与，丰富了学术思想，推动了实际工作。

本书不仅立足于我国自己的实践，还系统参照国外的重要历史经验，把道萨迪亚斯的“人类聚居学”比较完整地介绍给国内。本书书名采用《人居环境科学导论》，可能就体现了两重意义，一是表示人居环境科学是道氏人类聚居学的发展，二是用“导论”为题，表示为构建完善这一学科，还要等学术界在后头做更多好文章。道氏提出的人类聚居学，可以说是西方学者为适应新的历史发展，在总结西方城市的基础上，第一次把拓展了的建筑学和城市规划学的思想系统集成起来，并构筑了一个系统的初步框架。他对人类居住的系统思想和研究方法，具有很大的启发性，值得我们学习参考。看来，由于历史条件的局限，道氏对学科框架、系统、层次以及某些定理的设想，还不足以具有普遍性，我们应当结合新的历史条件和本国国情予以修正发展。《人居环境科学导论》突出环境，在三大传统学科基础上不仅往宏观及微观两端伸展，而且向社会、经济等方面交叉，是完全合乎系统科学和实际需要的。

我国发展“人居环境科学”，正逢历史的机遇，具有迫切的现实需求。主要是：

（1）我国城市的综合实力已大大提高，已有不少城市群体，有必要也有能力办一些系统性的大型工程。如高速公路、环境治理等等。

（2）地域性的基础设施发展很快，如计算机与通信网络的发展，已把区域范围的人居环境联系起来；能源、水源等地域系统的建立、健全，也是势在必行。

（3）土地资源的短缺，将促使做好城乡一体的规划设计。

（4）过去分割的市、县体制已经松动，有利于大城市和城市密集地区的规划发展。

更重要的是社会信息化和世界经济一体化。现在所有城市都在积极行动，谋取城市化现代化的迅速发展，将迫使我们改变传统观念，发挥系统作用、整体优势。预计新世纪初我国城市的发展速度仍然是很快的，需要科学技术的有力支撑。很少有一个学科如同人居环境那样直接影响国计民生、涉及大量的资金投入。只要我们的科学思想和科学决策符合规律，推动发展，城市建设有可能势如破竹，事半功倍。

我们完全应该并完全有可能实现上述目标。今年适逢我国建立城市规划工作50周年。50年来，除去10年动乱，我们经历了计划经济和社会主义市场经济两种社会实验，这是其他国家都没有经历过的。我们有条件总结好自己的经验，吸取其他国家一切有用的经验，用较少的代价，取得最大的、全面的、长远的效益，实现国家跨越式发展的宏伟目标。

显然，“人居环境科学”的系统很大，意义很大，工作量也很大，需要有关专业和社会的支持和努力。首先把学科思想完善起来，为下一个50年的人居环境发展做好准备、做出贡献。

周干峙

2001年1月10日

目 录

Content

图表目录

第一部分

人居环境科学释义

第1章

探索人居环境科学的缘由与过程

建国50多年来，中国城市建设取得了辉煌的成就，回想我个人自1950年回国参加建设工作以来，从学习城市规划到接触人类聚居学，直至提出人居环境科学，经历了一个漫长的摸索过程。

1.1　对城市规划理论与实践的探索

城市规划与建筑是我大半生的探索。1943年我在重庆中央大学曾听过两门城市规划启蒙课程，一门是建筑系鲍鼎老师讲授的，另一门是土木系朱皆平教授讲授的；其时二战方酣，满目疮痍，但人们对战后重建家园仍然充满激情和希望，受之影响，我也决意从事城市规划与建筑专业。从那时算起，至今已有半个多世纪了。

1945年以后，我从西南回重庆，首先会到当时从事战区文物保护的梁思成先生，当时他正在全神贯注地阅读沙里宁（Eliel Saarinen）《论城市》，不久我又买到希伯塞玛（L. Hilbersimer）著《新城市》（*The New City*）一书，于是便开始研读，我与两位同学共同试着翻译①，启发甚大；1946年来到清华建筑系，教学之余也一直注意涉猎有关材料，加强对规划概念的理解，如“田园城市”、“雅典宪章”、“城市能否存在？”、“未来城市模式的设想”等等，对规划学术讨论我充满了向往。但真正集中精力学习西方现代城市规划是1948年到美国之后的事，秉承沙里宁师的指导，学习城市规划、设计理论，现在看来，当时涉及的有关城市规划理论多偏重于从建筑师的角度理解城市与城市设计。

1950年底，自美回国后，我正式参加国内城市规划实践与教学，不久便意识到当时的城市规划理论既有思想的火花，又有明显的缺陷，特别是分散而无系统，与实践距离甚远。后来全国开始“全面学习苏联”，当时我首先从苏联《公共卫生学》教材中看到不少是关于城市规划的，较为完整的提法，如“劳动平衡”、“经济计划”等等，接着更多的苏联的城市规划文章书籍被介绍过来；苏联专家陆续到来参加不同的具体工作，除了建

---

① 他们是刘应昌和程应铨，我在重庆中央大学建筑系的同班同学。当时我们从大学毕业不久，抱着满腔热情，投入战后复兴工作，憧憬着祖国的未来。他们都在不同的时间、地点，由于不同的原因受到迫害，译稿于50年代在台湾佚散，两人早已谢世，不胜哀悼。

筑师外，还有工程师、经济师等专家，比较全面，当然仍以建筑形态规划为主。清华也请了苏联专家，并编了城市规划讲义。经过若干年的探索，当时认为，作为建筑师的规划主要是土地利用、交通系统（包括对内交通、对外交通）、建筑群的章法与布局以及具体的城市设计技巧等，后来称之为“物质规划”或“体形规划”（physical planning）。

1961年中央号召并部署编写高等学校教材，当时我是建工部教材委员会成员，被责成组织清华、同济、南京工学院及重庆大学四所高校编写城市规划教材（即《城乡规划》）[①]。由于当时某负责同志提出“三年不搞城市规划”，教材出版受阻，幸运的是后来得到了部、规划院同志的支持，作为教学用书，终于出版。这本教材的编写主观上努力结合当时中国城市规划的建设实际与业务经验，总结了一些原则，在今天看来，其学术框架仍基本合理。

我不惮烦赘回顾这段历史，旨在说明：二战以后，特别是中华人民共和国成立以后，中国城市建设问题和作为专门学科的城市规划已开始受到普遍关注。当时出现了一些理论、经验（如伦敦改建、新城建设、美国邻里单位规划，以及苏联的莫斯科规划、伏尔加格勒改建等等），也出版了一些富有新意的好书，不乏闪烁着新思想，但也往往分散而缺少系统性；另一方面，苏联的城市规划理论也有教条化、概念化之感。在我们自己编的教材中，尽管以极大的努力谋求结合中国实际，有一些从当时大量建设实际中得来的思想（例如由水网化、大地园林化引起的布局形式的探索等等），可惜一直没有对其进行系统的探讨和实践的检验。如何结合中国的城市建设实践，形成自己的系统的城市规划理论，这些问题在当时就已开始出现在我的头脑中。历史证明“大跃进”的狂想曲及当时的发展战略是错误的，但对一些规划问题，如城乡发展模式等思想的探索仍然活跃，例如在1958年我带毕业班的学生从事保定城市规划时，不仅着眼于旧城区、新城区，还对近郊的农田、路网规划和农村居民点规划等予以综合考虑（这一规划被拖了一个时期后才付诸实施）；并在此基础上，又对保定专区各县作了综合统计、研究，并进行了区域发展方面的探索，这是我第一次

① 参加人员有吴良镛、李德华、齐康和黄光宇；后城市规划局史克宁、安永瑜、邹德慈等参加审校。

从事社会、经济和从城市到区域、城乡的综合研究[①]。另外值得一提的是，在“三年不搞规划”之时（1960 ~ 1962年），全国的城市建设事业波动甚大，清华城市规划教研组把重点放在住宅和住宅区的研究试验上[②]，找到了广阔的天地；后来土建系与北京市建工局合作，将之付诸实践，建筑、材料、结构、基础设施、施工、园林设计等不同专业与工种的结合，在建筑造价、工期，以及长期未能解决的“先地下后地上”[③]建设等方面作了富有成果的实验。回顾这一个时期，城乡统一规划，经济、社会、住房建设综合研究等都有所探索，只是因史无前例的动乱而停止。我至今仍认为这一时期的综合研究很重要，如果没有这方面的探索，就不会有后期的整体思维。

20世纪80年代初拨乱反正，自然辩证法学会以“城市建设问题”为题，召集关心城市规划工作人员座谈，深感因“文革”破坏，城市建设问题很多，亟待研究城市发展战略，这项活动得到当时国家城建局局长曹洪涛同志的支持，组织会议讨论，参会同志对重新认识城市的作用、研究城市问题的积极性很高。在部领导人的主持及一些志同道合者的协同努力下，接着召开了全国性的城市发展战略学术会议，这个会开得很成功，进一步得到中央、国务院领导的重视。会议结束后，在国务院城乡建设与环境保护部等有关方面领导支持下，酝酿成立“城市科学研究会”。

在1984年1月中国城市科学研究会会议期间，我作了“多学科综合发展——城市研究的必由之路”的发言。[④]不久后，北京有关学术组织联合召开了一次关于交叉学科的座谈会，钱三强、钱伟长先生等都出席发言，强调发展交叉学科的重要性，钱三强认为：“在20世纪末到21世纪初将是一个交叉学科的时代”[⑤]；我代表城科会作了“关于城市科学研究”的发言[⑥]。1985年7月我又著文指出，城市研究当立志于改造世界，借助系统论

① 见《保定市城市建设志》第15页“大事记”。

② 北京左家庄住宅区试验，展现了北京住宅发展进行大规模科学试验的新一页，可惜因“文革”风暴而夭折。

③ 指先作好地下设施，然后进行房屋施工，这个问题从建国开始，叫了十年未能解决。

④ 城市科学研究（第一辑）。

⑤ 迎接交叉学科的新时代．光明日报出版社，1986，P6。

⑥ 城科会秘书长马熙成同时与会。

等新的学术思想和方法，积极地从事多学科的综合研究[①]。

如今，中国城市规划发展事实上面临着内外两方面的冲击。在经济体制转变的过程中，对改革前中国的城市规划如何评价，一时陷入了混乱，而对社会主义市场经济又准备不足，城市规划难免捉襟见肘。另一方面，物质规划常常被轻易否定，一些同志对于西方部分规划家对物质规划的批评指责缺乏具体分析，面对纷繁复杂的城市问题，似乎无所适从。但是城市的发展不能没有规划，不能没有理论的指导，这在城市急剧发展的时期显得更为重要和迫切。在此情况下，第一，我们应该正确认识自己的工作，以往的规划对维持如此大量的城市建设的秩序有着不可磨灭的作用，其经验与教训都来之不易，当然要加以总结和提高，而不是一概否定；第二，也应当看到，事物永远在发展，城市在发展，旧的问题解决了，新的问题又出来，永远没有完结，仅仅用现有的城市规划理论方法来解决当前的城市问题已经远远不够。科学的价值在于不断的探索，作为城市规划专业工作者，我们尤其要自觉地总结过去的经验理论，正视现实问题，探索思想、方法，尽可能地走在前面，城市规划必须向多学科发展，在实践中逐步形成完整的体系[②]。

1.2　从霍华德、盖迪斯到芒福德——近代城市史理论的丰富遗产

1.2.1　霍华德

工业革命后，随着生产力和生产关系的变化，城市化进程加速，面对新形势，出现了许多形形色色的思想家，开出了种种“药方”，改革社会的思想。在这种情况下，于19世纪末20世纪初，出现了一位现代城市规划先驱者——霍华德（Ebenezer Howard，1850 ~ 1928）。

---

① 《城市规划》1986 年第 2 期。

② 吴良镛．迎接新世纪的来临——论中国城市规划的发展．1993 年 11 月在城市规划学会年会，襄樊市的讲话．见：城市研究论文集．中国建筑工业出版社，1996。

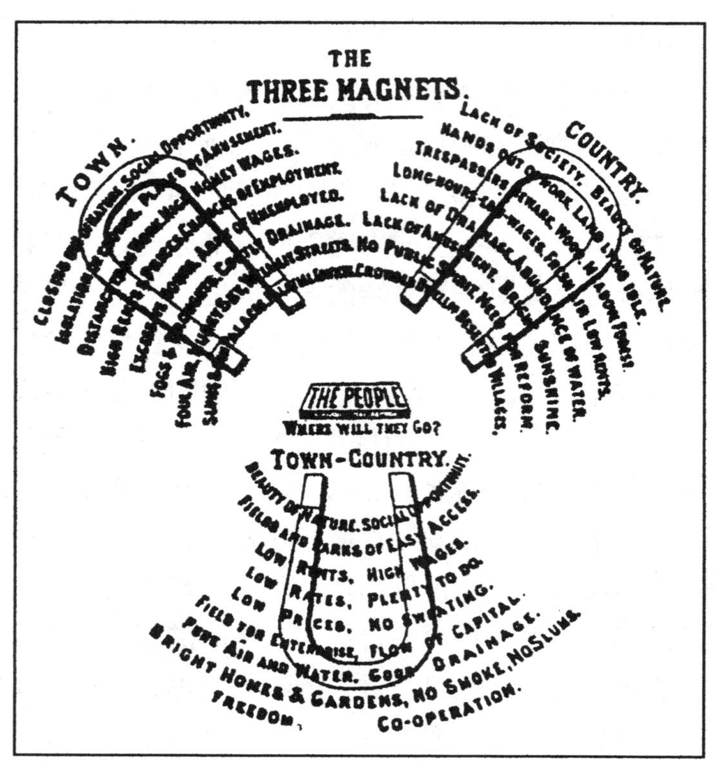

图 1-1　霍华德的三种磁铁示意图

霍华德曾是一名书记员，后来成为近代城市规划的启蒙者，似乎偶然，其实也属必然。第一，在他之前，已经有不少空想社会主义的思想和实践。例如，1824年英国所谓“工业慈善家”在美国的“新协和村”试验，1851年英国资本家萨德（T. Salt）建Saltaire（1861年完成，被认为是19世纪中叶“最先进”的工人新村），1887年利华肥皂厂建日光港（Port Sunlight）工人城等等，这些对作为面向大城市的弊病，谋求出路的霍华德当然会有很大的启发。第二，人类总是要有理想的，他志在改革，在总结前人的经验教训的基础上进行更高的追求。1898年他发表《明日：一条通向真正改革的和平道路》一书，这是他的第一个宣言，呼吁的“探求和平道路达到世纪改革”，其思想目标是对环境进行全面的设计，进行某种探索，他所关心的也不仅仅是孤立的田园城、新城镇，他所提倡的“社会城市（social city）”实际上开创了区域规划、城乡结构形态、城市体系的探索，开始了围绕旧城中心建设卫星城，用快速交通联系旧城与新城市等新的规划模式的思考。他把城市与乡村的改造作为一个统一的问题来处理，

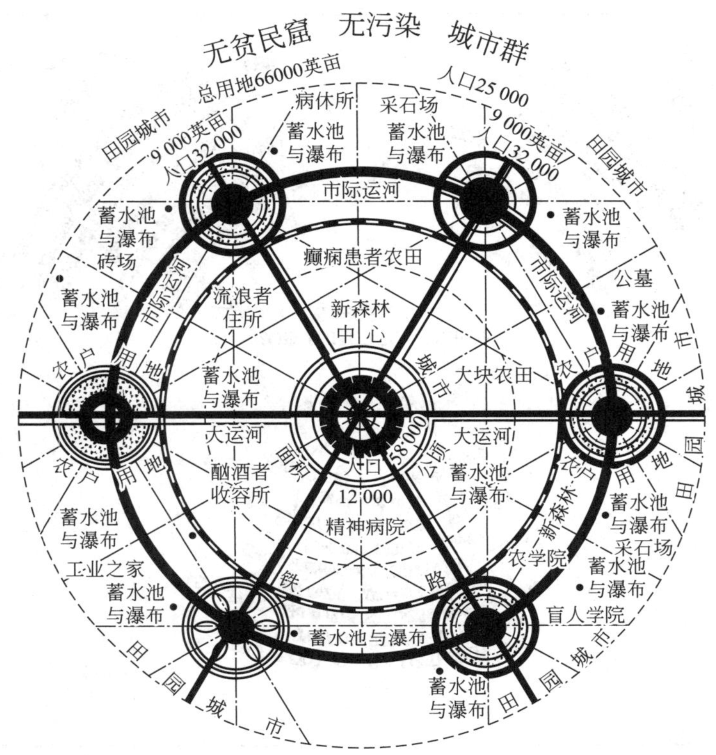

图 1-2　霍华德田园城市图解

大大走在时代的前列。第三，他并不全然是理想主义者，还是一个实践家，是一个“务实的理想主义者”（芒福德语）。在他的启动努力下，建设了两个新城——莱奇华斯（Letchworth）与韦林（Welwyn）。第四，他还是具有社会活动家的品质与能耐，他宣传兼采城乡环境之长来解决城市问题推动的不仅仅是新城运动，在当时来说，他是基于一种“社会精神”开始全面地推动人居环境的改善。正如P·霍尔在《世界大城市》一书中所说的，“霍华德的成就与卓越见解的许多方面，在20世纪的最后20年也许比他写这部著作时的19世纪末更为适用。”①

1.2.2　盖迪斯

P·盖迪斯（Patrick Geddes，1854 ~ 1932）也是现代城市规划的奠基

① P·霍尔（P. Hall）. 世界大城市. 北京：中国建筑工业出版社，1982。

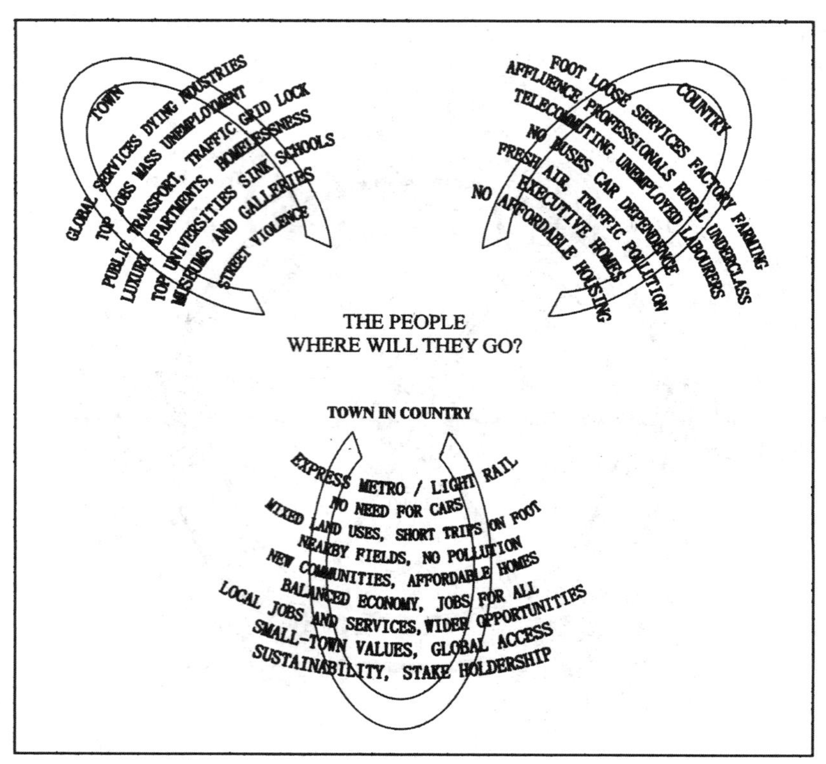

图 1-3　新时期下可持续发展的社会城市（新三种磁铁图解示意图）

资料来源：Peter Hall. 1946 ~ 1996：From New Town to Sustainable Social City. T&CP. 1996（11）. P295

注：P. 霍尔在此为未来社会城市的可持续发展提出一些可行的措施，如：土地功能混合、经济平衡发展，为所有人提供就业，发展公共快速轻轨交通，提供经济适用住房等。

人之一，他与前述的霍华德堪称“两股并行的溪流”。他是规划师，也是一个生物学家与哲学家。受法国社会学家孔德（August Comte）和拉伯雷（P. G.F. Le Play）的影响，他从生物学研究走向人类生态学，研究人与环境的关系，系统研究现代城市成长和变化的动力以及人类、居住地与地区的关系（folk–plaoe–work）。

他倡导综合规划的概念，在1909年出版的《城市之演进》（Cities in Evolution）一书中，系统地论述了他的思想。他用哲学、社会学与生物学的观点揭示城市在空间与时间发展中所展示的生物与社会方面的复杂性，指出在规划中要把不同部门和工作统一起来考虑。他把环境看成是多种元素的一种构成物，是在不同地址上人类进行多种活动的场合；他把城市看成人类文明的主要“器官”。最重要的是，他介绍地点和就业活动之间多

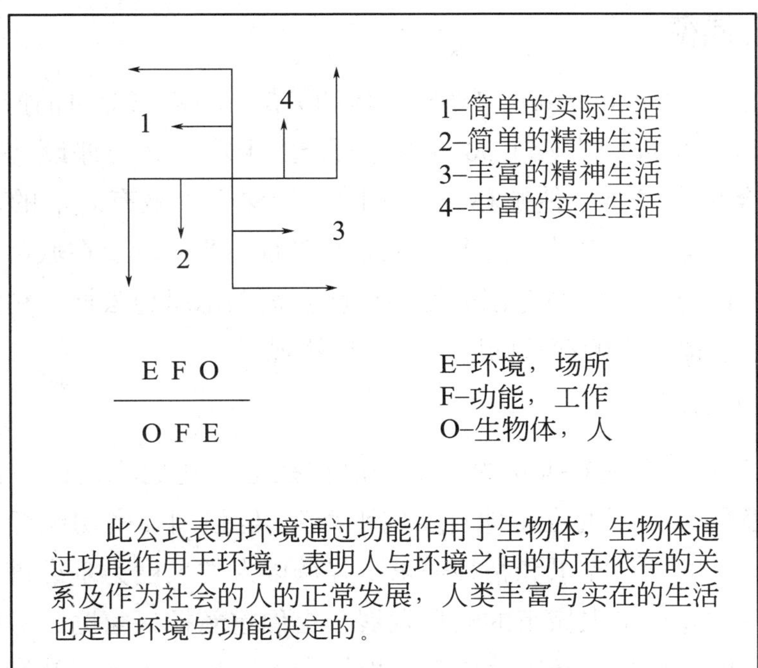

图 1-4　盖迪斯的生活图式

方面的联系和综合性，以及它们对于定居点演化的持续的影响。

他提倡“区域观念”，即周密分析地域环境的潜力和限度，对居住地布局形式与地方经济体的影响关系，突破城市的常规范围，强调把自然地区作为规划的基本框架（basic framework）（当时城市规划实际的工作主要是城市设计）。由于区域观念，他重视了城镇密集区，把城市乡村都纳入视野，即进行城市地区规划。

他重视调查研究，认为规划师首先要“学习、了解、把握”城市，然后再“判断、诊治或改变”（即“先诊断，后治疗”，diagnosis before treatment），他提出了系统的调查思想，主张在全面了解城市之后，再着手规划（ survey before plan ）。

盖迪斯反对形式主义与专家规划，提出有机规划的概念，是人本主义的综合规划的代表人物，他用简单的公式（称“生活图式”notation of life）表达人生理的发展与心理发展的规律。

1.2.3　芒福德

芒福德（Lewis Mumford，1895 ~ 1990）是一位著书等身的博学者。他在60年的写作生涯中出版了30多本专著，上千篇论文与评论，并且有23种书籍至今仍在发行，他被称为这个时代最深入、最有影响的思想家之一。在历史、哲学、文学、艺术、建筑等方面的评论以及在城市规划、城市与技术的研究等方面均有创造性的成就。芒福德思想宏博、精深，强调以人为中心，提出影响深远的区域观和自然观。

1）以人为中心

芒福德认为“一个孤立的人是难以在社会上达到稳定的，他需要家庭、朋友及同事去帮助维持他自身的平衡”。他强调要密切注意人的基本需要，包括人的社会需求和精神需求；强调以人的尺度为基准进行城市规划。他从多方面抨击大城市的畸形发展，提倡重新振兴家庭、邻里、小城镇、农业地区、小城市和中等城市，把符合人的尺度的田园城作为新发展的地区中心。他深受霍华德的影响，对霍华德的学说评价极高，认为霍华德的天才就在于把城市现有的各种器官配合起来组成一个更为整齐有序的混合体，在有机限制的扩展原则下运行。

对于新技术与人文的关系，芒福德既向往新技术，向往“新技术时代”（Neo-technique Era）的到来，推广利用新型、小巧、符合人性原则和生态原则的新技术，即所谓的“新技术群”（neo-technic complex），包括生物科学、社会科学，以把农业这个人类最初的产业推向进步。同样他注重人文，认为城市与区域不仅是地域的范畴，而且是地理要素、经济要素、人文要素的综合体；他主张复兴城市和地区的历史文化遗产，使其成为优良传统观念和生活理想的重要载体。

在芒福德看来技术与人文是统一的，但是在现实世界中两者的发展又常常是割裂的。一些有识之士已看到这一矛盾，因而高呼，尽管自然科学发展的前景是美好的，但这并不意味着人类社会将自然而然地向美好境界过渡。芒福德则强调应从人类自身的存在与发展的角度来构筑美好的明天。“建筑的首要使命，以及良好的房屋艺术却是要为人们建造新的家”。他注重人的需要和人的尺度。这些正是芒福德的建筑与城市思想的基本点。

对西方社会，芒福德持鲜明的批判态度，并且入木三分。他主张以人生经济（life economy）取代金钱经济（money economy）。指出“必须改变大城市的经济模式”，否则“没有目标就没有方向，就没有一致”。

2）区域观

芒福德对区域及区域规划有很多阐述，他认为“区域是一个整体，而城市是它其中的一部分”，城市及其所依赖的区域是城乡规划密不可分的两个方面，所以“真正成功的城市规划必须是区域规划”；“区域规划的第一不同要素需要包括城市、村庄及永久农业地区，作为区域综合体的组成部分”，只有建立一个经济文化多样化的区域框架才能综合协调城乡发展。

他进一步提倡城市密集地区的区域整体论（regional integration），主张大、中、小城市结合，城市与乡村结合，人工环境与自然环境结合。为此他积极推荐斯坦因（C. Stein）的区域城市（regional city）理论（图 1–5）和亨利·莱特（Henry Wright）的纽约州规划设想（图 1–6）。

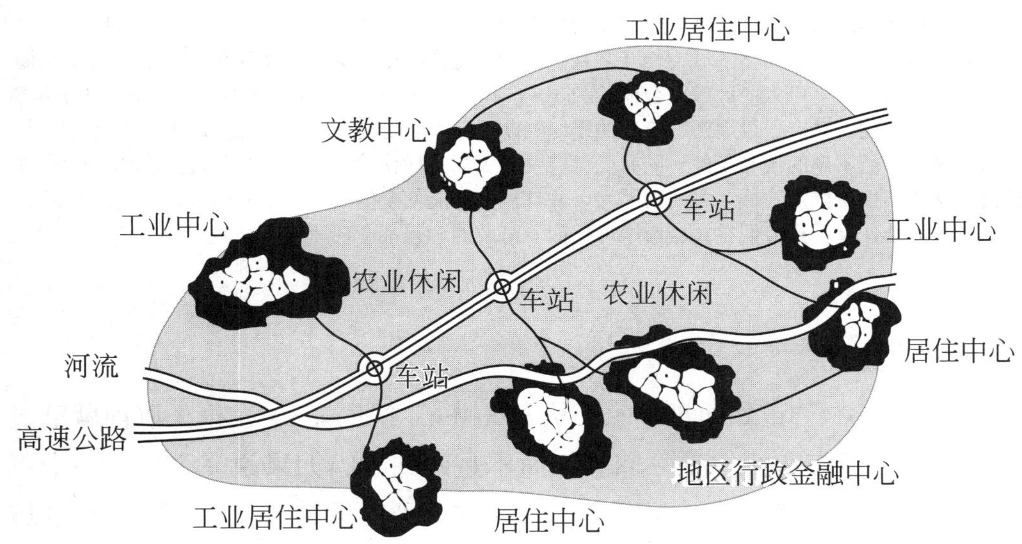

图 1-5　斯坦因的区域城市理论示意图 [①]

资料来源：New Pencil Points. 1942（6）.

① “区域城市”由若干社区（Community）组成，每个社区都具有支持现代经济生活和城市基本设施的规模。每个社区除了居住的功能之外，还可具备一至几项为这个组群服务的专门职能——工业和商业，文化和教育，金融和行政，娱乐和休养。社区的四周有自然绿带环绕，既保持良好的环境，又控制社区的向外蔓延。各社区之间的开放空间将永久保存，只用于农业、林业和休憩。便捷的公路系统四通八达，并与不穿越城镇的高速公路相连，交通十分方便。

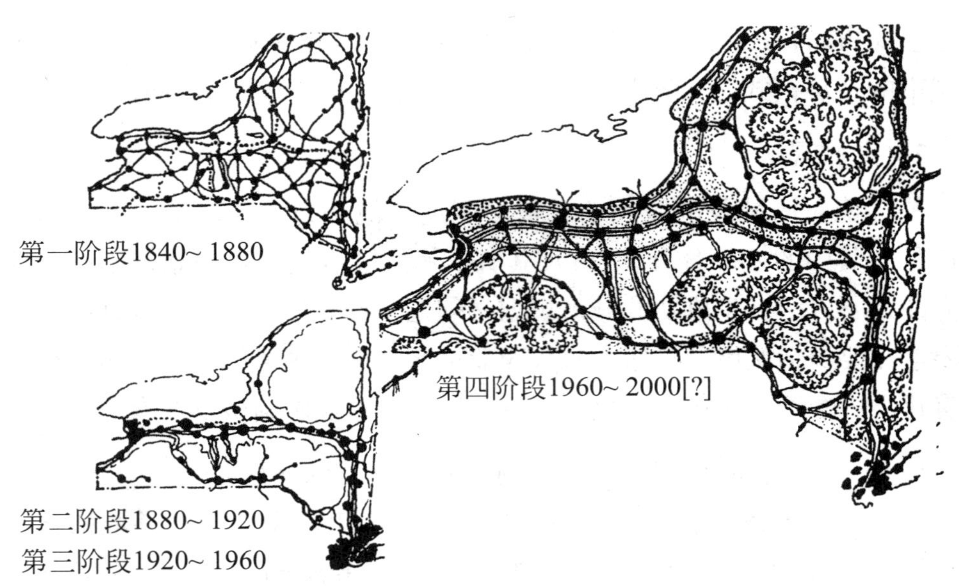

图 1-6　亨利 . 莱特的纽约州规划设想示意图

注：莱特的图解分析了纽约州各个时期的发展，显示出通过将人口和工业有计划地分布到许多大小不一、功能不同的较小社区去，组成新的城市中心，使城市相对集中，自然空间相对集中，位于主要交通结点的各种类型的城市相互联系，以达到区域平衡，进而建立一种新的城市模式；通过扩散权力形成一个更大的区域综合体（a large regional complex），从而使得一个更理想的全州整体发展成为可能。只有通过周密、审慎的组织和联系，才有可能使得最小的社区也可以拥有连大城市本身也享受不到的便利条件，同时又保持一个更加多样化的环境、更多的接受教育和休憩的机会。这样不仅可以重建城乡之间的平衡，并且也有可能使全体居民在任何一地都享受到真正城市生活的益处，享受到人们在大城市中可望而不可及的理想都市环境。

3）自然观

芒福德说："正如地理学家杰夫逊（Mark Jefferson）在很久以前就已经注意到的，城市和乡村是一回事，而不是两回事，如果说一个比另一个更重要，那就是自然环境，而不是人工在它上面的堆砌。"他指出，"在区域范围内保持一个绿化环境，这对城市文化来说是极其重要的，一旦这个环境被损坏、被掠夺、被消灭，那么城市也随之而衰退，因为这两者的关系是共存共亡的。……重新占领这片绿色环境，使其重新美化、充满生机，并使之成为一个平衡的生活的重要价值源泉，这是城市更新的重要条件之一"；他强调"保持城市社区的林木绿地，阻止城市无限制生长吞噬绿色植物，破坏城乡生态环境。随着人们余暇的增加，保存自然环境显得空前重要，不仅要保持肥沃的农业和园艺地，以及供人们娱乐、休息和隐居之用的天然园地，而且还要增加人们进行业余爱好的活动场所"。为此他提出休闲场所的邻近性，“甚至当宝贵的邻近乡村土地被全部侵占时，除了采取积极的保护措施外，居民们所依赖的是更远处休闲用地的开拓和对其景物的改造。不幸的是距离越远，日常公共使用的程度就越低，而令人厌烦的驾车行驶时间要越长，乘飞机的费用就更贵。以这样的土地作为休闲场所，它的价值最终也将丧失，取而代之的是人们加倍拥入其他的自然风景区，将其变成一种‘休闲贫民窟’”。因此，他提倡要“创造性地利用景观，使城市环境变得自然而适于居住”。

尽管芒福德并未直接提出人类聚居学，但他以多学科为基础建立了一系列的学术观念，如上述人文观、区域观、自然观等，均有系统的见解与建树，形成独树一帜的研究体系。芒福德不仅个人努力覆盖各个学科，而且也积极赞成多学科专家的交叉结合，例如他建议成立包括动物学家、地质学家、生态学家及人类学家、考古学家和历史学家在内的多学科专家团体，共同研究区域问题等等。

总之，三位先驱者思想活跃，光彩闪烁，但还未形成整体性与可操作的科学框架。在探索切实可行的理论和办法的过程中，我又想到了道氏的人类聚居学。一个时期来，道氏等人毕竟对一些城市问题做过系统的思考，借鉴其理论和方法，我们可以少一点摸索，多解决一些问题；同时，人类聚居学本身也将在此过程中得到逐步发展。

1.3 道萨迪亚斯的“人类聚居学”

1.3.1 对道氏学说的认识

我对道氏（C. A. Doxiadis，1913 ~ 1975）的了解最早可追溯到“文革”后期。我从农场回来，虽已“解放”，但只是受到的约束少了些。后来，被北京市里“点名”参加新北京饭店、国宾馆、北京图书馆（即现在的国家图书馆）等设计，总算回到了专业工作上。我的学习激情得到了释放。在空隙中，我有机会去北图翻阅专刊，这在当时纯属悄悄的个人行动，然而就在此情况下，我发现了有关道氏的报道并为之吸引，只是无缘作更多的了解。1980年、1981年，我应西德文化部之邀去西德卡塞尔大学（Kassel）讲学期间，如饥似渴地阅读了大量的书籍，当时在图书馆发现了《人类聚居学导论》(*Ekistics*: *An Introduction to the Science of Human Settlements*),感到书中有些理论新颖,逻辑性强,读之颇为欣喜,但限于当时的时间条件,我只浏览了极感兴趣的章节,并未认真地加以系统的钻研。

回国以后,1981年我第一次参加中科院学部会议,深感有必要对建筑理论进行基本的探索,为了阐明建筑学的真谛和对社会发展的重要性,积极地适应时代的需要,建筑学应从广度上和深度上加以展拓。受道氏的启发,我认为建筑师自己首先应在认识上有所突破,即**将建筑从房子的概念延至聚居(settlement)的概念。(按,Settlement一词一般译为"聚落",指聚居地或村落,包括城镇,我们译为"聚居"意取《汉书·沟洫志》中:"……稍筑室宅,遂成聚落"及《史记·五帝纪》中:"一年而所居成聚……",聚居是人类居住活动的现象、过程和形态。)**道氏把聚居特别提取出来,加以系统的研究,称之为Science of human settlements,我译为"人类聚居科学",简称"人类聚居学"。我认为人类聚居学的研究是一项建设性的、创造性的工作。多少年来,建筑学者们一直宣传建筑的两重性,强调艺术的属性,等等,但总只是就房子论房子,非专业者难以理解。今一旦联系到聚居,情形就大不一样了,整个聚居环境就不是房子与房子的简单叠加,而是人们多种多样的生活和工作的场所。从一幢房子到三家村到村镇到城市,以至大城市、特大城市的一系列,都属于聚居范畴,这样便很自然地将建筑与城市融合在一起了,也就需要融入人类学、社会学、地理学等观点,去分析研究实际问题。"聚居论"是一个基本的理论,从此出发,我们可以顺理成章地认识到建筑的"地区"、"文化"、"科技"等等特性,终而产生"广义建筑学"。就我而言,这个体会是很深的,跨出这个门槛便豁然开朗,就我所知,不少国内学术同行亦从中受到启发。

正因为有了"聚居"这样一个学科的概念,我觉得应该对道氏的学术系统地加以研究。很巧,1984年我被邀请参加日本筑波大学组织的一个关于居住的国际会议,遇到了日本建筑师长岛孝一及其夫人,他们都曾受业于道氏门下;同时,我受邀出席了日本人类聚居学会(Japan Society of Ekistics,近闻已改名为Japan Society of Habitat)的一次晚会,结识了该学会的主席矶村英一先生(这是一位日本有名的城市规划学家,博学多能,德高望重,曾编过《城市事典》,1997年以93岁高龄去世),以及从希腊来日本参加会议的梭摩波罗斯(P. C. Psomopoulos)(*Ekistics*杂志社主编,人类聚居学会秘书长），后来又结识迪克斯（G. Dix）教授等。从此，参与了世界人类聚居学会（World Society of Ekistics，简称WSE）的活动，对人类聚居学产生极大的兴趣。

1.3.2　道氏学说简介

关于道氏的学术理论，本书下面将有详细的介绍，此处从简。据我个人见解，道氏的理论特点主要集中在下列三个方面：

第一，对时代及其所面临的任务的认识。1963年《台劳斯宣言》开宗明义："**纵观历史，城市是人类文明和进步的摇篮。今天，就像其他所有的人类机构一样，城市被极度地卷入了一场袭击整个人类的迄今为止最为深广的革命之中**。"以道氏为代表的这群学者所指的这场革命，就是城市化，"**人们将以更快的速度进入城市住区**。"对这场革命的影响，1967年《台劳斯宣言》指出"**从整体看来，直至最近，政府、学者、经济学家、专家们都已忽略了城市化在国家发展中的重要作用。城市化是发展的结果，也常常是发展的负担。但是，它还应该成为良性发展的手段**。"道氏通过环境危机，敏锐地看到城市化在国家发展中的全面作用，与城市爆炸的事实，触发他建立"人类聚居学"。

第二，考虑问题的整体观、系统观。道氏认为，现在城市问题错综复杂有客观的原因，也有主观原因。"人们总是试图把某些部分孤立起来单独考虑，而从未想到从整体入手来考虑我们的生活系统"，因此，只注意病状，而不研究产生病状的原因，只把我们生活中的某些要求分开来考虑，就事论事，穷于应付。我们应该把人类聚居环境视为一个整体，将它"作为完整的对象考虑"。否则，就只能只见树木，不见森林，不能理解事物的客观规律，不能理解事物的复杂性，简单、片面去理解与处理问题，结果也只能事与愿违。

第三，在建筑与城市科学中，较早地有意识地运用交叉学科的观点，引入多学科理论方法，从事城市研究。这拓宽了城市规划学研究范畴，意义非同寻常。他认为，人类聚居学不像城市规划学、地理学、建筑学、经济学、社会学等学科仅涉及人类聚居的某一部分或是某一侧面，他强调把人类聚居作为一个整体，从政治、文化、社会、技术等各个方面，系统地综合地加以研究，这对于人们认识城市问题，建立理想的居住环境显得十分重要。对中国来说，由于长期以来，城市化发展缓慢，从事城市的学术研究一般较晚，介绍道氏较为系统的、多学科交叉的研究对我们找理论找方法有着更为直接的意义。

第四，初步建立起理论框架。当系统论、控制论、信息论等刚刚兴起时，道氏便以其对新事物特有的敏感，加以吸取并创造性地运用到人类聚居研究中。例如他将人类聚居分为自然、人、社会、建筑、支撑网络等元素，以及从房间到城市到“普世城”（Ecumenopolis）等不同层次的居住单元，研究不同时代城市模型的发展，并加以系统综合，建立明晰的分析方法和庞大的学术体系，高瞻远瞩地研究城市问题；当环境问题进一步敲起响钟时，他意识到生态问题的重要，于1975年完成《人类聚居学与生态学》（*Ekistics and Ecology*）一书的书稿。在其逝世后，经英国迪克斯（G. Dix）教授整理出版[①]，成为道氏学术思想的又一个重要组成部分。

1.3.3　对道氏学说的评价

对道氏学术的全面评价尚有不少工作要做，我曾就此与一些学者，包括道氏的朋友和学生，交换过意见。现任荷兰Delft大学教授的著名希腊建筑评论家宗尼斯（A. Tzonis）告诉我，他曾一度受委托为道氏写传记，已经审阅了大量资料，但后来因故中止这一工作，他称道氏思维开阔，俨然天才，对道氏在二战后的工作贡献予以颇高的评价。我曾以世界人居学会（World Society of Ekistics）主席的身份去雅典访问，后来又曾与任该会主席的著名印度建筑师查尔斯·柯利亚（C. Correa）等人谈起道氏及其学术活动，他们认为，道氏组织人类聚居讨论会、发表《台劳斯宣言》、成立世界人类聚居学会，以及推动1976年联合国在温哥华召开人居会议等，贡献卓越。

20世纪50年代在雅典建立的研究中心一度门庭若市，世界学者云集，鼎盛时达五百多人，1975年道氏去世后该中心仍在运转，但已今非昔比。1985年7月及其以后也曾举行过几次活动，但由于旗手长逝，群龙无首，境况远不及当年。现在唯一保有声望的就是Ekistics杂志（全名为“人类住

---

① C. A. Doxiadis. Ecology and Ekistics（Edited by Gerald Dix）. Elek Books Ltd.，1977.

区问题与科学杂志”，Ekistics：Reviews on the Problems and Science of Human Settlements），1955年10月开始发行。在道氏思想影响下，如今一直保持论文多学科、高质量的特色，具有一定的声誉，1982年还出版了中国专号，1998年并以“大城市及其地区”为题出版以中国规划为主要内容的专集。不过由于种种原因，如前主编M. G. Tyrwhitt（1905 ~ 1983）的去世、财务困难，出版迟缓。说“道氏帝国”（“Doxiadis Empire”）在没落也未尝不可。

但是，薪尽火传，道氏所倡导的人类聚居学，尤其是系统地研究人类居住环境的思想，在世界各地影响深远，除希腊外，日本、印度等续有活动。1996年，在北京召开的“特大城市及其地区”国际学术讨论会上，曾举行“EKISTICS DAY”。1986年，清华大学建筑与城市研究所的章肖明同志在当时所能收集到的道氏学说资料基础上，完成其硕士论文；在此基础上，几位同志又陆续加以整理，完成“道萨迪亚斯人类聚居学介绍”，作为本书下篇，刊行于世，以利于学者的研究。

必须指出，道氏的理论主要根据西方国家的现象与经验，其对战后第三世界人口稠密、资源紧张、发展迅速、经济贫穷的国家，如亚洲发展中国家等，涉及不多。因此，我们在借鉴道氏理论的同时，应该积极从中国实际的问题，探索适合中国发展的具体道路。此外，道氏理论由于体系庞大，往往难以抓住问题的核心，并留有一些机械的线性思维的痕迹，这种认识上的时代局限可能与道氏的早逝有关。

当前，城市规划工作在发达国家一度处于一种低潮，如美国早已宣告其新城失败，并认识到英国新城运动并非是解决城市问题的万应道路，种种城市问题未得到缓解；英国霍尔（P. Hall）的《明日之城市》等书对近百年的西方规划史作了精湛宏博的论述；卡斯特尔（M. Castells）的“信息城市”、“网络城市”[①]也勾画出一些值得注意的现象，但仍属一家之言，尚难定论。科学如此进步，生产力在发展，它们都在揭示伟大的思想终会诞生。科学的方法论、学科的哲学、思想会给我们以启示，我们要从当前的甚为复杂的城市问题中寻找方向，我们要为一个新的规划思想而呐喊。

① Manuel Castells. The Rise of the Network Society.

1.4 人居环境科学的提出

人居环境学的提出受到道氏人类聚居学的启示。对于道氏的理论，从20世纪80年代中叶以来，我们积极吸取其科学的内容，如多学科成果的利用、基本原理的发挥、学术框架的建设等等，但是，我们也不能不看到，道氏本人的学术活动在他20世纪70年代中逝世后就基本终止了，至今又过去了20多年，有关城市的学术又有新的蓬勃发展，二战后第三世界特别是亚洲城市的发展又出现种种新的情况，这已远非“人类聚居学”所能概括。在道氏在世前，有位日本学者曾与他谈及此事，道氏认为“何不发展亚洲的人类聚居学（Asian Ekistics）？”[①]这也从一个侧面说明，有必要从中国国情出发，借鉴西方的学术思想，吸取道氏学术精华，构建中国人居环境科学。

1.4.1 当今世界人类住区发展的主要趋势

1）城市作为一种人居环境，已成为世界关注的焦点。

新世纪有“城市世纪”或“城市时代”之称，未来的世界被认为是一个城市化的世界，城市已经成为世界关注的焦点：

——1993年，联合国东京会议称“21世纪将是一个新的城市世纪”；

——1996年，联合国“全球人类住区报告”称“城市化的世界（an urbanizing world）”；

——从1986年开始，联合国将每年十月的第一个周一定为“世界人居日”（The World Habitat Day），其主题最初是住宅，后来视野逐步扩大，最近连续4年都是城市。1996年为“城市化、公民的权利与义务和人类团结”，1997年为“未来的城市”，1998年为“更安全的城市”，1999年为“人人共享的城市”（cities for all）；

——2000年7月，柏林国际博览会召集“城市未来全球会议”（The Global Conference on the Urban Future，简称URBAN 21），以“人居·自然·技术”为主要内容，讨论世界市场经济区域经验、科学文化技术的创新与可持续发展的协作问题等。

---

① 日本建筑师Kai在“日本建筑学的未来（A. O. F）学”讨论会上的发言。

城市化进程与相关的时代进程和专业发展　　　表 1-1

时代进程	城市化进程	专业发展
18世纪中叶工业革命——20世纪初，科学技术发展，社会、经济、文化的变革	城市发展加速	近代城市规划学开始酝酿 20世纪初研究城市模式 注意区域发展
20世纪	●城市化水平提高 1925年为20% 1950年为28.7% 1980年为40% ● 2000年为城市化发展的转折点，世界1/2人口居住在城市	●城市规划学科进一步发展 ● “人类聚居学”酝酿系统观念 ●过度的专业化倾向要求更多学科参与研究复杂的巨系统 ● 60年代提出环境问题 20世纪后期找到了共同的目标：可持续发展 ●从城市走向区域
21世纪全球化	● “城市世纪” ● 2010年世界人口的60%将居住于城市 ●大城市发展，全球城市、“城市地区”、“网络城市”崛起	●科技全球化大潮澎湃 ●人居环境科学将进一步发展

人们发现：

——城市是社会全面发展的关键（city is the key to overall development）；

——全世界面对难以解决的城市问题。一方面，城市是人类聚居和创造公共财富的基地，另一方面，城市又是贫穷、社会分化、污染、交通堵塞的渊薮。人们认识到“城市可能是主要问题之源，但也可能是解决世界上某些最复杂、最紧迫的问题的关键。”①

——城市问题是社会、经济、技术发展的缩影，不仅受到国际社会的普遍关注，而且日益成为大学、科研院所关注研究的对象。

① 1997 年在德国召开的“世界人居”文献。

历年世界人居日的主题

1986年——住房是我的权利
1987年——为无家可归者提供住房
1988年——住房和社区
1989年——住房、健康和家庭
1990年——住房和城市化
1991年——住房和居住环境
1992年——持续发展住房
1993年——妇女与住房发展
1994年——住房与家庭
1995年——住房-邻里关系
1996年——城市化、公民的权利与义务和人类团结
1997年——未来的城市
1998年——更安全的城市
1999年——人人共有的城市
2000年——妇女参与城市管理

上述世界人口日主题的发展启示我们，联合国人居环境注视的焦点已经逐步从住房转向城市，从更高、更广阔的范围内关注人居环境的发展。

2）人类聚居的可持续发展

人类聚居建设，作为关系人类生存发展的一个基本问题，早已引起了世界范围的共同关注。

——1972年，联合国在斯德哥尔摩召开“人类环境”大会，113个国家的代表和有关群众团体参加了会议，这是人类史上第一次将人类环境问题纳入世界各国政府和国际政治议程，也是全世界各个国家的代表第一次共同讨论环境对人类和地球的影响。会议最终就人类必须保护环境达成一定共识，发表“人类环境宣言”。

——1976年在温哥华召开联合国“人类住区”大会。可持续发展是有关人居环境建设的一件大事。

——1987年，联合国环境与发展委员会发表通过《我们共同的未来》报告。

——1989年5月，联合国环境署理事会通过“关于可持续发展的声明”，明确“可持续发展”思想。

——1992年里约热内卢“世界环境与发展”大会，会议通过了《里约环境与发展宣言》和《21世纪议程》两个纲领性文件。这是联合国和人类发展史上参加国和人数最多的一次会议，也是可持续发展首次得到世界最广泛的范围和最高级别的承诺。

——1996年伊斯坦布尔联合国“人居二”会议，检阅1976年在温哥华召开的“人类住区”大会后十年来的发展。

在建筑界，国际建协1981年华沙大会以“建筑·人·环境”为主题，1993年芝加哥大会以“处于十字路口的建筑——建设可持续发展的未来”[①]为主题，1999年北京召开的第20次大会指出“走可持续发展之路必将带来新的建筑运动，促进建筑科学的进步和建筑艺术的创造”，并通过《北京宪章》等等。可见，重视人居环境可持续发展是一个世界性的行动。中国政府亦已制定《21世纪议程》，将可持续发展作为基本国策之一。

——2001年6月计划在纽约召开联合国“伊斯坦布尔+5”会议，检阅1996年“人居二”会议五年后《人居议程》执行的情况，讨论未来优先考虑的问题。

3）全球一体与地域差异

回顾20世纪的许多变化，除了科学技术的发展极大地改变了人类社会的面貌之外，整个世界的全球化也相当引人注目。如今，由于交通和通信技术的进步，人们感到地球正在变小，各个国家和地区之间的影响和联系显得越来越重要，“地球村”的概念更为成形，特别是20世纪80年代以来，生产、金融、贸易等活动在全球范围内扩散，而管理、控制和专业化服务业等高度集中在少数中心城市。地理上日益分散的经济活动，在功能上逐渐整合为一个全球层次上的相互依赖、相互补充的一体化经济体系，可称之为全球经济一体化，或经济全球化、世界型经济。全球化的背景和一些国际化的行动似乎将要把我们带入一个所谓无国界的社会。人类所面临一些重要的问题，例如人口爆炸、生态环境的退化、地区差异进一步加

① 大会发表的《芝加哥宣言》指出：“建筑及其建成环境在人类对自然环境的影响方面扮演着重要角色；符合可持续发展原理的设计需要对资源和能源的使用效率、对健康的影响、对材料的选择方面进行综合思考”。“我们今天的社会正在严重地破坏环境，这样是不能持久的；因此需要改变思想，以探求自然生态作为设计的重要依据”。

大和城市人口的两极化[①]等，又使得世界各地人民的命运更加紧密地联系在一起。只有构筑全球化的生态、经济、文化与社会的体系，未来人类生存和发展才有可能。“只有一个地球”，每个地区和国家的思考和行动都应当着眼于全球。

全球意识日益成为发展中的一个共同的取向，特别是生产、金融、技术等方面的全球化趋势不可避免，这为文化交流、融合带来了前所未有的机遇，但也带来了种种问题，拉大了贫富差距：40年前全世界最富的人口和最穷的人口人均收入是30 ∶ 1，而现在已达到74 ∶ 1；20年前联合国成员中最不发展的国家仅20有余，目前则达到48个；世界上20%的人口在享受全球80%的财富。有人称之为“全球化的陷阱”[②]。这种畸形发展对城市发展有影响，同时对地区原有的文化带来巨大的冲击。

全球化进程

全球化进程和经济的开放使得整个世界走向一体化。全世界的城市迅速成为全球系统的一部分，越来越依赖于来自外部的投资。另一方面，私有化改变了城市的性质，现在城市的主要形式由市场力量所决定。城市如今相互竞争——在全球和地方范围内——以争取更大的私人投资份额。传统上关于规划的观点已经过时，那时把规划看作具有优势的技术过程，而规划中对“公众利益”的专业考量是最佳的选择。对于市场规则和私人利益的过分依赖，使得投机性的房地产市场在分配土地用途和决策投资重点方面扮演了决定性的角色。

——ISoCaRP《千年报告》

不同地区和不同民族之间的差异是客观存在的。美国哈佛大学教授亨廷顿也认为：“尽管存在着推动世界相互接近的全球化力量，但各国都越来越努力地寻求自己的文化个性。……我们将从一个单极世界走向多极世界”[③]。可以说，目前还没有一个固定的可供参考的方法或政治的、技术的

---

① 在欧洲大部分地区，在近东、澳大利亚、新西兰以及城市化程度较高的美洲大陆的很多地方，城市人口已超过70%，与城市人口仅为33%的非洲大陆形成明显对照。而在东非地区、亚洲东部地区和大洋洲等地区，城市人口的比重在30%以下。——引自国际建协1999年“中等城市和世界城市化”文件。

② 马丁等．全球化的陷阱．中央编译出版社．1998。

③ 黄晴．亨廷顿承认“多极化”．人民日报1998年5月8日第6版。

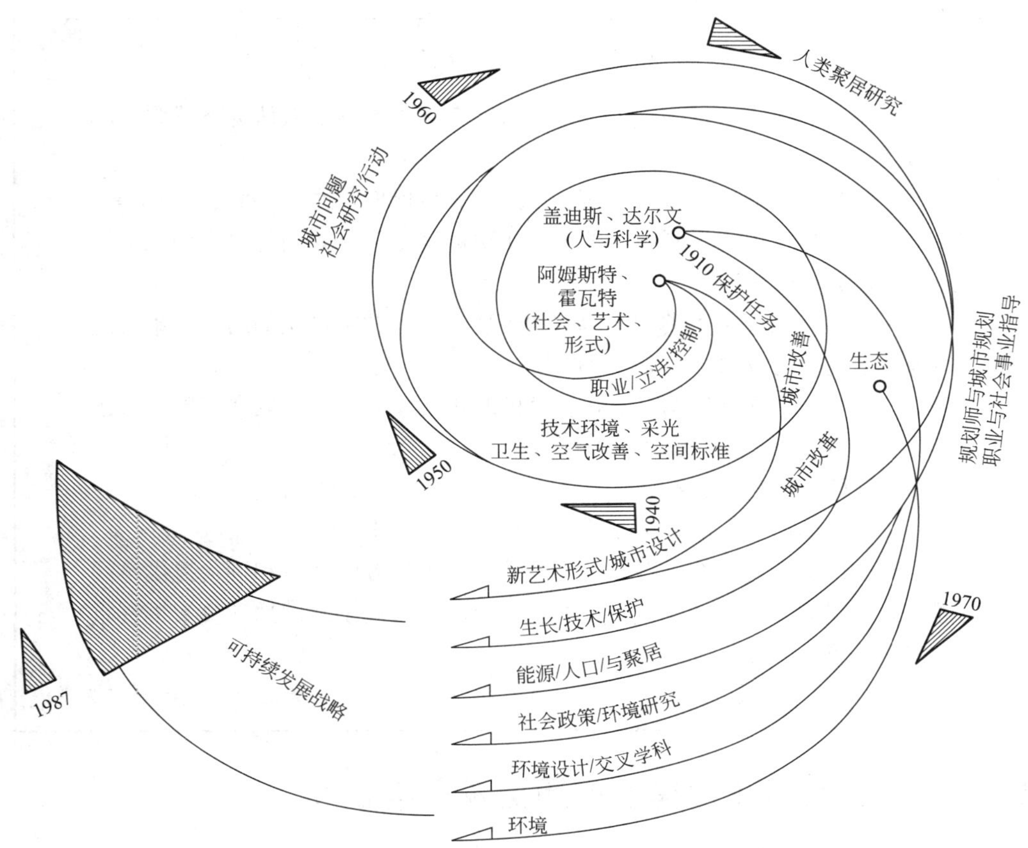

图 1-7　自 19 世纪以来建筑与城市发展主题的变化

框架，能够确保全球性的发展自上而下地得到全面的实施。因此，新的途径除了作全球的探索外，还须从地区去寻找，新的发展政策的确定还须在城市和区域的层次上，根据地方的实际情况，利用动员地方资源，尊重地方性的文化传统，在此基础上相互了解、沟通、借鉴。

区域差异是永远存在的，在全球化、信息化时代，城市与地区既要有意识地吸取世界先进的科学技术文化，又要注重基于地域的不同的自然地理、历史、经济、社会、文化条件下，探索科学的地域发展道路，自觉地对城市特色和地区特色加以继承、保护和创新，建设具有地区特色的人居环境。

简言之，即“**着眼于全球的思考，立足于地区的行动**”（Thinking globally，acting locally）。

尊重社区的文化差异

对于超越国家的空间规划，欧洲人或在国外生活的人认为下述观点非常重要：

——统一：在全球范围内达成一致意见，以保护人类、自然资源和环境。

——个性：识别不同种族的不同历史演进；拥有共同的语言和社会形态以及地域上的相近。

——文化特性：人类学、地域和环境等因素共同作用的历史结果。应该为每个文化区域制作“个性地图”。

——空间形式和结构：文化特性的基本元素。文化区域在范围上大于单独的城市、小于整个国家。

——统一：有赖于隔离事务之间的联系和多样性的繁荣。

——文化特性：将随着对现代技术的错误运用而消减。

通过辨认文化特性、揭示未来的选择和为地方的发展和进化提供空间框架而制定的空间规划具有特别的贡献。场在分配土地用途和决策投资重点方面扮演了决定性的角色。

——ISoCaRP《千年报告》

1.4.2 中国人居环境建设的历史发展与现状

1）中国人居环境建设的遗产与理念

神州大地是中华民族世世代代衍生栖息的地方，五千多年来，尽管自然灾害、战乱频仍，但经过世代经营，我们的祖先建设了无数的城市、村镇和建筑，也留下了中国非凡的环境理念。这是中国传统文化的重要组成部分，近代学者已开始重视这方面研究，正在取得进展，展望未来，也未可限量，兹归纳举例如下。

——区域观念规划发展

公元前300年左右，先秦时期《尚书·禹贡》根据地理环境各要素的内在联系与差异，将全国分为“九州”，以华夏为中心的四至地域的视野，表达了古代的区域观念。

西汉时，司马迁《史记·货殖列传》根据地区的山川、物产、风俗民情等将天下分为4大经济区，进而细分为12个小区，从中分析19个中心城市的经济特征。

——土地利用

中国古代已有合乎水土保持原则的土地利用整体规划思想。如《商君书·徕民篇》具体分析了城市及其腹地的用地构成与比例关系。

地方百里者，山陵处什一，薮泽处什一，溪谷流水处什一，都邑蹊道处什一，恶田处什二，良田处什四，以此食作夫五万，其山陵、薮泽、溪谷可以给其材，都邑、蹊道足以处其民，先王制土分民之律也。

又如，《淮南子·主术训》："水处者渔，山处者木，谷处者牧，录处者农，地宜其事……"强调应遵循自然生态的内在规律，充分利用自然资源，地尽其利。

——城市规划

《考工记》"体国经野"的营国制度，实际上是以城镇为中心的包括周围阡陌的总体规划制度。

《管子》记载了古代区域规划分区的思想。如"制图以为二十一乡，商工之乡六，士农之乡十五"（这是指城市职能分工）；"五家而伍，十家而连，五连而暴，五暴而长，命直觉曰乡。""四乡命之曰都，邑制也，邑城而制"（这是城市规模分级与组织）。

记载社区（community）、邻里思想、制度所见更多，如：《周礼·地官·遂人》曰："五家为邻，五邻为里"。《尚书·大传》谓："八家为邻，三邻为朋，三朋为里"等等。

关于重视规划，明确建设程序与保持良好的生态环境的论述，如《汉书·晁错传》有段精彩的记述：

古之徙远方以实广虚也，相其阴阳之和，尝其水泉之味，审其土地之宜，观其草木之饶，然后营邑立城，制里割宅，通田作之道，正阡陌之界，先为筑室，家有一堂二内，门户之闭，量器物焉，民至有所居，作有所用，此民所以轻去故乡而劝之新邑也。……使民乐其处而有长居之心。

意思是说，当向边远地方移民时，必须做到以下几点：

① 选择生态环境良好的地方（如水质好、土地肥沃、草林茂盛……）；

② 加以规划；

③ 开辟交通道路；

④ 建设房屋，并作室内设计。

只有这样，才能在发展农业的同时使得迁去的人对他们新的居住环境感到满意，有长远定居的打算。这些都是农业社会人居环境建设的基本特点。

——城市设计

西方某位学者说中国无城市设计，这至少是一个误解。中国城市规划的特色之一是与城市设计合而为一，上述的一些规划设计的特点与城市设计观念是合在一起的。

中国古代文献中记载了基于山水文化理念的环境设计观，各赋特色的环境意境的创造及其所表现的城市文明，在世界城市史上应占有光辉的一页，这些尚有待进一步发掘。

——园林与风景区的经营

中国古代园林与建筑、城市并行发展，古代台囿、秦阿房宫、汉长安建章宫经营，以至私家园林的建构，无不与城市、建筑密切联系。近郊名胜、宗教名山风景区更是历经千百年的经营筛选、淘汰而遗留下来的文化遗产，是中华山岳自然风景的精华，既富自然景观之美，又兼人文景观之胜，呈现出我国独特的、尚有待进一步发掘的山水文化体系与中国民族的人格精神。

——崇尚节俭朴素的可持续发展理念

中国古代朴素的可持续发展观念散见于史论各篇，这是非常宝贵的思想财富。

“古之长民者，不堕山（不毁坏山林），不崇薮（不填埋沼泽），不防川（不障阻川流），不窦泽（不决开湖泊）。”（《国语·周语》）

“苟得其养，无物不长；苟得其养，无物不消。”（《孟子·告子章句上》）

2）中国人居环境发展也留下了深刻的教训

中国古代文献难能可贵地留下了不少朴素的可持续发展理念，但在悠长的历史中，也有不少教训，应以史为鉴。例如，出于政治需要，从汉代开始历代“屯田”“守边”，建立了历史功勋。但据现代史家研究，其对自然生态环境的破坏后果也非常严重。自秦皇汉武起多大造宫室，“非壮丽无以重威”，于是大量森林遭殃，“蜀山兀，阿房出”，明代的“神木赋”描述了对川西原始森林的残酷滥伐，更使人怆然。另外，中国古代还有一个“堕城”的恶习，自春秋战国始，每攻一国，即废城池；项羽得咸阳，火烧三月。

由于政治、经济、社会的落后，古代先进的科学技术未能得到应有的发展（这正是中国古代科学史中应当探索的一个问题），中国错过了18世纪的工业革命，又错过了19世纪的城市大发展，也就谈不上近代城市和建筑的发展。我们应当认识到，相当时期来，我国落后于世界多么远。

中国近代的启蒙时代开始较晚。20世纪初，外国建筑师来到中国通商口岸城市；20 ~ 30年代一些中国建筑师也学成归国，兴教育、设事务所，以及中国营造学社的中国建筑研究与整理，等等。在这个时期，在建设方面出现了不朽的杰作，如南京中山陵、广州中山纪念堂等。蔡元培讲：“居住问题，与衣、食、行并重，虽在初民，无不注意……何况今日社会复杂，事业繁兴，宜其有渠渠夏屋，供其需要；且必有专门人才如建筑师者，以为之指导画策也……”①这是近代一位思想家、教育家对建筑与建筑师作用的难能可贵的论述与提倡；对于中国建筑的研究，朱启钤先生认为，一切文化，离不开建筑，强调要不断吸取外来文化，“自太古以来，吸取外来民族文化结晶，直至近代，而未已也。”强调从事中国营造史研究，“使漫天归来之零星材料得以整比之方，否则终无下手之处。”②在城市建设方面，实业家张謇在清末民初提出“新政”与“实业救国”的思想，在南通办实业、兴城建；建立新工业区、新港区，与旧城三足鼎立；修马路、兴学校、建博物馆、图书馆、公园、体育场、养老院、习艺所等近代公共设施，这是我国近代新城市建设的第一个佳例，并通过人为的努力，将振兴经济、服务社会与人居环境的改善三者结合进行，成绩斐然，实难能可贵。

20世纪的后半叶，中国进入一个新的历史时期。中华人民共和国成立初提出要“变消费城市为生产城市”，为落实第二个五年计划中大规模工

---

① 蔡元培．《建筑师之认识》题词．1932 年 10 月 28 日．载蔡元培“论科学与技术”．河北科学出版社．1985。

② 朱启钤．中国营造学社开会讲辞．见：中国营造学社汇刊，第 2 期。

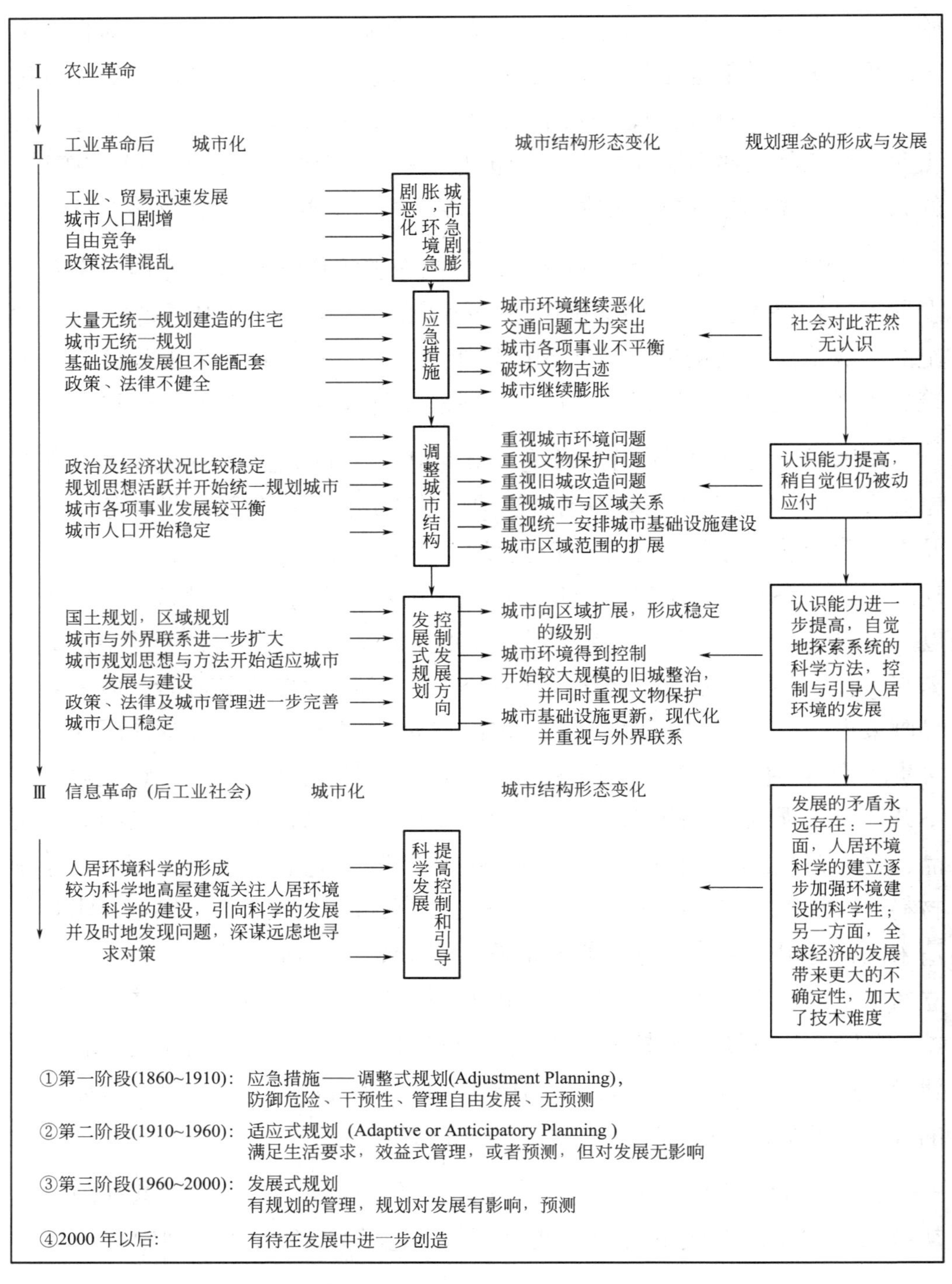

图 1-8　城市规划理念的形成与发展 [①]

---

①　作者参考沙春元介绍 G. Albers 以及薛钟灵的研究后拟定。

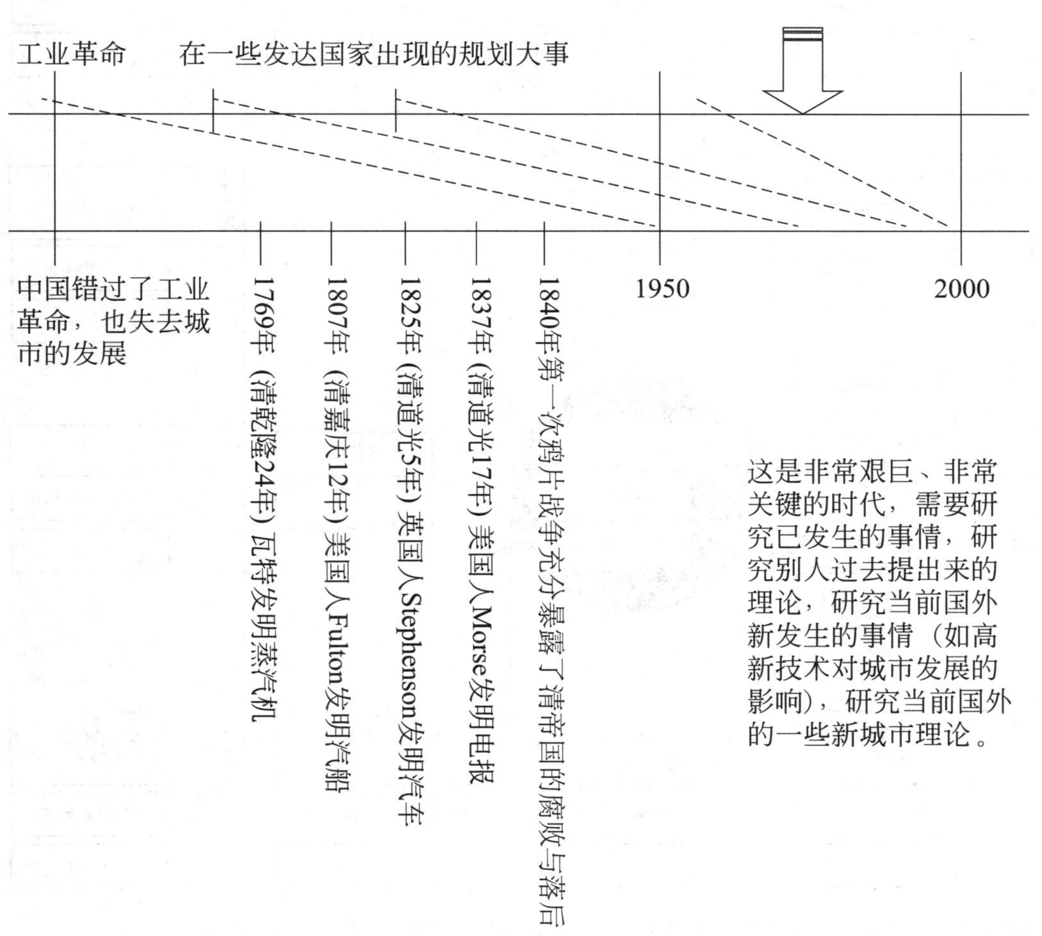

图 1-9　从城市发展的历史进程看中国的规划任务

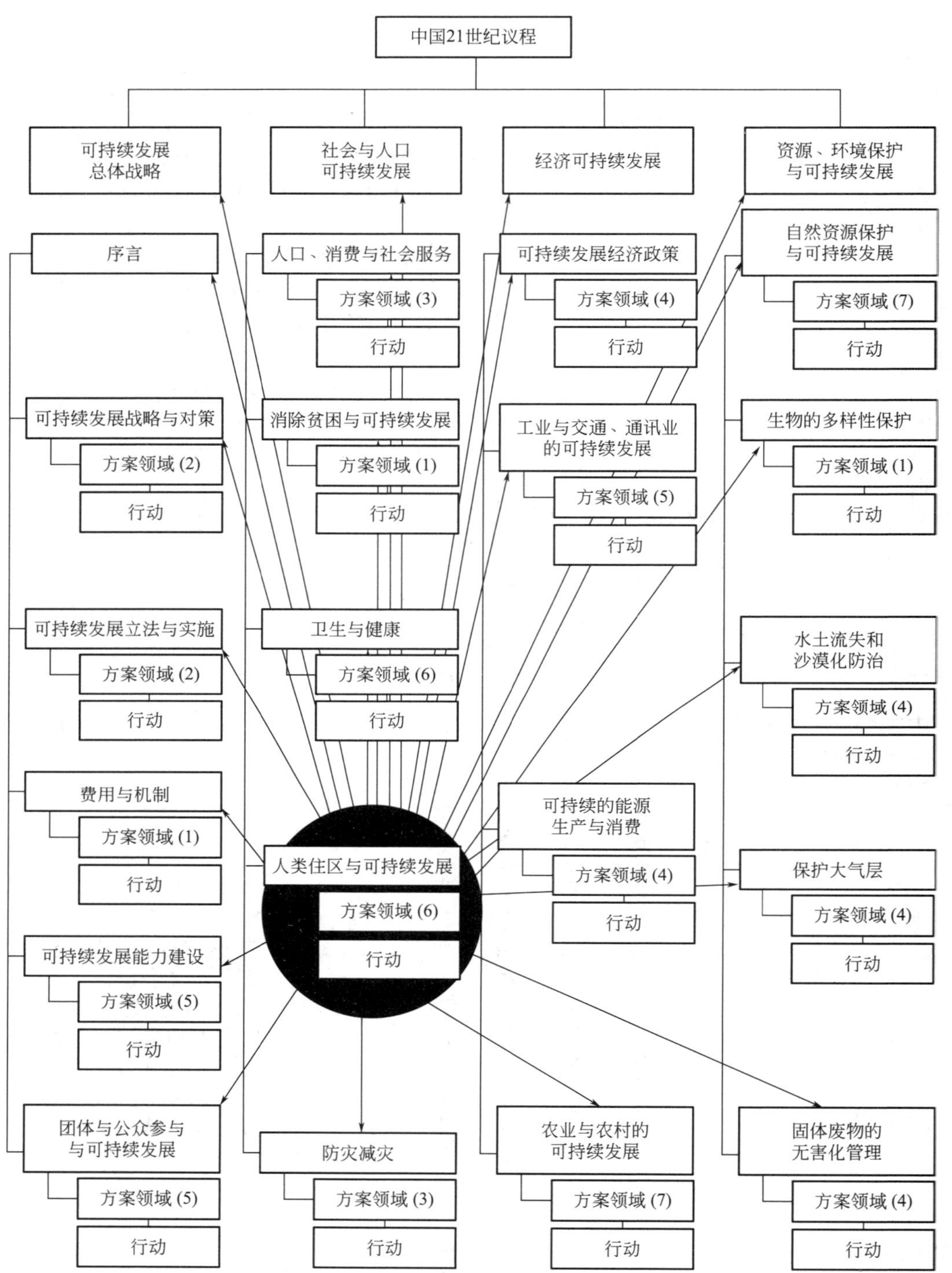

图 1-10　《中国 21 世纪议程》主要内容与人类住区的可持续发展

说明人类住区的可持续发展涉及《中国 21 世纪议程》的方方面面。

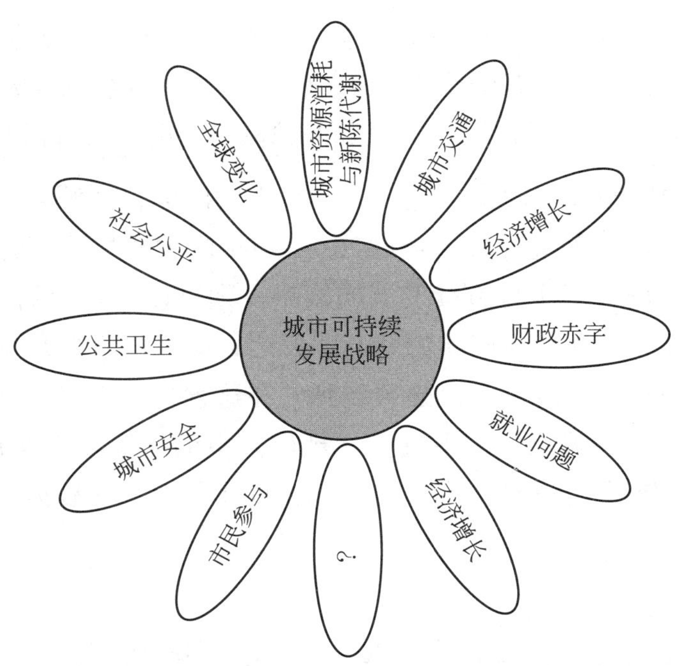

图 1-11 城市可持续发展战略

选自：Ciudades Intermedias – Urbanizacion y Sostenibilidad. CARME BELLET y JOSEP M.LLOP. MILENIO， 1998

业建设项目，在区域范围内联合选厂，建设城市与工业镇，建立制度等，那段时间被称为“城市规划的春天”。60年代初，鉴于大庆油田建设的成功，在“消除三大差别”、“走非工业化城市发展道路”等极“左”思潮影响下，城市的作用一度受到否定；鉴于“文革”期间城市与城市规划受到极大的破坏，“文革”后又重新认识城市的作用，探讨城市发展战略，调整机构，拟定城市发展规划等，被誉为“城市规划的第二个春天”。随着经济体制改革从计划经济走向社会主义市场经济，城市的概念发展到区域概念，城市与城市规划发展又面临新的形势：东西部差距日益显现，提出实施“西部大开发”战略；制定积极措施进行生态环境建设和区域治理，保护区域生物多样性；提出生态城市，重视城市体形环境，等等。这些积极举措都是时代的主流，说明目前正处于城市规划的第三个春天，也唤醒着中国学术，包括建筑、城市规划、经济、社会、考古等等多学科参与规划建设发展研究。

当然，目前的问题也是严峻的。《北京宪章》说：“当今的许多建筑环境仍不尽人意，人类对自然和文化遗产的破坏正危及自身的生存。”在中国，对自然的破坏、对风景名胜区的破坏、对历史遗产的破坏屡见不鲜，大规模的建设中存在这样那样的误区和时弊，不能不令人深以为忧。

全方位的进步和如此集中复杂而又棘手的问题，客观上要求我们做冷静的思考。现在是关键时代，今后20 ~ 30年内随着城市化进程，在各个方面如果能成功地落实可持续发展的战略，则可以奠定今后100年甚至更长时间人居环境的繁荣与健康的基础。反之，则可能需要付出长期的更为巨大的代价去整治与改善。也必须看到，在这种情况下，习惯势力、落后的专业观念、凭主观意念、不按科学规律办事的决策等，每每盘根错节，混淆视听，束缚我们的想象力与创造力。对此我们必须有清醒的认识与足够的估计。

1.4.3　时代要求我们高起点发展人居环境科学

根据以上分析，在对西方近代城市规划的发展的主流有了基本的认识之后，我认识到，应该对中国人居环境发展的现状进行认真的思考；面对今天中国这样一个发展机遇和挑战，应该努力从事宏观的人居环境发展战略的研究；作为一个专业工作者，应该把研究的重点放在人居环境科学的学术探讨上。这一类探讨工作我们在20世纪80年代初“住房、环境和城乡建设”一文就开始[①]，很快又过去了十年，一些老问题缓解了，有一些发展转化了，城市规划有了一定的进展，但又有一些新问题提到了面前。当时，中科院技术科学部主任师昌绪院士要我在学部会议上向院士们作一次关于建筑科学发展的学术报告。考虑到改革开放后的有益探索，我又约请周干峙和林志群，继续共同从事做这方面的准备，当时我们都很兴奋，林志群同志还在病房中，仍然积极从事工作。我们深感过去的十年是我国经济相对快速而稳定发展的十年，建筑与城市规划事业已取得了相当大的成就，同时确实也面临一些不容忽视的重大问题，必须慷慨陈词。

此时正值联合国“环境与发展大会”（简称“里约会议”）之后，所通过的“21世纪议程”对建筑业提出了一些很重要的战略发展思想。其中专

① 吴良镛、周干峙、林志群编著. 我国建设事业的今天和明天. 北京：中国城市出版社，1993。

门设有“人类住区”（Habitat）章节，指出“人类住区工作的总目标是改善人类住区的社会、经济和环境质量和所有人，特别是城市和乡村贫民的生活和工作环境”，为此它共列出八个发展目标，包括：向所有的人提供适当的住房；改善人类住区的管理；促进综合提供环境基础设施和加强对水、卫生、排水和固体废弃物的管理；促进人类住区可持续的能源和运输系统；促进灾害易发地区的人类住区规划和管理；促进可持续的建筑业活动；促进人力资源开发和能力建设以促进人类住区的发展。会议决议的意义在于，将人类住区（又称人居环境）问题从专业范围，从学术界和工程技术界的讨论上升为世界首脑的普遍关注，并成为全球性的奋斗纲领。

1992年里约会议之后，内罗毕联合国人居中心继续进行一系列课题研究，如2000年全球住房建设、城市管理计划、住区基础设施建设、持续发展的城市计划、社区发展计划、城市数据管理计划、市政管理教育计划与能力培养战略（Capacity-building strategy）。后来，全世界积极准备，于1996年6月在伊斯坦布尔召开了第二届世界人居大会（或称为城市高峰会议），起草全球行动计划，其议题为**“世界城市化进程中可持续发展的人居环境”**与**“人人拥有适当的住房”**。

在这种时代背景下，我们分析中国城市建设的有关问题，更看到我们所从事的工作之重要：第一，与其他行业相比，土建和城乡建设这个大产业在国民经济社会发展中占有显著的地位。第二，整个大的建筑业囊括了诸多行业与学科专业，亟待从方法论的角度进行组织，形成建立在整体思维、相互联系基础上的可以涵盖诸多学科专业的主导思想和共同纲领。我们觉得，**必须立足中国实际，借鉴“人类聚居学”的成就，发展新的学术观念，于是第一次正式公开提出建立“人居环境科学”的设想**。

人居环境科学的提出得到了有关方面的重视。《中国科学报》在1993年8月23日第一版以“学部委员吴良镛展望我国建筑事业的明天”为题，对我们的建议作了详细报道。不幸的是，时隔不久林志群教授溘然长逝！沉痛之余，周干峙同志把前述两篇报告结集出版，题为《中国建设事业的今天和明天》（中国城市出版社，1994年）。在这本册子的直接影响下，当时在清华干部会议上（即“三堡”会议）开始酝酿筹建“人居环境研究中心”，时至1995年11月27日正式成立。在此期间，自然科学基金会先后已资助了四次关于人聚环境的学术会议（昆明1994、西安1995、广州1996，重庆1998)。此外，清华大学、同济大学开设有关“人居环境”课程，重庆建筑大学召开有关山地人居环境的国际学术会议等等。规划建筑界从事人居环境研究的组织与活动逐步增多，“人居环境”一词被普遍接受和沿用。事实说明，人居环境科学是基于建设的需要应运而生的，现正逐步受到人们的支持和重视，在向前推进。特别提出的是，在1996年“人居二”会议后，我国建设部与联合国人居中心（UNCHS）的联系进一步加强。中国积极地推进人居环境建设，一些城市频频获得“世界人居奖”。在此情况下，**一个迫切需要解决的问题就是进行人居环境学的理论建设，我们也深知这有赖于实践和积累，绝不可能一蹴而就，但尽管如此，我们还必须知难而上，将学术推向前进**。

如果说一百多年前，城市规划学术的先行者能够以其敏锐的观察，思考上一个世纪遗留下来的问题和经验，奠定了近代城市规划学，那么，目前祖国各地轰轰烈烈的大建设则为我们提供了发展舞台，人居环境科学有必要、也有可能立身于当代科学的前沿，为推动建设事业的发展发挥应有的作用。“**在我们迈向21世纪的时候，我们憧憬着可持续的人类住区，企盼着我们共同的未来。我们倡议正视这个真正不可多得的、非常具有吸引力的挑战。让我们共同来建设这个世界，使每个人有个安全的家，能过上有尊严、身体健康、安全、幸福和充满希望的美好生活。**”（《伊斯坦布尔人居宣言》，1996年6月）

举起你的双手，奋发努力，迎接它的未来吧！

第2章

人居环境科学基本框架构想

人居环境科学尚在初创之中，现在只是粗略勾勒其轮廓，以有助于人们的思考。总目标是通过理论研究与建设实践的努力，探索一种以研究改进、提高人居环境质量为目的的多学科群组，融贯包括自然科学、技术科学、人文科学中与人居环境相关的部分，形成一新的学科体系——人居环境科学。

2.1　人居环境释义

人居环境，顾名思义，是人类的聚居生活的地方，是与人类生存活动密切相关的地表空间，它是人类在大自然中赖以生存的基地，是人类利用自然、改造自然的主要场所。按照对人类生存活动的功能作用和影响程度的高低，在空间上，人居环境又可以再分为生态绿地系统与人工建筑系统两大部分。

有人说：**“科学作为一个整体也可以被看成是一个巨大的研究纲领”**[①]，科学内在的力量总是激励人们完整地认识和说明整体。人居环境科学就是围绕地区的开发、城乡发展及其诸多问题进行研究的学科群[②]，它是连贯一切与人类居住环境的形成与发展有关的，包括自然科学、技术科学与人文科学的新的学科体系，其涉及领域广泛，是多学科的结合，它的研究对象即是人居环境。

人居环境科学研究以下述诸方面为最基本的前提：

——人居环境的核心是“人”，人居环境研究以满足“人类居住”需要为目的。

——大自然是人居环境的基础，人的生产生活以及具体的人居环境建

① I. 拉卡托斯，科学研究纲领方法论，第 66 页，上海译文出版社，1986 年版。

② 人居环境科学英文译名为 The Sciences of Human Settlements，英文的科学用复数而不用单数，这是区别于“人类聚居学”的，虽然道氏也用过 The Sciences and Arts of Human Settlements，但在正式文章中都用单数。据说这在 1995 年西安会议上曾对中文命名有所争论，有人认为“人类聚居学”好，也有人赞成用“人居环境科学”。其实，这两个名字我先后都提出试用，前者用来专指道氏的 The Science of Human Settlements，后者则是针对中国具体的情况。为了说明问题的方便，各有侧重，我认为，这若干年来，“人居环境科学”已经被普遍接受。

设活动都离不开更为广阔的自然背景。

——人居环境是人类与自然之间发生联系和作用的中介，人居环境建设本身就是人与自然相联系和作用的一种形式，理想的人居环境是人与自然的和谐统一，或如古语所云“天人合一”。

——人居环境内容复杂。人在人居环境中结成社会，进行各种各样的社会活动，努力创造宜人的居住地（建筑），并进一步形成更大规模、更为复杂的支撑网络。

——人创造人居环境，人居环境又对人的行为产生影响。

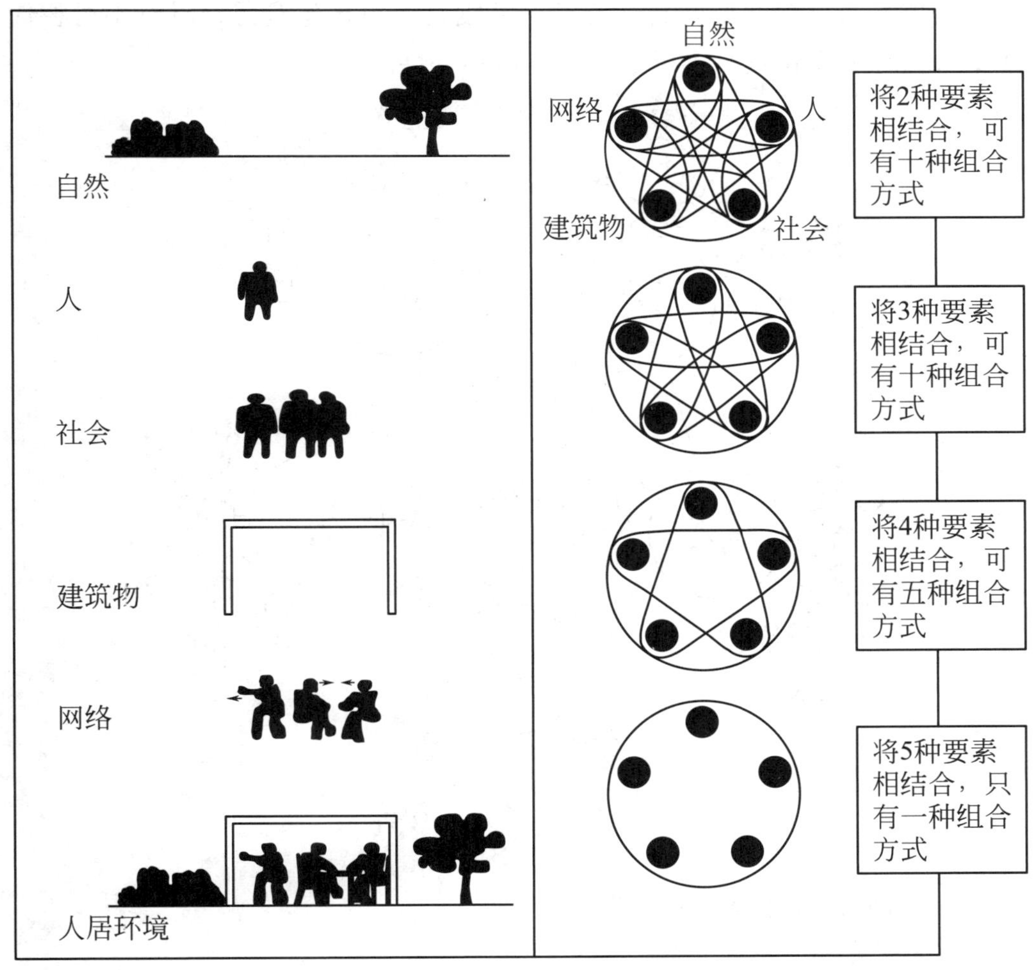

图 2-1　人居环境示意及五个子系统组合方式示意图

资料来源：C. A. Doxiadis. Ekistics：An Introduction to the Science of Human Swttlements，P22–23.

2.2　人居环境的构成

2.2.1　就内容言，人居环境包括五大系统

究竟从何入手研究人居环境呢？这里试借鉴道氏“人类聚居学”，用系统观念，从分解开始，将人居环境从内容上划分为五大系统①。

2.2.1.1　自然系统

自然指气候、水土地、植物、动物、地理、地形、环境分析、资源、土地利用等。整体自然环境和生态环境，是聚居产生并发挥其功能的基础，人类安身立命之所。自然资源，特别是不可再生资源，具有不可替代性；自然环境变化具有不可逆性和不可弥补性。

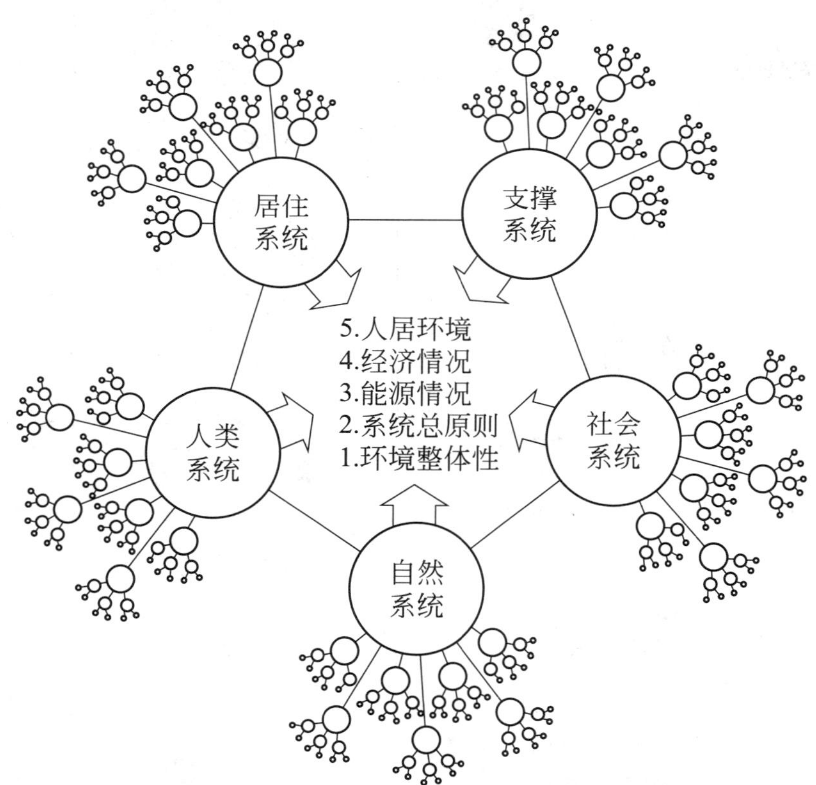

图 2-2　人居环境系统模型

资料来源：Ekistics，1976（5），P246.

① 这里阐述的五大系统借鉴了道氏学说，请参阅本书第二部分道氏对五大系统各方面的论述。

自然系统侧重于与人居环境有关的自然系统的机制、运行原理及理论和实践分析。例如，区域环境与城市生态系统、土地资源保护与利用、土地利用变迁与人居环境的关系、生物多样性保护与开发、自然环境保护与人居环境建设、水资源利用与城市可持续发展，等等。

在全球城市人口比例迅速增加的同时，我们应当更加重视严峻的地球生态环境问题。

干渴的地球

1950年，世界贮量（在计算了农业、工业和家庭用水总量之后）高达人均16800m^3。而今，全球贮量已降至7300m^3，25年后还有可能降至4800m^3。

今天，约有35%的世界人口面临着“灾难性”的缺水，即在发生干旱等危机时，水的总贮量不能供养这个地区的人口。

并且，水的自然分布很不平衡，40%以上的河水、水库水和湖水仅集中在六个国家：巴西、俄罗斯、加拿大、美国、中国和印度。同时，在40%的地球板块上只有2%的河水、水库水和湖水。

中国城市缺水严重。中国人均水资源占有量居世界第110位，被联合国列入13个贫水国之一。目前，在全国640个城市中，缺水城市约300个，严重缺水城市114个，这些城市的缺水总量约1600万m^3。据有关部门预测：到2020 ~ 2030年，按现在的供水能力，每年缺水量1500亿m^3。

绿色空间

芒福德不仅认为一般的绿色空间、休闲地带对城乡的构成非常重要，包括荒野地区对人类的生存也是必不可少的。“直到19世纪，美国才逐步认识到荒野是人类社区的组成部分。美国联邦政府把一些动人的自然景观划定为不准人们永久居住的保护区，1872年建立的黄石公园就是其中的第一个。这是发展区域文化的一件大事，它第一次公开确认原始荒野是文明生活的象征，不能不顾后果地把自然环境仅仅用于经济开发”，因为风景也是一种社会文化资源（The landscape is a cultural resource），也是一种生态资源。我们的审美观念不能只停留在一些风景名胜震撼人心的地貌上，而应该同等地对待大地的每一个角落；必须强调绿色空间不仅是为了游憩和观赏，更重要的是为了保护正在被破坏和失去的绿色空间，作为自然一贯赖以生存的生态环境。

图 2-3　“井的变迁”漫画（作者：乔玲）

> 中国城市缺水严重。中国人均水资源占有量居世界第110位，被联合国列入13个贫水国之一。目前，在全国640个城市中，缺水城市约300个，严重缺水城市114个，这些城市的缺水总量约1600万 m^3。据有关部门预测：到2020 ~ 2030年，按现在的供水能力，每年缺水量1500亿 m^3。

2.2.1.2　人类系统

人是自然界的改造者，又是人类社会的创造者。

人类系统主要指作为个体的聚居者，侧重于对物质的需求与人的生理、心理、行为等有关的机制及原理、理论的分析。

> **人类的基本需要**
>
> 人是地球上生命有机体发展的最高形式，在劳动基础上现成的社会化的高级动物，是生活历史活动的主体，人类具有一系列的基本需要。
>
> 1　生理需要：包括两种，其一为对食物、水、氧气、睡眠的生理需要，其二是特殊的心理需要。
>
> 2　安全需要：包括生理上的安全与心理上的安全。
>
> 3　归属与爱的需要：被集体所接受，能感受到爱。
>
> 4　尊重需要：包括自尊与别人的尊重。
>
> 5　自我实现的需要：自我的发展与完善，个人潜力的发挥。
>
> 从生理上的需要到心理上的需要，需要的发展不是一间断的阶梯式的跳跃过程，而是连续的波浪式地演进过程。

世界人口增长速度

年份	人口数	增长10亿所用时间
1830年	10亿	
1930年	20亿	100年
1960年	30亿	30年
1975年	40亿	15年
1987年	50亿	12年
1999年	60亿	12年

1987年，世界人口接近50亿，为此联合国将1987年7月11日定为“世界50亿人口日”。从1988年7月11日开始，联合国人口基金会将每年的7月11日定为“世界人口日”，提醒人们对快速增长的人口问题予以关注。

1999年10月12日，世界人口达到了一个空前的数字60亿。联合国将这一天定为“世界60亿人口日”，并在中国北京集会，围绕“人类对生育的选择将决定世界的未来”这个主题进行反思。联合国预测，到2050年，世界人口的低为79亿，高则119亿，预测中值是98亿。

图 2-4　“无限吃有限”漫画（作者：华君武）

> **1999年10月12日世界60亿人口日主题**
>
> 人类对生育的选择将决定世界的未来
>
> 自20世纪80年代“可持续发展”概念被国际社会提出后，人口问题成为人口、环境、资源与社会的协调发展中的核心问题，而人口增长是影响可持续发展最为直接的和最为复杂的因素之一。
>
> 人口增长的速度过快，就会与自然资源的消耗承载力失去平衡，最直观的则表现在人口与自然资源间匹配的变化情况。仅就耕地来讲，中国1995年为人均2.82亩，现在下降到人均不足1亩。中国正用世界上7%的耕地养活着世界上22%的人口。

2.2.1.3　社会系统

人居环境是“人”与“人”共处的居住环境，既是人类聚居的地域，又是人群活动的场所，社会就是人们在相互交往和共同活动的过程中形成的相互关系。人居环境的社会系统主要是指公共管理和法律、社会关系、人口趋势、文化特征、社会分化、经济发展、健康和福利等。涉及由人群组成的社会团体相互交往的体系，包括由不同的地方性、阶层、社会关系等的人群组成的系统及有关的机制、原理、理论和分析。

社会的发展和变化是通过人的活动实现的，人的活动贯穿在社会的各个方面。社会生产是人改造自然界的活动；人们为了生产物质生活资料而结成的生产关系，是生产的社会形式。人居环境建设与传统的建设观点最大不同之处就在于，用“聚居论”的观点看待我们生活的环境，这样，我们不仅可以看到聚落“空间”以及其“实体”的方面，还可以看到生活于其中的人们的“行为”等[①]。

人的社会属性决定了他们有不同的生活需要，相互之间需要进行分工协作，从事不同的活动。因此，也就需要合理组织各种生活空间。人居环境在地域结构和空间结构上要适应“人与人”的关系特点，其中包括家庭内部、不同家庭之间、不同年龄之间、不同阶层之间直至居民和外来者之间的种种关系，最终促进整个社会的和谐幸福。因此，应当重视城市建设经济与社区管理、乡村脱贫与区域可持续发展等。

---

① 吴良镛．广义建筑学．清华大学出版社，1989。

人居环境建设应强调人的价值和社会公平。从根本上说，公平并不是纯经济学概念，它还含有伦理学意义。例如，中国的社区建设需要从中国情况出发，以“强势群体”的建筑区为着力点[①]。

各种人居环境的规划建设，必须关心人和他们的活动，这是人居环境科学的出发点和最终归属。

2.2.1.4　居住系统

居住系统主要指住宅、社区设施、城市中心等，人类系统、社会系统等需要利用的居住物质环境及艺术特征。

居住问题仍然是当代重大问题之一，当然也是中国重大问题之一。住房不能仅当作一种实用商品来看待，必须要把它看成促进社会发展的一种强有力的工具。

城市被视为公共的场所，也是一个生活的地方。由于城市是公民共同生活和活动的场所，所以人居环境研究的一个战略性问题就是如何安排共同空地（即公共空间）和所有其他非建筑物及类似用途的空间。

> 拥有合适的住房及服务设施是一项基本人权，通过指导性的自助方案和社区行动为社会最下层的人提供直接帮助，使人人有屋可居，是政府的一项义务。
>
> ——联合国．人类住区温哥华宣言．1976

> **中国住宅建设情况**
>
> 1995至1999年中国城镇建成住房22.1亿m^2，约合3000万套，占1949～1995年共46年间城镇住宅建设总量的56%，平均每年建设4.4亿m^2，约合600万套。农村建设住房26.9亿m^2，平均每年建设住宅5.4亿m^2。城镇平均住房数量比“96国家报告”确定目标高80%，农村则高出10%，住宅建设持续快速增长，有效地促进了国家经济的法制，城镇住宅建设投资占国内生产总值的比重由1996年的4.9%提高到1999年的6.1%，高于“96国家报告”确定的4%的目标。
>
> ——中华人民共和国人类住区发展报告（草案）1996～2000年

① 田毅鹏．城市社区建设的着力点．光明日报，2001 年 1 月 15 日。

2.2.1.5　支撑系统

支撑系统主要指人类住区的基础设施，包括公共服务设施系统——自来水、能源和污水处理；交通系统——公路、航空、铁路；以及通信系统、计算机信息系统和物质环境规划等。支撑系统是指为人类活动提供支持的、服务于聚落，并将聚落联为整体的所有人工和自然的联系系统、技术支持保障系统，以及经济、法律、教育和行政体系等。它对其他系统和层次的影响巨大，包括建筑业的发展与形式的改变等。

美国1997年对301个都市区评选“居家最佳地区”的评选标准

根据对全美各地家居的调查，从分布全美各地的301个都市区（包括城市及郊区）中评选出最适合家庭居住和抚养子女的前50名城市。评选中所考虑的环境要素的前13项从一个侧面说明一个普通的居民点与上述五大系统均有密切的关系。

（1）犯罪率低（社会系统）
（2）毒犯问题少（社会系统）
（3）公立学校好（社会系统）
（4）医疗质量高（社会系统）
（5）环境清洁（自然系统）
（6）生活费用适合（居住系统）
（7）经济增长强劲（社会系统）
（8）学校课外活动质量高（人类系统）
（9）离大学近（支撑系统）
（10）青少年活动多（居住系统）
（11）到城市不过1小时里程（支撑系统）
（12）私立学校多（社会系统）
（13）温暖晴朗的天气（自然系统）

——英文《读者文摘》1997（4）

城市和乡村的发展是相互联系的。除改善城市生活环境外，我们还应努力为农村地区增加适当的基础设施、公共服务设施和就业机会，以增强它们的吸引力；开发统一的住区网点，从而尽量减少农村人口向城市流动。中、小城镇应给予关注。

——联合国“人居二”会议，伊斯坦布尔宣言．1996

关于五大系统的综合说明：

（1）以上每个大系统内又可分解为若干子系统（关于每一个系统的具体内容，请参阅本书第二部分第2章“人类聚居基本事实分析”及附录二《台劳斯宣言》）。

（2）在上述五大系统中，“**人类系统**”与“**自然系统**”是两个基本系统，“**居住系统**”与“**支撑系统**”则是人工创造与建设的结果。在人与自然的关系中，和谐与矛盾共生，人类必须面对现实，与自然和平共处，保护和利用自然，妥善地解决矛盾，即必须可持续发展。

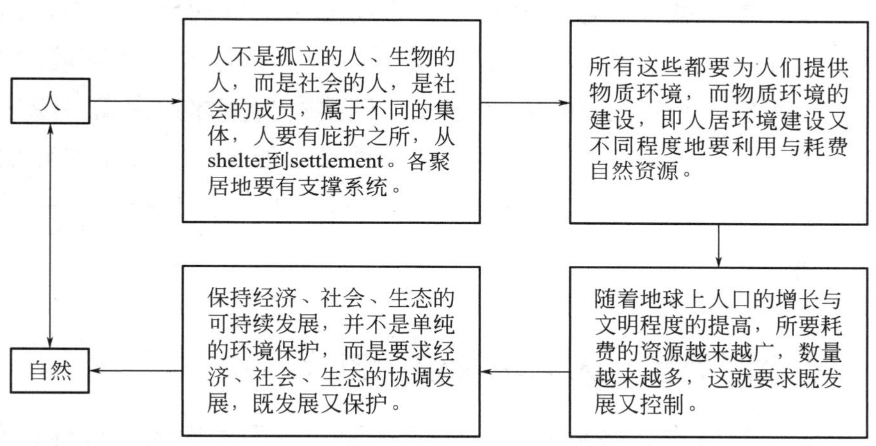

图 2-5　以人与自然的协调为中心的人居环境系统

（3）人、自然与社会要协调发展

> 21世纪将是人、自然、社会协调发展的世纪
>
> 人们将理性地改革社会体制，合理均衡物质财富分配，健全社会民主法制，升华社会道德，建立平等、和谐的人际关系、代际关系和区际关系，创造并追求健康、美好、文明的生活方式，在不断“调整、调适、调优”人与自然之间和人与人之间关系两大主线的基础上，使人类社会真正走向理想的可持续发展之路。
>
> ——路甬祥：“科技百年的回眸与新世纪的展望”，2000年

（4）五个系统都有如何面向持续发展的问题。在研究实际问题时，宜善于分析，寻找各相关系统间的联系与结合。

（5）在任何一个聚居环境中，这五个系统都综合地存在着，五大系统也各有基础科学的内涵。在人居环境科学研究中，建筑师、规划师和一切参与人居环境建设的科学工作者都要自觉地选择若干系统进行交叉组合（2 ~ 3个或更多的子系统）。当然，这种组合不是概念游戏，而是对历史的总结，对现实问题的敏锐观察、深入的调查研究、深邃的理解，以及对未来大趋势的掌握与超前的想象。

必须说明，五种系统的划分只是为了研究与讨论问题的方便，应当看到它们相互联系的方面。例如，芒福德就曾从生态学的角度把人类看作自然界的一部分，强调生物的总体和环境的作用。**地球上的所有生命一起构成一个整体，这个整体能够使得地球的生物圈满足她的全部需要，而且赋予她远远大于其他部分之和的功能。同样，一个良好的人居环境的取得，不能只着眼于它各个部分的存在和建设，还要达到整体的完满**；既达到作为“**生物的人**”在这个生物圈内存在的多种条件的满足，即**生态环境的满足**，又达到作为“**社会的人**”在社会文化环境中需要的多种条件的满足，即**人文环境的满足**①。

2.2.2　就级别而言，人居环境包括五大层次

人居环境的层次观是另一个重大的问题。不同层次的人居环境单元，不仅在于居民量的不同，还带来了内容与质的变化。

在道氏的“人类聚居学”中，层次的观念很突出。道氏发现，在人类聚居建设的实践中，人们对聚居的类型和规模缺乏统一的认识，常常出现概念上的混乱，于是他建议根据统一的尺度标准，对人类聚居的类型和规模进行划分。

他以自身丰富的实践经验为基础，经过长期的思考和归纳，**提出人类聚居的分类框架**，即根据人类聚居的人口规模和土地面积的对数比例，将整个人类聚居系统划分成15个单元，从最小单元——单个人体开始，到整个人类聚居系统以至“普世城”结束（见表2-1）。同时，他还指出：15个单元还可大致划分成三大层次，即：

---

① 郑孝燮先生创造“文态”一词，极佳。此处仍用人文环境一词，因内容更广泛。

人居环境类型 12 个地带的数值比例　　　　表 2-1

12个地带	道氏12个地带比例	中国12个地带比例	子类百分比	子类面积（km^2）
1. 原始地区	40	58.13		54996667.09
		林	8.83	835348.97
		草	29.51	2804682.18
		不可用土地	19.06	1803401.90
		水体	0.59	56234.04
2. 不许居留地区	17	8.63		816820.81
		林	6.47	612495.20
		草	2.16	204325.61
3.允许暂时居留地区	10	8.06		762809.29
		林	4.43	418761.53
		草	3.64	344047.76
4. 允许居住的地区	8	1.51		142991.46
		林	0.85	80203.39
		草	0.61	57818.08
		不可用土地	0.05	4969.99
5. 永久居住的地区	7	0.55		52501.47
		林	0.49	45980.43
		草	0.06	5575.69
		不可用土地	0.01	945.35
6. 传统垦殖区	5.5	10.14		959488.09
7. 现代垦殖区	5	8.93		845257.52
8. 人类体育娱乐区	5	1.21		114250.00
9. 低密度居住区	1.3	2.24		212097.50
10. 中密度居住区	0.7	0.33		31103.04
11. 高密度居住区	0.3	0.08		7438.10
12. 工业区	0.2	0.18		16975.90

——**从个人到邻里为第一层次**，是小规模的人类聚居；

——**从城镇到大城市为第二层次**，是中等规模的人类聚居；

——**后五个单元为第三层次**，是大规模的人类聚居。各层次中的人类聚居单元具有大致相似的特征。

后来，在《建设安托邦》一书中，为简明起见，道氏又把十五个聚居单位归并为十个层次，即（1）家具，（2）居室，（3）住宅，（4）居住组团，（5）邻里，（6）城市，（7）大都市，（8）城市连绵区，（9）城市洲，（10）普世城。

根据人类聚居的类型和规模，将其划分为不同的层次，这对澄清人居环境的概念以形成统一的认识，对开展人居环境研究是十分有利和必要的。为简便起见，我们**在借鉴道氏理论的基础上，根据中国存在的实际问题和人居环境研究的实际情况，初步将人居环境科学范围简化为全球、区域、城市、社区（村镇）、建筑等五大层次**。同样值得指出的是，这五大层次的划分在很大程度上也是为了研究的方便，在进行具体的研究时，则可根据实际情况有所变动，并确定重点。

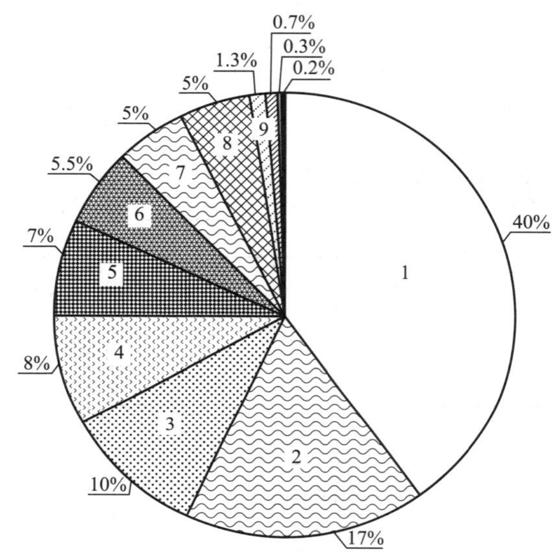

图 2-6　全球人居环境类型 12 个地带面积比例

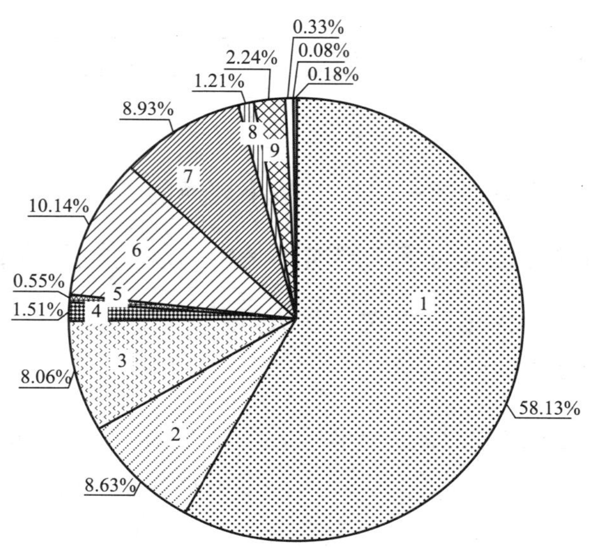

图 2-7　中国人居环境类型 12 个地带面积比例（林文棋制）

图 2-8　“分田——‘每家种五棵玉米’”漫画（作者：丁振国）

从上面的图表反映的空间分布来看，我国耕地生产力较高的地区恰是近年来我国经济发展速度较快的地区，城市化、村镇发展的规模大，速度空前，占有的耕地数量也大。发展现代化农业以增加粮食产量的同时还应积极地改善土壤质量，并在城市村镇合理发展的同时尽量少占耕地，应是人居环境建设研究的一个方向。保护耕地，保证粮食供给，是地区及国家人居环境建设的根本保证。以现有国情，必须在稳定耕地面积的基础上，加强区域生态环境的综合整治，林、草、耕地加以合理配置，以作为发挥耕地生产力的根本。加强水土保持工作，治理水土流失与开发利用水土资源、提高上地生产潜力、脱贫致富相结合，防治土地退化，提高上地质量，建设持续农业与畜牧业。

2.2.2.1　全球

在研究人居环境的过程中，我们必须着眼于全球的环境与发展，特别要把眼光放在直接影响全球的共同的重大问题上，如考虑人类共同面临的全球气候变暖、温室效应、能源和水资源短缺、热带雨林的破坏、环境污

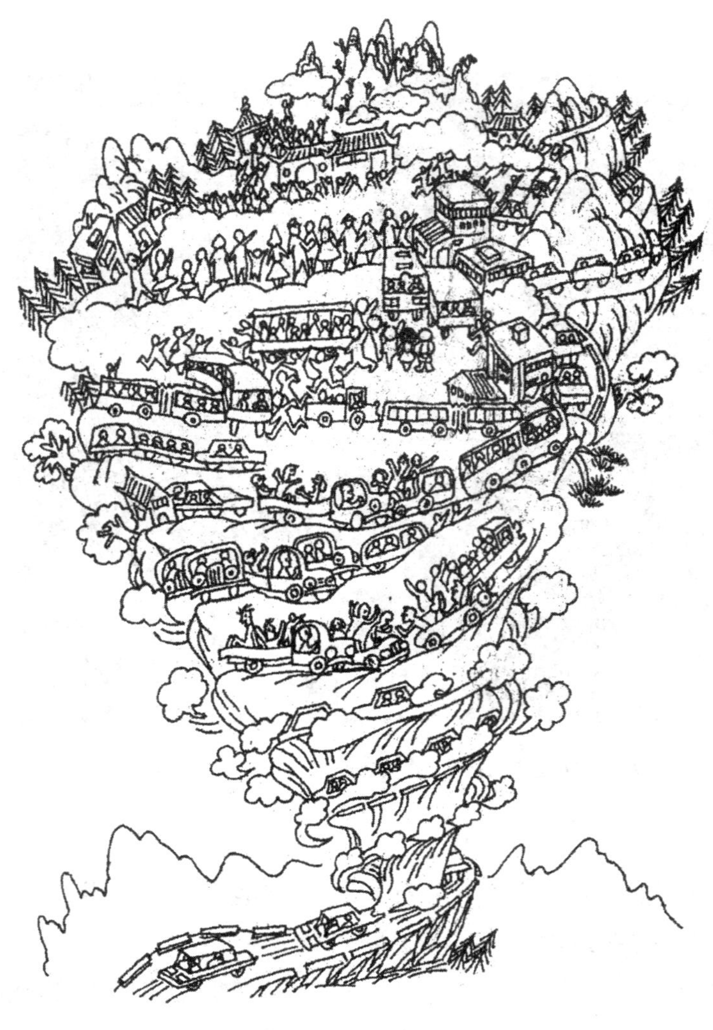

不识庐山真面目
只缘人在此山中

图 2-9　“城市山林”漫画（作者：林禽）

染、土地沙漠化、生物多样性的丧失等问题，抓住重点问题，寻求走向可持续发展的道路。

经济全球化是不以人的意志为转移的客观的历史潮流。世界资本主义已发展到一个新的阶段，高度区域化的生产已被全球劳务分工所代替，全球经济需要一个功能性的城市网络去支配其空间积累的过程。在此过程中，世界城市整合了较大地区，并作为该地区的经济金融中心（按Saskia Sassen的说法，就是“控制中心”（controlling center））。对此，我们应该予以足够的关注，要以全球的视野，分析研究跨国、跨地区的城市发展动态。

国际大都市的发展也着眼于全球，跨国土的城市建设研究的例子很多。例如，加拿大美国西海岸，关注环太平洋地区经济与城市化情况；韩国首尔东黄海水浒城（Aquapolis）的建设，是在研究了黄海、渤海湾城市（环渤海城镇体系）之后作出的计划，在黄海门户建立“消费天堂”、旅游基地，年旅客吞吐量为3000万人的机场；2000年底，香港大学邀请学者从事“世界大城市的再发现”国际学术讨论会，等等。所有这些说明我们应当关注全球对人居环境建设未来的各方面的信息。

2000年7月6日，关于城市未来的国际会议“URBAN 21”发表《柏林宣言》指出：

我们考虑到如下现实：

1. 全世界60亿人口中的大部分将居住在城市，这在人类有史以来是第一次；

2. 全球正面临着城市人口的爆炸性增长，其中最主要集中在发展中国家；

3. 全球1/4的城市人口生活在贫困线以下，城市贫困现象正在加剧，它尤其威胁到妇女和儿童；

4. 许多国家的社会环境继续恶化，居民的健康幸福受到艾滋病和许多重新出现的传染病的威胁；

5. 我们生活的世界在一个多样化的社会，就城市所面临的问题和挑战而言，不存在简单的答案和单一的解决办法；

6. 面对过度增长的现状，许多城市在提供足够的就业机会、保障适宜的住房以及满足居民基本生活需求等方面显得束手无策；

7. 不少城市充满生机，它们在发展中实现了公平，贫困持续减少，文盲得以消除，妇女受到教育，并获得应有的机会，出生率逐渐下降；

8. 而另一些城市则面临着人口老龄化、城市衰败、资源非持续利用等问题，亟待调整与改变；

9. 全球每个角落的所有城市都被各种各样的问题所困扰，尤其严重的是，没有一个城市真正做到了可持续发展。

我们同时也注意到如下发展趋势，并充分意识到其正反两方面的作用：

1. 全球化和信息技术革命将加速打破现有的行政边界，赋予城市新的使命；

2. 经济和社会正变得越来越依赖于知识；

3. 世界不再仅仅是国家的组合，更是城市相互联系构成的体系（galaxy）；

4. 国家、区域和城市政府越来越平等地协同行使各种权力；

5. 城市的治理（governance）越来越民主；

6. 妇女的权益、人权的完整性、参与的需求以及环境管理（stewardship）等问题正日益得到各界的认可和重视；

7. 公私双方以及社会大众（civil society）之间新的合作关系正逐步形成。

2.2.2.2 国家与区域

一位城市规划专家在《城市设计环境伦理》[①]一书中指出，荷兰的城市建设是西欧诸国中较成功的一例，它的国家规划政策是根据实际需要，在二战之后才形成和发展起来的，虽然历史并不悠久，但经过不断的修改和完善，逐步变得越来越有成效；荷兰在资源有限的条件下采取了有效的国家规划和管理政策，使得区域发展避免了高密度人口集聚所造成的建设环境混乱，它的制定与实施可以认为是世界上最有成效的地区城市规划设计的典范之一。如果以国家的资源条件和人口密度为一方，以国家政策对区域发展影响的程度为另一方，从荷兰的经验可以看出两者之间有一定的关联性。荷兰的国家规划政策主要具有综合性、重视自然、充分考虑相关因素等特点，涉及社会生活和经济生活的各个方面，包括对环境的考虑、强烈的生态感、团体和个体的倾向性、保护绿地和控制都市发展用地等等。在规划的制定和实施方面，荷兰也规定了国家、省和地方三级之间的序列关系。事实上，荷兰的经验最终集中在土地再造系统、城市发展控制以及人口分布这三个主要问题上。通过分析荷兰的经验，再回头看这些年我们的探索，可以说两者在原则上是基本相通的，即综合研究区域发展各方面的问题，不仅有自然环境的问题，还有人居环境的问题，力图找出总体的解决方案。当然，要将这些研究成果完全付诸实践，还需要付出极大的努力。

荷兰国家规划政策

一般说来，国家越小，全国对政策发展的共识就越大，荷兰对规划就有这种共识，其规划政策及实施的大部分特点包括：

——综合性

——重视自然方面

——充分考虑相关的因素，如生活的社会方面和经济方面

——环境方面的考虑

——强烈的生态感

——团体和个体的倾向性

——保护绿地和划定城市土地

——在规划制定及其实施方面，国家、省和地方三级之间的序列关系。

荷兰的政策集中在三个主要问题上：土地再造系统、集体城市控制以及人口分布。

---

① Gideon S. Golany. 城市设计的环境伦理学（Environmental Ethics For Urban Design）. 辽宁人民出版社。

中国幅员广大，各地具体的自然条件千差万别，如山地与平原、干旱与湿润、温暖与寒冷等等，历史文化背景、经济发展水平、当前的建设情况等等也不一样，因此人居环境发展也有着明显的不平衡性，特别是东部发达的沿海地区与中西部不发达的内陆地区，相应地，人居环境研究中的区域视野也愈显重要。

在东部沿海地区，以城市为核心的城市化进程（city-based urbanization）正在进入以区域范围为基础（region-based urbanization）的新阶段，大城市地区在国家城市化中的焦点位置日益显露，其在经济、环境上的可持续性也逐渐凸现。而在欠发达地区，限于条件，还是要以城市为核心的城市化。

> 早在80年代，中央就明确提出中国现代化建设的“两个大局”的战略思想，即：
>
> ——东部沿海地区加快对外开放，率先发展起来；
>
> ——到20世纪末，全国达到小康水平时，要拿出更多力量来帮助中西部地区，加快其发展。
>
> 现在，开发西部的时机已经成熟，着手实施西部地区大开发，加快中西部地区发展是中国面向新世纪作出的重大决策。
>
> 当前和今后一个时期，西部地区大开发的重点将放在加强基础设施建设，改善生态环境，大力发展当地特色经济和优势产业，发展科技教育为加快振兴的步伐创造更好的基础与条件。

2.2.2.3　城市

在人居环境建设中，城市这一层次涉及的问题很多，也最为集中，千头万绪，我们必须抓住整体性，其中主要的方面有：

（1）土地利用与生态环境的保护。这是最核心的，可惜一般研究还不够深入。

（2）支撑系统。如能源、交通、通讯等基础设施。

（3）各类建筑群的组织。要充分重视公共建筑与住宅居住区的规划建设，特别是要把住房放到首要的位置，不断改善的住区环境是城市社会稳定的基础。

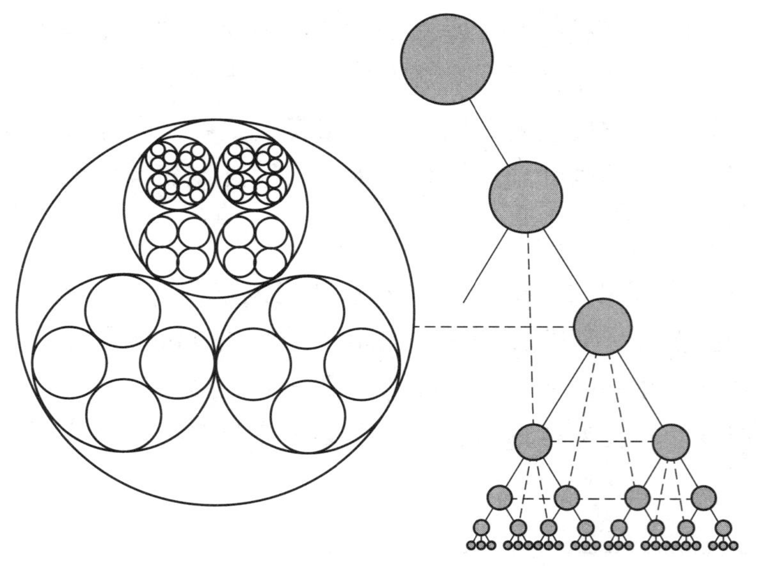

图 2-10　社区的等级层次体系

这是道萨迪亚斯“聚居的等级层次体系”。但由于中国的人居环境具有明显的二元特征：即中国的城市和乡村地区实行的是两套不同的人居环境发展政策。这些不同的发展政策导致了城乡居住环境的投入方式和外在表现形式的巨大差别。

（4）环境保护。对环境污染与自然灾害、人为灾害必须要有切实的防护措施，如何改善密集的城市的环境质量，使之成为健康的城市？

（5）城市环境艺术。一个良好的城市并不是建筑物、构筑物的堆积，它要有舒适、宜人的环境。

2.2.2.4　社区（邻里）

这里作为城市与建筑之间一个重要的中间层，

——就城市结构系统言，可称分区、片区；

——就社会组织言，可称社区、邻里；

——就城乡关系言，可指小城镇、村镇等。

《联合国人居中心社区发展方案》指出，社区的作用包括创造就业机会、建造住宅、提高环境意识和进行环境管理……与决策者或领导人合作，鼓励在社区管理方面实行权力下放与公众参与。

> 积极稳妥地实施城镇化战略，是经济结构战略性调整的一项重要任务。中国的城镇化不能照搬别国的模式，必须从自己的国情出发，走有中国特色的城镇化道路。发展小城镇是推进我国城镇化的重要途径，重点是发展县城和部分基础条件好、发展潜力大的建制镇。与此同时，积极发展中小城市，完善区域性中心城市功能，发挥大城市的辐射带动作用，提高各类城市的规划、建设和综合管理水平。从根本上说，城镇化水平是由经济水平决定的。我国不同地区的经济发展水平和市场发育程度差异很大，推进城镇化一定要从各地实际情况出发，因地制宜，逐步形成切合实际的、合理的城镇体系，不能一刀切。
>
> ——国务院总理《关于制定“十五”计划建议的说明》，2000年10月9日

2.2.2.5　建筑

自古以来，建筑就是为了“遮风雨”、“避寒暑”而建造的庇护所（Shelter），以此为基础，加以技术和艺术的创造，便发展了建筑学（Architecture），这种人类活动的产品，既包括物质内容，也包含有精神的内容，反映了人类文明的进步。

然而，仅仅有单一的建筑概念还是有缺陷的，没有“聚居（Settlement）”的概念不能完整地解释当今宏大的城市建设事业，以至特大城市和城市地区的建筑发展现象以及人类对环境建设的重大要求。

建筑的发展是建立在人类生产力和技术发展的基础上的。应全面地看待建筑在国家发展、社会的进步、科学的发展与广大人民的生活环境的提高以及与文化艺术发展的关系。

上述诸方面要作为一个整体来考虑，协调一致，达到共同的目标——不断提高人们的生活水平，包括物质的和精神的生活的需要。就此而言，区域规划、国土规划具有重要的意义。

第一，大、中、小城市协调发展（城市体系）

第二，城乡协调发展；

第三，居住与所在环境结合起来。

国土规划——未来聚居结构

无论从短期、中期还是长期来看，能用以形成最佳聚居结构的标准都应该包括：

——聚居区和交通运输的能源效率；

——交通运输系统的效率；

——水资源的最优化；

——基本农业用地的保护；

——有助于经济增长的聚居结构；

——具有最小的环境影响的聚居结构。

—— AMBIO，Vol28，No.2. March，1999

2.3　人居环境建设的五大原则[①]

通过对全球和中国若干问题的广泛思考，对21世纪中国人居环境问题也应力臻一个轮廓性的共识，主要包括下列内容：

2.3.1　正视生态的困境，增强生态意识

人类需要与自然相互依存。人对自然的破坏从无足轻重到破坏严重，从大自然对我们的惨痛“报复”中，在生命和财产的丧失中，在自身的困境中，才逐步认识到**“自然不属于人类，但人类属于自然”**[②]。人类保护生物的多样性，保护生态环境不被破坏，归根到底，就是保护自己。

严峻的人口压力和发展需求，使得资源短缺、环境恶化等全球性的问题在中国变得更为严峻；城乡工业的发展，污染物的排放正在侵蚀着中国大地的空气、水体和土壤，改变了我们和整个生物圈赖以生存的自然条件；局部地区已超出了大自然恢复净化能力，自然生态系统的运行机制和生态平衡遭到破坏；城市的蔓延、边际土地的开垦、过度放牧等加剧了自然生境的破碎化（habitat fragmentation）和荒漠化（desertification）进程，许多重要的敏感

① 本节根据1997年11月吴良镛在北京“迈向21世纪的城市国际会议”上的主旨报告“世纪之交论中国城市规划的发展”改写。

② 黄鼎成，王毅，康晓光．人与自然关系导论．武汉：湖北科学技术出版社，1997。

脆弱的自然生态系统和自然生境被不断挤压、分割，物种在丧失，生物多样性在锐减，土地在沙化。自然生态系统作为一个整体，其任何部分的改变和破坏有可能危及我们自然的生存。可以说，作为人类几世纪来发展的经验总结和21世纪的主题，可持续发展在中国显得尤为紧迫。

然而，对于日益困扰人类的人口、资源、环境、灾害等问题以及不断加剧的人类与自然之间的不协调性，我们还未能被普遍地加以认识，我们对国情的忧患意识还不够，研究还欠深入，对问题的复杂性缺乏深切的理解，所采取的措施还不够坚决有力。为此，必须加紧努力，包括推动更为广泛的生态教育，提高对问题的危机意识，在规划中增加生态问题研究的分量，贯彻可持续发展战略，提高规划质量，做到：

——以生态发展为基础，加强社会、经济、环境与文化的整体协调。

——加强区域、城乡发展的整体协调，维持区域范围内的生态完整性。

——促进土地利用综合规划，形成土地利用的空间体系，制定分区系统以调节和限制建设及旅游等活动，防止自然敏感地区及物种富集地区等由于外围污染带来的生态退化，提供必需的缓冲区和景观水平的保护，确保开发的持续性和保护的有效性。

——建立区域空间协调发展的规划机制与管理机制，加强法制意识及普及教育，加强当地人民的参与，从整体协调中取得城乡的可持续发展。

——提倡生态建筑，尽量减少建设活动对自然界产生的不良影响。……

2.3.2　人居环境建设与经济发展良性互动

当今，城乡建设速度之快、规模之大、耗资之巨、涉及面之广、尺度之大等已远非生产力低下时期所能及，人居环境建设已成为重大的经济活动。

第一，经济社会发展，推动了城市化的进程。例如，温州附近的发展正是由于地区经济的发展，农民自己能兴建起城镇；另一方面，由于城市化带来的物质环境质量的提高、交通通讯的发达，也增进了城市经济的繁荣。

第二，有了巨大的投入，才有巨大的积累，正因如此，土建、城乡建设活动对不断采用先进技术装备建立新兴部门、增加就业岗位、进一步调整经济结构和生产力的地区分布、增强经济实力、为改善人民物质文化生活而创造物质条件等等，都具有重要的意义。

现在，12亿人口的住宅建设已成为国民经济的支柱产业，区域的基础设施建设对促进经济发展影响深远，这些都是清晰可见的。在此过程中，与世界其他地区和国家之间的联系日趋紧密，不断提出新的建设要求，对建设也产生相当的影响。

这就要求做到：

——决策科学化，作好任务研究和策划，更好地按科学规律、经济规律办事，以节约大量的人力、财力和物力。应该说，基本建设决策的失误是最大的浪费。①

——要确定建设的经济时空观，即在浩大的建设活动中，要综合分析成本与效益，必须立足于现实的可能条件，在各个环节上最大限度地提高系统生产力。②

——要节约各种资源，减少浪费。资源短缺是制约我们开展人居环境建设的客观条件，如今，我们要全面建立社会主义市场经济体制，实现经济增长方式由粗放型向集约型的根本转变，这一切将使中国人居环境建设的资源矛盾比以往任何时刻都更加尖锐地暴露出来，因此，必须努力节约各种资源，减少浪费，以实现经济、人居环境建设的可持续发展。

2.3.3　发展科学技术，推动经济发展和社会繁荣

科学技术对人类社会的发展有很大推动，它对社会生活，以至对建筑、城市和区域发展都有积极的、能动的作用。ISoCaRP《千年报告》中，明确提出："新技术将对城市和区域规划，以及城市的发展产生全面的影响"。

但是，科技给人类社会带来的变化，直言之，是一个新的文化转折点③。我们迫切需要从社会、文化和哲学等方面综合考虑技术的作用，妥善

---

① 吴良镛．"人类聚居学"与"人居环境科学"．北京：中国建筑工业出版社，1999。

② 吴良镛．广义建筑学．北京：清华大学出版社，1989。

③ 卡普拉著．卫飒英等译．转折点——科学·社会和正在兴起的文化．成都：四川科学技术出版社，1988。

运用科技成果，人居环境建设也不例外。一些建设中的难题，可寄期望以科学技术的发展予以解决。

——由于地区的差异、经济社会发展的不平衡、技术发展层次不同，我们必须保持生活方式的多样化，因为这是人类的财富。就世界与地区范围言，人居环境建设业不可能因新技术的兴起，立即另起炉灶，全然改观。

——而实际上总是要根据现实的需要与可能，积极地在运用新兴技术的同时，融汇多层次技术，推进设计理念、方法和形象的创造。

2.3.4　关怀广大人民群众，重视社会发展整体利益

在世纪转折之际，人类面临发展观的改变，即从以经济增长为核心向社会全面发展转变，走向“以人为本”。

人类社会全面发展是把生产和分配、人类能力的扩展和使用结合起来的发展观。它从人们的现实出发，分析社会的所有方面，无论是经济增长、贸易、就业、政治行为，还是文化价值。[①]

> 人人享受为维持他本人和家属的健康和福利所需的生活水准，包括食物、衣着、住房、医疗和必要的社会服务……
>
> ——联合国．世界人权宣言．1948

人类将更多地关注经济增长过程中的自身发展和自我选择，重视对个人的生活质量的关怀。当今，即使在某些发达国家，也有人已遗憾地警觉到“技术进步了，经济水平提高了，人们未必都能获得一个较为良好的有人情味的环境”[②]，并认识到“以追求利润为动机建造城市，以满足少数人的利益需求或者顺应那些变化无常、相互交织的‘政治决策’，这是完全错误的。城市建设不仅仅是建造孤立的建筑，更是重要的创造文明。”[③]

---

① 战捷．21 世纪的人口问题．科技日报，1998.7.11。

② 日本建筑师 Kai 在 A.O.F. 的发言。

③ A. Cunningham. 致吴良镛教授的信（1999.2.14）。

为此，我们必须注视：

——住宅问题是社会问题的表现形式之一，也是建筑师应履行其重大社会职责之所在，理当推动“人人拥有适宜的住房”的贯彻与实施，以提高住宅建设质量。面对如此巨大建设量，住宅建筑学迫切需要进一步地全面地发展。

——建设良好的居住环境，应为幼儿、青少年、成年人、老年人、残疾者备有多种多样的不同需要的室内外生活和游憩空间；加强防灾规划与管理，减少人民生命财产的损失，发扬以社会和谐为目的的人本主义精神。

——重视社会发展。开展“社区”研究，进行社区建设，发扬自下而上的创造力。

——合理组建人居社会，促进包括家庭内部、不同家庭之间、不同年龄之间、不同阶层之间、居民和外来者之间以至整个社会的和谐幸福。

有如此巨大的建设量分布在幅员广大的国土上，其对住宅建筑学的发展将作出重大的贡献也是理所应当的。对比一个世纪以来世界住宅建筑学的发展①，我们有理由作此要求，但寄希望于在新世纪的来临，居住环境质量能有全面的提高。

2.3.5　科学的追求与艺术的创造相结合

在经济、技术发展的同时强调文化的发展，它具有两层含义：

第一，文化内容广泛，这里特别强调知识与知识活动，学问技能的创造、运作与享用。就居住环境来说，应为科学、技术、文化、艺术、教育、体育、医药、卫生、游戏、娱乐、旅游等活动组织各种不同的空间，这是十分重要的内容。

第二，文化环境建设是人居环境建设的最基本的内容之一。对一个城市和地区的经济、技术发展来说，文化环境也不是可有可无的东西。因为“如果脱离了它的文化基础，任何一种经济概念都不可能得到彻底的思

① C. Bauer. Modern Housing. Boston and New York： Houghton Mifflin Company；Peter Rowe. Modernity and Housing. Cambridge： The MIT Press， 1934.

考”，“企图把共同的经济目标同它们的文化环境分开，最终会以失败而告终”[①]，“城市最好的经济模式是关心人和陶冶人”[②]。我们当然要积极发展经济、技术，但这不是我们的最终目的。**我们的目标是建设可持续发展的、宜人的居住环境**。

为此，我们应当：

——**发挥各地区建筑文化的独创性**，继往开来，融合创新，建设富有健康、积极、深厚的文化内涵的居住地域。

这就要求做到：一方面，**通中外之变**。全球化是人类诸多活动的必然趋势，中国文化与世界文化的交流与结合势必影响到人居环境中人文内涵的展拓，因此要积极推动、沟通东西方文化的交流，融贯地研究东西方人居文化的精华。另一方面，**通古今之变**。中国历史悠久，人们居住之地常常具有深厚的文化历史传统，这是今日人居环境建设的宝贵资源，应当研究历史，发挥东方城市规划理念与人居文化的独创性，继往开来，融合创新，注意转型研究，建设文化氛围浓厚，富有健康、积极的居住地域。

——**科学追求与艺术创造相结合**。法国作家雨果曾满怀深情地赞颂巴黎圣母院：“这个可敬的建筑物的每一个面，每一块砖，都不仅是我们国家历史的一页，并且也是科学史和艺术史的一页。”此语便明确地说明了建筑中科学和艺术的综合性。福楼拜讲：“越往前进，艺术越要科学化，同时科学也要艺术化；两者在塔底分手，在塔顶汇合。”科学追求与艺术创造殊途同归，理性的分析与诗人的想象相结合，其目的都在于提高生活环境的质量，给人类社会以生活情趣和秩序感，而这正是人类在地球上得以生存的一个基本条件。

更进一步讲，人居环境的灵魂即在于它能够调动人们的心灵，在客观的物质的世界里创造更加深邃的精神世界，我们在进行人居环境建设时，必须努力做到科学追求与艺术创造相结合，使之拥有长远的、在一些特殊的建筑物上甚至是永恒的感染力。

---

① F. 佩鲁. 新发展观. 华夏出版社，1987，P165 ~ 166。

② L. Mumford. The City in History， its origins， its transformations， and its prospects， P575.London： Secker & Warburg， 1963.

> 一个人类住区不仅仅是一伙人、一群房屋和一批工作场所。必须尊重和鼓励反映文化和美学价值的人类住区的特征多样性，必须为子孙后代保存历史、宗教和考古地区以及具有特殊意义的自然区域。
>
> ——联合国．人类住区温哥华宣言．1976

> 需要实现经济、生态和社会目标之间的平衡，使得空间得以可持续地发展。
>
> ——ISoCaRP千年报告，重申1993年布拉格第30次会议的决议

以上五点，**生态观、经济观、科技观、社会观、文化观，亦即发展中国人居环境科学的五项原则**。当然，任何事物都充满着矛盾，五项原则之间也是如此，它们相互关联、牵制。人居环境建设必须根据特定的时间、地点条件，统筹兼顾五项原则，求得暂时的统一，不断加以调整。

以发展解决前进中的矛盾，是集社会活动的一切方面的因素于一体的完整现象，是上述各方面的辩证统一，是人类生存质量及自然和人文环境的全面优化，而人居环境建设则应当作为实施这项伟大任务的积极力量。

2.4　人居环境科学的基本框架与学科体系

2.4.1　人居环境科学释义

人居环境科学，从字面上说，是涉及人居环境的有关科学。它最先是从道氏理论启发、借鉴而来，如第一章所述，称之为The Science of Human Settlements，我原译之名为“人类聚居学”，已散见于最初发表的一些文章中，并已为学术界所接受。“人居环境科学”是我与合作者在1993年前后开始使用的一个术语，在认识上曾有这样的发展：

（1）由于经济、社会、城市的蓬勃发展和存在的问题，仅仅一般理解的建筑学与城市规划学等已不能适应当前学术发展的需要，而“城市学”（Urbanology）虽然在我国有学者提倡，也尚未很好地开展起来[①]，在国外早

① 西方学者马赛尔·科尔尼（M. Cornu）说：“城市学只能是一个多学科工作的结果”，“在现在试图理解和解决城市的问题，必须作出大量的工作，否则企图要建立这样的学科一时是困难的。”

已有人持怀疑甚至否定意见[①]。

（2）对“广义建筑学”的提倡，是从建筑学科所作的展拓，属于“人居环境科学群”之内的一个组成部分。

（3）“人居环境科学”为**涉及人居环境有关的多学科交叉的学科群组**。在英译名词上写明“Sciences”而不用单数，也体现了学科群组。

（4）将“人居环境科学”与“人类聚居学”区分开来，是基于我们结合中国情况，在理论与实践上作了一番工作后，发现虽然我们明白声称借鉴道氏学说，但至少在方法论或哲学基础上又有不一致之处。例如，道氏所提倡的Ekistics是作为一门学科来建构的，我们认为在相当一个时期内还难于做到。

（5）“人居环境科学”与“环境科学”、“环境工程学”等既有联系又有区别。总的说来，它们都以环境为研究对象，但各自的研究范围、内容与侧重点及所采取的手段等并不一致。环境科学与环境工程涉及许多具体的科学技术问题，远至全球变暖、臭氧空洞的产生，近至污染源的控制和治理以及相关技术手段等[②]。人居环境科学关心的则是不仅如何把环境科学与环境工程的理论和方法引入人类聚居形态，面对下述五大系统的各个层次的人工与自然环境的相关内容均应引入到规划中去，用以提高环境的质量，形成宜人的居住环境。

---

① 近读段汉明《城市学基础》一书，是一本比较用过功夫的著作。

② 环境科学“在宏观上研究人类同环境之间的相互作用、相互促进、相互制约的对立统一关系，揭示社会经济发展和环境保护协调发展的基本规律；在微观上研究环境中的物质，尤其是人类活动排放的污染物的分子、原子等微小粒子在有机体内迁移、转化和蓄积的过程及其运动规律，探索它们对生命的影响及其作用机制。”环境工程学“运用工程技术的原理和方法，防治环境污染，合理利用自然资源，保护和改造环境质量。”见《中国大百科全书·环境科学》P1 ~ 5，中国大百科全书出版社，1983。

2.4.2　人居环境科学基本研究框架

（1）人居环境系统属于远至人与生物，近至人们居住系统，以人为中心的生存环境。

（2）不同时期对人居环境有共同的追求，各时代各地区也有各自的特殊要求，基于中国情况，将生态、经济、技术、社会、人文（文化艺术）作为人居环境的基本要求，称为五大原则（或称五大纲领），其中自有中国特定的内涵和侧重点。

（3）五大系统（自然、人、社会、居住、支撑网络）在研究过程中，可以根据具体情况选择重点，如以自然系统、人类系统或网络系统为核心。

（4）对五大层次的研究，可以根据不同课题，将重点放在某个层次，并注意其承上启下的相互关系。

（5）上述原则、系统、层次并不是等量齐观，而是面向实际问题，有目的、有重点地根据问题的性质、内容各有侧重，形成若干可供选择的方案，及若干可能性。

（6）在上述方案的基础上，根据形势的发展，可以选择适合客观情况的解决途径与行动纲领，可以暂时搁置一些尚未明确的因素。

（7）由于不同情况，当考虑上述研究结论尚不尽如人意，或情况有所变化时，需要改进研究框架，继续探索。

综上所述，是对人居环境科学基本框架图2–11的说明。

2.4.3　人居环境科学学科体系的构成

从学科组织上看，人居环境科学是一个开放的系统，它是由多个学科组成的学科群，目前，其建构尚处于起步阶段。从人居环境不同方面可以有不同的学科核心和学科体系，就人居环境的物质建设、规划实际来说，则可以作下列考虑。

2.4.3.1　以建筑、地景、城市规划三位一体，构成人居环境科学的大系统中的“主导专业”（leading discipline）

这里所说的建筑，是“广义建筑学”的具体实践；这里所说的城市规

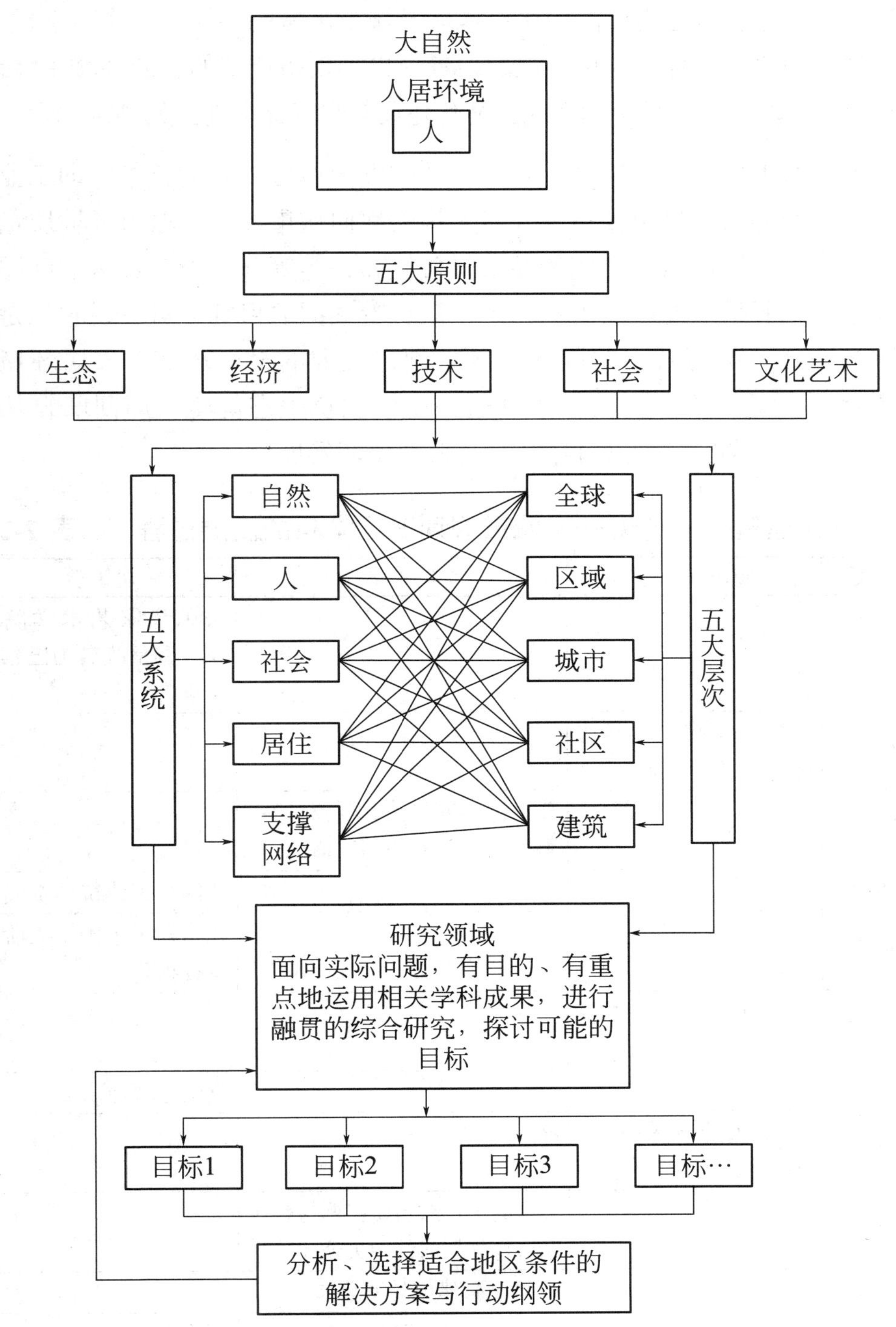

图 2-11　人居环境科学研究基本框架

划，不只是单个城市与村镇的规划建设，当前，我国大规模、高速度的城乡建设客观上需要对更为广阔的城市地区及城市区域的整体发展作科学预测、合理规划和法制管理；这里所说的地景，也不仅指传统的公园和城市绿地，而且包括在城市化进程中的大地园林化建设与自然保护地区的划定。

现代城市规划学、地景学和建筑学的发展有着共同的背景，即工业革命后，生产力水平迅速提高，人口大规模地向城市集中，城市环境质量急剧下降，而人们对居住环境的要求日益提高，等等。尽管三者考虑问题的角度不同，所采取的手段也不一样，但有着**共同的目标**，可以说它们是从不同的途径，努力解决共同的问题，创造宜人的聚居环境（人居环境）。所谓宜人，不仅要求物质环境舒适，还应注意生态健全，即回归自然秩序，"走出樊笼里，复得返自然"，与自然协调发展。

近代建筑——地景——城市规划三门学科的发展过程　　表 2-2

年代	城市规划学	地景学	建筑学
1816年			法国皇家艺术学院扩充、调整改名为巴黎美术学院
1817年	英国欧文提出"新协和村"理想方案		
1832年		美国艺术家乔治.卡特林第一个提出"国家公园"概念	
1835年			英国皇家建筑学院成立
1845年			恩格斯《英国工人阶级调查报告》
1848年	英国制定《公共卫生法》		
1851年			英国伦敦建水晶宫
1853年	法国GE.奥斯曼开始进行巴黎改建		
1857年		美国的 F.L.欧姆斯特德与C.沃斯合作规划纽约中央公园	
1868年		中国上海建成外滩公园	
1870年		克里夫兰（H.W.Cleveland）第一本关于园林营建的著作问世	

续表

年代	城市规划学	地景学	建筑学
1875年		中国扬州重建“小盘谷”	
1872年	恩格斯“论住宅问题”	美国建立黄石公园	
1876年		美国《公园与城市扩建》一书刊行	
1882年	西班牙苏里亚.伊.马塔提出“带形城市”理论		
1897年			法国巴黎建埃菲尔铁塔
1889年	Sitte著《城市设计艺术》		
1893年	美国芝加哥“世界博览会”开城市美化运动之先河		
1898年	霍华德（E.Howard）提出“田园城市”		
1899年		美国园林师协会成立	
1900年		哈佛大学开设景观设计课程	
1902年	加涅（T. Garnier）提出“工业城市”	美国总统罗斯福将美国大峡谷列为国家级天然胜地；德国花园学会成立	
1904年		美国康奈尔大学设立地景学专业	
1907年		美国伊里诺伊大学设立地景学专业	
1909年	哈佛大学成立城市规划专业	美国通过“荒野保护条例”	英国通过《住宅与城市规划法》
1910年	英国《城乡规划》创刊；伦敦的城镇规划展览并介绍P.盖迪斯的区域性研究		
1911年	中国南通进行城市建设		
1914年		北京社稷坛辟为中央公园（1928年改名为中山公园）	
1915年	P.盖迪斯《进化中的城市》出版		
1918年		广州建成中央公园	

续表

年代	城市规划学	地景学	建筑学
1919年			德国包豪斯（Bauhaus）成立
1920年	澳大利亚堪培拉城创立	美国加州大学柏克莱分校成立地景学专业	
1923年			柯布西埃《走向新建筑》、A.佩里《邻里单位》；中国工业专门学校设建筑科（1927年并入中央大学，改为建筑系），此为中国近代建筑教育开端
1927年	上海成立都市计划委员会		密　斯（Mies van der Rohe）在德国斯图加特试验居住区
1928年	国际现代建筑协会在瑞士正式成立		
1929年	南京公布《首都规划》	苏联建成高尔基休闲公园	中国营造学社成立。中国南京中山陵建成
1933年	《雅典宪章》		
1938年		英国《城市绿带建设法》颁布	
1942年	沙里宁《城市——它的生长、衰败和将来》出版		
1942～1944年	英国制定大伦敦规划		
1948年		国际园林师联盟成立（IFLA）	国际建筑师协会（UIA）成立
1949年		英国《国家公园及乡村法》颁布	
1951年	柯布西埃受命印度昌迪加尔规划		
1952~1955年		北京建陶然亭公园	1953年中国建筑师学会成立
1956年		杭州植物园建成	
1964年	G. Cullen出版《城市景观》一书		

续表

年代	城市规划学	地景学	建筑学
1965年	雅典成立“人类聚居学会”		
1965年	法国制定“大巴黎规划和整顿指导方案”		
1968年	英国重新颁布《城乡规划法》		
1969年		McHarg《设计结合自然》一书出版	
1971年	旧金山城市设计规划		
1972年		联合国环境规划署成立并制定了第一批全球生态政策	
1977年			通过《马丘比丘宪章》
1988年	英国成立城市设计组织（Urban Design Group）		
1999年			北京召开国际建协第20次大会通过《北京宪章》
2000年	柏林召开“21世纪城市未来国际讨论会”		

从表2–2可以明显地看出近两个世纪以来，包括半殖民地时代的中国，建筑—地景—城市规划三者理论和实际建设的一致性，如果进一步研究，还可以看到三者学术思想与内容的相互沟通和影响。

再者，中国古代的人居环境是“建筑—地景—城市规划”三位一体的综合创造，然而这一事实往往为一般研究所忽略[①]，现代治史者每每根据学科的划分，分列为中国、外国古代城市规划史、建筑史与园林史等，从学术上说，当然是一发展，但缺乏固有的内在的联系。

足见，我国当前大规模建设实践需要面向21世纪的建筑发展，宜将这三者融贯综合地进行规划设计与研究。

① 吴良镛．受联合国教科文组织邀请所作的演讲．巴黎：1999 年。

建筑、城市规划的发展已为人们所熟知，这里有必要对“地景学”再进一步加以申述。

——关于“地景学”的学术概念

关于“地景”学科名称问题。landscape architecture，有称风景园林、景观设计、景观建筑、景园、造园，等等，都有一定的道理与历史背景[①]，可能“地景学”文字更加简洁而内涵丰富：这里的“地”，既有自然的意思，又有景观的、美学的内容（当然，前者包括山、水等不同的地形地貌，后者蕴有“山水”美学）；“景”是指景观（自然景观及人文景观）、风景园林、景观设计。“地景学”则包含了“地”（land）与“景”（scape）的基本要意及其相互关系。是对公共空间（open space）的营建，不受尺度的局限。可宏观、可微观，虽咫尺园林，意在大自然景观的缩微。

现代西方园林学试图利用公园的形式，将自然气氛引入城市，开展户外空间的建设，它多着眼于艺术的景观、对自然美的欣赏。**后来，逐渐融入生态学的观点，冀图从大尺度、高层次上探寻“健康的城市”，创造宜人的建筑环境，人们甚至认识到远离城市的“大地景观”（earthscape）（包括荒野地、湿地、国家公园、风景名胜区等）的重要性，并努力作出保护，寻求城市与自然的融合。**麦克哈格（McHarg）《设计结合自然》一书更是一本划时代的高瞻远瞩的著作，它的重点不在设计，也不在自然本身（尽管他对两者均有深邃的研究与卓越的见解），而是把重点放在两者的“结合”（design *with* nature）上，这包括“人类的合作和生物的伙伴关系”，“最充分地利用自然提供的潜力”（芒福德语）。

——地景学需要有更大的发展

由于世界人口的增加，城市化进程加速，自然系统脆弱，土地资源紧缺，发达地区城镇密集化，户外休闲扩建缺乏，建筑环境质量下降，因此，地景学的发展逐步引起更多的重视，近年来在西方大学中属于专业发展较快的学科之一。“地景学”的发展要深入地吸取“景观生态学”

① 但译为景观建筑学最不合适，因为这里的建筑应是广泛的营建或营造的意思。参见王晓俊.Landscape Architecture 是“景观/风景建筑学”吗？又见王绍增.必也正名乎——再认 LA 的中译名问题.中国园林，1999（6）。

图 2-12　“树之不存，鸟将焉附，人又何如？”漫画

（landscape ecology）的内涵，探讨在一个相当规模的区域内，由多个生态系统组成的空间结构相互作用、协调功能及动态变化，分析人类土地利用的适宜性与优化格局，利用系统理论与等级组织理论等分析研究各种尺度、各种地表类型（点型——“斑块”、线型——“廊道”、面型——“基质”等）的组成及空间关系，探索生态安全格局（ecological security pattern），从区域生态的高度，提出自然保护、持续利用土地的策略。

由于人类土地利用及建设扩张带来自然生境退化，特别自然生境的破碎化是造成现代物种急剧丧失的重要原因，如何在我们区域、城乡规划布局中有意识地加强区域的生态连接，扩大自然生境的领域范围，维持生物多样性，提高大地的环境质量，这正是从纯生态学研究范畴走向人居环境建设研究的重要课题。正因为如此，**“对未来规划的构思，应多从园艺学而非建筑学中寻求启迪**”（McLoughlin），要重视生态因素的“整体规划”方法，进而促进人居环境科学的发展。

“从传统园林到城市”宣言①

（2000年9月28日于日本冈山）

中国风景园林学会、日本造园学会和韩国造景学会共同主办的第三届日、中、韩风景园林学术研讨会于2000年9月26～28日在日本冈山市举办。会议发表了“从传统园林到城市”宣言。全文如下：

由日本造园学会、中国风景园林学会和韩国造景学会为代表的园林工作者、研究者及日本三大历史名园所在城市的相关工作者，聚集在有300年历史的冈山后乐园所在地冈山市，以“从传统园林到城市”为主题，对研究成果及现实的新课题进行了广泛的交流和研讨。与会者共同认为，在对传统园林的欣赏习惯、使用方法和造园手法上，三个国家都有着共通的传统，与此同时又存在着个性的差异。对于构成园林的基本要素，从技术、材料、文化的基本条件及自然观的影响开始，到重申东亚文化特征的共同性和各自不同的理念的作用方面再次给予认定。

在20世纪城市高密度化的浪潮中，追求城市与园林协调和融合的种种方法，成为我们共同的课题。通过这次国际研讨会，我们共同认识到，城市中的园林对于人类与自然的和谐，传统文化的继承与发扬，市民的健康与文化生活起着非常积极而且有效的作用。通过深入的研讨，我们达成以下共识：

· 历史园林是超越时代的自然与文化的结晶。

· 历史园林是与风土文化紧密相关的，融入当地特有环境，根植于大地的光辉典范。

· 历史园林是文化景观的遗存，同时又是自然的象征，因而是具有生命的文化遗产。

· 造园的构思、设计是调动人类文化精髓与自然要素相互融合，获得愉悦美好空间的创造性行为。

介于以上的理解，对后乐园、偕乐园、兼六园等名园为主要代表的历史园林的价值，从自然、文化、精神的观点进行确当的论证。为了更好地继承与发扬优秀遗产，与会者认为，我们必须迈出新的步伐，通过这次会议，发表我们的宣言。

1. 现代社会中公与私、内与外、自然与文明的结合趋向于各自独立发展，作为我们每一个市民，要想追寻园林与现代都市所失去的已有的基本构成的和谐和相互关系的融合，首先要引起公众对事业本身的了解和产生后果的关注。

2. 我们需要对历史园林进行价值和作用的再认识，建立21世纪未来城市与园林的新关系，坚持以可持续发展的理论指导保护历史园林，优化城市环境。

3. 在未来的城市建设中，要将历史名园作为全体市民的共同财富妥善保存。在有效地确保历史真实性的基础上，进行科学、合理地保护与利用，在此过程中必须加强与相关学科的联合，以更加广阔的眼界和更加深厚的科学基础进行协调，强化实施措施。

4. 国家应制定更详尽的保护与利用历史园林的法规、制度，加强财政的、组织的、技术的措施和管理，形成合理的、实际可操作的方针、政策。

5. 日、中、韩三国的研究者应以超越国界的视野协调现代城市中的诸多矛盾，实现新世纪的环境创造，把学科和行业中的学术、技术、艺术的研究发展推向新的与时代相称的水平。

---

① 参见《中国园林》2000年第六期。

"建筑—地景—城市规划"三位一体，通过城市设计整合起来，作为人居环境科学的核心。三者有着共同的研究对象，即共同研究如何科学地进行土地利用，充分利用自然资源，进行场地规划（site planning）；共同从事环境艺术的创造，以及共同从事历史与自然地区的保护与重建，等等（这一理念将在第四章中进行较详细的论述）。

但是，在不同情况下，也各有侧重点和扩展方向，即在尺度上、方法上、专业内容上、技术方面各有不同点。例如，**建筑学要融合环境、技术理念的发展，从单幢建筑物的设计走向建筑群落的规划与设计；城市规划要融合经济、社会、地理等，从城市走向城乡区域的整体协调；地景学要融合生态学等观念的发展，从咫尺天地走向"大地园林"，为人居环境创造可持续景观（sustainable landscape）**。

总之，强调"建筑—地景—城市规划"的融合，其目的主要在于：

第一，提醒人们正确处理"人—建筑—城市—自然"的关系；

第二，以便将对良好的人居环境的追求落实到物质的建设上，以创造舒适宜人的居住环境；

第三，正由于有关人居环境的各个学科、各方面的研究必须落实在物质建设上及其空间布局上，因此，"建筑—地景—城市规划"理所当然地处于核心的位置。

2.4.3.2　外围多学科群随时代而发展

社会发展日益增长的需要促使我们要自觉地不断从有关学科吸取新观念、新理论、新方法，在学科渗透中发展生长，推进人居环境科学的繁荣。

以近代城市规划学科为例，西方学者布兰芝（M. C. Branch）就不同时期城市规划外围科学的融入和发展进行研究，并出现如下现象：

（1）早期发展，1900 ~ 1940年

——核心学科为建筑、地景、工程

——外围学科如土地利用、交通、市政实施、基本建设

（2）中期发展，1940 ~ 1965年

——经济学、政治学、社会学、法律学、地质学、地理学

——自然灾害、住房、公共交通、城市改造、景观设计、建立制度

（3）近期发展，1965 ~

——心理学、化学、生物学、气象学、管理科学、应用数学、通讯

——公共参与、紧急灾害、环境、城市形态、老年学、技术科学、税收、能源、污水处理……

城市规划学如此，建筑、地景如作类似的研究，也可以找出它的外围学术领域扩大的趋向。其他如人居环境科学更当如此，无论在学科数量方面还是内容方面，它必随时代而发展、展拓，这可以说是一条规律。

2.4.3.3　开放的人居环境学科体系

人居环境科学是一个学科群，人居环境科学是发展的，永远处于一个动态的过程之中，其**融合与发展离不开运用多种相关学科的成果，特别要借重各自的相邻学科的渗透和拓展，来创造性地解决繁杂的实践中的问题。因此，它们与经济、社会、地理、环境等外围学科，共同构成开放的人居环境科学学科体系**。

对人居环境科学学科体系的说明：

（1）不同学科之间要相互交叉，各相关学科本身仍然保持其相对独立的学科体系和各自学科核心，它们与人居环境科学的关系，以及在人居环境学科群中的重要性或作用大小的问题，随研究的对象和问题而定，仅仅在于相关学科及其相关部分领域间的相互辐射、相互交叉与相互渗透。

（2）在人居环境科学研究的起步阶段，比较切实的做法是抓住现实的问题，作为核心；在此基础上，先采取小范围的交叉，如在两三门学科之间，再逐步展开。

（3）就与人居环境的关系来说，各学科不能“等量齐观”，有的应是重点，有些仅是参与，这些都因不同课题而异。

（4）就参与人居环境科学研究的各学科来说，不能人为地“同时并进”，而应该根据实际的问题，确定研究项目的大小和研究工作展开的先后、轻重缓急，随研究的深入，逐步展开并与各相关学科的结合。

（5）最后需要说明，这里的人居环境学科系统示意，主要是就物质规划而言。对经济规划、社会规划进一步深入后，还可能有其他模式，这样人居环境科学的发展又进了一步。但无论如何，可以参照本图试行，在实践中推进。

鉴于边缘学科、交叉学科的发展，控制论的创立者维纳（Wiener）说，**“在已经建立起来的科学领域之间的空白区上，最容易取得丰硕的成果”**，其意义是深刻的。在我们对人居环境的研究中，当引入过去未曾注意到的学科中的某一概念时，就能得到一些新的思想、启发，甚至另辟蹊径。当然，这并不是轻而易举的，这需要艰苦的探索与创新。

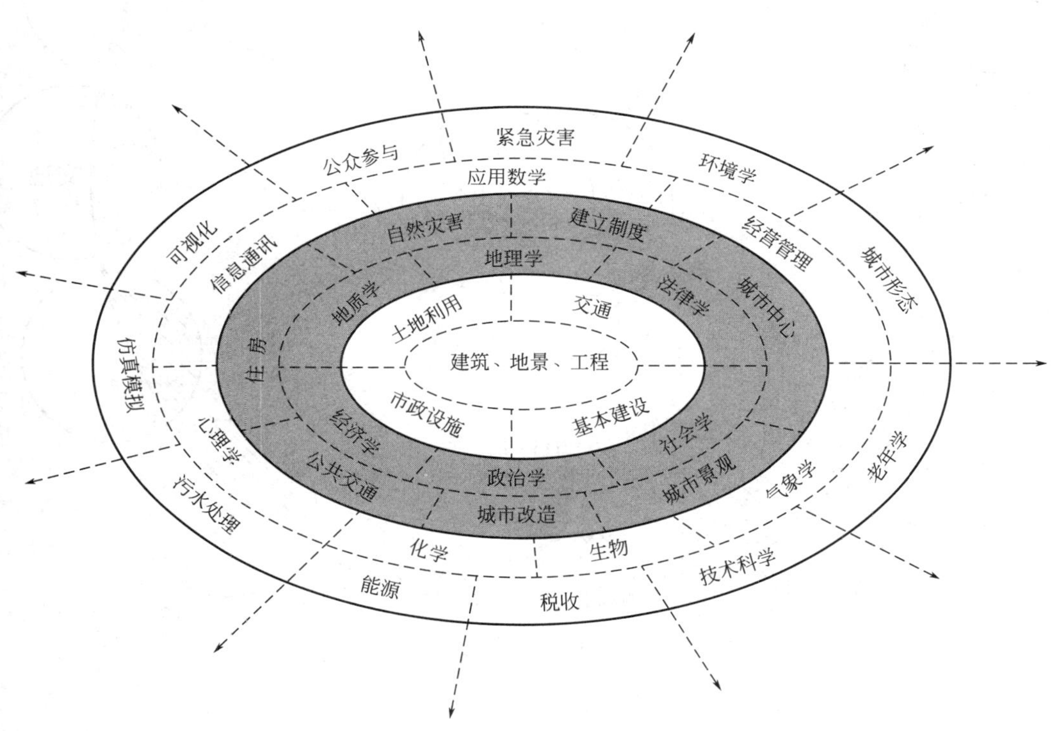

图 2-13　城市规划学科的发展分析图

第一圈 早期的发展：1900 ~ 1940

第二圈 中期的发展：1940 ~ 1965

第三圈 近期的发展：1965 ~

资料来源：M. C. Branch. Continuous City Planning： Integrating Municipal　Management and City Planning. A wiley-Interscience Publication， 1981.

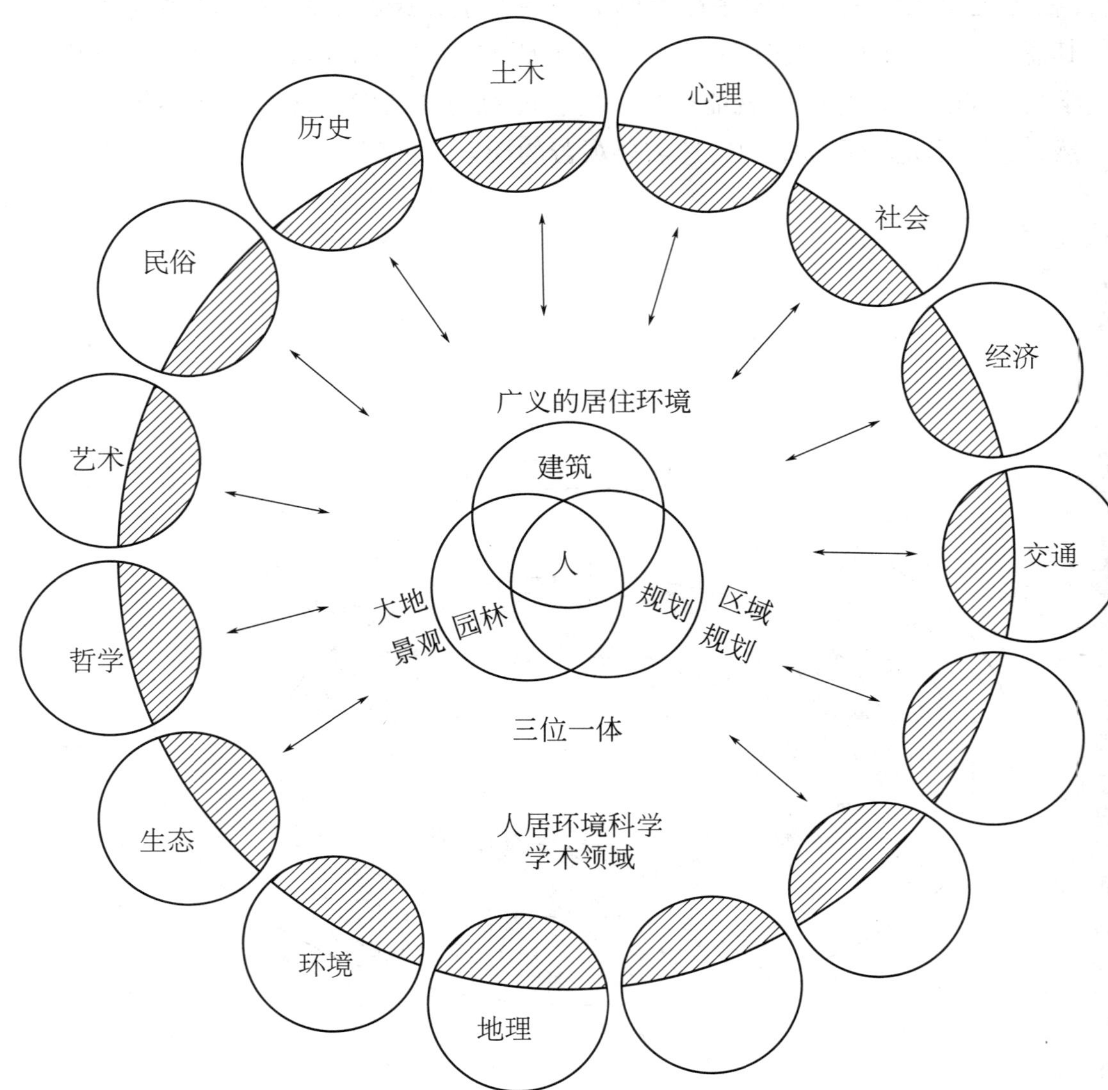

图 2-14　开放的人居环境科学创造系统示意
——人居环境科学的学术框架

（1）各学科的选取以示意为主
（2）为示意方便，涉及的学科未作一二级区分
（3）没有特别考虑外围学科之间的联系与区分
（4）箭头表示学科间相互提出要求与相互渗透
（5）空白圈为有待发展的相关学科

本章随后的附录将对与人居环境科学关系密切的几个学科，如地理学、生态学、环境科学、遥感与信息系统等，作为外围学科的说明。它们之中有一些共同点：

（1）这些学科本身，如地理学，就是一个庞大的、发展中的学科体系；

（2）这些学科本身的建构，都有它们自己的基础、核心，与边缘，有它们本身的重点，对不同领域起不同的作用。

（3）它们与人居环境科学的关系，仅仅是其中的一部分或边缘的切入，不同学科比重不一，但在关键问题上，却能够起关键的作用，可用以推动人居环境规划建设工作的深入。

（4）人居环境科学的不同专业工作者，在从事科学研究与规划设计时，对每一个外围学科全部掌握是不可能的，也无此必要。但了解其与人居环境科学的相关部分，特别在"以问题为导向"探索其需要解决的问题的过程中，抓住有限的关键问题，不仅有可能，也是非常必要的，因此我们称之为"融贯的综合研究"。"融贯"指在相关学科专家的协助下，对有关学科中的有限部分能做到融会贯通；"综合"是指当相关学科对问题的相关部分解决矛盾时提出的要旨"综合集成"，以求得问题的全面解决。（请参阅第 3 章相关部分）

[例证] 用于评价基础设施建设和土地开发项目的城乡土地利用与交通综合规划的数学模型①

这主要是居住系统和支持系统的组合。随着国民经济的高速发展和城市化进程的加快，我国城市出现了中心商业区部分土地开发强度过高，城市传统风貌遭受破坏，城市交通结构不合理的状况；加之我国城市机动车拥有量及城市道路交通量急骤增加，导致交通拥挤堵塞严重、交通事故频发、环境污染加剧。这是我国大城市面临的极其严重的问题之一，也是国民经济进一步发展的瓶颈问题。

解决上述问题的关键是进行交通与土地利用的协调规划。比如，解决交通拥挤问题，从城市结构、土地利用形态着手是重要方面之一。交通与土地利用相互联系，相互影响，交通发展与土地利用相互促进。从交通规划的角度来说，不同的土地利用形态决定了交通发生量和交通聚集量，决定了交通分布形态，在一定程度上决定了交通结构。土地利用形态不合理

① 由金鹰博士撰写。

或者土地开发强度过高，将会导致无法满足的交通需求。从土地利用的角度来说，交通的发达改变了城市结构和土地利用形态，使得城市中心区的过密人口向城市周围疏散，城市商业中心更加集中、规模加大，土地利用的功能划分更加明确。同时，交通的规划和建设对土地利用和城市发展具有导向作用，交通设施沿线的土地开发利用异常活跃，各种社会基础设施大都集中在地铁和干道周围。

预期达到的目标：（1）提供交通与土地利用协调规划理论与方法；（2）提供城市交通与土地利用协调规划系统软件包。

研究内容及技术措施设施：（1）交通与土地利用规划框架研究；（2）合理城市结构与开发强度研究；（3）土地利用模型研究；（4）分散选择行为模型研究；（5）交通规划与土地利用规划协调机制与反馈方法；（6）环境影响评价理论与方法；（7）交通需求管理技术与方法；（8）GIS在交通规划领域的应用技术。

在我们提倡发展人居环境科学的同时，还必须看到它的艰巨性。在国际上，不少学术机构已开展了大量的工作，但是应该看到，这一领域在学术上发展的难度很大，究其原因相当复杂。正因为是发展中的科学，涉及不同的社会利益，各层次决策方面理解的局限，动摇了某些根深蒂固的传统学术观点与习惯方法等等，因此愈是重大的项目，学术观点愈纷纭，一时难以定论，对此需要有清醒的认识。同时还应该看到，愈是难度大的课题，如有突破，其意义作用愈大。这也向全社会的人士、一切有志于人民大众的规划工作者说明，千里之行，始于足下，必须面向广阔的社会实际，以开拓的精神，满怀豪情，知难而进！

[附录]人居环境科学群举例

（1）地理学与人居环境科学[①]

地理学是研究地球表层自然要素与人文要素的相互关系与作用的科学，研究范围十分广泛，是一门综合性很强的横断科学。1987年，钱学

---

① 此节由武廷海博士撰写。

森先生提出发展“地理科学”，为中国中长期建设服务。钱学森先生认为，地理科学是与自然科学、社会科学等并列的现代科学建设中的一个大部门，是自然科学与社会科学的汇合（或交叉）[①]。

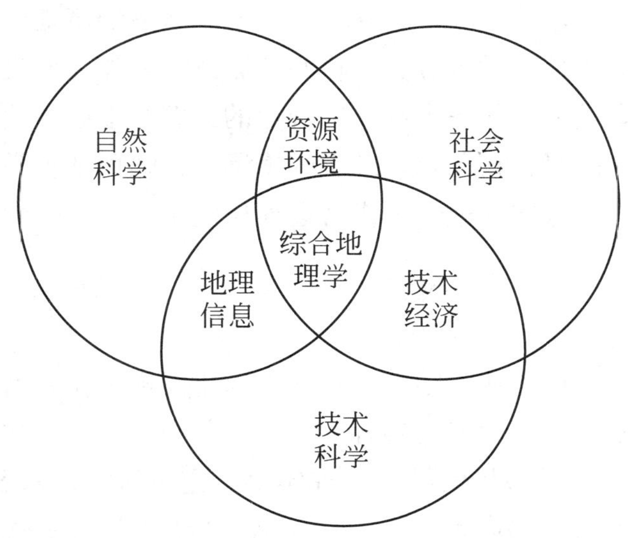

图 2-15　地理学在当前大科学中的位置

注释：地理学是自然科学、社会科学、技术科学的三大科学体系交叉汇合的产物，在当前的大科学中占有重要的位置。

资料来源：唐以剑．面向 21 世纪的中国现代地理学．见：中国地理学会主编．面向 21 世纪的中国地理科学．上海教育出版社，1997。

概括来说，我国近期地理研究，呈现如下一些特点[②]：

1）地理学和相邻学科的联系日趋密切

特别是在一些综合性的研究方面，出现了更多的交叉，这种交叉在某些方面甚至达到了“你中有我，我中有你”的境界，于是形成了一些新的边缘学科，如经济地理学和经济学交叉，形成区域科学（regional science）和国土经济学（国外称地缘经济学 geo-economics）；自然地理学和环境科学交叉形成了环境地理学（environmental geography）和化学地理学；地理学和系统科学及信息科学交叉，出现了地理信息系统（GIS）研究等。

---

① 钱学森等．地理科学．浙江教育出版社，1994。

② 吴传钧．面向 21 世纪的中国地理科学（中国地理学会主编，上海教育出版社，1997）序。

2）地理学的综合研究重新得到了加强

新中国成立初期，受苏联地理学强调专业分化的影响，我国地理学的一些二级学科分化为更多的三级学科，例如经济地理学分化为：农业地理学、工业地理学、运输地理学、商业地理学、区域经济地理学等。分化的结果无形中削弱了地理学各分支学科间的联系与协作。而近年来业务部门要求地理工作者完成的任务大都是综合性的，客观上必须要求各专业的交叉与综合研究。同时，在国际地理学的思潮，也强调地理学综合研究的重要性，从而我国各分支地理学工作者逐渐树立了必须加强地理学综合研究的共识。

3）讲究革新方法提高工效

在"文革"十年浩劫一结束，我国中青年地理工作者就开始补上发达国家在60年代就进行的"计量革命"这一课。时至今日，应用数学模型和信息系统已蔚然成风。如何结合地理实察、定位研究，以及数学、遥感、系统、模拟等方法，提高地理研究的工效，"硬化"这一软科学的研究成果，已成为地理界普遍关注的问题。

地理学与人居环境建设关系密切。所谓地理学，俗言之，就是把地球当作人类家园的研究（the study of the earth as the home of human beings），地理学面对地球表面的自然、人文现象，这是人们每天都必须面对的基本生活环境。地理学研究人与环境的关系，即人地关系。涉及人地关系的学科很多，但以地域为单元，用系统论的观点来研究人地双方的内在联系的，只有地理学（特别是人文地理学）一门学科。具体地说，地理学研究人地关系地域系统的形成过程、结构、特点与发展取向①。地理建设包括环境保护和生态建设、基础设施建设，是人居环境建设系统结构中的重要组成。

（2）生态学与人居环境科学②

60年代希腊学者C. A. Doxiadis提出了人类聚居的整体研究构想，并在

---

① 吴传钧. 论地理学的研究核心——人地关系地域系统. 经济地理，11（3），1991。

② 此节由林文棋博士撰写。

研究中有意识地引用其他学科的研究成果作为规划的依据。虽则如此，在道氏的晚年，敏感地察觉到生态学与人类聚居学之间的密切关系，全球的生态研究是人类聚居生存与发展的基础要素，提倡在人类聚居建设中要保证全球生态平衡（Global Ecological Balance，GEB），提出了生态学研究在人类聚居建设中的重要地位。

生态学作为人居环境科学体系中的外围基础学科之一，其研究重点更多地注重于对自然生态规律的认识，关于人类及其住所与其周围环境关系的研究，也是人类认识自然中动植物个体、种群、群落、生态系统及其自然演进过程的科学。人类作为自然界的组成部分及景观生态系统的成员，认识自然演进的要素与过程是尊重自然理解自然的开始，也是人居环境与自然达成协调的必要前提。所以说，生态学的研究是人居环境规划的内在基础，人居环境科学五大系统中自然系统部分的研究，是人居环境研究的重要组成。这种研究，不单站在人类对自然利用的立场上，更站在整个自然演进过程的系统整体高度，从自然演进的内在基础与人居环境需要的各个角度来总体把握人居环境建设的空间格局、功能过程与动态演替，为人居环境建设研究提供客观科学的依据，并在人居环境规划中得到体现。

要保护自然环境作为城市与区域发展的基本框架的能力，必须要理解自然环境中的自然要素类型及其发生与发展的规律，了解其中的能量流动与物质循环的过程。千百万年来的自然演进过程造就了今天的自然结构，而在现有的自然结构内，自然演进过程仍在继续，并影响了未来的自然框架的形成。人类的活动水平随着其影响力的不断加大，已对自然演进过程及自然结构体系产生了不可估量的影响，具有与地质要素相同的塑造自然结构与改变自然演进过程的能力。需要在理解自然演进过程的基础上，将人类活动的影响叠加进去，从而对区域范围内的自然过程有深入的认识，即对区域的生态整体性研究。这需要借鉴生态学的研究成果，并在规划中加以利用。为此需要明了规划与生态研究之间的关系。

生态学研究与规划设计研究一样，具有空间上和功能上的研究层次。生态学研究从空间层次上由大到小可分为全球生态学（Global Ecology），区域生态学（Regional Ecology），景观生态学（Landscape Ecology）、生态系统生态学（Ecosystem Ecology）、群落生态学（Community Ecology）和种群生态学（Population Ecology）、个体生态学（Autecology）。在不同的生态学研究水平上，与规划研究的层次有大致的对应关系：区域生态学的研究大致对应于区域规划、城镇体系规划的研究，城市规划的尺度大致可归入景观生态学的研究尺度，而绿地系统与居住区研究更多与生态系统、群落的尺度相对应；在城市设计中，应用更多的是生态工程的技术。

生态学研究与规划设计层次的大概关系　　表 2-3

规划设计层次	区域城镇体系	城市规划	绿地系统	居住区	城市设计
生态学研究	区域生态	景观生态、生态系统、群落、种群			生态工程

（3）环境学与人居环境科学①

现代环境科学真正起源于20世纪60年代。由于工业革命以来，人类获得了空前高涨的认识和改造自然的能力和热情，特别是二战之后，这种能力伴随着世界各国（主要是发达的资本主义国家）社会经济的迅速复苏与扩张，对人类赖以生存的脆弱的生态环境造成极大的污染和破坏。频频发生的环境公害事件为人类敲响了警钟，促使自然学科和社会学科的许多学科开始关注环境问题，分别从各自的学科领域里探讨解决环境问题的方法。

因此，环境科学从产生之初就注定是多学科交叉融合的。环境科学的发展依赖于人类在自然科学和社会科学领域已经取得的成果和不断取得的进展，同时，环境科学也为自然科学和社会科学不断提出新的任务、新的挑战。经过近半个世纪的发展，环境科学已经成为一个与从社会科学到自然科学的各个学科相互交叉的新的学科领域，并逐步构建成独立的学科体系（见图2-16和图2-17）。

环境科学作为与人居环境科学联系最为紧密的外围学科之一，重点内容包括：

宏观层次：

研究全球性环境问题的发生、发展机理，探索解决全球性与区域性环境问题的对策。

---

① 此节由杜鹏飞博士撰写。

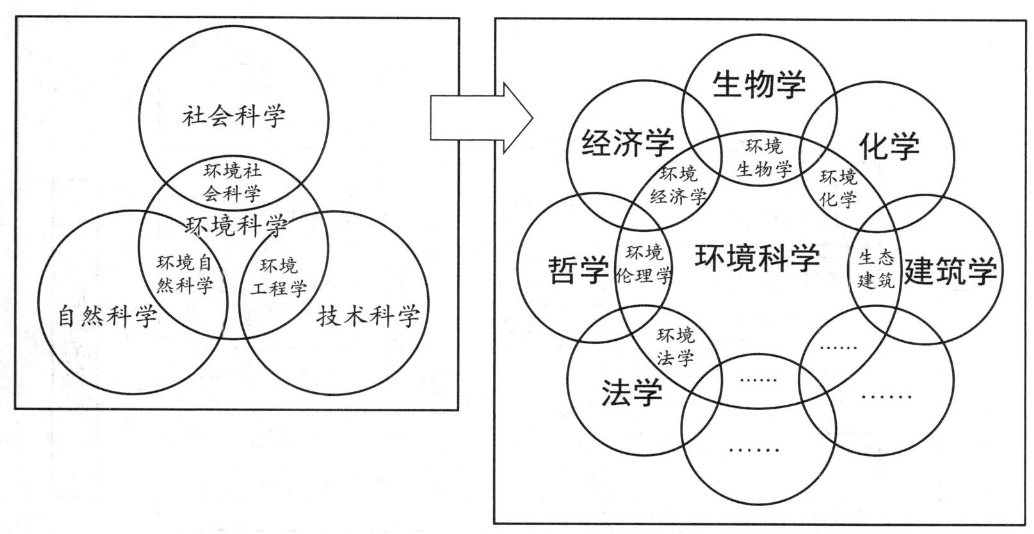

图 2-16　环境科学与其他学科的交融关系示意图

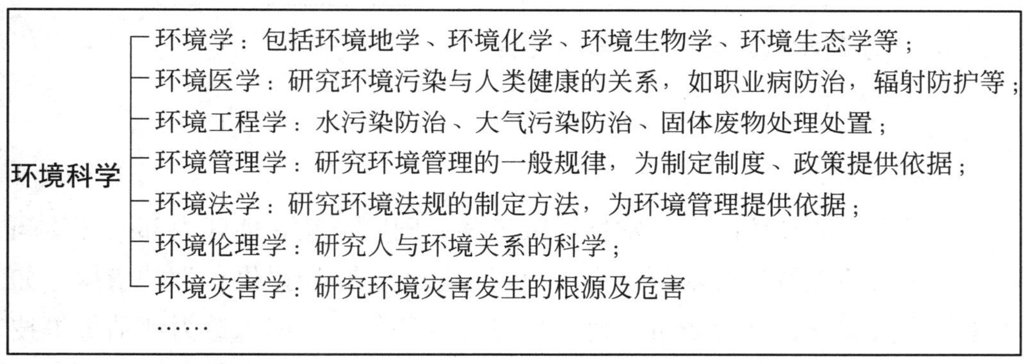

图 2-17　环境科学的分支

当前受到广泛关注的全球或区域性环境问题主要：

（1）温室效应与全球气候变暖

（2）臭氧层破坏

（3）酸雨（酸沉降）

除此之外，还有诸如生物多样性减少、海洋污染、荒漠化、有害废物非法越境转移等等。可以看到，宏观层次的这些环境问题，其产生的根源不是局限于某一国、某一点，其影响也不会局限在某个地方，而是全球与区域性环境忧患与灾难。因此，要解决这些问题，不能单独靠某一国家或地区的努力，必须在全球范围达成共识，世界各国共同努力，特别是对环境危害严重的发达国家应承担更多的义务。

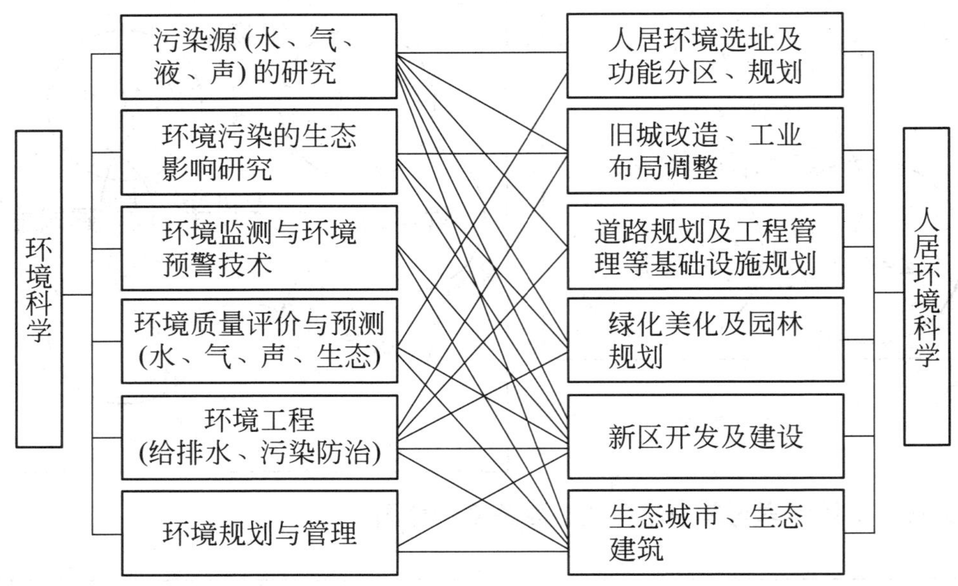

图 2-18　环境科学与人居环境科学的关系

中观层次：

中观层次的环境问题通常指局限于某一国家、某一地区内部的环境问题。现代的环境科学技术可以为城市建设选址、布局提供科学的依据。如环境背景值调查、环境质量评价、环境影响评价、环境承载力评估等等技术方法的应用。

微观层次：

微观层次可以指建筑单体、邻里单元。环境科学与技术在这一层次发挥的作用随处可见：清洁方便的自来水，卫生的厕所、下水道，垃圾的日产日清，清洁的燃料……这些人们在日常生活中须臾不可或缺的设施，其背后都有一系列的环境科学技术作支撑。如垃圾，一个人平均每天大约要产生1kg以上的垃圾，一个3口之家，一年就是1t多，一个百万人口的城市，一年就是36.5万t。直到今天，人们还没有找到既安全又彻底、既经济又适用的理想的处理办法。而分类收集、分别处理处置是较有发展前途的，其中可再生资源可以回收利用，有机质成分高的可以堆肥，易燃烧、热值高的可以焚烧发电，但是，实施起来并不简单，一方面依赖于公民环境意识的提高，另一方面也需要更新更好的管理思想和手段。这也足以证明，环境科学与人居环境科学所面临的问题是复杂的，不是单纯的技术可以彻底解决的，它需要多学科的合作，特别是需要自然科学与社会科学的结合。

（4）空间信息科学技术与人居环境科学①

信息科学（Information Science）是以信息为主要研究对象，以信息的运动规律和应用方法为主要研究内容，以计算机等技术为主要研究工具，以扩展人类的信息功能为主要目标的一门新兴的综合性学科。信息科学由信息论、控制论、计算机科学、仿生学、系统工程与人工智能等学科互相深透、互相结合而形成。在20世纪70年代兴起的新的科学技术革命中，信息科学占有极其重要的地位，对世界各国的经济、政治、军事、科学研究、文化教育乃至日常生活的各个方面都产生了巨大的影响，对推动经济发展和社会进步发挥了重大作用。

同时，人类所生存的地球及其空间环境是一个复杂的巨系统，为了回答人类社会发展所面临的人口、资源、环境和灾害等问题，需要人们不断地认识地球。随着人类社会步入信息时代，建立地球信息的科学体系，地球空间信息科学，作为信息科学的一个重要分支学科，为地球科学问题的研究提供空间信息框架、数学基础和信息处理的技术方法。空间定位技术、航空和航天遥感、地理信息系统和互联网等现代信息技术的发展及其相互间的渗透，逐渐形成了以地球空间信息系统为核心的集成化技术系统。经过最近二三十年空间信息科学技术的综合发展及其应用，促成了“地球空间信息科学”（Geo-Spatial Information Science，简称Geomatics）的产生。

地球空间信息科学是以全球定位系统（GPS）、地理信息系统（GIS）、遥感（RS）等空间信息技术为主要内容，并以计算机技术和通信技术为主要技术支撑，用于采集、量测、分析、存贮、管理、显示、传播和应用与地球和空间分布有关数据的一门综合和集成的信息科学和技术。地球空间信息科学是地球科学的一个前沿领域，也是人居环境科学研究的一个前沿

---

① 本节由毛其智、党安荣、毛锋博士撰写。

领域，其应用已扩展到与空间分布有关的诸多领域，如：环境、资源、灾害、农业、城市发展等。

遥感是一种远距离对地观测获取空间信息的技术。通过人造卫星等航天器搭载的特定传感器和计算机系统，可获取多种遥感数据，为人类提供大地景观和近地空间的大量目标信息。遥感是搜集所需观测目标及其周围空间环境信息的一种可靠来源。全球定位系统是一个高精度、全天候、全球性和快速高效的无线电导航、定位和定时的多功能系统。全球定位系统的主要用途包括车辆、船舶导航，工程测量和变形监测，景点导游和市政规划控制，以及航海航空航天等诸多方面。地理信息系统是收集、存贮、处理、操作和分析数字化空间信息的系统。地理信息系统为人类提供了运用空间信息的有力工具，其发展目标是提供实时、广域和高精度的地理信息操作，并逐渐发展成为一种空间决策支持系统。

将空间信息科学技术融合于人居环境学的学科体系，以遥感、全球定位系统和地理信息系统为主的技术方法能够在人居环境跨学科体系中占据着服务于每个系统和层次的重要技术支持和辅助决策的地位。利用地理信息系统的分类、编码和建库技术，可探索建立人居环境信息系统的方法，提出相关信息数据模型和应用模型，由此支持人居环境研究的各个层次和应用。人居环境信息系统的数据模型包括坐标系统、地图投影、分辨率与比例尺、符号、线型、基础地理数据、资源环境数据、社会经济数据等。人居环境信息系统的应用需求模型包括基础信息、土地资源利用、基础设施、总体规划、分区规划、城市设计、历史文化遗产保护规划、景观园林设计、规划管理信息、建筑设计方案等。

1998年1月31日，美国前副总统戈尔（Al Gore）在美国加利福尼亚科学中心发表了题为“数字地球：认识二十一世纪我们这颗星球”（The Digital Earth：Understanding our planet in the 21st Century）的著名讲演。他说：“我相信我们需要一个数字地球，一种能嵌入巨量的地理信息，对我们星球所做的多分辨率、三维的描述方式。……我们有机会把有关我们社会和星球的巨量原始数据转变成有用的信息。这种数据将不仅包括高分辨

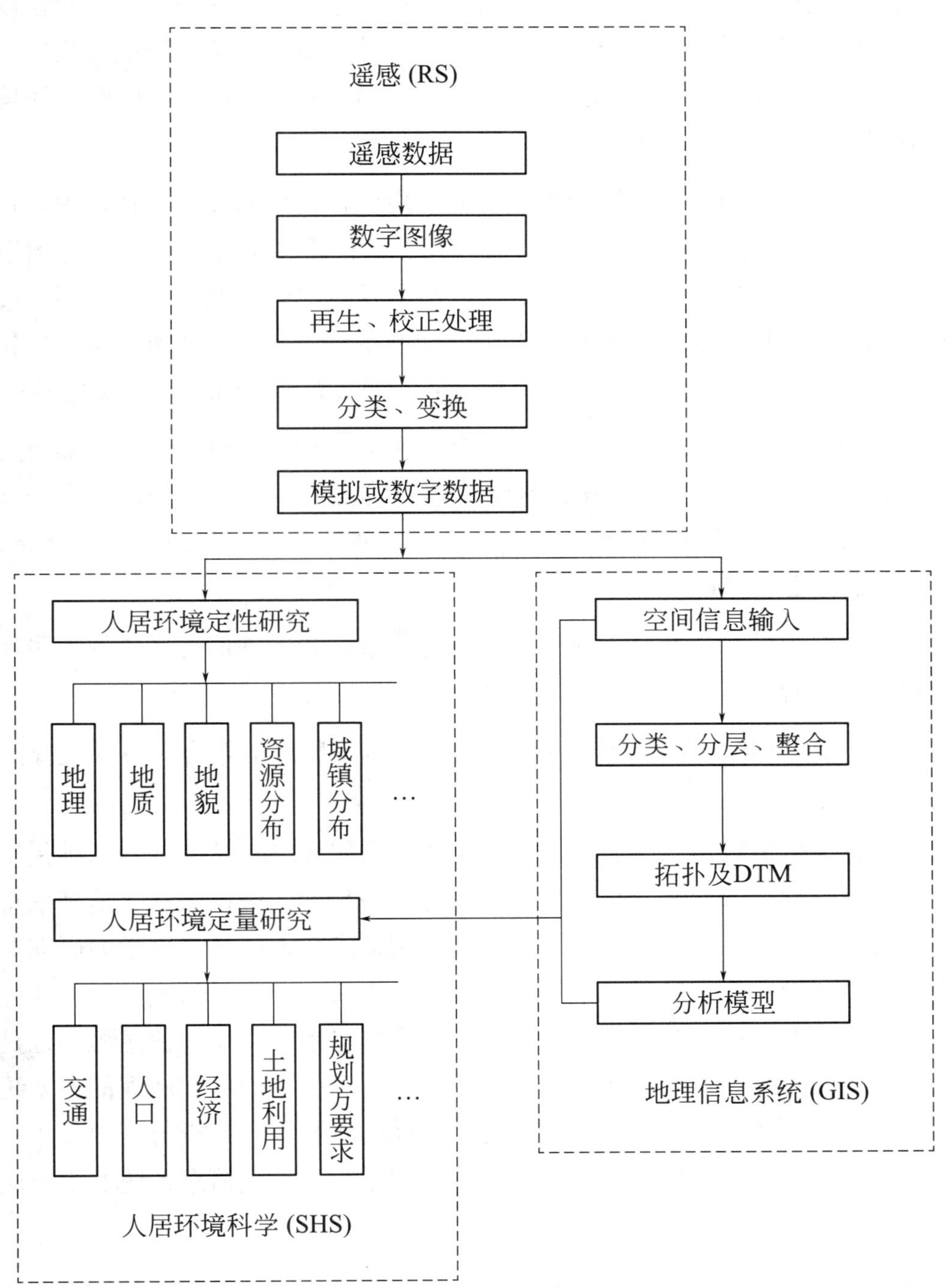

图 2-19　一种基于遥感、地理信息系统的人居环境研究模型

率的地球卫星图像，还包括数字地图，以及经济、社会和人口统计方面的信息。如果成功，它将在教育、可持续发展战略、土地使用规划、农业以及危机管理等领域产生广泛的社会和经济效益。数字地球计划能使我们对人为或自然灾害及时作出反应，或者能使我们联合起来面对长期的环境挑战。”

戈尔关于“数字地球”的观点引起国内外科技界的高度重视。中国科学院等单位为此已举行了多次“香山会议”，讨论如何建设中国的“数字地球”的途径和办法。与此同时，中国沿海发达地区的城市信息化建设已经在完善城市服务功能、提高人民生活和城市环境质量，加速城市现代化进程和有效带动周边区域的信息化和社会经济发展等方面发挥积极作用。

《中华人民共和国国民经济和社会发展第十个五年计划纲要》提出：“要按照应用主导、面向市场、网络共建、资源共享、技术创新、竞争开放的发展思路，努力实现我国信息产业的跨越式发展，加速推进信息化，提高信息产业在国民经济中的比重。”①

根据以上的讨论和基于遥感、全球定位系统和地理信息系统的人居环境信息系统研究模型方案的构想，可得出以下结论：

1）人居环境科学的跨学科研究需要空间信息科学作为其技术支撑的应用平台之一；

遥感、全球定位系统、地理信息系统与人居环境科学的共同基础是它们的时空特性，遥感和全球定位信息是时空框架中的采样数据，地理信息系统处理的是具有一定时空标记的地理空间信息，人居环境科学的研究对象是某时某地某个发展阶段中的人类聚居形态及其演变的历史过程。从应用的观点来看，遥感和空间定位数据是地理信息系统主要的信息源，也是人居环境的研究对象及其周围环境空间特征的第一手资料。地理信息系统是遥感等空间数据的应用平台，是为人居环境研究提供分析与表现服务的有力工具。人居环境科学是遥感、全球定位系统和地理信息系统的重要应

---

① 2001 年 6 月 23 日，时任总理的温家宝同志在中国市长协会第三次代表大会讲话中指出：“要加速城市管理信息化，大力发展电子政务，加快推进城市规划管理信息网和市政公用事业服务信息网建设。有条件的城市，要争取尽快启动数字城市和数字社区信息基础设施建设，推动数字化、网络技术在城市工作中的广泛应用。”

用领域之一，无论是技术理论方法的突破，还是其空间数据的海量存储和分析精度的提高，都为人居环境研究带来更加翔实的信息，并可能导致更加科学的研究结果。

2）今天的遥感、全球定位系统和地理信息系统技术已经能适用于人居环境研究的各个层次、各类系统和不同阶段。

3）按照人居环境研究的需要及应用特点，可以在地理信息系统的平台上建立相应的数据模型和应用模型，从而组成一个较为完整的人居环境信息系统，在人居环境科学研究与建设实践中发挥日益重要的作用。

关于人居环境科学群的说明：

（1）以上专题均属于人居环境科学研究领域内的相关部分举例，但这些远非问题的全部，并且这些课题并不需要立即同时展开，齐头并进，可随研究工作的需要与发展中提出新课题，展拓、重构；

（2）所确定的研究课题应力求对问题具有针对性（即第3章所云“以问题为导向”），使之有明确的研究方向和技术实施途径。

（3）重视新技术和新方法的运用。

第3章

人居环境科学的方法论——对开放的复杂巨系统求解的尝试

“**一个民族要达到科学的高峰，不能没有理论的思维**”①，人居环境建设同样需要哲学，我们要从哲学的高度去认识问题，将复杂的事物作本质上的概括。另一方面，哲学思辨离不开现代科学技术的发展，20世纪信息论、控制论和系统论等重大科学理论深刻地影响各个学科的发展，对于相关学科的交叉发展和认识论上的飞跃，如果我们善为学习与思考，也必然可以推动人居环境科学的发展。

3.1　科学工作者需要有基本的哲学修养

20世纪40年代后期，我就学于沙里宁门下，他常常提到“method of thinking”，亦即思想方法，并通过一些例证来谈论这个问题，归之于哲学的思考，我一时似懂非懂。50年代回国后，我学习马列主义哲学，接触到有关理论，知道其中大有学问，但由于没有与专业相结合的经验，进步很慢。通过半个世纪的专业学习和实践，特别是近十多年来一些融贯的综合研究实践，在人居环境科学方法论上我有了一些甘苦自得的体会，其根本之点就是要重视哲学的学习和思维方式的锻炼。

兹举例说明。“文革”结束后，对建筑究竟走什么道路，各有关方面不知道召集了多少座谈会，当时有人强调某一学派（也是各执一词），有人埋怨长官意志，有人提倡运用某种新材料，等等。我时常纳闷，这些意见都有一定的道理，都在从不同方面“**找出路**”，但建筑的内容太广泛，很难从一个方面理出大方向或找到答案，必须进行整体的思考，而不能就建筑论建筑。于是，我分析与建筑有关的若干基本要素，主要是以聚居（settlement）为纲，形成十论，名为《广义建筑学》，最后在方法论中归纳为“系统观”与“融贯的综合研究”（即探讨走向整体的途径）。十多年来，《广义建筑学》得到不少肯定，其基本思想在《北京宪章》中继续有所发展。最近，接触到关于“复杂性科学”的介绍，看到贝塔朗菲（L.Bertalanffy，他发展了一般系统论）的一段话：“**我们将被迫在知识的一切领域中运用整体或者系统来处理复杂性问题，这将是科学思维的一个根本改造。**”②这对我是一个惊喜，过去应该说我还是比较自觉地学习哲学，

---

① 马克思恩格斯全集。

② 贝塔朗菲. 一般系统论（林京义　魏宏森译）. 北京：清华大学出版社，1987。

但“撞”上了复杂性这一重大的哲学问题，肯定了我探讨的思路是对的，尝到了哲学的甜头，坚定我的信心。然而，同时也带来了更多的困惑。在这史无前例的建设大潮中，如何对待众多的矛盾？我们还要“**找出路**”。基于过去的体会，我觉得需要在科学的前沿中，从复杂性中找启发。

3.2　复杂巨系统与复杂性科学

3.2.1　简化方法与复杂巨系统

面对错综复杂的事物与现象，我们常把问题加以简化，进行分析、求解，这种简单原则（principle of simplicity）本是认识事物的一种方法或过程，可以形成科学的理论。但是，实际上未必全然如此，如果不科学地对待，常常会流于概念，将复杂的事物过分地简单化，甚至到了谬误的地步。面对纷繁复杂的世界，一些专业工作者甚至决策者的胆量似乎很大，每每将事物简单化。从20世纪50年代底就开始流行一句话“情况不明决心大，胸中无数点子多”，讽刺的就是这种现象。长期以来，这种危害并未得到应有的认识，在我们熟悉的规划、建筑活动中也不例外。

例如，《雅典宪章》中的城市“四大功能”（居住、交通、工作、游憩）从功能分析出发，用功能分区的观念规划城市，这不能不说是一大进步。但是，随着实践的发展，人们又逐渐认识到，对复杂的城市内容，不作深入地解析，仅仅用功能分区作机械的、简单化的处理，反而会导致忽视人的生活复杂性等新问题。实际上，在《雅典宪章》发表后的实践已证明了这种机械方法的不当，1977年发表的《马丘比丘宪章》就明确提出：“这一错误的后果在许多新城市中都看到，这些新城市没有考虑到城市生活患了贫血症，在那些城市是建筑物成了孤立的单元，否认了人类的活动和要求流动的、连续的空间这一事实。”又如，过去大学里有一些城市规划教学就是这种简化论下的“习题”，如小城镇设计，只要把居住区、公共中心、以“大街坊”为尺度的交通系统、绿地系统等，找好几何中心，加一些轴线、对景等建筑构图的手法处理，城市设计就完成。以此为蓝图，依次建设就行了。这种观念性的错误，已经被前述的《马丘比丘宪章》[①]及亚历山大在《城市并非树

① 《马丘比丘宪章》：“规划、建筑和设计在今天不应当把城市当作一系列的组成部分拼在一起来考虑，而必须努力在创造一个综合的多功能的环境。”

型》[①]等著作指出来。

城市规划的复杂性在于它面向多种多样的社会生活：诸多不确定因素，需要经过一定时间实践才会暴露出来；各不相同的社会利益团体，常使得看似简单的问题解决起来异常复杂。面对许多复杂的社会问题，关键要引入新的方法论。如果单从某一学科的观点进行研究，最终只能是盲人摸象。法国学者Edgar Morin认为，现实对象都是复杂的，很难对它们的性质作出单一观点的概括，他对复杂性提出过这样的定义："**不能用一个关键词来概括，不能归纳为一个规律的作用，不能化归为一个单一的思想**"，因为认识复杂对象必须应用"**宏大概念**"[②]。周光召院士说："**当前科学前沿研究的对象多半是复杂的系统，很多对象具有无穷多自由度。过去常用的方法和所谓方式都是对简单对象的，很可能是不够用的，必须进一步发展，才能处理复杂系统。**"[③]

因此，我们非常有必要对系统思想与复杂性科学作一番探讨。

3.2.2　系统思想与复杂性科学

或许，从事城市规划工作时间较长的人已经形成一些朴素的系统观念，他们常常用系统的方法来处理问题，避免仅仅考虑某些方面的片面的观点。自从系统论介绍到中国建筑—城市规划界，对它感到很亲切，观念也更明朗清晰，也有了一些著述，但是普遍的认真的研究并不够。

系统是"由若干相互作用和相互依赖的组成部分结合而成，具有特定功能的有机整体"，或简称为"具有特定功能的综合体"。具体说来，正如有学者所描述的[④]：①系统各单元之间的联系广泛而紧密，构成一个网络，因此每一个单元的变化都受到其他单元变化的影响，并会引起其他单元的变化。②系统具有多层次、多功能的结构，每一层次均成为构筑其上层次的单元，同时也能有助于系统的某一功能的实现。③在系统的发展过程

---

① C. Alexander. The city is not a tree. In： J. Ockman. Architecture Culture 1943–1968： A Dovumentary Anthology. Columbia Books of Architecture.

② Edgar Morin，从事复杂科学研究的法国学者。

③ 周光召．历史的启迪和重大科学发现产生的条件。

④ 成思危．试论科学的融合．光明日报，1998.4.26。

中，能够不断地学习并对其层次结构与功能结构进行重组及完善。④系统是开放的，它与环境有密切的联系，能与环境相互作用，能不断向更好地适应环境的方向发展。⑤系统是动态的，它不断处于发展变化之中，而且系统本身对未来有一定预测能力。

在城市规划中，运用系统思想较早、较全面地予以阐述当推道萨迪亚斯的“人类聚居学”。道氏早就说过：“为了获得一个平衡的人类世界，我们必须用一种系统方法来处理所有问题，避免仅仅考虑某几种特定元素或是某个特殊目标的片面观点。**我们唯一可走的道路就是不断地建立秩序，以摆脱我们所处的混乱的局面**。”为此，他作了一系列的努力。

城市是一个大系统，有人说这个大系统的复杂性超过“阿波罗登月计划”，我对此无知，但想来并不夸张；并且，由于我们所研究的对象不仅是物质环境，还涉及人的因素和人文系统，“人”与“环境”的关系十分复杂多变，社会本身的人文活动更是流动多变：政策的制定与改变、经济的发展与衰退、文化的繁盛与式微……，**每一个方面本身就是运动变化的，在经济社会发展日新月异的时候，其交互作用更是难以掌握，从捉摸不定的事物中进行定性的描述已颇为困难，有的要进行定量的描述与处理，目前就更难以做到了**。

人们逐渐认识到系统的复杂性。其实，用以指研究复杂性和复杂系统的科学，早在20世纪20年代即有人做开拓性的工作。80年代，国外有学者提出**复杂性科学**（science of complexity）之议，这给科学界一个全新的视角，许多领域的问题都寄希望于方法论的指导。作为一名建筑师，我对这些科学论文作了一番阅读，尽管专业的内容当然不能懂，但它对我认识人居环境科学的一些重要观念，或者哲学思想有很大的启发。现基于已有的关于复杂性的探讨及个人理解所及，就与人居环境科学相关的一些理论方法进一步讨论如下。

3.2.2.1　各门科学的相互联系性

宏观的事物是相互联系的，因而反映这些事物规划的各门学科也是相互联系的，而非彼此孤立。德国著名物理学家普朗克（Plank）30年代说过一句话：“**科学是内在的整体，它被分解为单独的整体，不是取决于事物的本身，而是取决于人类认识能力的局限性。实际上存在着从物理学到地**

学，通过生物学和人类科学到社会学的连续链条，这是任何一处都不能打断的链条"[①]。

但是，由于人类认识能力的局限性，只能从一个部分、一个方面、一个层次来认识，这个链条被人为地割断了。科学的进程表明，早期的科学研究也许只能这样（建筑也是如此），但是**科学发展到今天，自然科学、社会科学、思维科学有了很大的发展，就有可能连接起来进行研究。"研究已表明物理学、生物学、行为科学，甚至艺术与人类学，都可以用一种新的途径，把它们联系到一起，有些事实和想法初看起来彼此风马牛不相及，但新的方法都很容易使它们发生关联。"**[②]

复杂性科学倡导一种新的思维方式、思想导向和概念模式。桑塔费研究所（Santa Fe Institute，SFI）所长考温（G.Cowan）说："**复杂性科学是21世纪的科学"**，李政道指出："**20世纪的文明是微观的，我们认为21世纪微观与宏观应结合成一体"**[③]，普利高津说："人类正处于一个转折点上，正处于一种新理论的开端……一个新科学时代的开端……这种科学不再局限于理想化和简单化的情形，而是**反映现时世界的复杂性，它把我们和我们的创造性都视为在自然的所有层次上呈现出来的一个基本趋势"**[④]。对于人居环境科学，我们也有理由相信，可以将相关的方面联系起来作综合的研究，寻找、探索一种"新的方法"、"新的途径"。

3.2.2.2　整体和整体性的科学

复杂性科学有非系统整体与系统整体之说（贝塔朗菲），前者具有累加性，只要认识了组成部分，累加起来就能得到整体特性；后者的特点在于"整体大于部分之和"，为了解整体，除了解部分外，还要了解部分之间的关系。系统的整体性质是由各组成部分相互作用、相互激发而"**涌现**"出来的，有人称之为**整体和整体性的科学**。整体的涌现性是通过对部分组织、整

---

① 普朗克．转引自：成思危．试论科学的融合．见：成思危主编．复杂性科学探索．民主与建设出版社，1993。

② M.Gell-mann. 夸克与美洲狗——简单与复杂性的奇遇。

③ 李政道．展望21世纪的科学发展前景．《21世纪100个科学难点》"导言"．吉林人民出版社，1998。

④ 普利高津．确定性的终极——实践混沌与自然法则．上海科技教育出版社，1998。

合而产生的，信息增殖、信息创生，或者说是通过对多样性、差异性的整合而产生的结构特性、组织特性……[①]。考温说："**通往诺贝尔奖的堂皇道路通常是由简化论的思维取得的，……这就造成了科学上越来越多的碎裂片。而真实的世界都要求我们……用更加整体的眼光去看问题。任何事情都会影响到其他事情，你必须了解事情的整个关联网……**"[②]，季羡林先生说："**东方哲学思想重综合，就是'整体概念'和'普遍联系'，即要求全面考虑问题**"，这些言简意赅的话对认识人居环境科学实在是太重要了。

研究建筑、城市以至区域等的人居环境科学，也应当被视为一种关于整体与整体性的科学。以长江三角洲为例，它是由大中小城市、村镇以及建筑群组合起来的整体，就各单元来说，大小不一。如果有不同级别的完善的交通通讯等设施将各个单元更好地沟通起来，它们就更能发挥其作用，极大地提高区域实力、效益。愈能通过各种渠道（金融、行政管理、文化教育等）增强区域内外的沟通，就愈能增强大至区域小至村镇的活动。不同层次的区域规划与种种专项规划的目标就是获得"**整体协调发展**"（我们长江三角洲课题研究也是这个结论），发挥整体作用，其具体的途径就是"竞争与协作"、"区域治理"；建筑、建筑群的规划、设计也是如此，各组成部分要善为结合，各得其所，既有内在的良好组合，又有美好的表现形式（称之为"构图"，composition），《释名》一书说得好："巧者，合异类共成一体也"，也就是说要善于将不同的内容、不同的事物能组合好，连缀好，以取得环境空间与形体的和谐。这就是美，古人称"倾国宜通体，何须独赏眉"，意亦如此。但这是需要学识与技巧的，其中思想方法上的整体观念与普遍联系的理念、处理方法与技巧、高低文野之分乃是最根本的。值得注意的是，某些新兴的建筑理论恰恰就忽视了这一点，只将视野局限在某一个方面，难免攻其一点而不及其余，忽略了全局，有失偏颇。可以说，无论历史上还是现在，无论治学或工程设计，大凡能**高瞻远瞩集大成而又有独创者，都离不开整体思维**。

---

① 这里"涌现"（emergence）一词需要加以解释。涌现是这样一种概念，即简单的因素由简单的规则通过对相互影响和反馈的试验和改错，加以控制和操纵，可以产生与最初因素极不相同的持久稳固的系统模式。

② 汪丁丁对《复杂性》一书的评论，"面对综合的存在"。

3.2.2.3　开放的复杂巨系统

70年代以来，钱学森院士就在倡导系统工程，提出“巨系统”的观念，后来他与他的合作者逐步形成以简单系统、简单巨系统、复杂巨系统为主线的系统学提纲和内容，后又提出“开放的复杂巨系统”[①]的科学概念。第一，开放的复杂巨系统概念的提出就强调了系统组成之巨大，系统组成之间的相互作用之复杂、系统与外界联系之广泛、开放以及系统构成的层次性等。我们认为人居环境也是和人体、社会等系统一样。由于其组成十分复杂庞大，相互影响、相互制约的因素很多，从来是十分困难的问题。第二，开放的复杂巨系统及方法论是系统学的“骨干”，其他系统方法则是适合其他特殊条件的特例，是“分支”。也就是说，不是从提高简单系统、大系统、简单巨系统来建立开放的复杂巨系统理论，而是从复杂巨系统按级作的特例来分化出其他系统理论。人居环境科学的酝酿也是如此，我们对相当数量的城市规划、区域作了个别的长时期的探索，感到并不能满足需要，甚至难以掌握而一筹莫展时，逐渐从感性上借鉴现代科学中涌现出的理性，追求科学的方法，学习复杂性科学之道。当我们从事长江三角洲课题研究后，周干峙同志以“城市及其区域——一个开放的特殊复杂的巨系统”[②]为题，提出对开放的复杂巨系统的认识。

无论大自然还是人类，其组成要素之间永不休止地进行这样或那样的自发的相互作用，这一点在人居环境发展上尤为明显。例如，城市有经过规划建设发展的（即所谓的planned development），同时也有在适宜的情况下自发形成的（即所谓的grown development），这种自发形成的城市就是自组织、自适应的结果。实际上，在城市发展中，即便是经规划而建设、发展的城市，也同样存在自组织自适应现象。例如，中国历史上后周世宗柴荣在扩建开封时，就明确将街坊道路予以划分，居民用地有一定的规定，而在“规范化”之后，则任凭居民“自适应”地建设；在元大都初建时，金中都只是宫殿被毁，居民仍然居住城中，大都有计划地建造，而从中都通向大都的斜路[③]，则是“自适应”发展，逐步形成后来的外城，形

---

① 涂元季．关于开放的复杂巨系统理论的一些体会——系统研究．祝贺钱学森同志85 寿辰论文集．浙江教育出版社。

② 周干峙．城市及其区域——一个开放的特殊复杂的巨系统．城市规划，1997（2）。

③ 即北京的杨梅竹斜街和李铁拐斜街。

态混乱，直到嘉靖年间，因防御需要，加筑外城墙，才形成后来的品字型格局。现代城市如二战后印度的昌迪迦尔、巴西的新巴西利亚，新城初建时，空荡无人气，后来经使用逐步调节才利于人居。正因为如此，近代城市设计思想中亦有"自觉"地设计与"不自觉"地设计之别。

视人居环境为复杂的自适应系统是非常重要的。人居环境的"自适应"发展，在很大程度上是因为人们基于切身的生活需要，有其自身的合理性，又由于广大市民或业主本人并非建筑出身，所以极易受已盖好的建筑（特别新建筑）的吸引，具有模仿性，因此，出现"没有建筑师的建筑"、"乡上建筑"、"历史的城市"等等，它们源于生活，建设中受人力、财力、物力及具体条件的限制，反而更能切合实际。我们常常看到，一些传统村落、小城镇，尽管并未经过规划，但千姿百态，魅力无穷。对此，要善于保护和引导。但对前述要有所分析，它常因局限于眼前的利益、局部的利益，需要加以控制，甚至在其形成过程中要根据具体情况，予以适当的调节和改造。认识了人居环境系统的自适应性，我们就多了一把钥匙："管而不死，违而不乱"，为建设良好的人居环境服务。

本书第2章已就人居环境的若干方面加以分析，形成五大原则、五大系统、五大层次，作为认识人居环境系统方法的思维框架，现在则指出有意识地将要解决的问题、涉及相关学科、有关专家掌握的专业知识和经验以及文献数据、资料方面进行人机结合，综合集成，定性与定量相结合，以求对在开放的复杂巨系统的整体认识下求解。我们一般学习和认识事物是由简到繁，但随着知识面的增广、阅历的扩大、经验的积累就有可能在不断发展变化中抓住主要矛盾，理出关键的问题，有了从复杂的巨系统中处理事物的经验，就有了驾驭全面的能力，就像指挥过重大战役的司令员，对于那些规模不大的战役（如大系统）就可以作为特例来认识。因此人居环境思想和方法，不是简单认识的叠加，而是对开放的复杂的巨系统方法论理念的掌握，用钱学森先生的话说，**"从繁到简"、"从高处俯瞰全局"**。中国古语**"居高虑远，慎始图终"**[①]，**"不谋万世者，不足以谋一时，不谋全局者，不足以谋一域"**[②]，都简明、朴素地说明处理复杂性科学的要义。

① 宋史·张昭传。

② 陈澹然．寤语·二迁都建藩议。

3.3　对开放的复杂巨系统求解的尝试

3.3.1　融贯的综合研究

人居环境科学面对特别复杂的人居环境巨系统，努力对人居环境建设进行协调控制，相应地，人居环境科学研究必须进行“融贯的综合研究”（Transdisciplinary Research）。“融贯的综合研究”思想最早来自我对“广义建筑学”方法论的探索，当时受论文“多专业及跨专业”、“系统方法在教育与革新中的运用”[①]的启发，我加以发展，即提出以建筑学为中心，有目的地向外围展开，在有关科学中寻找结合点，以解决有关具体问题。这样，既可扩大我们的知识领域，又比在目的不明确的情况下，一般地从多学科间的交叉来探索要较为集中，因而有可能将建筑学的发展推向更高一层次。这种理论框架并非一般意义上的“跨学科”，我称之为“**融贯学科**”，并赋以新意：**即从外围学科中有重点地抓住与建筑学有关部分（请注意限于有关部分），加以融会贯通（即要求理解深透一些）**。为了强调这项工作中的**综合集成性**，故我称其为“**融贯的综合研究方法**”。十多年来，无论科学研究还是规划设计方案的探索，我都颇受其益。

这里提出人居环境科学融贯的综合研究，更是为了认识比建筑更为复杂的人居环境，以及发展人居环境科学的需要。在第二章中已经指出，人居环境科学是一个学科群，但实际的情况是，每一学科一方面为全面认识和解决问题提供了一个侧面，但另一方面又有自己的边界，学科与学科之间往往界限分明，形成了一个个“独立王国”。提出人居环境科学融贯的综合研究，就是要更为自觉地融贯多学科的研究成果，综合地、创造性地解决复杂的人居环境问题。**前文曾引用控制论的奠基者维纳（Wiener）的话，“在已经建立起来的科学领域之间的空白区上，最容易取得丰硕的成果”**，古人说：“人家争住水西东，不是临溪即背溪。掺得一家无去处，跨溪结屋更清奇！”（[宋]杨万里．明发西馆晨炊蔼冈）很形象地道出了跨学科经营是**独辟蹊径**。事实上，随着研究技术手段的改进以及专业化知识的逐渐积累，人类的抽象思维能力也相应地有所提高，从而形

① 转引自：Erich Jantsch. Inter- and Trans-disciplinary University， A Systems apporach to education and innovation. 吴良镛：“广义建筑学”。

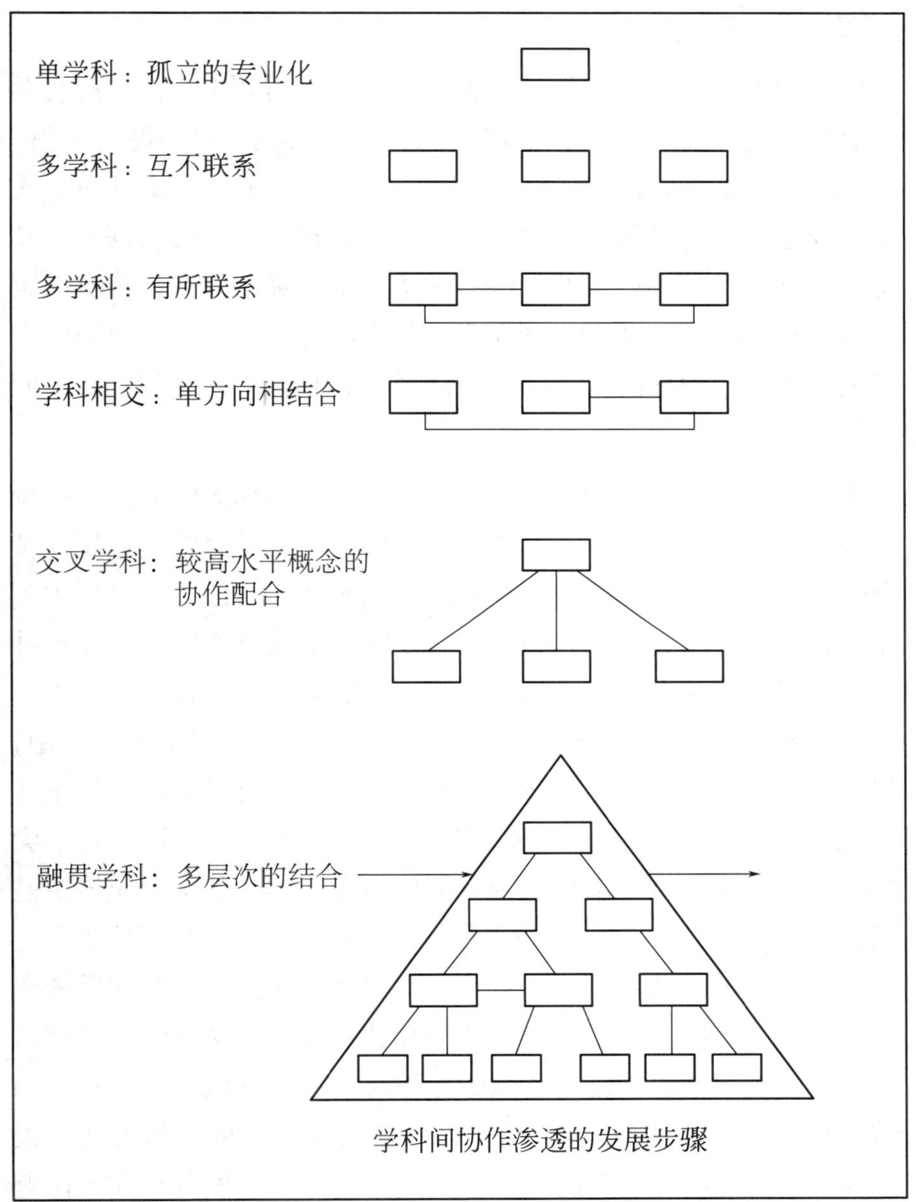

图 3-1　从单学科到“融贯的综合研究”

资料来源：Erich Jantsh. Inter– and Trans–disciplinary University， A Systems Approach to Education and Innovation.

成学科发展的另一个趋势，即跨学科的研究和学科间的渗透乃至融贯、整合。

下文便对人居环境科学融贯的综合研究技术路线及组织方式进行具体探讨。

3.3.2 以问题为导向

任何层面上的真正的研究，都是在利用一切知识与学术财富，解决共同关心的问题的同时，积累学术，发展共同的知识系统，即“提出问题－努力求解”。从生活本身提出的问题出发进行研究是出于社会责任感。人居环境科学研究也是针对具体的人居环境问题，特别是一些发人深省、甚至惊心动魄的例证，对一些习惯的看法、做法提出质疑、思考，待有明确的观点后，进而勇敢起来，提出“挑战”，待研究成熟后提出合理的解决方案。简言之，以问题为导向，利用人类已经探索和积累的知识，解决问题，谋求生存与发展之路。

以问题为导向开展人居环境科学研究，这是我们在近20年探索中领悟出的方法论。80年代后期，在菊儿胡同实践中，我比较自觉地运用这种方法，综合研究北京旧城保护问题、危旧房改造问题、新四合院设计类型学问题、住房制度改革问题、北京旧城基础设施逐步改善问题，以及设计研究者与管理部门、群众参与问题等。当然，上述问题过去也不是无人研究，有人甚至已作了大量的研究，但运用融贯方法，在一个工程设计中，较自觉地加以贯彻，尚属首次：即在旧城整治中提出“有机更新”论；在规划布局上探索“类四合院”（后简称新四合院）体系；在建设方式上尝试“住房合作社”形式；新建设与名城保护相结合等等，其结果应该说是普遍感到满意的，最初说是“一举四得”，后来无论在理论上还是实践上都总结出不少有价值的东西，当然，还需要继续完善发展。①在此后的研究中，这个方法又有了新发展，如90年代后期我主持的自然科学基金重点项目“发达地区城市化过程中建筑环境的保护与发展——以长江三角洲为例”，从开题时起，就比较自觉地贯彻“以问题为导向”的工作方法，根据各单位原有工作的基础和已有的成绩、特点，进一步明确各自在大课题中承担的任务与目标，对上海、苏锡常、宁镇扬等地区的城市群及其所处的区域进行综合分析；在划定的重点范围内，共同努力，选择区域发展的若干重大问题，梳理成有限的目标，分析与综合并举，进行融贯研究，确定近期行动纲领。课题最终取得了初步的结论，在总报告的“献议”部分

---

① 详见吴良镛．北京旧城与菊儿胡同．北京：中国建筑工业出版社，1996。

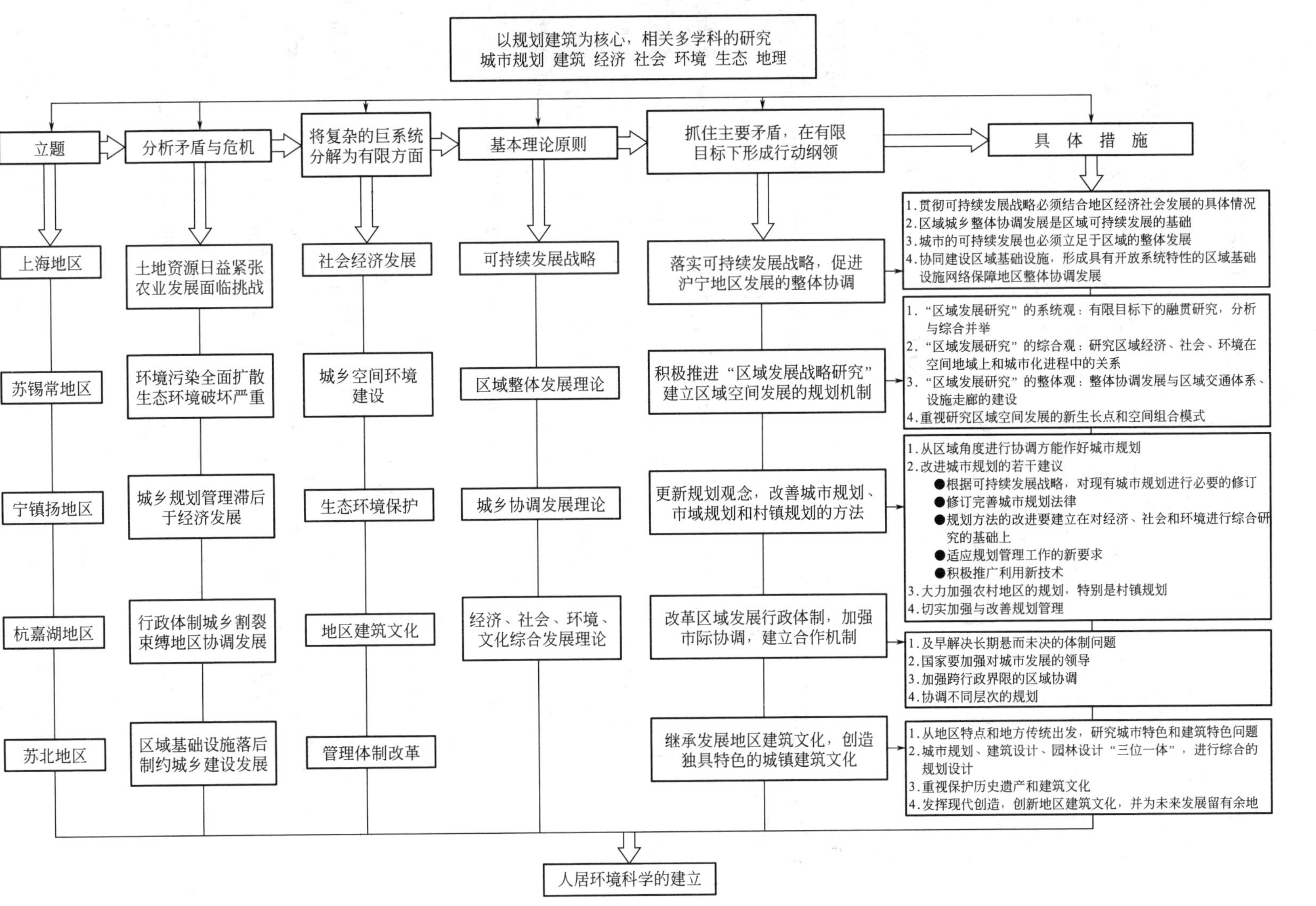

图 3-2　融贯的方法在以长江三角洲为例“发达地区城市化进程中建筑环境的保护与发展”项目研究中的运用

提出寻求协调一致的努力方向，这是言之有据和有一定的参考价值的。[①] 尽管由于人力财力时间的限制，我们的工作还并不完善，例如，严格说来，在研究范围上，还应对杭嘉湖、杭宁绍等城市群及其所在的区域作类似的调查和分析，在专业上，应有更多的专家参与，这样结论可能更为完整一些，但我们还是得到了一些初步的、暂定的结论：**就研究工作而言，问题所在往往也是能对科学加以突破的希望所在**。

3.3.3 “庖丁解牛”与“牵牛鼻子”

“庖丁解牛”与“牵牛鼻子”，是指把人居环境所面对的诸多的方面和复杂的内容、过程简化为若干方面（不是简化到只剩一个，也不是多到你难以掌握），并抓住问题要害。正如《淮南子·诠言训》所云：“**非易不可以治大，非简不可以合众。大乐必易，大礼必简**”。当然，这种“简”与“易”已非肤浅、简陋，而是本身对复杂性研究的提炼与螺旋式上升。

例如，在长江三角洲研究中，我们着重分析主要矛盾，即把问题集中为五组：社会经济、生态环境、地区文化、环境建设、管理体制等，最近有学者建议更加集中到生态、经济、文化等三个方面，这可能更易抓着要领，规划设计者逐步掌握经过爬梳了的，或精炼了的系统原理，这样就可发现自己对所从事研究的对象有较多的问题，自觉地逐渐从更大范围来思考，同时，也就有了从更大范围融合多系统的成果进行创造的可能。

3.3.4 综合集成，螺旋式上升

在化整体为局部、化繁复为一般、化混沌为若干可探视之点的基础上，分头把问题展开，待工作取得一定的成果后，还要**进一步概括融会，综合集成，探取综合可行的结论；进而不断深化，螺旋式上升**。

在人居环境研究中，上述“庖丁解牛”“牵牛鼻子”与“综合集成”乃“融贯的综合研究方法”的一个基本途径（绝不是唯一的）。当然，我

---

① 吴良镛等．发达地区城市化进程中建筑环境的保护与发展．北京：中国建筑工业出版社，1999。

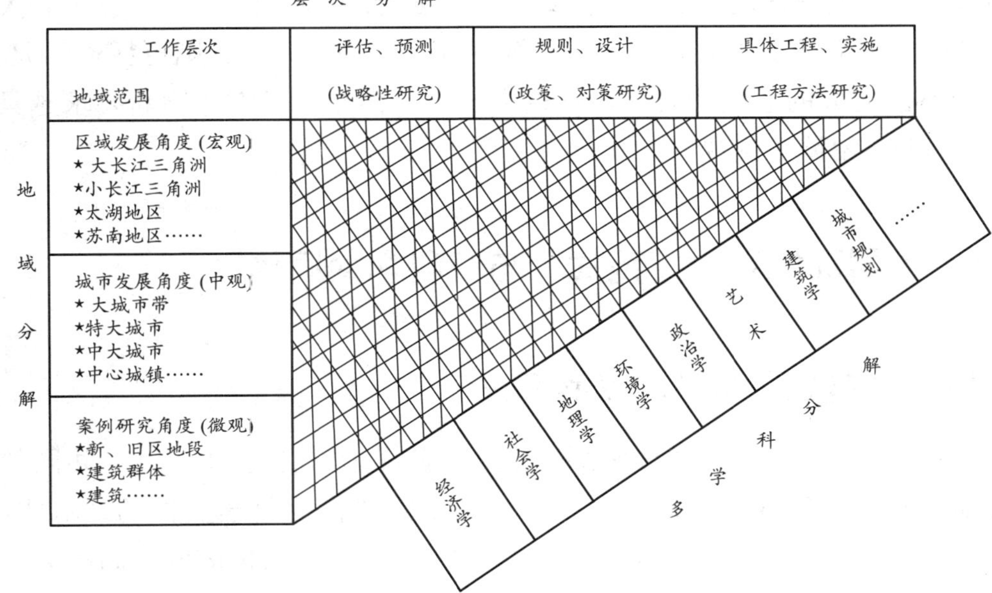

图3-3　"庖丁解牛"把复杂的"尖端"化为可操作的"一般"

注："以问题为导向"，当运用"庖丁解牛"式的解析方法，就可以大体知道立在什么位置上，朝什么方向努力，从哪些学科中求得支援等等，以及如何融贯。

们还要探索其他可行的方法，使之不断丰富、提高、完善，所有这些还需继续实践，再实践、再探索。钱学森先生在1997年1月香山会议的书面报告中指出："**开放的复杂巨系统由于开放性和复杂性，……我们必须用宏观观察。只求解决一定时期发展变化的方法，所以任何一次解答都不可能是一劳永逸的，它只能管一定的时期，过一段时期宏观背景变了，巨系统成员本身也会有其变化，因此开放的复杂巨系统只能作比较短期的预测计算，过一时期要根据宏观观察，对方法作新的调整。**"[①]这段话给了我们两点启示：第一，对于开放的复杂巨系统，由于其开放性和复杂性，必须用宏观观察；第二，对开放的复杂巨系统的任何一次解答都是暂时性的。对有些问题，如交通问题，在一定程度上，尚可用不同的方法分别予以量化，但即使如此，因为随着新建筑的插入、土地使用的改变，交通流量也不断地进行调整、变化。反之，随着交通的变化，城市用地也要不断地重

① 钱学森．一个科学新领域——开放的复杂巨系统及其方法论．自然杂志，Vol13，1981（1）。

新分布，何况交通网络的扩大，交通系统必然在不断地调整，以获取较大的通达性。对于更加宏观的问题，建立模型，通过试验，则更耗资巨大。对于这样庞大的系统问题，根据过去的经验体会，对它的判断要求越具体，就越容易陷于主观。

3.4　人居环境科学“范式”与“科学共同体”

3.4.1　“范式”与“科学共同体”

人居环境建设、研究的思维更多地表现为群体思维，为着共同的目标，协调一致地开展思考、工作，这就需要作为科学实体的“范式”（paradigm）和作为科学活动实体的“科学共同体”（community of science）。

“范式”一词来自希腊文，原意为“共同显示”，由此引申出模式、模型、范例等义，即某些重大科学成就形成科学发展中的某些模式，继而形成一定的观点和方法的框架。库恩（T. S. Kuhn）用范式来描述科学活动，包括科学理论、定律、方法和技术的总和，以及科学家共同的信念、世界观、方法论或这个共同体所特有的解决学术问题的立场，等等[①]。

在认识论上范式的重要意义就是确认认识框架的作用，科学家只有有了一个共同的理论框架，才能去获得、接受、吸收并同化由观察和实验所得到的材料，由此又充实和发展这种理论框架。研究者被培训为采用一种已验证的模式去对待研究的问题，用已经认可的方法去解决发现的问题。在问题的解决中遵循一种稳定的、累积的方式，以增加知识的储存。在发现不大的异常现象时，也许要做微小的调整。在很偶然的情况下，会遇到无法解释或不能容纳的异常现象（anomalies）。一些研究者会抓住这些异常现象，创立新的范式，它既能解释那些异常现象，又能解释其他所有已知的事情。他们一旦成功，有个新的范式便出现在科学家共同体的目前，要求认可，“革命”出现了。

---

① T. S. Kuhn. The structure of scientific revolution. Chicago： University of Chicago Press，1970。

现有的理论框架为他们定出什么是尚未解决问题，并提供研究环境。现有的方法论则提供了着手的程序，研究者所要解决的问题是该领域中已经意识到的问题，并非要一切从头开始。所以，范式是“已知的问题-求解”。问题-求解导致科学的进步。范式中实质性的研究包括填补空白，研究者“必须将未知事物转变为……一个已知的事例”。

“科学共同体”则是由一些共有一个范式的、志同道合者结成的科学集团，遵循特定的科学规范，具有共同的科学信念，探索共同的目标，内部交流较为充分，专业方面的看法较为一致，可以称之为“看不见的学院”，而维系这个科学共同体的决定性因素就是科学“范式”。它是一定时期内进一步开展研究活动的基础。

在人居环境研究中，我们特别提倡“科学共同体”还在于这是一个极为广泛复杂的研究课题，它的成熟需要一个较长的过程。1992年举行的世界经济合作及发展组织（OECD）部长会议上提出了设立大科学论坛（Megascience Forum）的设想，以期借助国际合作来克服大科学项目的困难，共享智力资源，避免不必要的重复[①]。我们认为，人居环境研究也应如此。

把上述若干思路集合起来，试用下列框架阐述人居环境科学之建立。如图3-4。

其中需要加以说明的是：

（1）着眼于当今世界的、中国的、地区的人居环境问题与矛盾，吸取历史经验与教训；

（2）确定研究之目标，即建设可持续发展的宜人的居住环境；

（3）重视理论框架的建立与方法论的探索；

（4）在前述工作基础上，探索范式，确定研究战略，作为一定时期内开展工作的基础；

（5）重视选题与立项工作，选择典型地区，“设计”具有典型意义的研究项目，在有关方面参与下进行试验；

（6）希望能对研究成果进行试验、修正，并及时地、实事求是地上升

① 樊春良．大科学时代——科学的国际化时代．科技日报，2000.3.27。

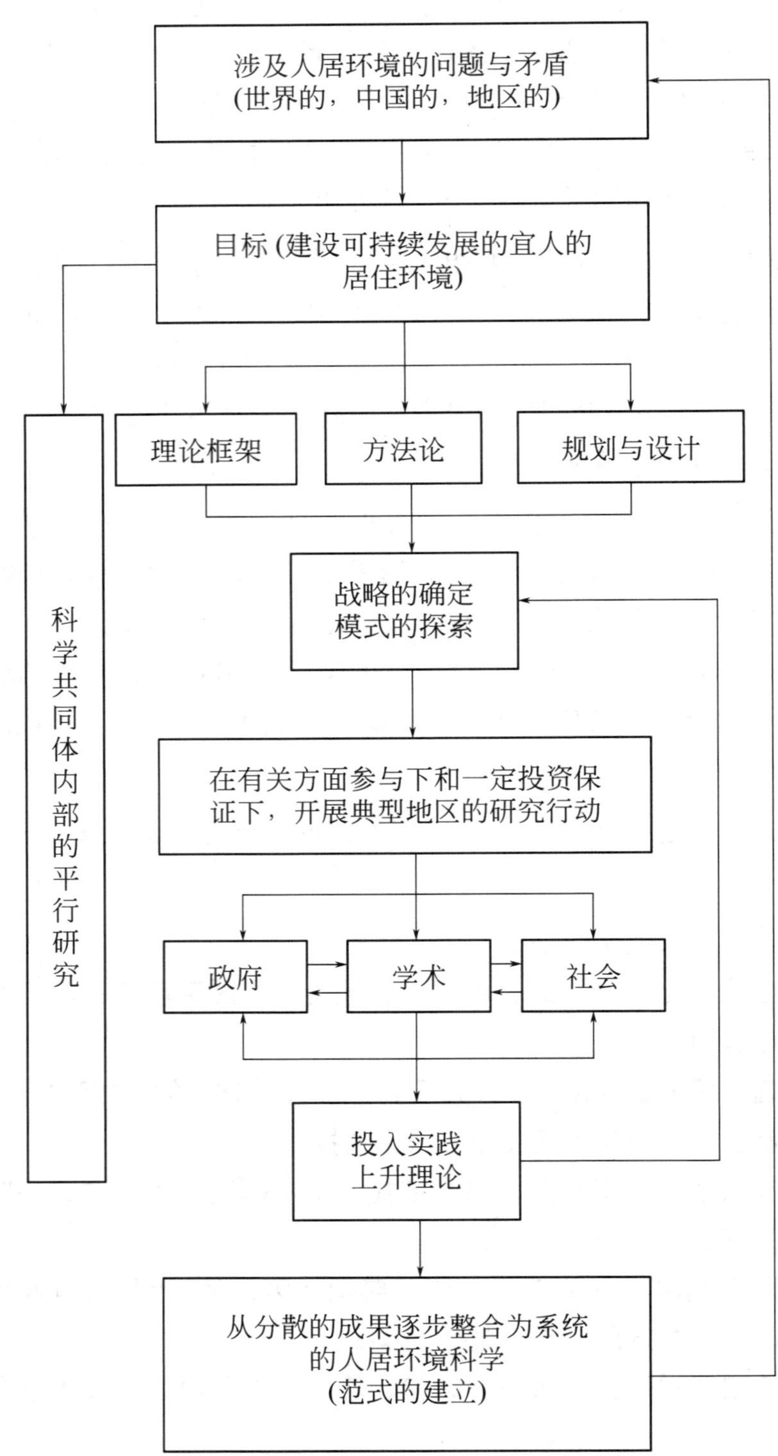

图 3-4 人居环境科学的研究与开放系统

（或总结）为相应的结论，如此反复；

（7）目前我们的研究尚处于多学科集成阶段，只要水到渠成，就一定能够形成人居环境科学群体；

（8）上述工作非仅仅“独此一家”进行研究[①]，而是提倡有能力的科学共同体，平行地研究，一致百虑，殊途同归，使人居环境科学日趋完善。

在此意义上说，创立“人居环境科学”的任务之一是为当前中国人居环境科学寻找“范式”，而清华大学人居环境中心就是为此而努力的一个“科学共同体”；全国不同的学术团体可以在共同的主旨下，以不同的方式发展人居环境科学，而学派纷呈、和而不同、风采各异的科学共同体之形成正是人居环境科学繁盛的一个标志。正因为如此，科学的战略拟定，从总体框架的制定到各重要阶段方案选择的讨论，都需要科学工作的组织与协调工作。

3.4.2　明确科学战略

上述研究框架，明确科学战略至为重要。在问题成堆、千头万绪、“剪不断、理还乱”的情况下，从各方面的领导人、决策人以至规划设计者，特别是课题的负责者都要始终保持清醒的头脑，对面临的问题、任务要制定正确的战略和研究计划，对各阶段的奋斗目标、具体的战术等要尽可能做到心中有数；大课题必然需要大兵团作战，因此战略目标的确定、智囊团的运筹、学术带头人决策的正确与否，以至各级决策人能否尊重科学、理解与采纳正确的建议等，更是非常重要，非常关键。作为科学研究的主持人，对此需要有耐心，尽一切力量争取扩大“科学共同体”的同盟者、支持者，把工作推向前进。

系统论者如经典科学一样，一味强调世界本质独立有序方面，而把无序性作为表面现象加以忽略，有学者认为**无序性和有序性共同构成世界的本质**。无序性会引起事物的衰退和干扰人类行动计划的执行，但也会引起新质事物的产生和给人类实践行动提供罕见的有利机遇。它表现为偶然

---

① 按库恩的理解，科学不是严格地积累性的事业，范式的不同决定了对解决问题及答案也就不同。

性、随机性，因此不能仅靠理性推理来掌握，还要借助实践直觉。正因为如此，从历史上看，重大科研成果（例如1948年Shannon发表信息论，1951年Shockley发明晶体管都不是事前订了计划而发明的[①]），最大的计划执行时，特别在大课题大兵团作战时，在关键时刻要能及时地发现问题、新的事物或新的机遇，及时地修正原有的方案，动态地调整方向，提出新的战略目标等（例如，我们在长江三角洲中期研究任务，经过一阶段后，发现的新的苗头，及时地修订并增加我们的研究任务，使原参加单位的科研工作取得了更丰硕的成果）。这正是所谓的**"战略"包含着"对世界事物发展中的无序性因素的正视、反抗和作用"**。正由于认识到无序性这一特点，对它的出现，在我们的规划过程中，并不感到一时无所适从，而是如何认识现实，引导它向有利于实现规划理想中发展，有时甚至会导致原先意想不到的结果。我常赞扬中国成语**"审时度势"、"因势利导"、"一法得道、变法万千"**以及**"运用之妙，存乎一心"**等作为规划的基本原则的哲学思想，其原意亦在此。

科学的重大突破往往基于传统理论与新试验基本矛盾的解决，源于传统理论思想的解放和充满自信的创新突破，希望人居环境理论与方法的建设亦如此。ISoCaRP《千年报告》分析了1980年的衰退与困惑，从90年代不确定和快速变化中的矛盾、斗争中所呈现的种种复杂性问题，看到规划的发展与复兴，我们面对可能遇到的困难，也应当抱有信心。

ISoCaRP《千年报告》总结近10年来规划的主要趋势

最近关于发展和规划的阐述以复杂性问题、不确定性和快速变化为标志。规划和研究结束了20世纪80年代的衰退之后，在20世纪90年代进入稳定的复兴阶段。主要的趋势有：

——全球化趋势的影响，经济和竞争的整合；

——寻求环境的可持续发展；

——与社会的不公平、失业等进行斗争，并允许流动；

——探索更多参与和协作的城市治理，强调新型的伙伴关系；

——强调权力的分散、转移以及对地方政府的支持；

——试图消除贫困的持续努力。

---

① 闵应华．计算科学的回顾与前瞻．自然科学进展，2000（10）. 第10卷第10期。

第4章

人居环境规划与设计论——复杂体系中设计理念的探索

在前文关于人居环境学科体系和方法论讨论的基础上，结合规划设计实践，可逐步形成规划设计的理念，所谓“理”，是指事理、事物之基本原理；“念”是指概念、观念，即从事物之基本原理升华形成的概念。希望通过这种理念的自我修养，纲举目张，形成知识系统。做到逻辑思维清晰，心灵深处有境界，以整体地驾驭规划设计的主要事物，高屋建瓴地从事具体规划设计工作。因此，这种理念是规划设计创造的核心，它有助于对有关知识“综合集成”，并创造形式。

4.1　传统规划设计的不合时宜的原因

从学术发展看，近百年来，特别是二战以后，建筑学、城市设计学成就斐然，在理论上、技术上、设计方法上、艺术创造上、表现形式上都有了很大的开拓，创新、划时代的佳作迭出。无论国外还是国内，有关城市设计的书籍多起来，专门的学术团体多起来；城市设计愈来愈得到重视，越来越多的城市开始重视城市设计，并拟定法制落到实处。但是，尽管如此，实际的效果却不尽人意。英国大百科全书早就指出：

“华丽的建筑、庭园或桥梁的例子不胜枚举，可是美好的环境却不易找到，尤其是近代的例子，规模不大、舒适、功能良好而又美观的住宅区倒是少数。也还有少量的设计优美的城市中心。形体特别出色的，有规划的大型居民区也是很少的。可是有规划的但丑陋而不适宜居住小区，不像样的市郊区、灰溜溜的市区和荒凉的工业区到处都是……好些历史名城，古老的耕作区或者原始而富有野趣的地区等照片，以及一些棚户区或古老的旧市区，虽然没有规划过，但与最新设计的市郊区或者公共住宅工程相比，倒反而显得温暖和有趣……”①

究其原因颇为复杂，从根本上讲，则是由于城市的政治、经济、社会等要素的变化，使规划设计观念和学术落后于时代要求。

---

①　陈占祥译。

——**技术的因素**　例如，汽车、航空等现代快速交通工具和各种新技术的出现，日复一日地破坏原有的城市结构和秩序，城市变得更为集中、拥挤，于是不得不寄托于一些技术的改善措施（如展宽街道、改善交通路口等等，待情况稍有好转立即引入更多的车辆，修建更多的道路，如此恶性循环）。以信息技术为中心的新技术革命，从个人到地方到全球的网络联系，更在推动日新月异的变化。

——**经济的因素**　“看不见的手”在影响着各个方面，也支配着城乡

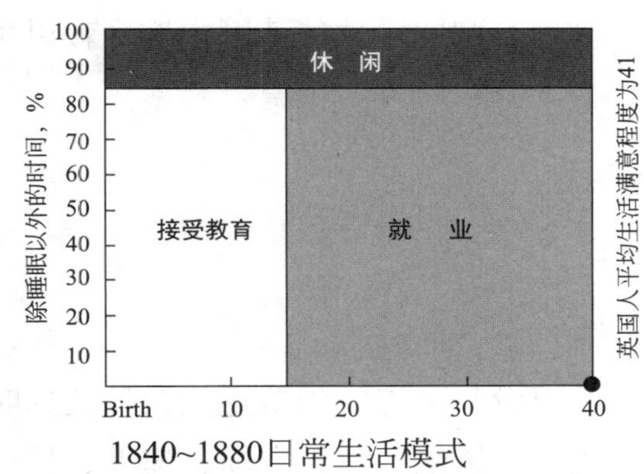

1840~1880日常生活模式

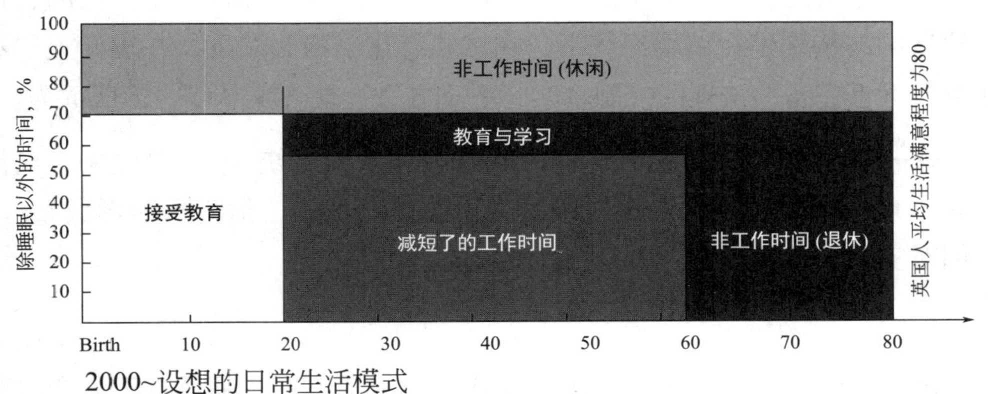

2000~设想的日常生活模式

图 4-1　生活方式的变化

注：由于人的生命延长，工作与照顾子女时间比例在缩减，人们有更多的时间从事文化、休闲与教育。一方面，这导致流动人口增加，由于工作与家庭的约束减少，居住更为自由；另一方面，这也提出要为留在家中的人提供更加适应变化的环境。

资料来源：Andrew Wright Associates. 转引自以 R. Rogers 为首的城市特别工作组（Urban Task Force）最终报告《走向城市人文复兴》（Towards an urban Renaissance）。

的建设，越来越多的土地投机不仅有利可图，而且可以“暴发”出极大的财富，开发的影响愈来愈大，甚至影响政府职能，房价上涨，住房问题成为难以解决的社会难题，全球经济的影响又促使问题更加复杂。

——**社会的因素**　生活方式的变化、土地利用的变迁、“公共空间”的私有化等等，导致城市原有结构的变化；相当时期来，现代城市更新、都市的“区划法规”管理等等并没有找到一个令人满意的创造物质环境的途径，反而进一步加深对传统城市形态的破坏，甚至危及人类的生存。

——**生态的因素**　城市地区的发展以及乡村城市化引起了环境污染的区域化趋势，形成了区域范围的生态破坏，削弱了地区范围内城乡赖以生存的生态系统以及生物保护体系等。

……

我们还必须注意当前的一些新变化：

——**过去的变化是缓慢的**，城市的建设与形态的创造还能在较长的时期内进行自我调节，现代城市的发展则是急剧的，建设规模、速度、尺度太大了，以至于难于掌握，影响城市发展的不确定因素就更多了。

——**过去是在较为集中的体制下的建设**，现代的建设则是分散的、自由建造的，特别是在市场经济下，在“私有化”的大潮下，在表面上“不违背”远不完备的法规的控制，实际上千方百计地各谋其谋，为所欲为。

——**过去的建筑与城市设计的原则较为单纯、统一**，一般说来，现代的学术理论不断发展，各执一说的理论虽有所启发，但尚未能形成整体，它们对实践活动的约束力、指导性往往是很有限的。

……

因此，建筑与规划工作如果墨守成规，一成不变，那就难于完全适应日趋复杂的发展变化。在剧烈变化的情况下，我们要探索哪些**变的因素和不变的因素**：既坚持基本原则与规律，改进、拓展规划的基本理论与方法，又注意到不同时期、不同的城市的特殊性，作专门的研究，创造性地解决特殊的问题，这就要求我们对规划设计理论与方法进一步加以探讨。

4.2　对规划设计的再思考

4.2.1　历史上有关观点的回顾

4.2.1.1　时代在发展，规划理论思想也在变化中

（1）近百年规划思想变化的一种议论

西方国家的规划历史也许可以看作是，根据社会变化的需要和愿望，为改进一个演变着的社会的空间结构所进行的持续的努力。但是，根据近期的考察，这种连续性似乎更多地表现为一个试图控制所面临问题的努力的循环序列，在理解和观点上，有时会被突然地打断。根据国际区域与城市规划家协会（ISoCaRP）《千年报告》中对百年来的总结，近百年欧洲历史上3个“规划思潮”的主要变化可分为三个阶段：

· 在20世纪的第一个十年间，新的城市规划学科——用它自己的术语讲——于19世纪晚期的实际发展的、自己的权利进行了自我确立，并定义了它的活动、目标和价值。这种规划的新解释可以用阿伯克隆比（P. Albercrombie）在1930年代末的话来表述：**“城乡规划寻求提供对自然演进趋势的引导，作为对区域及其外部环境的详尽研究的结果。这种成果将仅仅是熟练的工程学，或者令人满意的卫生，或者成功的经济发展，它应该是一种社会有机体和艺术作品”**。

· 1960年前后，这种见解被搁置起来，因为人们认识到并没有所谓的“自然的演进”，经济和社会发展已经以许多方式被熟练地操纵（通过税收系统和其他政策规章等），而**空间发展却无法从社会、经济政策中适当地分离出来**。相反，一种新的综合规划的概念被提了出来：空间规划成为综合的社会政策整体的一部分——伴随着一种高度的自信，即我们能够理性地组织这种政策。规划理论、资格和操作等因此而备受关注。

· 在20世纪70年代，资源减少和“增长的极限”等观点动摇了这种关于“未来由我们安排”的信心。对于综合努力和整合行动的期待越来越令人失望。结果是转身离开早期对综合规划的勃勃雄心。**灵活性、小步骤、可逆性、谨慎的行动等成为目前的主要术语。生态观点反对进一步的扩张，“有序减退”似乎成为时代的要求**。规划理论的后退有利于实用主义

的“特定主义”。因此，伴随着公共行动无法独自奏效的观点，人们认为应该通过合伙或补偿制度，鼓励私营机构的主动参与。

（2）某些规划理论述略

上面论述的一个有影响的学术团体的观点，使我们认为有必要对规划理论进行的粗略的巡礼。

· 综合性规划

物质规划，就其本质而言，属于综合性规划（或全面规划，comprehensive planning）[①]，例如，20世纪40年代末的芝加哥规划就制定了《综合规划总图》（comprehensive master plan）。这种综合性规划理论，因系统科学的发展，强调理性分析、结构控制和系统战略[②]，一时相当风行，抱以希望。由于过分繁琐，更有人认为“**综合规划实践将无法达到它的目标**”（A. Aushaler）。理性的系统规划理论与方法遭到普遍质疑，在中国，总体规划修编内容繁琐、程序复杂，层层报批，若干年后已明日黄花，实际情况已经发生变化，对实践的指导作用很小，也证明了这一点。

· 倡导性规划

60年代，由于反越战及社会运动风潮，欧美规划家对自上而下的规划提出挑战，认识到都市更新政策表面上为了解决内城环境问题、改善穷人的生活，事实上是地产商牟利的工具，把穷人赶出城外。于是，倡导性规划（advocacy planning）[③]及激进式规划（radical planning），站在社会弱势者一面，强调“规划作为社会学习”、以对抗既有政治支配势力。这种发展为支持社区运动者以推行，形成进步式规划（progressive planning）。

---

① 这种规划的理论代表当推 M. C. Branch 的著作 Planning: Aspect and Applications（此书出版于 1967 年，当时正值“文革”期间，中国规划界不熟悉）。

② 相关著作如 J. B. Mloughlin 的 Urban and Regional Planning A Systems Approach(Faber，1969）；G. Chadwick 的 A Systems View of Planning（Pergamon，1971）.

③ P. Davidoff 等倡导。

· 沟通性规划

20世纪80年代，J. Forester指出，形成交流、传达信息这些行动本身就是规划行动，传达信息不只是把报告、建议传达给决策者，由他们选用，当规划师提交分析报告，指出存在问题时，他们已经在参与“界定问题的过程”，已经在进行规划工作，影响对城市发展的决策了。1998年J.Inners将这些研究成果发展成为较为完整的“沟通性规划”（communicative planning）。

其他如渐进式规划（Incremental Planning）等[①]不一一列举。

透过上述一些理论简单的介绍虽远不完整，但我们可以看出：

① 规划理论或规划思想是发展变化的，这有时代的政治、经济、社会、思想背景，涉及不同的或多个利益主体，在研究其理论时，需要了解提出的背景、其对策的作用[②]以及实践效果等。

② 规划具有不同的目的，但多是寄望于推进社会进步。

③ 基于认识论的规划设计方法，也是多种多样的。各据不同的理论，形成一定的范式，不同程度地影响实践。**这些理论与方法的分歧并不意味着相互排斥，相反，它们是可以相互补充的，需要兼容并包**。

④“尽信书不如无书”，我们可以根据社会改革和当前规划实践的需要，对某些理论、方法等予以审视、采撷、整合，进行新的创造发展，这对人居环境科学中规划理论的建构来说是非常重要的。

---

① Cliff Hague. The Development of Planning Thought–A Critical Perspective. Hutehinson, 1984; Robert W. Burchele & George Sternlieb. Planning Theory in the 1980’s ~, A Search for Future Directions, Center for Urban Policy Research. 1987.

② 法国让—保罗·拉卡兹在《城市规划方法》（高煜译 北京：商务印书馆，1996）一书中，通过对20多年来的规划方法的分析，指出种种规划方法、决策方式、参考标准以及所侧重的城市诸方面之间存在着对应关系，在各类方法中得以采用，然后又在得到推广的历史形势下表现十分突出。如今，要处理的问题的性质因地点、时间、经济或社会背景而异。因此，20多年来所找到的全部方法都保留其有效域。选用适合于某一具体情况的方法，可以根据问题的性质，也可以根据决策的方式，可能还受到表中所列出的其他因素的影响。

十多年前，弗雷德曼在《公共领域的规划》(J. Friedmann. 1987：*Planning in the Public Domain. Princeton*, New Jersey：Princeton University Press.) 一书中，**将200年来的规划理论分为四个传统：社会改革(social reform)、社会动员(social mobilization)、政策分析(policy analysis)和社会学习(social learning)**。其中，社会改革可追溯到孔德以至圣西蒙，以罗斯福的新政为代表，强调国家角色与社会理性，政府通过规划以捍卫公共利益，指导社会进步和发展，加强社会引导。弗雷德曼指出：无论哪一个传统，在其演进过程中，都围绕着一个核心问题，即知识如何适当地与行动相联系。一个健康的社会系统如果要联系认识与行动，不能只依靠其中某个方面，而应该**四管齐下**。

1998年，亚历山大在《规划理性的回顾》(Ernest R. Alexander. 1998. Doing the impossible：Notes for general theory of planning, Environment and Planning B：Planning and Design 25 (4)：667-680) 一文中，将规划分为四种不同的范式，即**理性规划(rational planning)、沟通规划(communicative practice)、协调规划(coordinative planning)和制定政策框架的规划("frame-setting")**。亚历山大提出一个"四位一体"的规划框架，说明四种规划范式是互补的，而不是冲突的，可以辩证地统一起来：每种范式都包含了不同的主体或主角，在规划过程的不同的阶段或层次上做不同类型的规划。

4.2.2　中国规划理论建设展望

中国现行的规划体系主要是在50年代初期奠定的，属于物质规划(physical planning)，更确切地讲，是一种(物质)建设规划。经过几十年来积累经验，它在一定程度上维护了急剧发展中的建设秩序，这是首先应当肯定的。在另一方面，我们不能不承认当前规划思想、规划方法是不完善的、滞后的，已不能完全适应当前城乡急剧发展的迫切需要，亟待进一步深入研究、改进。

本章谨就如下方面进行研究探索，以提高我们规划设计理念，努力整体地思考人居环境规划设计问题，最终创造宜人的人居环境：

(1) 基于第三章方法论中涉及的复杂性科学问题，**在"整体和整体性的科学"思想指导下，如何进一步融合规划设计原理；**

（2）基于前述方法论中复杂性科学的“协调控制”理论，**如何发展对规划设计的控制和引导的思想**；

（3）**如何提高规划设计的“理念”，以更好地驾驭一般的规划设计原则**。

以下研究的重点还是综合地思考涉及人居环境的空间关系、形式和质量。

ISoCaRP《千年报告》将规划定义如下：

规划——虽然是一个持续的过程——是对可预见的未来的预期和准备。城市和区域规划——作为一种程序，管理在空间方面的此类变化——对未来公共或私人的土地利用作出安排。在未来土地使用需求方面有不同的时间范围——从长期的可持续性到提供急需的住房。因此，规划必须保证对外来在材料工具和价值取向方面的变化具有灵活适应性，同时，它还得对短期的需求起作用。这就要求它具有多种手段，既能为将来的选择留有余地，又可以使规划得以实施。

规划作为“对变化的管理”是一种政治过程，通过规划过程可以达成包括公共利益和私人利益的所有利益之间的平衡，以解决在空间方面彼此矛盾的需求。因此，它需要一致的和可实施的系统，可定义为：

· 规划的目标多少具有一些细节

· 某种可以通过规划平衡彼此矛盾的需求的权威

· 需要为之作出安排的转变类型

· 干涉业主权益的权力及其限度

· 编制规划的程序——从公众咨询到被权威认可——包括消除不利于规划的障碍的程序。

4.3　城市设计理论

4.3.1　建筑设计理论

从古罗马时代最古老的建筑学开始，建筑学的本质就是综合的。《建筑十书》说：

“建筑的学问是广泛的，是由多种门类知识修饰丰富起来的。

但是，人的本性能够精通那么多的学问，并且把它们保留在记忆里，这对没有经验的人来说似乎是奇怪的吧！然而，如果注意到一切学问在其间会有相互贯通之处，就容易相信这是可能实现的，……因为从少年时期就受到教育的人认识所有书籍中共同特征，了解一切学问的共同之点，便会更容易学到全体了。

因为建筑师的职务，对于所有知识都要受到训练，而且他们的项目过于广泛、随意，所必需的并不是最完善的，而是普通的学问上的知识。"①

这说明：

① 从古代就已认识到建筑学是综合多门类学科的知识；

② 知识构成的有机性，学科的相互联系与融贯性的重要；

③ 在古代建筑学中已认识到所需知识的广泛性，和择取与建筑有关的普遍的学问形成系统的必要性。

广义建筑学就是在《建筑十书》等著作影响下，就关系建筑学基本内容的十个方面：即聚居、地区、文化、科技、政（策）法（律）、业务、教育、艺术、经济等方面作系统分析，作为"构想"形成建筑的人本时空观、地理时空观、文化时空观、经济时空观、艺术时空观。

1999年国际建协在北京通过的《北京宪章》总结20世纪百年建筑学的发展，重申走向广义建筑学，在广义建筑学的观念下，回归基本原理，并提出：

"建筑学与大千世界的辩证关系，归根到底，集中于建筑的空间与形式的创造。现代工程规模日益扩大，建设周期相对缩短，建筑师可以在较为广阔的区域内，从场地选择到规划设计，直至室内外空间的协调，寻求设计的答案。"

4.3.2　城市设计探索

现代城市设计是将人居环境及其相关部分进行四维的设计，"**将人工构筑物与自然环境相结合服务于现代生活的艺术**"（C. Stein）。几十年来，对城市设计有不同的理论与理解：

---

① 维特鲁威.建筑十书.高履泰译.中国建筑工业出版社.1985；并请参考吴良镛著《广义建筑学》第九章方法论部分。

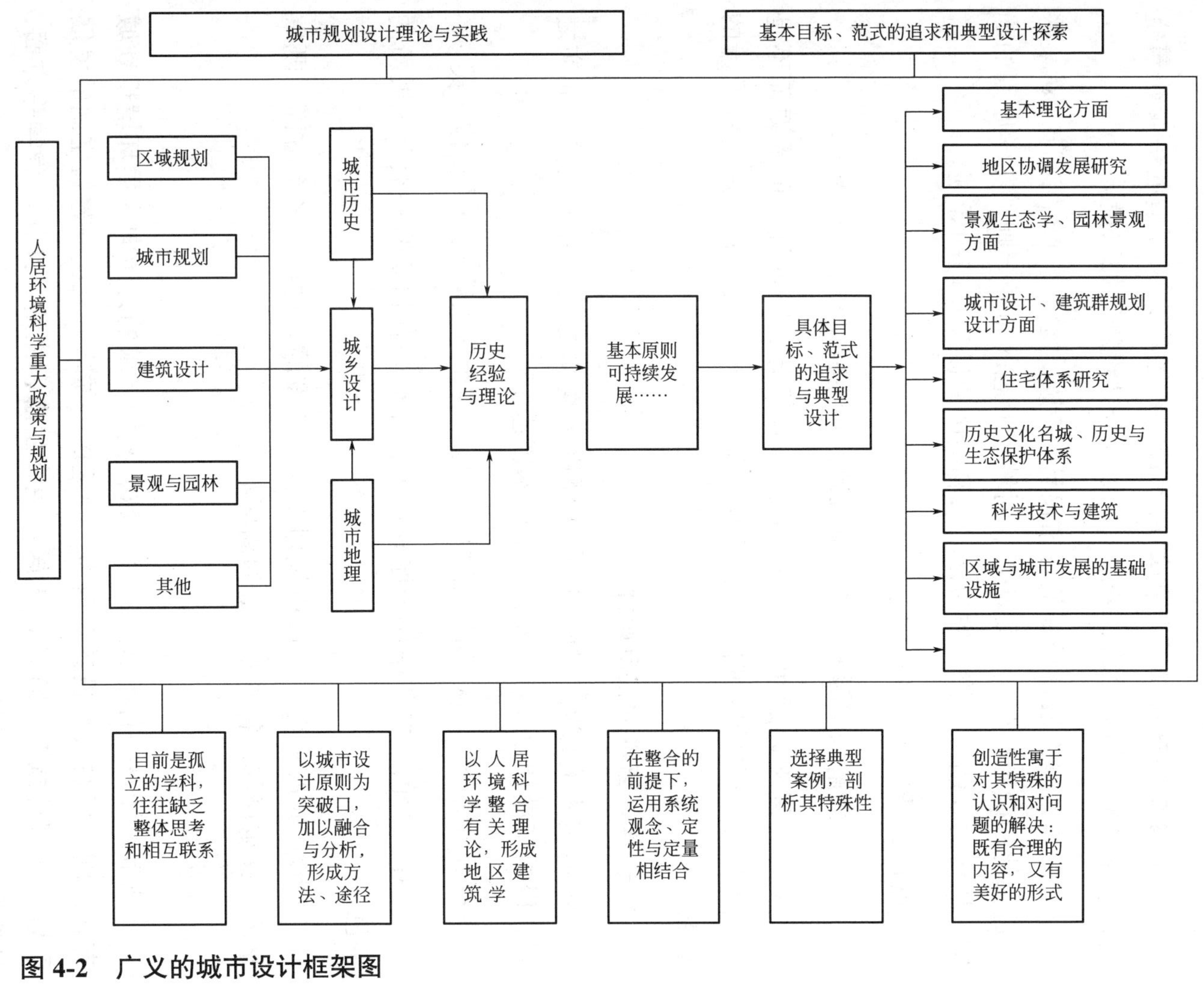

图 4-2　广义的城市设计框架图

——**作为整体设计的城市设计**（Urban Design as Total Design，1962年Gropius与1967年Popert最早提出），一个建筑师或一组成员从城市到烟灰缸的造型都能得到控制。

——**参与基础设施设计的城市设计**。企图将人居环境的一半建筑空间，包括公共空间、道路、公园、广场及公共设施等加以设计。

——**作为建立设计导则的城市设计**。例如对公共空间的设计，对某些特定功能的确定与限制区划法规、对城市形态的布局导则，美学原则的确定、历史文物的保护等，作为该城市和地区建设和管理的导则。

城市设计的另一种趋向：

——**作为解决问题方式的城市设计**，新经验主义；

——**社区设计运动**，从20世纪60年代开始，听取社区的需要而不是管制他们；研究社区的问题，而不是设计问题。人的需要是功能设计的基点。

——**作为艺术的城市设计**

环境艺术有多种多样的追求，要讲求整体之美、特色之美、充实之美，以城市设计为基点，发挥建筑艺术创造：

· “乱中求序”，从“混乱危机”中探索各个发展阶段中的整体之美；

· 在“特色危机”中保护原有特色，并在原有和新的基础上发展新的特色；

· 形式的追求贯穿在城市规划设计、建设的全过程和各个方面，既重整体，又重局部，特别是关键的局部不能忽略。

……

城市设计是一种综合的专业领域，我们要求的是走向**人居环境规划城市设计观，即在规划设计管理中，对区域—城市—社区—建筑空间的发展予以“协调控制”保证，使人居环境在生态、生活、文化、美学等方面，都能具有良好的质量和体形秩序**。

4.3.3　人居环境规划设计时空观：汇“时间–空间–人间”为一体①

4.3.3.1　人居环境在时间上是延绵的

人们的居住环境是永远不断变化的，这有其内部的原因，也有外来因素的激发，或缓或急，但无论如何，总是在原有的基础上发展。“罗马不是一天建成的”，有人在总结西方近代的新城建设时也认为，一个新城的完成需要一代人的努力，完善的居住环境需要时间的洗练。在如今急剧变化的情况下，建设周期不断缩短，但不能期求新环境很快就能完善起来，特别值得注意的是：第一，**在关键问题的决策上，不要犯致命性、难以挽回的错误**；第二，**要留有余地，给后人的创造留下更多的机会与时间去充实、修正与完善**。

4.3.3.2　人居环境在空间上是相互联系的

不同民族、地区、经济水平、文化程度以及不同群体的人对环境的要求也不同。建筑、城市乃至区域，作为容器，都是人们多种多样活动的载体，在空间上是相互联系的，必然要适应多种多样的发展变化的需求（既受社会、经济、自然地理条件的制约，也不同程度地受到相互临近地区的影响）。生活的发展影响到环境质量，这有时是正面的，有时可能是负面的。对于正面的影响，我们要及时地抓住时机，用以推动环境质量的提高；对于负面的影响则要加以防范与弥补，力求减少影响。

4.3.3.3　知晓规划设计对象的来龙去脉

中国成语“来龙去脉”是很可玩味的。“去”与“来”是时间概念，“龙”与“脉”是事物的要旨与发展的主流，是空间与物质实体的概念。更重要的是，作为人类古往今来的聚居地，如果没有人的创造，没有人以此为舞台演出一幕又一幕精彩的戏剧来，就根本不会出现，不能存在，只有知道它，才有助于对规划对象发展规律的探讨。因此，对所规划设计的城市，我们要知道其历史、地理，它是如何形成的？怎么会演变成今天这个样子？如何评价它的现状？有哪些经验教训？对于所设计的地段，知道成功之点在何处，如何予以发扬？有哪些败笔，如何避免等等？**历史、地理研究可以增进对设计对象的认识，甚至会启发设计理念与灵感**。

---

① 吴良镛．广义建筑学．北京：清华大学出版社，1989；UIA. 北京宪章，1999。

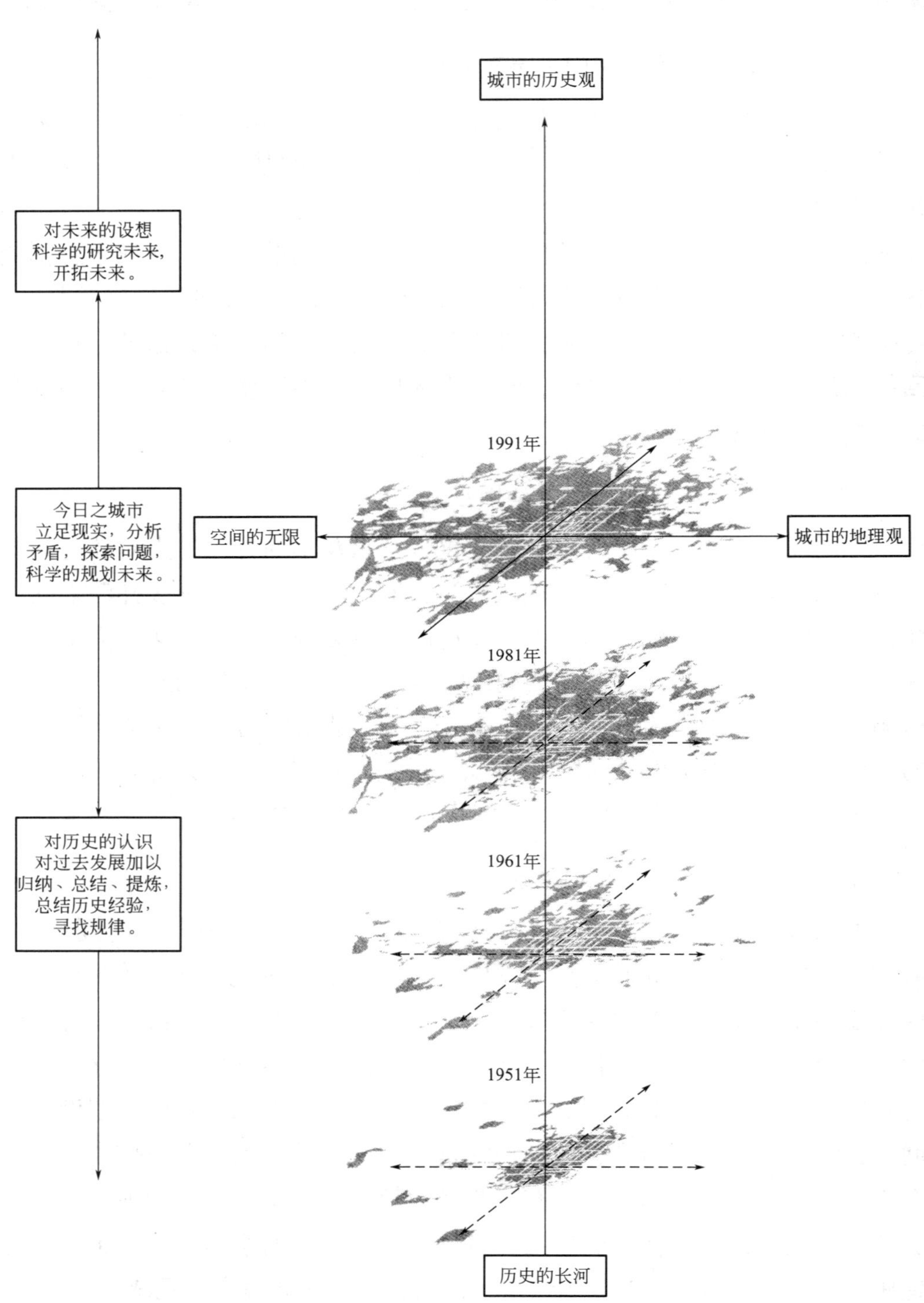

图 4-3　人居环境规划设计的“时空观”——“思接千载，视通万里”

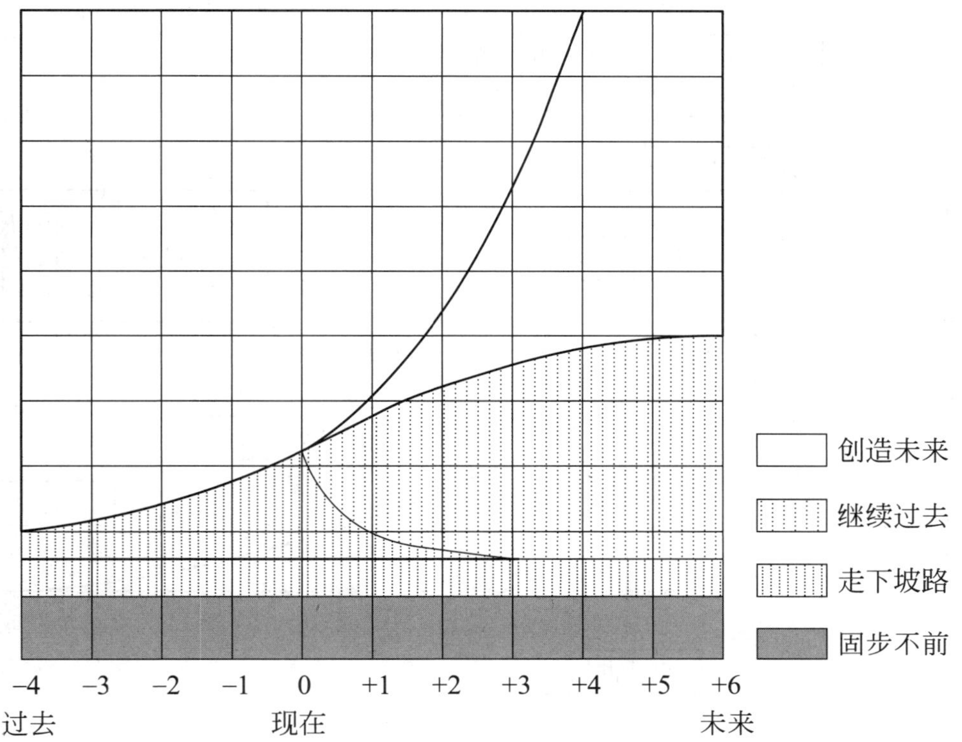

图 4-4　人居环境发展的 4 种可能性

资料来源：C.Doxiadis：Introduction of the Science of Human Settlements.

4.3.3.4　建立发展的、动态的人居环境规划设计时空观

认识世界无外乎时间、空间和人间，即古代中国所说的“三才”——天、地、人，这三者无时不在变化之中，包括三者本身的变化和相互影响下的变化。在当今世界中，时间节奏的似乎变快了，空间似乎缩小了，人也不断地变化着。因此，事物变化的节奏在加快，这是无可否认的事实，更重要的是对此我们要具有更高的自觉性。

前人有诗云“前不见古人，后不见来者，念天地之悠悠，独怆然而泪下”，我们无须这样悲怆，倒是要学习前贤“**思接千载，视通万里**”那种豪迈气概，只要科学地观察分析事物，就能不断地知道一些历史发展规律。

道萨迪亚斯曾将未来分为“近期未来、中期未来、远期未来及遥远不可知未来”，一般研究无须如此明确，事实上也难于过分明确。道氏分析未来发展的4种可能性，①不变；②走下坡路；③继续过去；④创造的未来。这第四点特别重要，说明**创造的空间是存在的**，关键在于人们追求。

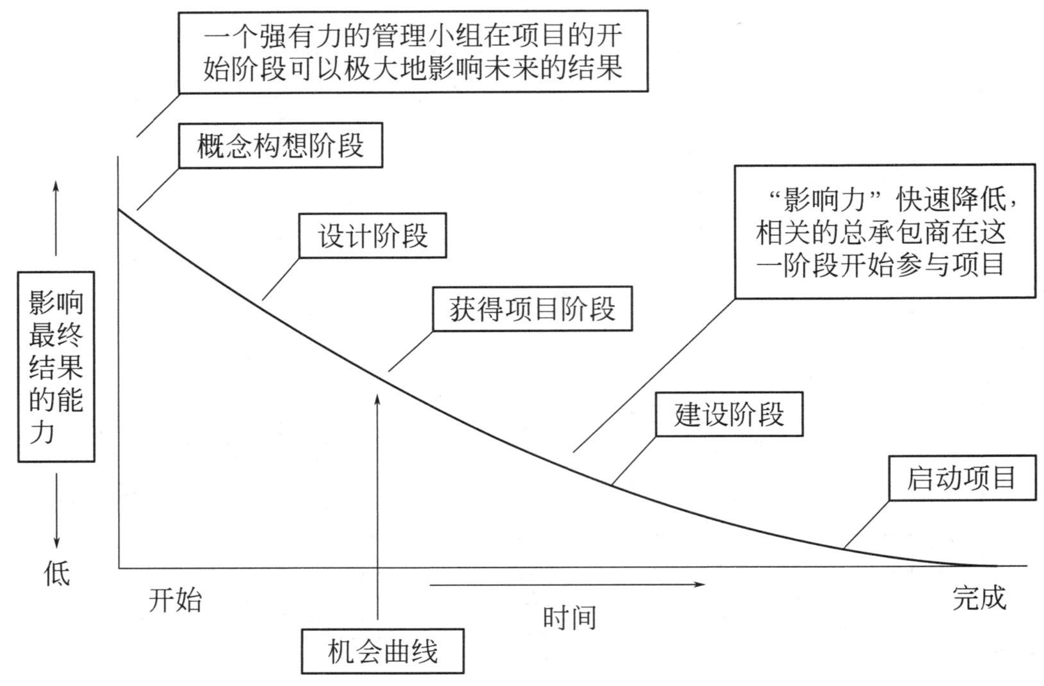

决策的耽搁和延误将使下一阶段的费用迅速增加

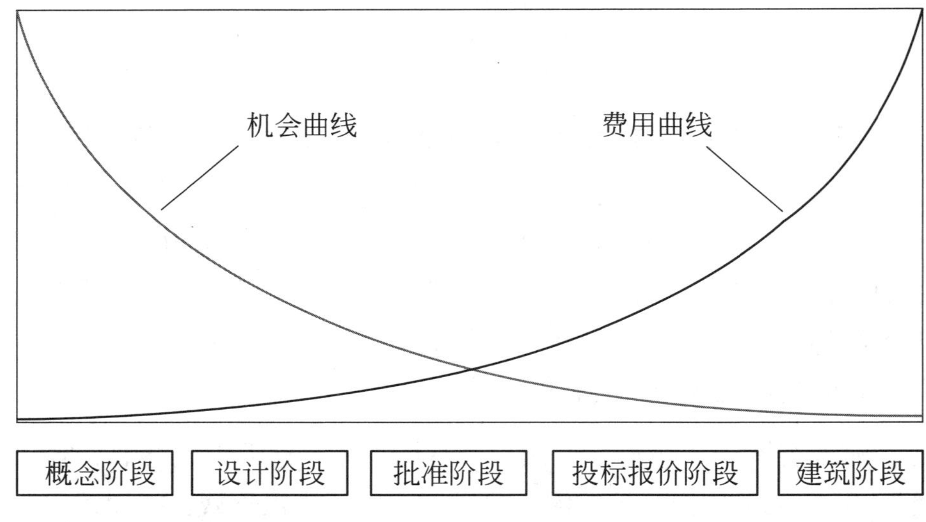

图 4-5　成本曲线与费用曲线——建设的经济时空观

注：**大的建设工程决策过程中，深入进行科学研究，选择可以极大地影响未来的项目，取得事半功倍的、甚至以一当十的效果**；相反，决策的草率、耽搁和错误将使下一个阶段的费用迅速增加。其实这不仅在建设阶段，在将来运营中也易于造成大量的运营成本的不合理、甚至长期浪费等。（韩国 Hanmiparsons 公司提供资料）

参阅：吴良镛．城市研究论文集（1986 ~ 1993）：迎接新世纪的来临，经济效益与建筑企业的现代化与产业化，P109. 中国建筑工业出版社．1996。

（图4–5）规划工作者一定要能展望将来，明确它的大趋势，大方向，以利于对当前重大问题进行决策和发挥创造。《大预言》一书序言称："对将来的预测愈科学、愈深入，对未来的把握就愈准确。"准确二字很难说，力争"虽不中，不远矣"就很好了。**总之，要力求科学地预测未来**。

上述人居环境规划设计的时空观，致使我们自觉地建构人居环境建设的知识系统（knowledge system），因为有了这个知识系统的框架后，就可以不断地吸取新的知识，随时把零散的知识"对号入座"，逐步形成更充实、开放的、相对完整的动态系统观念，有助于更好地分析现实，预测将来，也有助于我们接受规划任务时，处理好局部与整体、现状与将来的关系。

人居环境发展过程中充满了随机性。规划设计是运用知识和技术，按照其共同的目标而从事的智力工作，需要多个专业的设计人员和多种层次的管理人员等的协同工作；每个项目都受到有关管理部门未必合理的决策、业主与施工单位多方面制约和干预，在制度不完善的情况下更是难以驾驭，因此影响规划设计的不确定因素太多。但是，如果经过仔细的研究、充分的表达，以及市民的参与等等，工作真的做充分了，建立在扎实的科学基础上，多方面的沟通也可以在一定程度上左右偶然性与随机性，古语"**凡事预则立，不预则废**"，以及俗话说的"**事在人为**"等都是这个道理。

4.4　人居环境规划设计的理性分析

从规划设计来说的内容繁杂，包括区域规划、城市规划、城市设计、建筑设计等等，这里且不去一一从技术上加以界定，而是谈一些共同点。就其思想酝酿各阶段的工作重点来说，大体包括三个主要阶段：**概念阶段、模式阶段、方案阶段**，此后再逐步深入地推进到技术的设计。

——在**概念阶段**，设计者接受规划设计任务，逐步从概念的构想到观念的形成，大致构筑了一个轮廓，或者形成框架；

——在**模式阶段**，仍然以概念为主，但可能已开始深入到内容，安排空间组织，形象的构想等，但这一切仍然是粗线条的；

——到**方案阶段**，就要落实到功能内容的细化，合理的布局与形象的思考等。

整个工作进程是逐步深入的，**既有理性的分析，又有形象的思维**，各有侧重，又相辅相成，甚至是同步进行的。为了行文方便，现把理性分析与形象思维分开来讲。

4.4.1 规划理念与战略决策的形成

本书第三章中已从认识论的角度说明了战略制定的重要性。一个研究课题，一项规划设计不论任务大小，不论是个人或集体研究，工作成败的关键常常在于指导原则、基本战略与设计的主题（motif，theme）的正确与否。在正确的前提下，逐步产生整套的工作路线和方法。

城市建设好比作战，战略决策的正确与否关系到战争的胜负，城市建设的重大战略决策关系到建设的当时，影响未来。有些事情在起始往往很微小，但未予以应有的注意而作了错误的决策，就可能酿成难以扭转的局面，造成全局上的被动。例如，中华人民共和国成立之初，关于北京行政中心之争议，就其本质来说，是如何处理“保护与发展”的矛盾之争，在西郊另建行政中心就便于旧城的保护，从长远说更便于发展，但当时决策者未经深入的研究，就确定以旧城为中心发展。同样，保留城墙之议亦未经认真思考就“一锤子定音”。其结果在当时并不明显，但是随着时间的推移，发展要求与保护要求日益提高，矛盾日益尖锐，内容日益复杂，证明当初决策之匆忙和不慎重。问题的复杂与矛盾随时间的推进仍在变化，当前北京已发展至新阶段，保护与发展的矛盾又处在一新的十字路口，并且早已不是行政中心的问题，而是小至商业办公大楼大至北京未来发展重点要不要集中在旧城中心发展的问题，在草率从事的“控制性详细规划”中，借“危旧房改造”之名“加快旧城改造”，发掘建设用地，使本来已拥挤的旧城继续聚焦，交通堵塞更加严重，环境质量难以提高。①

80年代改革开放，城市总体规划的拟定面临着许多矛盾，都有赖于战略决策，如深圳特区的建设、浦东的建设、北京北中轴亚运会址的开辟、天津旧城交通系统的改造及新开发区建设等。这些早已为实践所证明是正确的重大战略决策，并都已经取得了举世瞩目的成就。重大的决策，第一

① 吴良镛．关于北京市旧城控制性详细规划的若干意见．城市规划，1998（2）；北京规划建设，1998（2）。

需要有全面的观点，正如本书第二章所述，生态、经济、科技、社会、人文等五大原则缺一不可；第二，需要看准关键时刻的关键问题；第三，在决策过程中，要抓准科学研究，作多样可能性的选择、分析；第四，需要有行政领导与技术领导协同下组成的研究核心的共同决策；最后，极为关键的需要有决策人的多谋。

关于战略规划的阶段，常常采用概念性规划的方式，即：

① 尽可能占有详尽的材料；

② 把握矛盾的焦点，抓主要矛盾；

③找出可能途径，并不要全部都拍板定案。因为矛盾尚未暴露，勉强结论难免主观，需要把握立即需要确定的事，“两利相衡权其重，两弊相衡权其轻”，选定对目前来说较好的选择，对将来也有多种可能性，“立于不败之地”，最为理想；

④ 概念性规划之前或规划过程中，愈是重大的问题，愈需要充分讨论（例如，当前对西部大开发有那么多的议论和文章发表，这正说明它涉及问题之多，领域之广，更需要认真对待；又如，2000 年广州市对大广州概念性规划的论证，经过参加的单位组织严密科学研究和规划设计方案的综合比较，大大提高决策的成功率）。在我们现实生活中，总有大大小小的科学决策，重要性当然各不相同，但尽可能择其要者而行之。

4.4.2　结构形态与模式的形成

当目标与决策者有了结论或成果时，就可以进入战术研究阶段，探索合适的规划设计模式，逐步向技术性规划发展深化。

4.4.2.1　初步的认识过程：设计→形态→结构

设计　一般建筑院校的专业教育都重视设计，特别是技巧的培养，这很重要，但往往就事论事，知其然而不知其所以然。

形态　不满足于设计领域的局限（就建筑论建筑），逐步在大范围内、大尺度地考虑设计的变化，于是就要研究城市，研究城市形态，这当然是进了一步。

结构　当认识有所深入后，理解到许多形态的变化是从城市结构产生的，是逐渐衍化出来的，而影响城市结构更核心的问题是经济和技术对社会变化的影响，反过来又影响城市的形态。

我们不应停留在上述的认识阶段，还需要深化，进入更高境界。

4.4.2.2　认识的第二过程：影响城市空间和环境的结构→形态→设计

结构　进一步理解城市的本质、城市的功能、城市构成要求、城市的经济与社会结构等。城市研究的重点包括区域结构、城市的内部结构与开敞空间，这些都关系到住房的区位选择、就业选择、交通网络选择以及土地能源配置等。

形态　上述结构在不同条件下决定了城市的形态，包括形状、密度、交通系统、土地利用的分布，等等。通过上述研究，可以归纳成一定的模式。

设计　在对城市形态的认识基础上，进行城市设计的研究，研究城市各种要素空间布局的构成与结合，等等。于是形成具体的规划设计方案。

城市发展到一定阶段，或一般功能得到解决时，探索城市美的创造将被进一步重视。包括：

——研究合乎逻辑的结构与蕴有意境的空间构图；

——城市的意象（city image）、建筑的意象（architectural image）与特色的创造；

——良好的城市形态；

——可行性研究和可能的规划设计方案（possible planning），以及与此相关的技术上的选择；

——对人居环境建设的“**控制与引导**”（control and guidance）；等。

通过以上分析足见：**模式建立在战略决策的基础上，是具体方案形成前的、理念性或概念性思考的结晶，是设计主题形成前立意的依据，是方案研究中评论的依据或准则**。它可以以图解的方式表达，也可以建立在简单的文字上（如厦门规划模式，1981年我曾去厦门作规划调查，以“众星拱月”这样的成语表达厦门海湾各点与海湾的关系，据说至今仍时被提起）。不少历史文化名城在古代留下的对该城市的吟诵，常启发我们形成新规划的模式的母题。

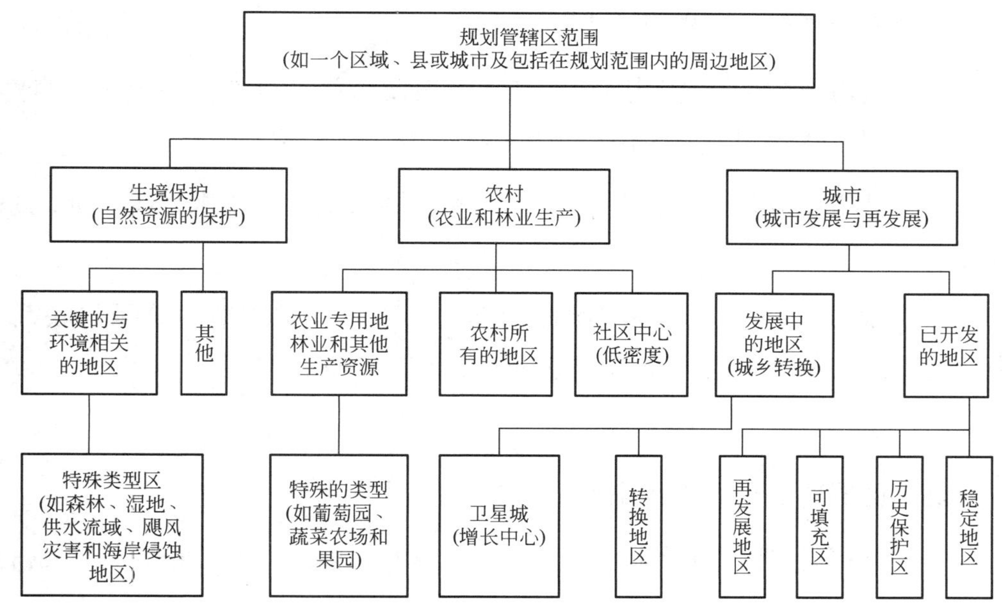

图 4-6　区域层次上人居环境建设和保护的内容

4.4.3　整体性的追求：不同层次的实体与普遍联系的特征

4.4.3.1　人居环境在空间上的整体性

从最小的生活单位房间到建筑、建筑群、社区、城镇、城市群及区域，都是相互关联、相互作用的。在一定空间范围内，它们形成不同层次的实体，并有着普遍联系的特征。例如，在经济发达、城镇密集地区，可能有多个不同等级的城市、村镇以及一些特殊地区的存在。

在区域、城市或社区村镇等不同层次，对规划设计都有不同的内容。

对区域层次来说，包括：

——综合的土地利用（如生态环境的保护、大地园林系统、水资源的利用与调节、基本农田的保护、合理的生产力布局等）；

——区域基础设施的规划建设，各种系统的组织与交汇；

——城镇居民点、城镇体系的形成，区域中心的选择，切合区域实际的种种布局模式的探索；

……

对城市的规划设计来说，主要内容有：

——城市范围的土地利用（如基本农田及森林、自然保护地区、自然灾害的治理、休闲用地、生产用地、生活用地等）；

——城市基础设施（如各类交通系统、供水系统、排水系统、能源系统等）；

——城市范围内不同部门用地的划分、不同种类用地的分隔与联系、中心的拟定与相互关系、布局形态的优化与选择等；

……

对社区层次的规划设计来说，包括：

——社区范围内的土地利用，公共活动用地以及居住和专门用地的划分；

——社区范围内的基础设施（如步行系统、机动车系统、绿地系统等）；

——建筑群的规划布局，不同类型建筑布局间的有效组合，中心地或核心地区、公共空间的规划布局，建筑群的联系与表现等；

……

> 物质规划的三个主要方面
>
> **——土地利用与生态保护；**
>
> **——支撑系统；**
>
> **——规划布局与空间组织；**
>
> 取得可持续发展的人居环境形态的关键之一，**是从区域——城镇的各个不同层次贯彻上述三个方面的合理规划，系统完善。它涉及区域整体论、城乡协调论、城市建筑学、社区建筑学等多种基本规划理论，以及若干关键问题的综合解决**。

在设计观念上，规划工作者要特别注意**区域、城市、社区村镇的特定内涵及不同层次之间的空间的相互依存关系，以及它们的特定内容**。由于管理体制、专业分工的不同，这些关系每每容易为人们所忽视，而规划工作者应当比较自觉地重视这些整体特征，以整体的思想，把区域—城市—社区在内的关键问题、关键部位等方面加以整合和协调。

以土地利用与生态保护为例：人居环境生态空间整体研究由两个部分、两个层次组成。这两个部分分别是生态适宜性分析和生态空间（扩散）格局的研究；两个层次分别是区域层次及城市与周围空间和社区的层次。区域范围内的研究的主要目的是寻求保障区域生态安全的空间体系，形成生态安全的保护机制。其分析过程是首先进行生态适宜性分析和区域人居环境格局的分析，在此基础上进行区域生态空间格局综合，形成区域生态安全的空间格局，确定区域范围内的土地利用体系及区域内的城市发展的大致方向。城市范围内的研究的主要目的是在城市建设尺度范围内，在城市的周围寻求城市发展的空间及未来的城市发展形态，城市的绿地空间及城市周围的土地利用空间结构。

"土地利用与生态保护"也可以分列为"土地利用"与"生态保护"两项，以强调生态的重要性。为避免总框架的过于庞杂，图4–7中合为一项。它的实际含义是将自然演进过程中的一些非关键地域作为布置人居环境的空间领域，保护、保存自然演进过程中特别重要的关键地域，以提高人居环境系统内部养分循环链长度、共生体系，延长反馈过程，减少人居环境对其空间外部的自然空间的负担，使人居环境的运行融入自然的运行过程中。

4.4.3.2　人居环境规划设计的三项指导原则

人居环境规划设计的三项指导原则是

Ⅰ　每一个具体地段的规划与设计（无论面积大小），要在上一层次即更大空间范围内，选择某些关键的因素，作为前提，予以认真考虑。

Ⅱ　每一个具体地段的规划与设计，要在同级即相邻的城镇之间、建筑群之间或建筑之间研究相互的关系，新的规划设计要重视已存在的条件，择其利而运用并发展之，见其有悖而避之。

Ⅲ　每一个具体地段的规划与设计，在可能的条件下要为下一个层次乃至今后的发展留有余地，在可能的条件下甚至提出对未来的设想或建议。

也就是说，在每一个特定的规划层次，都要注意承上启下，兼顾左右，把个性的表达（expression）与整体的和谐（coordination）统一起来。

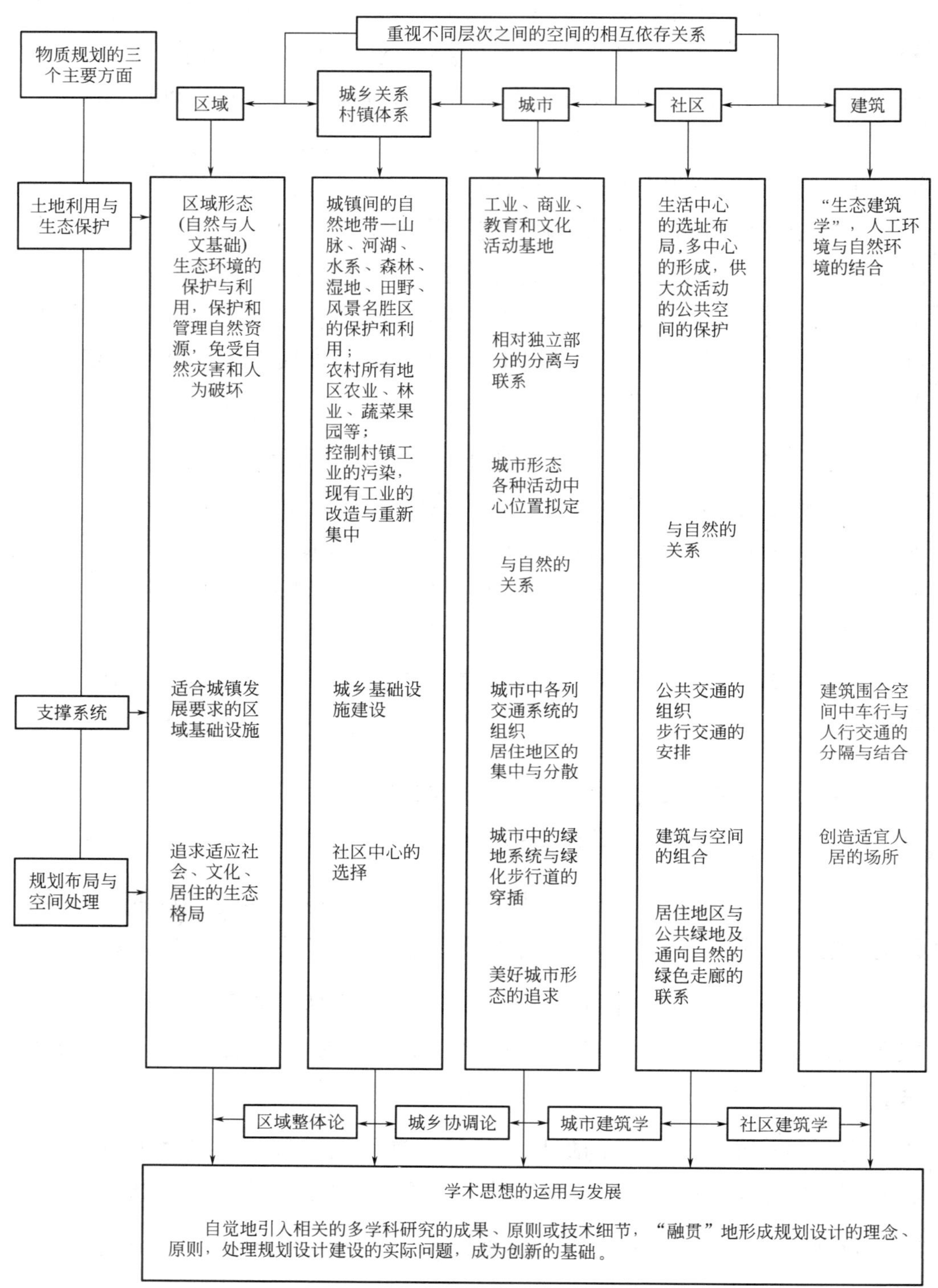

图 4-7　人居环境规划设计的整体观

人居环境规划设计的整体观念可以作为研究的总框架，对某些关键问题尽可以附表说明。

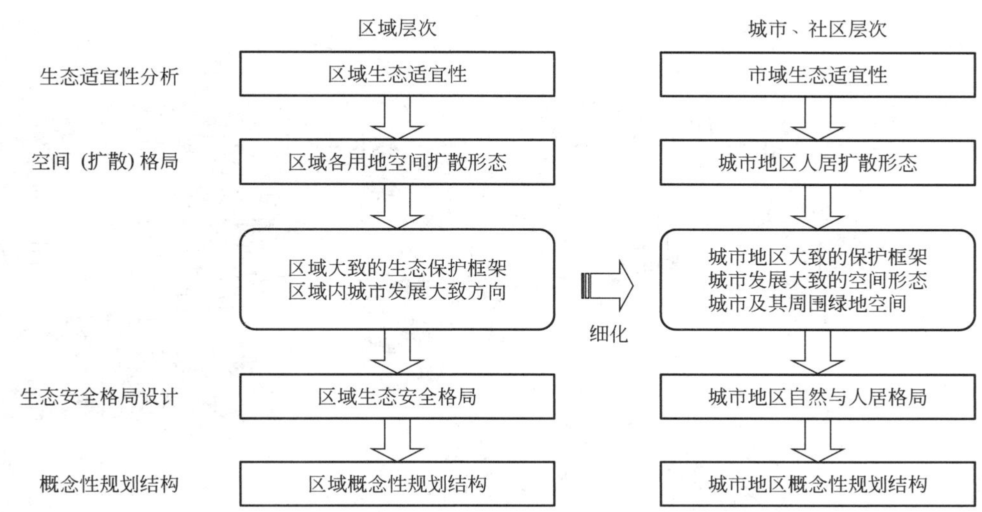

图 4-8　区域与城市人居环境建设的生态空间整体研究框架

资料来源：林文棋博士论文《人居环境可持续发展的生态途径》.2000 年 4 月。

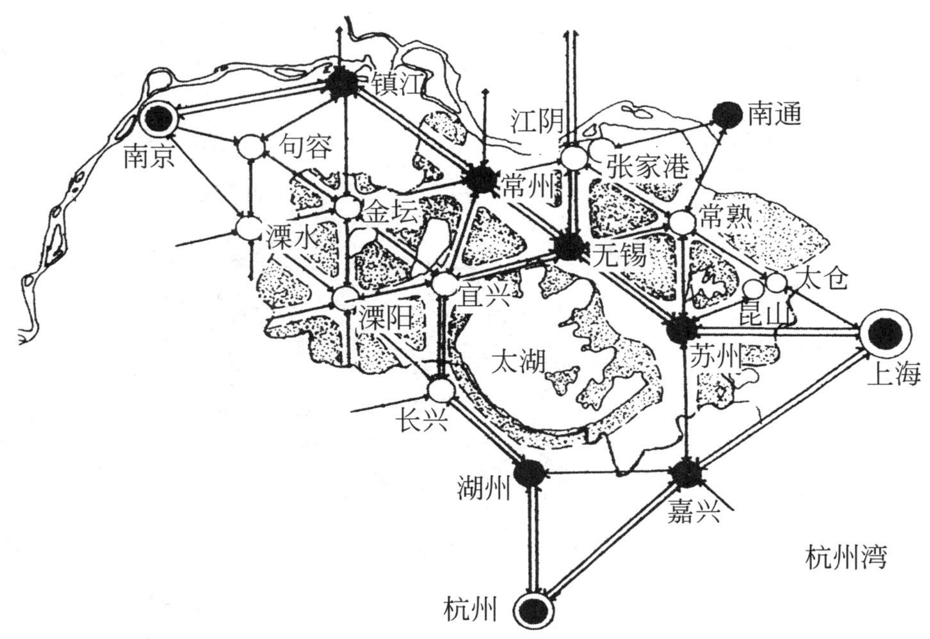

图 4-9　发达地区城市网络间的大面积生态空间农田保护区示意图

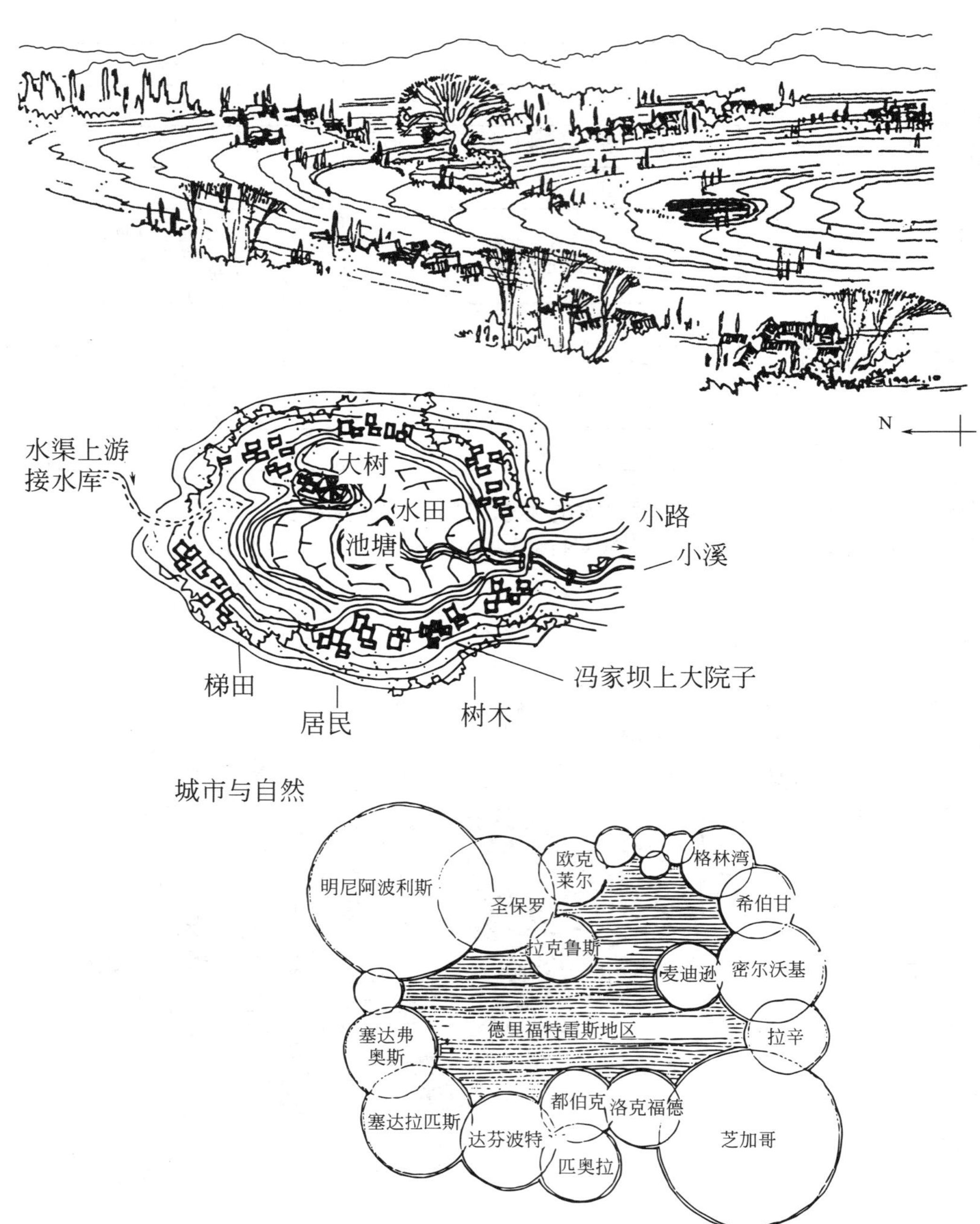

图 4-10　四川冯家坝群落居住形态与美国明尼阿波利斯地区城市群空间形态比较

（上图）四川冯家坝村落环绕大片水田建设；（下图）美国芝加哥—明尼阿波利斯“环形城市”包围有一定规模的、必要的自然空间，两者尺度不一，但我们是否能悟出其中存在的哲理呢？

对上述三原则可以作如下说明。

——从建筑到城市不同等级的组合

在不同地理、历史条件下，房间、建筑、建筑群、街坊、城市、城市群等都有不同的构成形式，既要认识到它们的特殊性，又要认识从属于基本规律下的共同点。

以规则型城市建筑结构和不规则型城市建筑形式为例，类似北京这样的规则型城市建筑结构，建筑、建筑群、城市等不同要素可以形成最严整的格子网式的组合，而在其他地理社会环境下，类似的不同要素也可以形成其他的组合形式。

不规则型城市建筑结构多数为经济发展缓慢，整体控制不甚严格的地区和阶段所采用，即使在社会等级制度较为严格的中国封建城市中，同一地区也可以出现多种多样的建筑空间与形象，例如南京、镇江、福州等。

由此我们可以得到启发，虽然各类建筑群体或城市，可以有着各自特殊的建筑结构的布局形式，但其不同要素之间的组合是共通的。我们可以根据它们不同层次之间的关系和发展背景及要求，重新分解城市各自的要素，重新进行组合，发展成新的城市形态。

——城与乡的协调发展

中国的人居环境具有明显的二元特性。这个特性表现为，在中国的城市和乡村地区实行的是两套不同的人居环境发展政策。这些不同的政策导致了城乡居住环境的资源投入方式和外在表现形式的巨大差异。而不同政策的结果又成为支持不同的政策继续存在的理由。人们对此习以为常。于是，传统的乡村地区明明已经出现了城市居住环境，但却被称为“农民的城市”；随城市扩展划入城市规划区的农村地区，尚没有任何的变化，却马上被称为城市地区的一部分。

更值得注意的是，学者的研究多年来也把城市和乡村分割开来。城市问题的专家往往只关心城市的发展，把农村当作服从于城市的外围条件，或者干脆“虚掉”，在不少城市规划的图面上就是这样处理的；而农村问题专家又常常只研究农村地区本身的发展问题，忽视了现有城市的巨大影响，表现在规划上常常采取“以镇论镇、就村论村”的各执一词。虽然近年试图打破这道横隔在城乡中间的樊篱，有不少努力，但至今效果仍不明显。

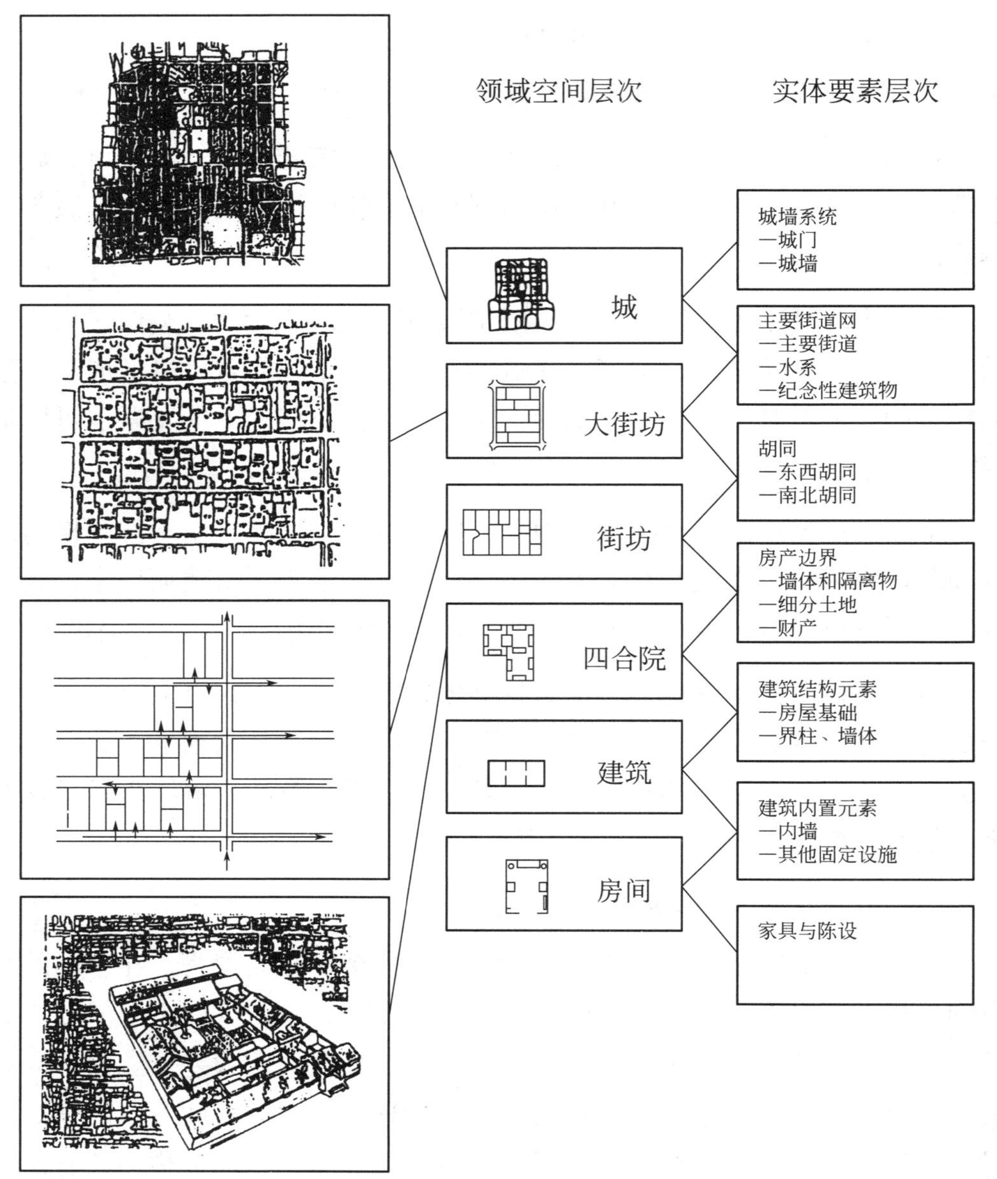

图 4-11　北京旧城空间结构要素层次及结构共性

资料来源：吴良镛．北京旧城与菊儿胡同．中国建筑工业出版社，1994。

从城乡整体考虑出发，在我国沿海经济发达、城镇密集的一些地区，是有条件逐步做到“城乡一体化”的。就像道氏所认为的，房屋、集镇、小中大等城市都是不同层次的聚居单元。而当前中国城与乡在行政管理体系上是互相分离的，具体也反映在城乡接合部建设的混乱上，为此必须进行认真的市域规划、县域规划，以求在管理上体现协调发展。

我们在肯定二元性的历史作用的同时，还应择其问题分析其消极作用。目的是启发人们寻找城乡结合的切实道路，避免在理想主义中徘徊。①

——用区域的观念研究城市

用区域的观念来研究城市，即从区域的视野研究城市的定位、与其他城市的联系、生态保护的落实、交通体系的完善等。这在经济发达、城镇密集地区显得尤为必要。首先，从生态、经济、文化等内容来看，每一城市都不能独善其身，而必须整体思考区域的治理与协作。其次，用区域的观念来研究城市就能抓到重点，包括生态环境的保护与治理、区域的交通系统与城镇体系的建立、工业与居住的合理分布、区域景观、文化与地方特色的保护与发展，等等。深圳从带状组团式发展到网络组团式城市体现了发达地区区域整体发展的一种城镇形态的趋势，值得我们进行深入的探讨。

鉴于中国区域发展的不平衡（地区经济的差距、自然环境、社会环境与区域发展的不平衡），各地区城市的发展必然有不同的解决方式，不同的道路，这必然体现在地区城市的特殊性与差别性上。要看清地区文化的共性，又要看到各地区整体中的特殊性，这又每每与地方自然条件、生活习惯、文化传统相联系的，要保护环境的风土、景观、生态、文化，包括风景区本身、风景区周边，不要变成“休假贫民窟”。

——从全球的观念鸟瞰区域

随着交通技术的推进，地区似乎变成了“地球村”，一般城市多不能脱离世界，一些大城市或特大城市更是如此。中国的城市发展要受世界影响，某些大城市、特大城市已成为世界城市体系的一员，成为世界金融投资逐鹿的市场、新兴产业发展的基地，已成为不争的事实，为此，城市发展的内容，要考虑国际活动领域变化带来的功能与空间上的影响。

虽如此，区域的分野与差异仍然是很明显的，它不仅体现在经济方面的竞争，也体现了以地域文化为主导的民族、国家或团体的发展差距和利益，我们应对文化的竞争予以特别的关注。

---

① 何兴华．中国人居环境的二元特征。

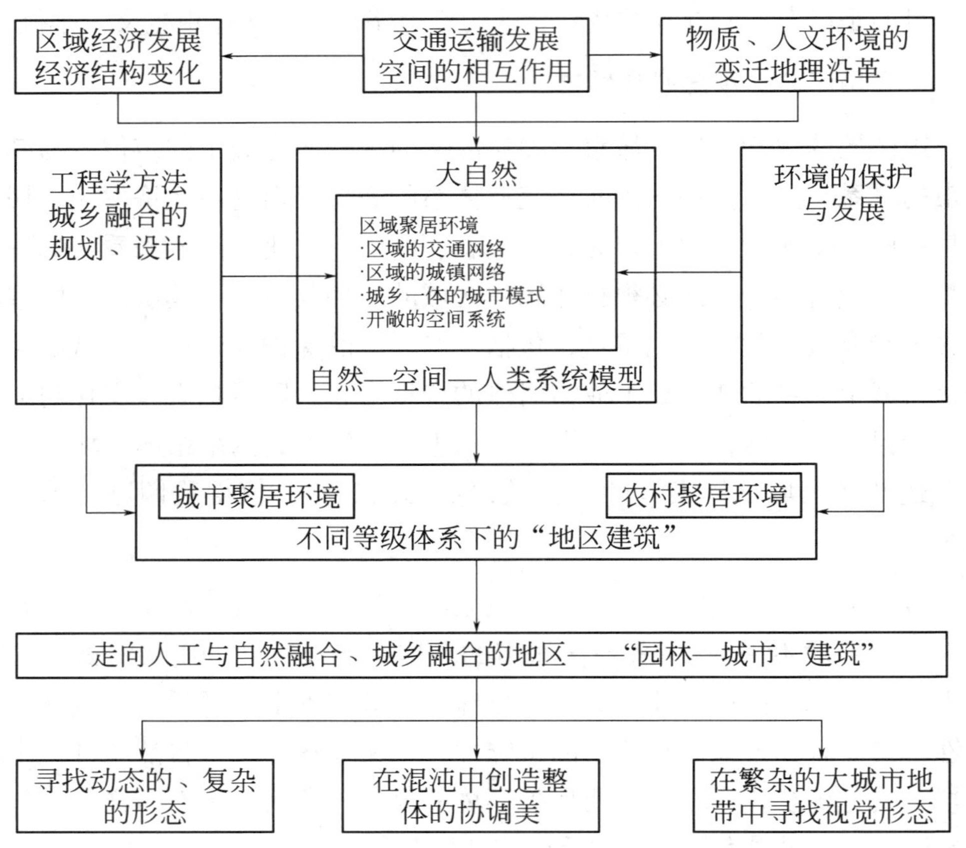

图 4-12　关于城乡综合研究总框架的思考

资料来源：参考岸根卓郎《迈向 21 世纪的国土规划——城乡融合系统设计》原图改作。

4.5　人居环境规划设计中的形象思维

环境的规划设计，不能仅停留在理性分析上，仅仅有方法论设计不出好的作品，也不能形成一个好的艺术环境，就像仅有“文法”不能保证写出好的文章，仅有“构图原理”未必能形成一件好的建筑与绘画作品一样。在上述理性分析的基础上（或前提下），设计者要结合各自的生活经验与感性认识，酝酿艺术空间形象，创造出环境意境。这是逻辑思维与形象思维结合下的创造，两者不能说孰先孰后，孰轻孰重。正如芒福德所提倡的那种要会用“**双重视觉**”（a double vision），即用实际的、科学的与用想象的、幻想的明亮双眼来观察实际事物，用心与脑来发展“**科学中的艺术**”与“**艺术中的科学**”，做到科学与艺术的结合，科技与人文的结合。

人居环境形象创造的三项指导原则：

Ⅰ　不同空间层次（区域的、城市的、社区的）都存在城市设计的广阔天地，设计者要“外得造化，中得心源”；

Ⅱ　人工环境与自然环境的美妙结合、巧为因借，相得益彰；

Ⅲ　基本原则的一致性与形象世界的多样性，“一法得道，变化万千”。

4.5.1　不同空间层次都存在城市设计的广阔天地

在第2章人居环境科学基本框架中已提及不同空间的层次观，这里要指出的是，从居室到邻里可视为城市的基本细胞；城市是一定区域的核心，大中小城市群的构成形成一个地区的城市网络。在这些不同层次的规划中，都要发挥城市设计的作用。

——在区域研究阶段就要具有城市设计的意识。

区域研究既要了解城市地理特征、历史演变、城市在地区中的地位、发展过程以及今日作为城市历史文化的漫长的文化背景；继之了解城市与区域其他空间要素之间的相互关系，包括区域交通系统、风景走廊等。从区域空间美学的角度，将这些空间要素和空间关系提炼、优化，形成城市在区域层次上的发展理念及区域空间布局的模式。

——在城市总体规划中融入城市设计。

在城市研究中，分析构想、逐步构思，拟定城市设计的导则，并作为城市规划中重要指导因素之一。

传统城市总体规划有土地利用（包括生态环境的保护）、交通系统、建筑艺术布局（环境艺术）等，它们都或多或少的透着一些城市设计的构思。规划艺术品质的高下也体现在这些方面。对于历史文化名城与地形条件复杂变化的城市，如桂林、柳州，都应体现这些方面。

——从详细规划中发展城市设计

如1987年桂林中心区规划所做的试验，以城市设计为基础对桂林的中心区进行了规划研究，提出了城市、建筑与园林相结合的城市设计导则，在这一工作基础上，又进一步推动了“控制性详细规划”的编制，原计划这些工作原拟借用计算机技术来形成管理手段，惜未能实现。

——从建筑设计中完善详细规划

以曲阜孔子研究院的设计为例，孔子研究院设计是从研究城市的总体规划开始的，在此基础上提出建议，将在曲阜中心核心地区形成“儒学文化区”。这一建议得到当地决策人的认可并发展为：旧有“三孔”（孔庙、孔府、孔林），新有“四院”（孔子研究院、论语碑苑、曲阜博物院、曲阜书画院）。进而为曲阜的城市文化的物质要素勾勒了全新的视角，为完善当地的详细规划乃至历史文化名城保护规划的编制提供了重要的依据。这些做法说明，建筑设计者不能机械地、不加分析地接受原未经过深入研究、认真论证的规划设计任务，而是要能动地以对人民负责的态度，创造性地思考，提出自己的建设性观点，这对促进城市建设水平的提高可以有所建树的，最终也是能被采纳的。

——建筑设计的同时，构想园林设计

无论建筑设计或园林设计，设计之先要立意（形成“母题”或“主题”），在纪念性建筑群设计中更是如此。再以孔子研究院规划设计为例，为了深化院内相对完整的环境，不仅在院内堆山，而且要使中心建筑群对环境的影响超越对建筑自身的影响，以此来提高周围地区的环境艺术质量。为此，设计中还进行了小沂河两岸的绿地设计，并拟将河滨的步行林荫道与大成路并行的两条大道加以沟通，成为城市中心的绿色横轴。

4.5.2　人工环境与自然环境的结合

整体的规划设计观不仅在各个空间层次需要有整体思维。在形象要素的艺术创造上，更要高屋建瓴，挥写“大块文章”，讲求“立意”、“意匠”，“随意赋形”，最终形成随功能需要而具有不同内涵的“环境境界”。这就需要：

——胸中丘壑，笔底波澜，基于自然，高于自然。

大地锦绣、江山如画，这是对大自然的赞美之辞，但是即使漫步于锦绣江南的山阴道上，攀登泰山过程中，也不见得处处目不暇接，总是有高潮也有平淡。平淡处也若乐曲中之休止符，是全曲不可或缺的部分，是走向高潮起伏的过渡或准备阶段。

城市设计、风景区的规划、景点的创造除了全局在胸外，还要把力量集中在“关键地段”上。规划设计工作者需要有宽阔的胸襟、即兴的豪情，才能“振衣千仞岗，濯足万里流”，把这种山水感情落实到环境的建设上来。关键地区找准了，创作的主题找准了，“意境”形成了，再精心推敲形式，就可以形成城市典型地区的典型特色。用古人的话来说，这叫作妙造自然。

钱学森先生提出的“山水城市”，作为建筑规划师的理解就是要突出这些地区的有山有水的典型地段，创造它所存在的自然、人文，诗情画意、场所意境与形象之特色。

“天人合一”是一种哲学境界，人的建筑与自然的建筑要相和谐，浑然一体。我在厦门规划中曾借用工艺美术中“碧翠镂金”喻我们所要追求的境界，“金”喻建筑物，它应当是大地与森林（“碧翠”）的点缀。我们的城市园林研究观念要扩大，即要从庭园、广场、绿地、城市园林系统扩大至郊野、大地。为此，不妨约定俗成把1958年提出来的“大地园林化”来表达这样新的环境设计的静景和目标，并赋予新的科学内涵。

——既要“审势”，又要“造形”。

在不同的空间层次，对形象要求能作到“**千尺为势，百尺为形**”。即**在不同空间层次中，把握不同尺度的要点，控制不同的构图重点**。在区域的层次，要有山川变化的宏大气势（即所谓“审势”），在城市、社区近距离的范围内则要有空间构图和具体形象的推敲（即所谓“造形”）。此可归结为**复杂体系下尺度效应与多尺度问题的研究**。

——笔落实处，“借题发挥”。

林奇（K，Lynch）在《城市意象》一书中提出五个设计要素：**边缘、区域、节点、标志、道路**（不同城市还可有所变化）。**从区域到城市，无论大江大河、田野、奇山异石，都可以巧于因借。在从城市到社区层次即稍小范围内，建筑群的平面组织与空间构图也需要有这些观念，在更小范围内，亦可以根据特殊的内容，具体情况确定特殊的要素。**

对宜人环境的创造，包括美的追求，要以不同的方式在不同地点不同需要中做到满足不同的要求，包括舒适、清晰、可达性、多样性、选择性、灵活性、卫生、私密感、邻里感，等等，这些都是基本原则。这也就是所谓借题发挥，即画论中所谓“**迁想妙得**”，“**随意赋采**”，只有这样才能取得文化内涵。而设计者要做到这一点，**就要有必需的修养和创作基本功，即要有认识自然美的能力，胸怀自然美的境界。只有“胸中山水奇天下”**（齐白石），**才能做到规划、建筑、园林的作品奇天下，这与亚历山大所说的“建筑的核心基于感觉”**[①]**是一致的**。

4.5.3 基本原理的一致性与形象世界的多样性

波及全国的“千城一面”引起人们很大的不满，于是呼吁“特色”，寄望于世界名师、各种学派，但情况并未有很大变化。甚至常常事与愿违，叹“建筑魂之失落”。《北京宪章》中借用中国成语“一法得道，变法万千”，说明设计的基本原则（“道”）是共通的，形式的变化（“法”）是无穷的。在风格、流派纷呈的今天，我们不能忘记回归基本原理（例如建筑还是要实用、经济、美观；建筑的形式与内容要统一等等），作本质的概括，并在新的条件下，创造性地发展。**大千世界情况千差万别，设计者所从事建筑、城市、园林设计，如果能真正地从所在条件出发，归依基本原则，因地制宜，顺理成章，倒能出现形象世界的多样性**。

在人居环境的规划布局中，生态环境的保护与发展、各类用地的相对集中与分散、有关各部分的分离与联系、不同交通系统的分离与结合、不同性质公共空间序列的连续性等等，都有各自的内在规律，必须要根据各自的特点需求，进行合理的布局。做到这一点，不仅有助于使环境形成良好的秩序，也是达到“和而不同”的艺术形象所必需。

这里容以芒福德的话说明：建筑一方面存在着技术性问题，另一方面存在着表现之领域：

“一进入宫殿，就有风雅之感；一进入教堂，就有虔诚的心情；一踏进大学，就有学术气氛；在办公处，则感到事务性和有效率性……我这里

---

① C. Alexander. Theorizing a New Agenda for Architecture. P389.

所说的建筑是永恒的文化舞台。”

“城市的构筑物，假若不能悦人眼目，动人心弦，那么尽管大量使用技术力量，也不能挽救构筑物的无意义……”

“环境文化”一词一再有人提倡，并为媒体所介绍，我们的着眼点不能仅停留在一些风景名胜和震撼人心的地貌上，而应该同等对待大地的不同角落，作为自然的一员赖以生存的“自然环境”和作为人们文化精神所寄托的“人文环境”。

关于人居环境的规划设计，已经论述颇多，小结如下：

（1）面临新世纪，新时代，人居环境面临的问题愈复杂，愈要更加关注环境的质量，而不是放弃努力。**良好环境的取得是一切参与人居环境建设的人们的共同职责。“美好的建筑环境与美好的社会同时缔造”**[①]，那种悲观失望、无所作为的心情、混淆视听的奇谈怪论（例如宣扬以为“混乱”是现代的“标志”和美学的“准则”等等），令人无所适从，意味着放弃应有的职责，都是不能苟同的。

（2）**要扩大人居环境科学与艺术理论**，不遗余力地宣传，争取决策者、专业工作者、广大群众多方面达成共识，**热爱我们的家园，共同创造美好的人居环境**。

（3）**要培植一个地方的特殊之点（特色所在），使这个城市有个性、有特色，能发挥原有的特色创造典型环境**。这就要求建筑师、规划师、艺术家都有个性，有追求，有创造。环境的整体性建立在设计者的整体的环境观念之基础上。

（4）人居环境的经营请别忘了**人是环境的主人，美好的环境、“场所意境”、“场所精神”等都是由人来创造，让人来理解欣赏的，应该让人们在这舞台上演出一幕幕有声有色揭示时代的戏剧**。而没有人活动其中的环境，则是空虚的。上述特色的发掘、个性的创造等，归根结底都有赖于此。

（5）**规划设计既要理性的追求（即设计中的逻辑性思维），又要有丰**

① 吴良镛. 第 20 次国际建筑师大会主旨报告，1999。

富的想象与激情（即形象的思维）。设计者杰出的直觉和想象力、创造性的思维往往是方案具有魅力和获得成功的原因所在。

（6）“设计无所不在”。时代变化万千，需要我们用科学的态度、缜密的思考、丰富的想象，遵循客观规律，**注重复杂体系中的过程问题，“审时度势”、“因势利导”**，以动态的观点与方法规划、设计、经营好我们变化中的家园。

当前国内外规划设计理论甚多，一得之见、一家之言自有可供学习参考者，但也常失之过分繁琐；新理论新概念层出不穷，研究者自应随时关心，但也往往使初学者与广大社会无所适从，笔者愚见还应提倡建立在**复杂体系中的整体观念**，系统明确，把握方向，突出重点，创造性地处理问题，避免像寓言“歧路亡羊”所讽刺的，徘徊歧路而无所适从。

歧路亡羊

《列子・说符》

扬子之邻人亡羊，既率其党，又请扬子之竖追之。扬子曰：“嘻！亡一羊何追者之众？”邻人曰：“多歧路。”既反问：“获羊乎？”曰：“奚亡之？”曰：“亡之矣。”曰：“歧路之中又有歧焉，吾不知所之，反以反也。”……心都子曰：“大道以多歧亡羊，学者以多方丧生。”

第5章

人居环境科学与教育

人居环境科学的普及与提高，一方面要依靠科学工作者的研究实践；另一方面更重要的是要依靠全社会教育水平的提高。

5.1　关于教育—研究—实践

随着信息社会的到来，经济、社会与人居环境发展变化很快，不断地需要有新的知识来分析区域和城市等发展的问题，这对人居环境科学的教育、研究、实践都带来影响。

强调建筑教育—研究—实践三者相结合，并不是新鲜的提法。1956年全国基本建设会议上，我即起草提出这个建议；1958年秋，清华大学明确提出教育、生产、科研三结合的教育方针；2000年国际区域和城市规划师学会的《千年报告》认为：实践是规划循环的开始和结束，即实践—研究—教育—实践。作者拟提出下述图式，强调三者结合的整体性：

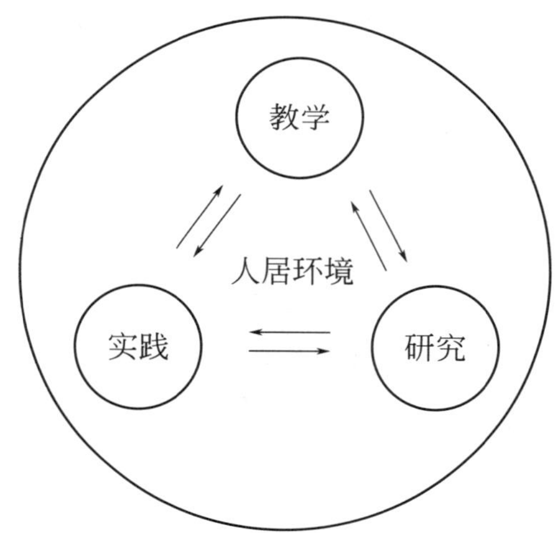

图 5-1　“实践—研究—教育—实践”循环图式

实践：指从中央到地方政府以至建设单位对人居环境的管理、实施、推进。

研究：指中央或有关学术部门，包括隶属于高等学校的研究单位、学术团体，为推动建设良好的生活环境所从事的理论和实践研究。

教育：指专业教育——主要是高等教育的培养，此外还包括官员的专业培训，在职学习及各种研究班；社会教育——全民的人居环境建设的教育。

“规划研究和分析研究应该与规划实践相一致”，

“应该把那些研究和实践中得到的思想，不断反馈到现实的规划教育培训中，只有这样，规划职业才能够建立起集体的知识库，真正推动规划专业的进步。”

——ISoCaRP：千年报告

5.2　从建筑学的专业教育谈起

由于我国20世纪50年代后城市规划与建设工作起源于建筑专业的技术工作，建筑专业人员是主力军，因此，谈人居环境科学与教育还是要从建筑教育说起。这里先简约地涉及建筑、城市规划教育的历史。

5.2.1　从一般的建筑观到梁思成先生的“体形环境论”

一般说来，自1927年中国建立第一个建筑专业（当时苏州工专建筑系并入南京中央大学建筑系，即今日东南大学建筑系前身），翌年（1928年）东北大学成立以梁思成为系主任的建筑系，当时中国建筑专业教育基本上属于巴黎美术学院体系，即重艺术，重建筑样式（style），就建筑论建筑等。

1945年，梁思成即认识到过去教学体系的保守，有改革之志。1947年，他从美国讲学、考察建筑教育回国后，开始倡导“体形环境论”（physical environment），对建筑学的教育改革也有一较为完整的设想。1949年7月10日《文汇报》刊登了由梁思成执笔的“清华大学营建系学制及学程计划草案”①，这是阐述他的教育思想的重要文献，现摘要如下：

5.2.1.1　对专业概念的反思

“近余年来从事于所谓‘建筑’的人，感觉到已往百年间，对于‘建筑’观念之根本错误。由于建筑界若干前进之思想家的努力和倡导，引起来现代建筑之新思潮，**这思潮的基本目的就在为人类建立居住或工作时适宜于身心双方面的体形环境。在这大原则大目标之下的‘建筑’观念完全改变了**。

以往的‘建筑师’大多以一座建筑物本身，忘记了它与四周的联系：

① 梁思成 . 梁思成全集（第 5 卷）. 北京：中国建筑工业出版社，2001。

大多只为达官、富贵的高楼大厦和只对资产阶级有利的厂房、机关设计，而忘记了人民大众日常生活的许多方面；大多只顾及建筑的本身，而忘记了房屋内部一切家具，设计和日常用具与生活和工作的关系。换一句话说，就是所谓‘建筑’的范围，现在扩大了，它的含意不只是一座房屋，而包括人类一切的体形环境。

所谓‘体形环境’，就是有体形的环境，细自一灯一砚，一杯一碟，大至整个的城市，以至一个地区内的若干城市间的联系，为人类生活和工作建立文化，政治，工商业等备方面合理适当的舞台‘都是体形环境计划的对象’。

清华大学‘建筑’课程就以造就这种广义的体形环境设计为目标。

这种广义的体形环境有三方面：第一适用，第二坚固，第三美观。

适用是一个社会性的问题：从一间房间，一所房屋，一所工厂或学校，以至一组多座建筑物间相关的联合，乃至一整个城市工商区，住宅区，行政区，文化区等的部署，每个大小不同，功用不同的单位的内部与各单位间的分隔与联系，都须使其适合生活和工作方式，适合于社会的需求，其适用与否对于工作或生活的效率，增加居住及工作者身心的健康是有密切关系的。

坚固是工程问题：在解决了适用问题之后，要选择经济而能负载起活动所需要的材料与方法以实现之。

美观是艺术问题：好美是人类的天性。在第一与第二两个限制之下，建造出来的体形环境，必须使其尽量引起居住或工作者的愉快感，提高精神方面的健康。在情感方面愉快的人，神经平静，性情温和，工作效率提高，充沛活泼的创造力，且能同他们建立良好的关系。

本系的教育方针是以训练学生能将这三方面问题综合解决为目标。”

5.2.1.2　建筑行业的社会意义

（1）人民生活问题之中，除去衣食之外，尚有住的问题，是社会中一个极大的问题。人民大众的生活与工作环境之提高，是我们建设目标之一。为增加生产，必须使工作的人能安居乐业。居住的房屋适用而合卫生，则工作的人可以安居，而工作的地方又适用与卫生，则可以乐业。既安居又乐业，生产效率就会提高，这是一串循环的因果，是以提高工作效率的体形环境之建立，是营建人才的责任，良好的体形环境之建立，其本身就是建设工作的一部分。

（2）**建筑业是以推进工业的发展及生产力的**

我们若分析工业，尤其轻工业的种类，其中有极大部分是供给居住所用的。砖瓦，水泥，玻璃，五金，卫生设备，油漆，电料，木材，家具，地毯，锅瓢碗盏，及一切饮食用具，都是供给居住所需之用的。营建与这一切工业有连环性的关系，可以互相刺激推进。这些工业所需的原料，又可以刺激重工业之发展。

政府若要鼓励这些工业之进展，就须使其有销路，若是建筑工作进展，就可以刺激这种工业之进展。建设工作活跃，营建工作就要展开，预作合理的计划或改善现状，**因此营建人才之养成，间接地与工业发展有关；而且他们可以使一切工业产品得到适当而经济的使用，建设工业如无营建人才，必有大量的耗费，或不适用的设计，使人民无形中受到损失，**因工厂部署之不适用，或工农住区环境之恶劣，而减低工作效率，是无形中增加了人民的负担，所以营建人才在建设事业中是极其需要的。

5.2.1.3 推进专业人才教育的考虑

在“体形环境观”基础上，成立‘营建学系’、‘营建学院’，营建学院的范围较大，可以设立下列各系：

（1）**建筑学系**——以房屋及其毗连的环境之设计，为主要对象。

（2）**市乡计划学系**——以城市或城市与乡村乃至一个地理区域或经济文化区域内多数城市与乡村的关系为对象。目标在将农工商业，居住，行政，交通等等所需的地区作适当，合理，愉悦的分配，以增加人民身心健康，提高工作效率。

（3）**造园学系**——庭园在以往是少数人的享乐，今后则属于人民。**现在的都市计划学说认为每一个城市里面至少应有十分之一的面积作为公园运动场之类，才是供人民业余休息之需，尤其是将来的主人翁——现在的**

儿童，必须有适当的游戏空间。在高度工业化的环境中，人民大多渴望与大自然接触，所以各国有幅员数十里乃至数百里的国家公园的设立。我国的北平西山，北戴河，五台山，天台山，莫干山，黄山，庐山，终南山，泰山，九华山，峨眉山，太湖，西湖等等无数的名胜，今后都应该使成为人民公园。有许多地方因无计划的开发，已有多处的风景，林木，溪流，古迹，动物等等已被摧残损坏。这种人民公园的计划与保管需要专才，所以造园人才之养成，是一个上了轨道的社会和政府所不应忽略的。

（4）**工业艺术学系**——体形环境中无数的用品，从一把刀子，一个水壶，一块纺织物，一张椅子，一张桌子……乃至一辆汽车，一列火车，一艘轮船……关于其美观方面的设计。目前中国的工业品，尤其是机制的日常用品大多丑恶不堪，表示整个民族文化水准与趣味之低落。使日用品美化是提高文化水准的良好方法，在不知不觉中，可以提高人民的审美标准。**从一方面看，现在的工业与艺术有许多方面已溶成了一体**（飞机就是一个最显著的例子），在**另一方面，我国尚有许多值得提倡鼓励的手工艺，但同时须将其艺术水准提高。因此工业艺术与其他工业建设有不可分割的关系，是现时代所极需要的。**

（5）**建筑工程学系**——以建筑的工程方面为对象，此系也可设在工学院中。（略）

以上专业人才的设想在1950 ~ 1952年清华建筑系还有所推进，**当时的建筑系除建筑组外已成立市镇组，造园及工艺美术组等。**

此稿发表于建国前夕，是作者以充沛的热情迎接建国而提出的建筑教育纲领，是一份珍贵的文献。在中华人民共和国成立以前就意识到建筑行业的社会意义，更显梁先生的远见卓识。时隔半个世纪，再次拜读至此，对梁先生为之努力奋斗的思想，不能不感慨系之。

5.2.2　从“广义建筑学”的教育论走向“人居环境科学”

自1951年起，为迎接国家重点工业及城市建设，以及城市与村镇的发展，除建筑与城市规划外，市政工程学、地理学、园林学、环境保护、社会学、管理学等都陆续地投入到城市建设与管理中来，从事城市规划、建设管理的队伍扩大了，从当前从事人居环境建设的专业、学会、分会的数量之繁多就可见一斑（见附表）。但另一方面，专业分工过细，缺少对人居环境科学的基本的共识与沟通。多方面的专业工作者走出校门即投入实践，从工作的矛盾与挫折中逐步有所领悟，但见仁见智，各人的理解未必是完整的。在许多问题上莫衷一是，并已经司空见惯了。

经过“文革”后的反思，对建筑教育有了进一步认识。在《广义建筑学》之“教育论”中，特别提出**“环境认识与教育发展”，这个环境观已不局限于“体形环境”或“物质环境”，而是“人居环境”**。

“人们对建筑学致力的领域也有了新的认识和发展，即必须从宏观、中观和微观各个不同层次，以不同的方法对待不同质的问题来看待建筑。因之，有关学科系统也随之有了新的发展。这种发展大大地冲击了建筑教育。今天西方学校教育的不同体系、制度，都是在这种大趋势下的多方面探索，虽然未必一一成熟，但它说明了从广义建筑观研究建筑教育的必要性与重要性。”①

5.2.3 建设中的问题，人才教育的现状与改革的迫切性

当前中国城乡建设的成绩必须肯定，问题也甚严峻，建设规模这样庞大，人才缺乏，特别是高水平的人才如此缺乏，以至于对建设不善于策划，缺少高水平的规划和设计，互相攀比追求辉煌，而在设计形式上却依样画葫芦，照搬照抄。国际建筑市场的涌入，虽然对我国建筑业和规划设计市场是一种促进，但我们不能忽视由于人才的流失使原有的基层设计单位面临严峻的挑战。要解决这个问题，不能一蹴而就，人才教育是关键。在当今科学发展日新月异的情况下，大学教育亟待改革，这是世界共同的问题，试看一些国外评论：

“一般说来，大学生所面临的是这样的情况，即在我们仍然采用昨天的教学方法，培养今天的学生，让他们去解决明天的问题。”

——Eitel（德国）②

① 吴良镛．广义建筑学·教育论．北京：清华大学出版社，1989。

② D.Freichel．申福祥译．跨学科的工程师教育——技术、沟通和管理系统集成．工业工程管理，1998-5。

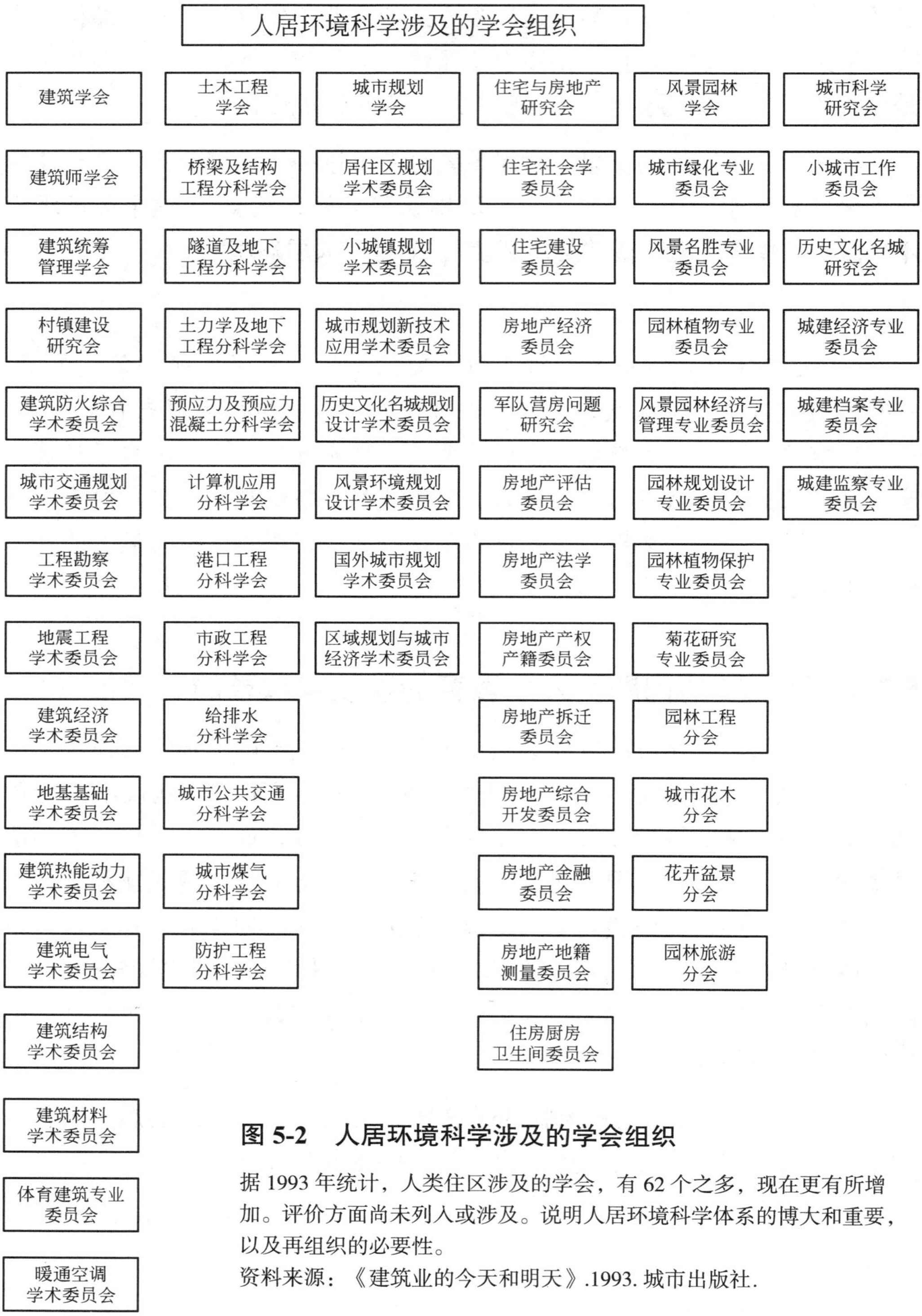

人居环境科学涉及的学会组织

建筑学会	土木工程学会	城市规划学会	住宅与房地产研究会	风景园林学会	城市科学研究会
建筑师学会	桥梁及结构工程分科学会	居住区规划学术委员会	住宅社会学委员会	城市绿化专业委员会	小城市工作委员会
建筑统筹管理学会	隧道及地下工程分科学会	小城镇规划学术委员会	住宅建设委员会	风景名胜专业委员会	历史文化名城研究会
村镇建设研究会	土力学及地下工程分科学会	城市规划新技术应用学术委员会	房地产经济委员会	园林植物专业委员会	城建经济专业委员会
建筑防火综合学术委员会	预应力及预应力混凝土分科学会	历史文化名城规划设计学术委员会	军队营房问题研究会	风景园林经济与管理专业委员会	城建档案专业委员会
城市交通规划学术委员会	计算机应用分科学会	风景环境规划设计学术委员会	房地产评估委员会	园林规划设计专业委员会	城建监察专业委员会
工程勘察学术委员会	港口工程分科学会	国外城市规划学术委员会	房地产法学委员会	园林植物保护专业委员会	
地震工程学术委员会	市政工程分科学会	区域规划与城市经济学术委员会	房地产产权产籍委员会	菊花研究专业委员会	
建筑经济学术委员会	给排水分科学会		房地产拆迁委员会	园林工程分会	
地基基础学术委员会	城市公共交通分科学会		房地产综合开发委员会	城市花木分会	
建筑热能动力学术委员会	城市煤气分科学会		房地产金融委员会	花卉盆景分会	
建筑电气学术委员会	防护工程分科学会		房地产地籍测量委员会	园林旅游分会	
建筑结构学术委员会			住房厨房卫生间委员会		
建筑材料学术委员会					
体育建筑专业委员会					
暖通空调学术委员会					

图 5-2 人居环境科学涉及的学会组织

据 1993 年统计，人类住区涉及的学会，有 62 个之多，现在更有所增加。评价方面尚未列入或涉及。说明人居环境科学体系的博大和重要，以及再组织的必要性。

资料来源：《建筑业的今天和明天》.1993. 城市出版社.

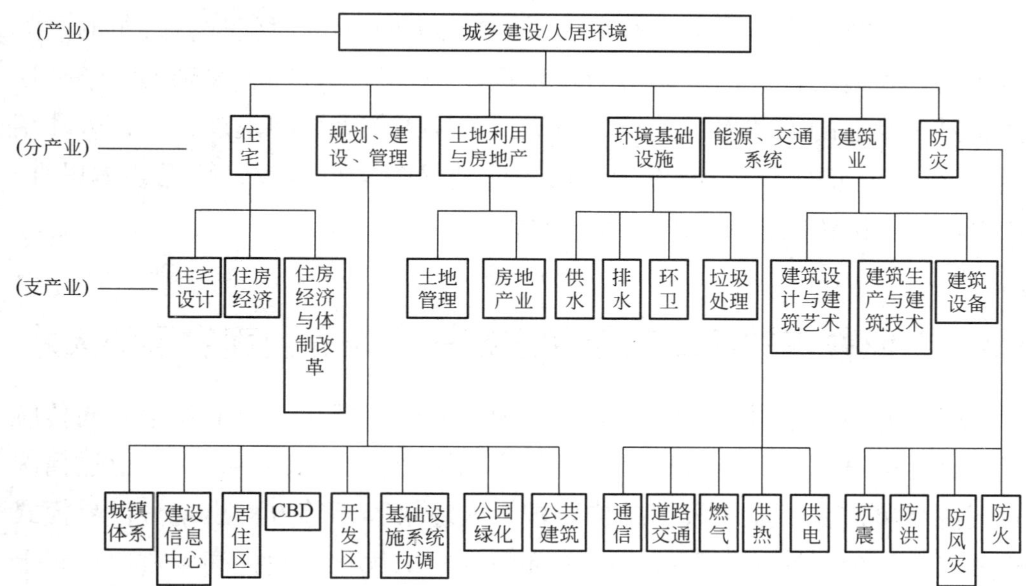

图 5-3　城市建设 / 人居环境产业链图解

资料来源：周干峙拟，刊于《建筑业的今天和明天》1993 城市出版社。在 7 年后的今天，这些产业有所增加，如住房物业管理等，但各产业仍是孤立的，并未形成生产消费循环，产业结构未形成“产业链”，尚待改革。

“已经完全弄糟的教育体系就是工业结构危机的主要原因。在这样的体系中人们运用的是鹦鹉学舌和再三重复式的教学方法，并不教会学生创造性地进入新的思维空间，而是从系统上引起人们的失望。人们的普遍评价是德国高等学校能够培养出良好的传统的专业人才，但是并没有培养出急需的、跨专业的、潜在的有效领导。”

——Birth①

“我们感到建筑学专业正面临分裂的危险，是因为知识领域狭窄的专业化成为世界性趋势，而这种趋势是与建筑的综合性本质相矛盾的。由此可见有必要将建筑教育的基础性和专业性结合起来。”

—A.库德利亚未采夫（A.Kudryavtsev）②

① D. Freichel. 申福祥译．跨学科的工程师教育——技术、沟通和管理系统集成．工业工程管理，1998（5）。

② 俄罗斯建筑科学院院长，在 1999 年国际建协第 20 届世界建筑师大会上关于建筑教育的报告．曙光．北京：中国建筑工业出版社，2000。

以上寥寥数语，指出了教育体系的缺陷和迈向新时代教育改革的国际的共同性和迫切性。由于城市的规划建设是一项综合的、复杂的科学，这就需要多专业的人才参与并善为组织，这项工作无疑要发展扩大，人才培养的口径必须宽阔与不断发展。而当前缺乏多学科教育，缺乏整体思维，缺少跨部门优化的情况，需要及早改善。

5.3 专业教育的改革对策和途径——培养全面发展的人才

就一般而言，世界市场形势表现为全面的全球化，新的竞争者向传统市场迅速推进，越来越快地开发新的市场潜力（D. Freichel）①。上述情况的直接结果，在工业决策、结构要求、人才培养等等方面出现了世界模式的变更，整个创造价值系统进行跨部门的组织优化已被提高到重要位置上来。例如，中国加入WTO，也必然带来系统的变更，亟须未雨绸缪。

与人居环境建设直接相关的建筑业是涉及许多部门的庞大的行业，但是良好的人居环境的缔造是不能凭借独立的职能部门的个别优化来实现的，而必须依靠责任感和自觉性相伴随的跨学科的系统协作。全社会关注建筑的时机既已到来，一场建筑革命正在开始，那么，我们应当将其引导至何方？建筑师的职业道德又将如何？

5.3.1 加强基础，培养自学能力，适应发展与创新需要

鉴于科学技术的发展迅速，同时专业知识老化周期越来越短，因此大学生必须具有很强的基础训练，具有自我教育的能力。不同学科——如建筑类学科、地理学科、人文学科等，仍然有各自的专业发展基础，学校应最大限度地为此提供机会和条件，以合乎形势的要求，替代已过时的知识和能力，以适应变化和创新。

① D. Freichel. 申福祥译. 跨学科的工程师教育——技术、沟通和管理的系统集成. 工业工程与管理，1998-5。

5.3.2　重视跨学科教育

大学生、研究生应实行跨学科教育，培养能适应交叉科学发展的队伍。为此，亟须开设多学科讲座、参与多学科组成的团队，加以集体教学（team teaching），进行业务实践等，这是加强多学科培养的途径之一。对于专业学科的学生，我们理所当然地要求他们具有较强的基础，但仅只有本专门学科领域的研究，尚不能进行学科之间的研究或称之为交叉学科的研究，专业工作者要培养具有结合不同专业和学科的能力。关于这一点，一位国际著名的葡萄牙建筑师西萨（A. Siza）的话对我们不无启发：**“我们认为建筑师是无专业的专业人员，建筑包含着如此多的元素，如此多的技术以及如此不同的问题，以至于我们不可能掌握所有必要的知识。真正需要的是结合不同的元素和学科的能力，因为建筑师既要有广阔的视野，不受具体知识的限制，他们能把不同的元素联系起来，又要保持非专业化的综合能力。从这个角度来说，建筑师是无知的，但是他可以和许多人一起工作，并将大量具体问题综合起来。这些技能只有通过经验，才能获得。有了这些技能，我们就能对付伴随每一个项目而来的新问题。”**[①]另一位规划学者也说过类似的话，**“规划是一个专业，不是一个学问，它的关键是能灵活地、弹性地吸收跨学科知识来分析空间以及具体的区域——城市问题。”**（Castell，1998）[②]这两段话可以说是异曲同工，不仅建筑师从建筑专业，其他专业工作者从事本专业，到成为“**无专业的专业人员**”，建筑师或规划师能灵活弹性地吸收跨学科知识，以分析城市问题，这说明已经是走向一个更高的境界。这种**非专业化的综合力**，对每个建筑师、规划师来说，都是很重要的，但并非轻而易举，需要自觉地锻炼、总结。就我个人体会，**只有理解相关专业中你所要解决问题的相关部分，并落实到人居环境中来，才会在所交叉的专业多少生了根**。否则，只是一个良好的愿望而已。因此，学生应该去理解如何整合跨学科的知识来分析问题，并提出可能的对策。

---

①　转引自 K. Frampton. 千年七题：一个不适时的宣言．国际建协第 20 届世界建筑师大会会议报告，1999。

②　来自柏兰芝，反思规划专业在社会变革中的角色，跨学科的知识和实践．（北京大学二十一世纪跨学科研究主题于方法研讨会）北京大学．1999 年 9 月。

5.3.3　重视人文与艺术的综合培养

人居环境的建设涉及学科门类繁多，未来科学技术的发展，将对人居环境科学的发展带来新的可能性。例如，关于中国海岸带与主要海洋的研究，中国北方沙漠化的进程与防治研究，长江及其他地区生物多样性变化，可持续利用与区域生态安全等，从长远讲，都可以为人居环境科学带来新的发展空间。

科学精神与人文精神都是人类精神必不可少的组成部分，也是人类实践所不可或缺的精神动力。人居环境的设计和建造是在复杂的社会、政治网络中实现的，无视人居环境得以发展的前提条件，就不能理解人居环境的社会性。人文科学的发展必将进一步提高人居环境科学体系的发展。例如，对发展经济学的开拓，对人居环境的历史与地理学的开拓，发展战略与公共政策的研究，包括人口资源、环境与城市政策、金融与管理科学的研究等，都会有助于人居环境科学的推动与展拓。

人居环境科学还必须重视文化的研究。这里无需泛泛而谈有关东西方文化的交融等等，**社会现实的全球化对发展中国家及其弱势文化的挑战已有目共睹，**[①]反映在我们的日常事务中。**对全球化过程的态度，希望有一种文化自觉，积极地发展多元文化与地域文化，以自己的文化成就，构建新时代的具有文化内涵、适宜于居住的人居环境。**

正是基于这种思想，我们对人才的培养与提高，不仅要能对相同的文化研究和总结提高，还要能对陌生文化具备跨文化的沟通、思考与交融的能力。

5.3.4　重视具有人居环境综合观念的“专业帅才”的培养

人居环境建设所面临的事物具有整体性、系统性、综合性、开放性和动态性等种种特征，而城乡建设信息网络中所显示的任何信息，又有可能引起思维主体的多样性思维，影响其思维轨迹，因此，思维的进程及思维成果的产生更多地呈现非线性的特征。正因为影响人居环境建设的决策因

---

① 吴良镛．世纪之交的凝思：建筑学的未来．清华大学出版社，1999。

素如此多种多样，并需要随信息变化进行瞬时的混合，加之在研究和实施人居环境建设项目时，除了必要的技术、方法外，还要求所有参与的人员根据自身的专业特点，以综合的观点和多样思维的能力，吸收和引进其他学科的新思想，重视人居环境建设和学科系统中出现的新问题和新信息，以综合出学科和专业建设的新方向，所以，我们必须在重视有融合的知识和经验、智慧和灵感的积累，进行创造性思维的专业人才的培养。

总之，大学教育的目的不仅仅是培养专业工作者，还要求培养能够作为不同类型的“专业帅才”（professional leader）。这就要求学习过程中打下学术基础，除具备较广的专业知识外，还具有理智与筹算，热情与诗意，全身心的生活等美德，希望使毕业生可以在今后的职业生涯中具有团队精神、创新能力和社会活动能力与经营管理能力等等。

当今处于大科学时代，人居环境科学应当责无旁贷地跻身于大科学之列。正因为它是一个复杂的巨系统，包括各种要素及其相互联系。大科学——包括人居环境质量的成败，常常不在于个别因素质量好坏，更在于多要素之间相互关系之和所产生效益的高低。就建筑规划师而言，一个设计或规划的成败常常在于它的整体设计战略的创造力，主题、母题的确定与贯彻，要求他通晓总体的发展规律，洞察科学前沿的突破点，将有限的资金和人力用在最有效的成果上，和对最有希望、最有发展前途的设计方案的肯定。**这就需要这些“科学的帅才”、出色的建筑规划大师，既具有特殊的组织才能与知识结构，又具有通晓全局、掌握综合观念，善于多样思考、创造性思维的能力**。这方面的帅才正是当前在这样的规划建设中所缺乏的。这方面的人才不是能在学校中完全培养出来的，是要通过理论的修养、大量的实践，从中成长。**但是学校的培养、大学乃至最高学府要给予有才能、有前途的人才以最严格的培养、扎实的专业基础、接触多学科知识的环境和成长的空间**。

图 5–4 是英国著名建筑规划师罗杰斯为一个实际的综合空间总体规划设计项目拟定的一支综合设计队伍的组织。第一，它说明了设计的综合性和所需要专业人才的广泛性，这一点可以与本书第二章人居环境科学家的专业构成相结合；第二，它说明综合的设计队伍、核心工作人员的重要性，总体设计师、总体规划师全面“控制”和“综合”的关键作用。

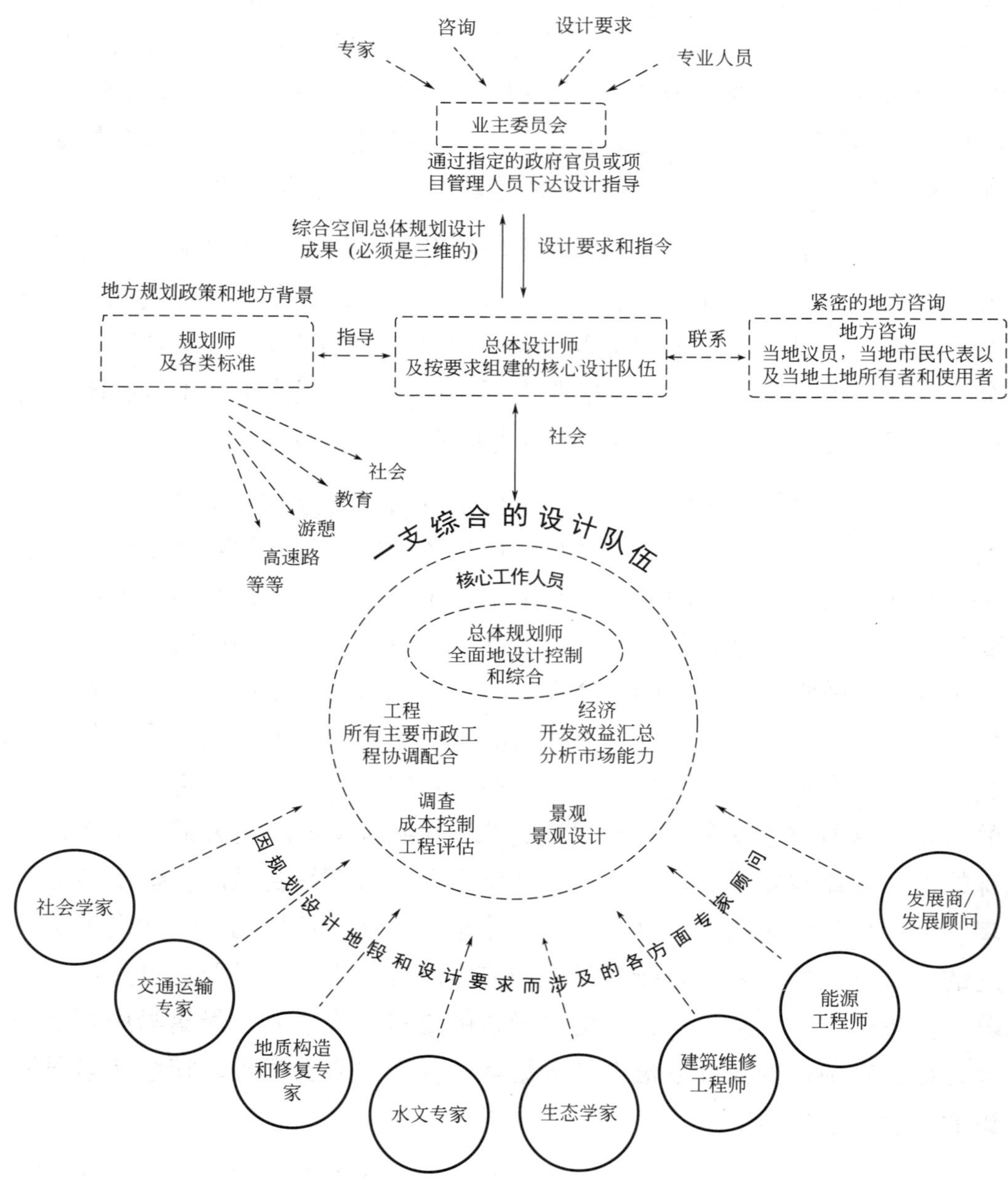

图 5-4　综合空间总体规划设计需要一支综合的设计队伍

资料来源：罗杰斯（Rogors）爵士领导下的城市特别工作组（Urban Task Force）：迈向城市“文艺复兴”（Towards an Urban Renaissance）。

5.3.5　结合国情，培养村镇建设人才

农房、村镇与地区的中心城市同属于一个聚居单元系统，其基本原则是一致的，所以在发达地区“城乡一体化”道路是必然的方向。虽然各村镇都有自己的特殊性，如分布较为分散、富裕程度受生产力水平的限制而不能与城市相比等等，它的重要性一点也不比城市低。相反，正由于长期的贫穷落后，村镇的发展也停滞不前，当沿海地区经济发展后，村镇也活跃了起来。目前，国家和地方虽花了一定的力量推进小城镇的规划建设和农房的设计，也有许多成功的例子，但总体来说，村镇的规划现在还比较粗糙，甚至片面追求铺张等，土地浪费较大，村镇住房并未找到合适的模式，并没有像对待城市那样精心。其实，村镇建设是当前城乡建设中的一大课题，需要高水平的规划技术工作者投入更大的精力、作更多的研究、试验和创造。根据80年代初期清华大学建筑系在京郊试验太阳房的经验，只要是行之有效的设计，在第二、三年后农民便会自发地加以推广。试验成功的村镇与农房规划设计亦是如此。**要在村镇建设中找出发展的道路，其关键是高水平的人才和建立在科学研究基础上的规划建设模式的探索。有试验成功的范例，加之高明的技术指导与协助，村镇与农房建设就会择美而从之，进而形成自己的建设模式。**因此，可以在试验推广高质量的村镇规划与农房设计的同时，不断培养和提高地方规划设计技术人员的水平。

5.4　决策者的人居环境科学修养

城市规划一直被看作是属于建筑、建设专业的工程类技术，即从事的是城市的物质规划或建设规划，但现在也**将城市规划视为政府的行为和一种城市的社会运动**[①]**。各级政府作为城市整体利益的代言人和城市环境建设的主要决策者，应该发挥人居环境建设的管理职能。**

城市规划政府行为要求在国家政策指导下，发展适合于各城市特点的城市政策；每个城市的书记、市长等为了推进城市的繁荣和昌盛，建设好人居环境，因此要研究、熟悉城市问题，了解市情，领导全市的专业队伍，主持一系列政策的制定。改革开放20年来，建设部、国家组织部门和

---

① 请参阅本书第 4 章“人居环境的规划设计”，我们主张建立广义的规划理论。

一些省市地区创造了一种市长、书记研讨班等种种形式，为提高党政工作领导城市规划建设的理论水平、普及人居环境科学花了很大力量，效果也是明显的。为什么要强调对市长进行城市规划的教育？原因有二：第一，作为科学，人居环境科学必须要有科学的训练，而不能根据主观意愿办事，否则往往就会与科学精神相违背；不建立在科学基础上的决策会给城市的发展留下败笔，甚至为城市发展带来灾难性后果。第二，做好一个城市的规划建设管理是政府的职责，当然也是市长直接关心的事。市长在具备人居环境的科学修养之后就可以更好地在团结科学技术专家的基础上，做好关系本市的重大决策，仍然可以发挥个人的创见，这方面工作需要长期努力，应视为人居环境科学人才培养的重要组成部分之一。

由于建筑是非常复杂细致、面向社会、关系国计民生的事业，人民常把自己的领导人称为建筑师。例如印度人民称甘地为“**国家建筑师**”（The Architecture of the Nation）。国际上同样把邓小平同志称为“**中国改革开放的总建筑师**”（中国新闻传媒译为总设计师），我无意用这些话来提高建筑师的身价，只是想表明，人们在形象地说明国家领导人的伟大的创造性的聪明睿智，同时也表明建筑、城市专业内容的繁杂浩瀚，其有一种本质特征，即对各种分散的事物进行综合的、整体的思考，创造性地塑造新的事物。**在城市化迅速发展的今天，建筑面临的任务已不仅是盖房子，简直就是“盖城市”、“设计城市”**，而在当今城市中之所以出现许许多多重大的问题，其原因在很大程度上就在于没有把它当作内容广博的人居环境建设，正因为如此，一些重大的问题没有进行深入的综合的研究下“一锤子定音”。就我个人理解：**人居环境规划建设有两个“最高境界”，一是政治上的、战略上的最高境界；二是环境科学、艺术创造上的最高境界。前者我们寄望于政治家的远见卓识，后者则依赖于有造诣的建筑师、规划师，一个城市建设的完美，离不开这两类“建筑师”的高度结合**。两类建筑师有共同之处就是他们都要面对数十万、数百万人的生活需要，都必须以十分的勇气面对城市的棘手问题。对决策者来说，崇高的责任寄托他以政治家的素养，妥善处理局部与整体、目前与长远等关系，充分发挥自身的创造性。

5.5 推进全社会人居环境科学教育

《北京宪章》提出“全方位的建筑教育”、“全社会的建筑学”，就是要明确良好环境的缔造不仅仅依靠专业人员的智慧，还要发扬光大社会的积极性与创造性，这影响到教育。

建筑学和城市规划不应该仅仅是大学课堂中的学问，必须走向全社会。城市规划方面的探索要提到社会中进行广泛的讨论，共同研究，在大家的共同关心下，逐步使城市走向完善。**只有把人居环境科学知识普及到社会，才能真正作到公众参与，人民教育自己，为城市的共同目标而奋斗，才能得到公众的支持和积极性、创造性的发挥**。人居环境科学内容属于复杂性科学，涉及面广，庞大繁复，要“庖丁解牛”般地善于解剖，使之深入浅出。它与每个人息息相关，如果做得好，易为一般人所理解和支持。

偶见报纸上刊登：“青岛三百市民怒告规划局”，他们质问市人大和政府，明确规定风景区距海岸线200m范围内不许建住宅、别墅等建筑物，而规划局为什么违反规定，批准项目。这是一个令人振奋的消息，他们不是为个人、本单位的利益，而是为城市的目前和未来，为广大市民的长远利益，为争取公共空间而奋斗。我们欢迎市民积极参与规划实践、提升自己所在城市的环境质量与艺术质量的努力。这个状告得好，义正词严，表面上是批评，实际上是对规划的积极支持，它说明广大市民有了人居环境的观念。如果广大市民真正发动起来，城市管理必然会得到应有的改善。

2000年12月20日　北京晚报　国内新闻　11版

青岛市人大和政府明确规定：风景区的连续滨海地段距海岸线200米范围内禁止建设住宅、公寓、别墅等建筑物。但青岛规划局批准的一个项目却违反了该规定。昨天——

三百市民怒告规划局

图 5-5　关于“青岛三百市民怒告规划局”报道

图 5-6　“渔翁之获”漫画

在城市发展的同时，还要提高城市文明的教育，包括集体生活、聚居意识、社会公德教育等问题，有时甚至需要以大多数人的利益为出发点，以强制性的法规使人民认识建设好居住环境的重要性，认识到自觉地安排好居住环境的必然性，当然，根本地是要找出应有的战略范式。需要把政治家、企业家和市民组织在一起，进行充分的交流，以达成对规划的全心支持和全力参与。

小结

（1）人居环境科学知识将不断地发展、提炼，各种相关的技术知识，可以简练、浓缩，以至“综合”、“集成”，等等。随着未来新技术的发展包括计算机科学技术的推进，设计过程中各种软件的使用，可以逐步简化本来甚为繁重的设计工作。这种情况下，规划设计工作者就更需要具有较为广阔的、博而约的规划设计理念，能够在不同的场所，审时度势、因地制宜、运筹帷幄、意匠独运，这是最难达到的思想境界，却是规划设计者重要的基本功。

（2）对专业技术教育来说，人居环境科学提倡多元化的教育。联合国教科文组织《关于建筑教育宪章》指出：**“建筑教育的多样性是全世界的财富”。“规划教育的极端多样性，不仅存在于不同国家之间，也存在于一个国家内的不同学校之间，这应该被视为一种财富而非问题**”（国际城市和区域规划师协会，千年报告）。在全球化的情势下，各国面临的问题仍是各不相同，解决问题的方法也是千差万别，很不一样。即使国内各地域之间也差别显著。所以，我们强调人居环境科学及其教育是开放的体系，要不遗余力地启发各个方面，包括建筑学者、专业学生乃至整个社会，去做出创造力的工作，也希望人居环境科学从事的工作能够为全社会所理解。一方面要尊重科学，充分认识其复杂性，慎重处理重大战略决策；另一方面，力求广大社会——从专家学者到普通公民——关心自己所处的环境的建设，以不同方式积极投入，参与城市的规划和建设管理。

（3）人居环境规划设计者的道德伦理修养

最后必须指出的是，人居环境科学的前景不仅依赖于科学水平的提高，而且也需要有广大科学工作者的激情。**爱因斯坦说，“促使科学家专心致志于科学的最普遍的问题，不是源于意志力何修养，促使人们去作这种工作的精神状态是同信仰宗教的人或谈恋爱的人的精神状态相类似的；他们每天的努力并非来自深思熟虑的意志或计划，而是直接来自激情。”**爱因斯坦的这段话道出了科学研究的真谛。明代东林党首领顾宪成故居有副名对联：“风声、雨声、读书声。声声入耳；家事、国事、天下事，事事关心”，对我们专门从事人居环境工作的人员来说，面对种种“环境祸患威胁人类”，尤应具有这种声声入耳、事事关心、事事入目的态度和事事思考的精神。历史与现实无数的实例说明，凡是学业、事业有成者多以不同的方式来表现敬业精神，甚至是以燃烧的心情来从事自己的业务。今天面临世纪之交的城乡建设、规划工作者更应具有历史责任感和忧患意识，以赤子之心致力于自然和谐与美的人居环境的创造。因为建筑师、规划师等的业务本身就直接面对了现实的人居环境问题，就要关心和欢迎新事物，以分析批判的态度审视现实问题，并以无限深情面向未来。美国建筑师M.Brook说，**规划师是“能够梦想一个美好的世界，又能设计路径以通达目标的人们”**[①]。这就是为推动社会进步、为大多数人得到美好的居住环境而作的努力，这就需要有“为大众服务”的高尚情操。以“安得广厦千万间，大庇天下寒士俱欢颜”的信念，兢兢业业地以从事创造性的成果、为大众所接受作为自己的最高乐趣。印度著名建筑师C.柯利亚1999年

---

① 转引自张兵．城市规划实效论．北京：中国人民大学出版社，1998。

在清华大学讲演时说，“建筑师要为理想工作，是一个艰辛的职业。如果为了赚钱，请别学建筑，因为有比建筑更能致富的行业。”

从事人居环境建设的工作者不仅要有激情，还要具备一种伦理观——“大地道德”（《沙乡沉思》），把人们对自然的态度与人的道德联系在一起。“当人们向着它宣告征服大自然的目标前进时，他已写下了一部令人痛心的破坏大自然的记录。这种破坏不仅直接危害来人们所居住的大地，而且也危害来与人类共享大自然的其他生命。”这些应当是当今社会声如洪钟的警世名言。

关于人类环境科学教育请参阅附录三WSE人类聚居学教育模型计划提案。

第6章

在人居环境科学实践的道路上

前五章阐述了对人居环境科学若干方面的探讨，书不尽意，有待今后补正。本章拟初步总结几十年来对人居环境科学实践的几点体会。

6.1　系统地学习研讨基本理论

6.1.1　理论研究中必须面向两个问题

在过去半个世纪的教学生涯中，我教过不少课程，如建筑设计、城市规划原理、中西城市史、建筑理论、园林学等等。这对我后来的研究工作颇有帮助。自70年代末拨乱反正，面对改革开放的蓬勃局面，心潮澎湃，驱使我对现实问题认真思考，慷慨陈言，回顾近约20年的时间，写了多篇论文①。进入90年代，我曾经这样写道：

当前，人类正面临着显然不同于过去的问题：信息革命、生物技术、材料革命等科学技术带来的巨变，全球经济一体化带来的政治影响，经济的极化、政治的纷扰，新世纪“城市世纪”的到来，全球性的环境危机导致环境主义的兴起。世界变得更为捉摸不定。

在这错综变化的世界中，中国建筑师必须保持清醒的头脑，从中看到相对确定的东西，捕捉有用的信息，在更多因子中，在急剧的变化中求解；同时必须处理好若干关系。

6.1.1.1　中国与世界

第一，既要看到经济一体化的趋势，信息传播加快，世界的一切都密不可分；但也要看到建筑事业发展的区域性，它归根到底要基于本国、本地区生产力、科教文化的发展，要服务于本地区人民，就是说要有自己的立足点。第二，虽然全球处于难以捉摸之中，但要看到我们有自己的国策——“小康”目标、“八五”计划纲要……，它们对城市的发展和建设有具体的指导意义。

---

① 这时期论文部分收录于吴良镛．城市规划设计论文集．北京：燕山出版社，1988；城市研究论文集——迎接新世纪的来临．北京：中国建筑工业出版社，1996；院士文集：建筑・城市・人居环境．石家庄：河北教育出版社，2001。

6.1.1.2　今天与未来

未来的许多东西是未知数，但我们能看到两点。一是我国的建筑与城市建设事业比起发达国家落后了很多年，我们既要“补课”，又要赶上；既要“还债”，又要超前；任务是极其繁重的。二是我国城市化进程已经进入加速阶段，可以预见，在未来几十年中，只要社会稳定、各项事业协调发展，我们的建筑与城市发展必将步入“黄金时代”，中国将成为全世界少有的建筑“繁荣地区”，令全世界的建筑师瞩目。因此，对于中国建筑师来说，一是“时势造英雄”，未来的神州大地上必然会出现为数不少的杰出建筑师；二是“英雄造时势”，就这一点说来，未来基于我们的创造，我们特别寄希望于中青年建筑师的努力，他们将是继往开来的中流砥柱。①

今天重读此文，激动的心情未尝稍减，回想这一个时期来的理论研究，大致有下列一些途径：

——从针对现实中的个别问题，逐步走向对大方向的探索。

——运用比较方法，以史为鉴，与地域划分相结合，从古今中外的历史与现实进行对比研究。

——积极地吸收相关学科成果，开阔思路，解决现实问题。

——注视祖国大地萌现的新事物，谋求可能的发展，以坚定信心；关心现实生活中的杞忧，树忧患意识，力求防患于未然。

6.1.2　若干年来涉及的问题

经过若干年来的耕耘，在理论上，逐步形成系统，归纳起来，大体涵盖下列方面：

A. 国家基本建设政策等宏观研究

自70年代后期即开始对有关问题进行综合思考，1980年赴德国讲学之际的所见所闻，又促使我重新思考如何重振“文革”中被摧残的城市规划工作，如节约土地、住房建设、环境、历史名城与文物的保护、当前城乡

① 吴良镛．世界任纷纭，我自有方寸．中国建设报，1991 年 7 月 19 日。

建设的时弊等问题，以积极的态度去思考与求解。

B. 从区域到城市不同层次的研究

——就区域言，从沿海发达地区到与西北、西南地区的人居环境的对比研究

——特大城市、大城市地区与中小城镇的研究

——城市内各个地区结构、形态的研究，如中心区的研究，亚中心的研究，科学城的研究，住宅区规划，旧城保护与整治，园林绿地系统等

——近郊新城研究，城乡交接带研究，城乡关系研究

——村镇研究

C. 专题方面的研究

——城市的历史发展，中西方城市史资料的收集与研究

——城市文化，区域文化

——历史文化名城与历史地段的保护

——园林、风景区规划设计

——城市与环境美学

——城市规划哲学

——其他专题研究，如土地利用等

D. 规划设计方法研究

——从城市概念到区域概念

——城市群的集中与分散，中心城市结构的“集中”与大城市特大城市的“解构”

——关于控制性详细规划工作

——城市设计及建筑理论与实践

——整体设计观念

E. 具体的规划设计工作等

6.1.3　聚焦到人居环境的探索

经过一个阶段的实践与思考，逐步聚焦到人居环境上来。1990年在“创造人居环境的新景象”一文中，我得到以下认识①：

6.1.3.1　古老的概念、新的课题

创造一个良好的人居环境，是人类古老的理想；这是人类的基本需求，也是建筑师的基本职责。但人居环境的具体内容、达到的途径，却又总是随着不同的时代发展而变化。

今天，全世界在科学和建设上取得一系列伟大成就的自豪中，却惊然地认识到，世界上面临着许多重大的问题——人口、资源、生态、环境变迁、人类文化遗产的保护等等，忧心忡忡地注视着、憧憬着21世纪的来临。

尽管建筑师的工作针对的是局部地区范围大小不一的居住物质环境，但他不能无视这种挑战，即：全球大环境的挑战及其对城市与居住环境的影响。

6.1.3.2　共同的问题，不同的探索

人居环境问题是当前全世界共同的问题，但我们总是在具体的国家，具体的社会经济、技术、传统下进行工作，即总是在特定的时空条件下进行工作，总是要具体地去解决特殊的问题，处理各种现实矛盾和各种困难，走自己的路。1990年在蒙特利尔召开的国际建协第18次大会通过的《蒙特利尔宣言》就呼吁：每一个国家的建筑组织，应该通过各种方式，要求本国政府有一个国家的建筑政策。亚洲建协也在计划召开“亚洲文脉中的建筑发展与环境”会议，探索亚洲的道路。

一些卓有成就的建筑师也已自觉地意识到这一点。荣获第三届国际建协金质奖章的印度建筑师查尔斯·柯利亚（Charles Correa），在庆祝受奖会上有一简短的发言说：“全世界的建筑，能不能从西方的哲学，从东方古老的哲学中走出来，从发达国家的道路中走出来，找到新的道路。”他自己正是这样探求的，他的《新的景象》（New Landscape）就是这种努力。

① 吴良镛．创造我国人居环境的新景象．建筑学报，1990（8）。

愿我们中国建筑师，能够从我们这个小小星球的大趋势、亚洲的大趋势、外国建筑师所憧憬的“新景象”中得到启发，更有意识地去从事本国、本地区、本城市的新景象的创造，即走我们自己的道路，更为自觉地、创造性地研究、解决自己的问题。

本人不断浅陋提出《广义建筑学》，也是着眼于中国的新景象的一种尝试。

当今世界建筑界，各种建设成就巨大，学派林立，充满着矛盾性与复杂性。这种现象，自有其特定的社会经济背景。对此，我们要了解它、研究它。

但我们在眼花缭乱的纷繁的花花世界中，在各种理论学派中，既要找出它们的共同点，重新认识它们的基本准则；又要不忘记从事中西建筑文化的比较，新与旧的比较，运用哲学的思想和科学的方法来处理、解决好我们自己的问题。

又经过2年的酝酿，1993年正式提出人居环境科学。1999年借起草《北京宪章》之机，理论上的探索稍有进步，至今未尝稍息。

6.2　规划设计理念上的整体思考

6.2.1　几条基本准则

20年来，无论课题研究还是实际的工程设计任务，我都自觉不自觉地注意工作准则，一个基本的体会是应该以整体的观念来处理局部的问题（这就是通常所说的全面的观点）。例如在本书第四章中曾阐述了下列基本准则：

人居环境规划设计的三项指导原则：

Ⅰ　每一个具体地段的规划与设计（无论面积大小），要在上一层次即更大空间范围内，选择某些关键的因素，作为前提，予以认真考虑。

Ⅱ　每一个具体地段的规划与设计，要在同级即相邻的城镇之间、建

筑群之间或建筑之间研究相互的关系，新的规划设计要重视已存在的条件，择其利而运用并发展之，见其有悖而避之。

Ⅲ　每一个具体地段的规划与设计，在可能的条件下要为下一个层次乃至今后的发展留有余地，在可能的条件下甚至提出对未来的设想或建议。

也就是说，在每一个特定的规划层次，都要注意承上启下，兼顾左右，把个性的表达（expression）与整体的和谐（coordination）统一起来。

我这里只提到三个层次，其实一个复杂的系统必然是多层次的，需要多方面地、轻重不一地都能照顾到。并且仅仅层次观还不足以说明事物的复杂性，应根据不同对象和问题，综合多个方面进行思考与求解。目前有关发达地区的区域研究有长江三角洲研究、珠江三角洲研究，欠发达地区有滇西北、河西走廊研究等。下面试选择实践中的一些例子加以说明。

6.2.2　从小城镇的研究到长江三角洲人居环境的发展研究

6.2.2.1　从苏南小城镇研究起

我是江苏人，虽然少小离家，对自己的乡土还是熟悉的，但并不能构成科学的认识。80年代初学术界在费孝通先生的推动下对小城镇开始了热烈的讨论。在这期间，我指导了戴舜松同志的硕士论文，在他工作的基础上，我继续进行调查，1983年形成了“太湖地区小城镇发展与规划建设”一文。重温这篇论文，我认为下列当时提出的一些新观点，对我自己以后的工作也有影响：

——提出了长江三角洲“彗星式”城镇体系

——提出了该地区“金字塔式”城镇模式

——提出了小城镇在我国城镇系统中的地位与作用

——提出人工生态系统的动态平衡与环境问题（文中从圩田与桑基鱼塘的分析，讨论到土地问题，污染问题等等）

——城乡地区水陆两套交通系统并行发展

——关于小城镇规划设计问题。

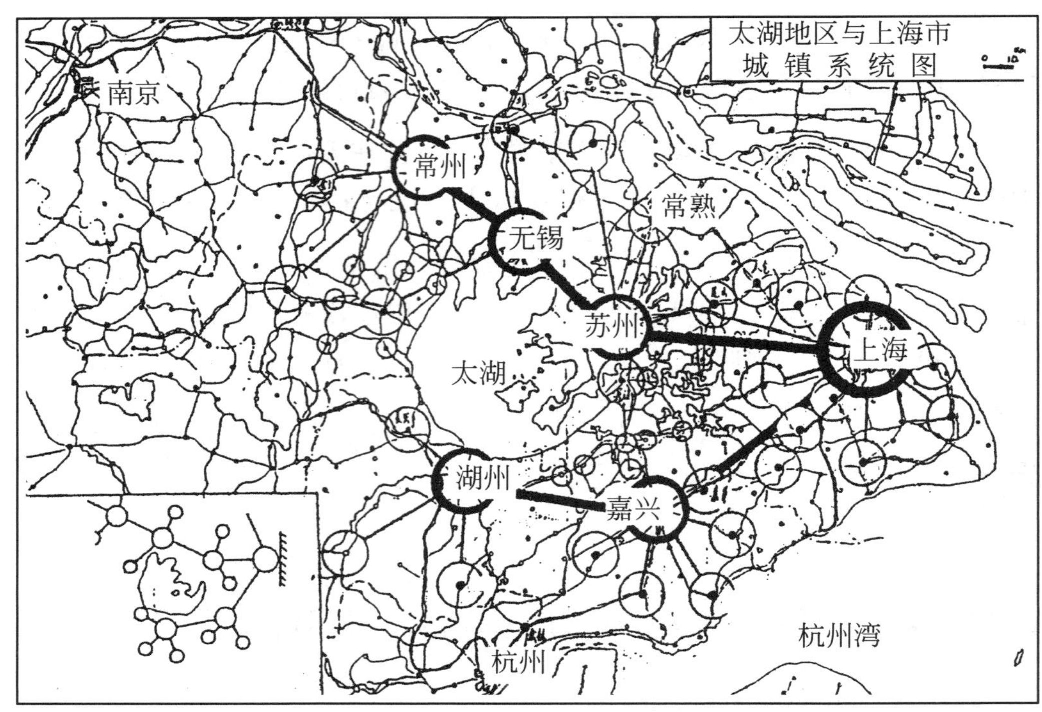

图 6-1　上海与太湖地区"彗星式"城镇体系

资料来源：吴良镛．太湖地区小城镇发展与规划建设。

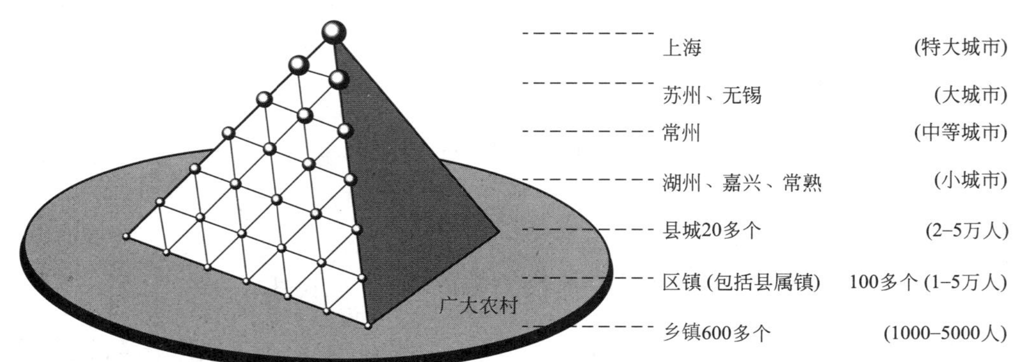

图 6-2　上海与太湖地区"金字塔式"城镇体系

资料来源：吴良镛．太湖地区小城镇发展与规划建设。

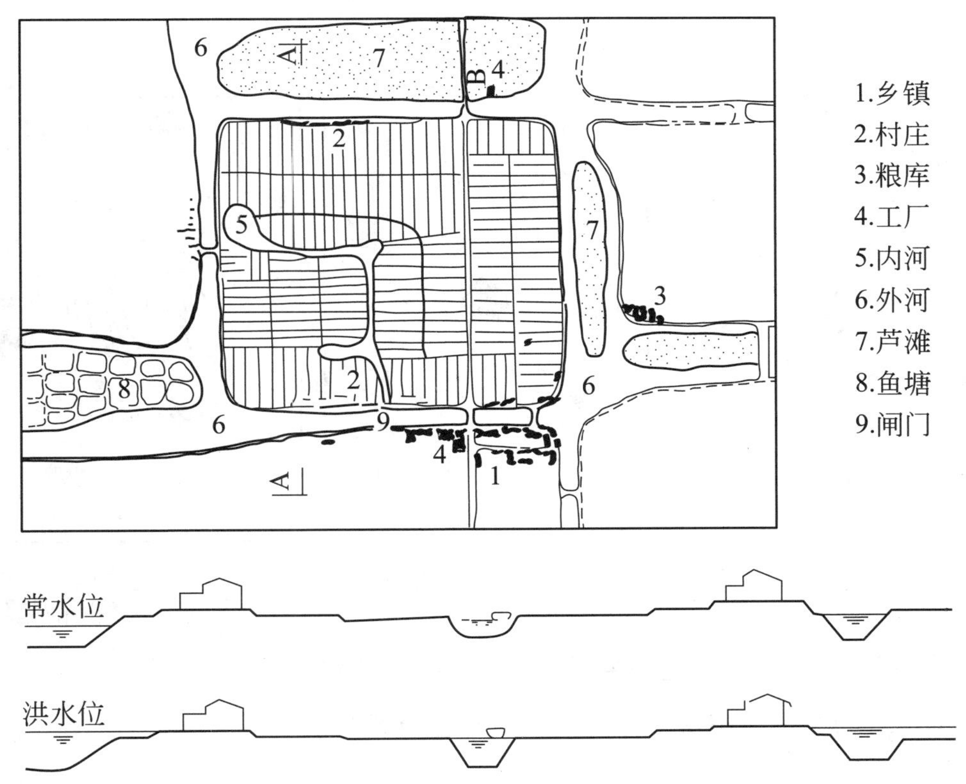

图 6-3　典型圩田图[①]

注：张家港地处长江沿岸，其地理特征有别于其他城市，特别是其北部地区，在长期的围垦过程中形成了独特的圩田地形对城镇的空间分布形态造成了直接的影响。干河沿线交通方便，水利条件好，多数城镇分布于此，并通过横向的道路、水渠相连，在北部圩田区形成了比较规整的格网结构。

在以江南水乡，早期的区域城镇布局和农用土地的开垦是以台田的形成为基础，逐步形成了由道路、河网、田野、村落、市镇等为要素的布局形式。

小城镇的研究，不仅限于苏南地区。1981 年曾参加中国建筑学会主办的阿卡汗“变化中的中国农村”国际学术会议，赴陕西、新疆考察，但苏南的研究所发现的节约用地、保护生态城镇体系问题，至今仍不失为这一地区的研究重点。

① 戴舜松硕士论文“太湖地区集镇规划研究”清华大学。

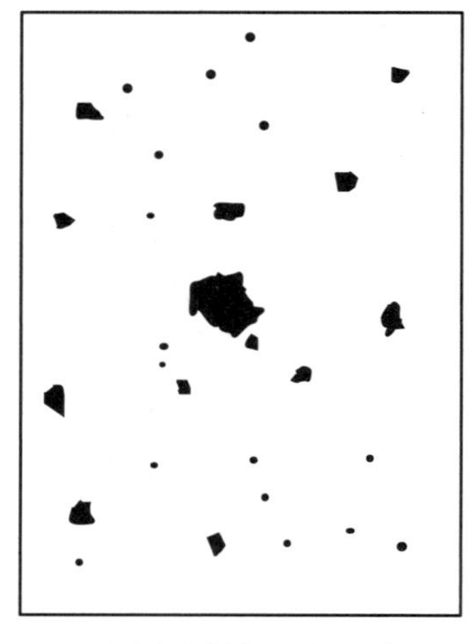

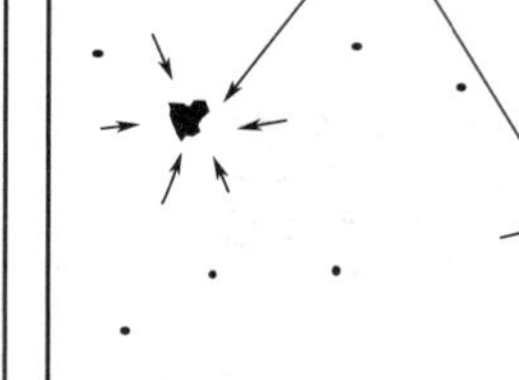

a. 原有村镇分布形态　　b. “重新集中”现象　　c. 大城市、特大城市从单中心向地区性扩散趋势

图 6-4　江南地区城市化进程中“聚集与扩散”规律并存

资料来源：1981 年吴良镛教授在德国慕尼黑技术大学讲演图片。

这问题在近20年后的今天，经济二元结构下仍是需要继续进一步研究。本书第1章中已提及，现重新提出这个问题的重要性。

在通常情况下，我们把城和乡看作是两类不同的体系是有道理的，意味现行城市和乡村政策、体制、制度等，无论合理与否，都很不相同，例如户籍管理、商品粮供应等城乡之间就存在很大差别。

但是，无论是小的乡镇还是特大城市，都是某一个大小不同地域范围的中心，正如城市地理学上所说，“城镇是地域的中心”，“地域是城镇发展的基础”。

从这一概念来看，上面这些不同层次的城镇群都不同程度地影响着一定范围的地域，而小城镇（县城及县属镇）是联系城乡的纽带，它起着承上启下的作用。对上它是一个基层单位，对下它又起带动农村地区发展的作用。它既有城市的一般共性，又有接近农村的特点，它们虽然较分散，但却起着“地区”的中心作用。就这一点而言，可以将所有城镇作为一个综合体系来看待，而把小城镇看作城镇体系中的一个层次。

由于小城镇（包括乡镇）是一个最活跃而范围最广的“层次”，所以我们才选择这个正在变化并与广大农村联系极为密切的层次作为研究的对象。重点研究它的发展与规划问题，并从大小城镇网络组织的观点来观察它的功能、作用与空间关系。

6.2.2.2　探索城镇体系发展规律与对策

1981 年我在石家庄召开的城市规划学术委员会上作了如下发言①：

（1）展望我国经济发展的前景，认识城市化发展的重要性。

（2）从国情出发，认识城市化发展的不平衡性。

（3）研究大中小城市与集镇的职能，探讨城市发展的不同途径和不同形式。

在我国存在着特大城市－大城市－中等城市－小城市－镇（包括县城）五级系统，或称体系，分担着从全国性、全省性政治经济文化中心，以至不同地域中心的功能。随着生产力水平的提高，各以不同的形式向它的高级阶段发展，我们应当探讨在什么样的生产力水平下，城镇形态的演变有什么规律：能否认为：

——特大城市、大城市有着从集中的、单中心的结构形态向地区性扩散趋势，形成“多中心的城市群”或“城市地区”（卫星城镇只是“城市群”的一种形态）；

——在一些经济发达人口密集地区，农村集镇将随着“工业下乡”有从分散走向“小集中”和“相对集中”的趋势。

……

当时，我的结论是：**“大中小城市要协调发展，组成合理的城镇体系，逐步形成城乡之间、地区之间的综合性网络，促进城乡经济社会文化协调发展。”**②

---

① 1981 年 12 月在石家庄召开的城市规划学术委员会工作会上“从实际出发，因地制宜，拟定地区的城市发展规划”报告。

② 1982 年 11 月 7 日，《世界建筑》与《建筑师》丛刊于北京联合举办的学术报告会上的讲演，题为“关于城乡建设若干战略问题的思考”。见：吴良镛．城市规划设计论文集．北京：燕山出版社，1988。

有关城市体系的研究可促进城市规划学的发展，新技术时代更需要发展地区城市的整体优势……

6.2.2.3　对上海及大城市、特大城市的研究

20世纪80年代初期，总体规划的修编提到议事日程，我被邀请参加北京、上海、广州等城市总体规划讨论会。自此以后，把研究扩展到上海、北京、广州等特大城市的讨论上。1985年我在上海市城市总体规划座谈会上指出①：

——对上海面临的大规模发展要有足够的重视；

——必须按国际城市的国际标准建设上海；

——综合开发新城，疏解改造旧城，逐步形成新的城市结构形态；

——上海经济区新城镇系统的形成和上海的宝塔尖作用。上海面临的某些问题不是一个上海所能解决的，需要从整个经济区来考虑，而上海也应利用优势对全国及地区经济、社会、科学、文化的进一步发展作出应有的贡献。

上海要利用优势在发展新技术中作出贡献。

这个座谈会后一个时期，不断参与上海市的规划，以至浦东建设中的问题讨论，包括就20世纪40年代的上海、东京、中国香港三市进行比较，说明上海作为国际特大城市的发展潜力和前景。

随着形势的发展，进入特大城市的研究。我应联合国发展中心（UNDP）之邀撰写“中国特大城市的发展与展望”一文②，1992年在东京特大城市会议上宣读。文中提出类似上海这样的特大城市正在出现的“城市地区”（City Region）现象和正在形成的特大城市地区（mega-city region）体系。特大城市不单纯是以某特大城市为核心、若干卫星城相环绕的网络体系，而是以点、线、面相结合、呈多核心的城镇群的方式向区域整体化

---

① 吴良镛．国际城市国际标准——在上海市城市总体规划专家座谈会上的发言。

② 英文稿发表于该会议论文集《亚洲当代规划专号》第一卷，1994年10月。

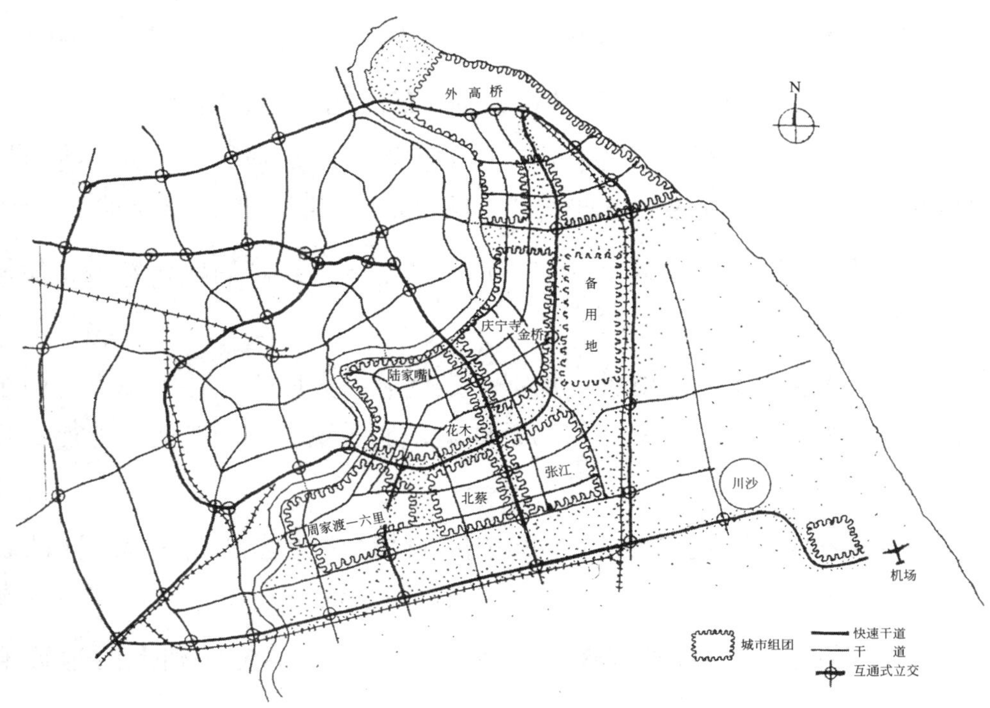

图 6-5　对上海浦东总体规划的建议（文国玮图）

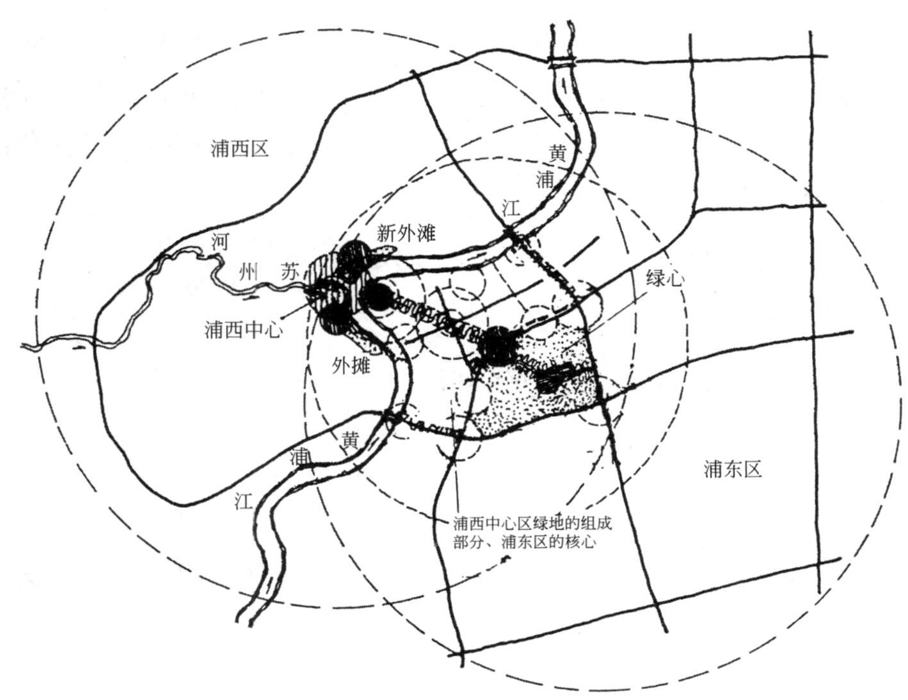

图 6-6　上海浦东与浦西的独立性与完整性

注：为从陆家嘴、东方明珠到花木中心绿地（后称为世纪大道）线形发展的建议。

发展，在长江三角洲、珠江三角洲都已向远程状态发展。

6.2.2.4　对“区域整体化”的探索到长江三角洲的研究

我逐步意识到，很重要的一点就是如何进一步加强科学研究，有引导地使特大城市地区向完善的方向发展。面对未来，我们有理由要求：

（1）**逐步实现经济发展上的整体性**，利用城乡经济的融合发展，加强区域合作与经济网络的整体性；

（2）**区域空间上的整体性**，加强一定地域内大城市、特大城市与中小城镇体系的整体性，在密集空间的条件下，加强规划布局，使土地得到合理、节约的使用；

（3）**城乡发展的整体性**，通过城市与村镇协调建设，发展地区的农业、林业、畜牧业等，进而保护地区的自然生态环境；

（4）**发展阶段上的整体性**，形成建立在开放系统基础上的远近期结合。

在上述研究基础上，以两年的时间，致力于国家自然科学基金重点项目的申请。目标是清华、东南、同济三大学联合进行研究，在开题报告“经济发达地区城市化进程中建筑环境的保护与发展——以长江三角洲地区为例”①中主要论及：

（1）长江三角洲地区的特点、前景及发展中的矛盾

（2）理论对策与方法探讨

（3）各城市地区的发展模式的探讨

（4）地区建筑学的研究

（5）其他

由于对长江三角洲的研究，后来一系列研究课题得以完成，包括无锡

---

①　1993年2月于南京召开课题年会上的开题报告，刊于《城市规划》1994年第3期。

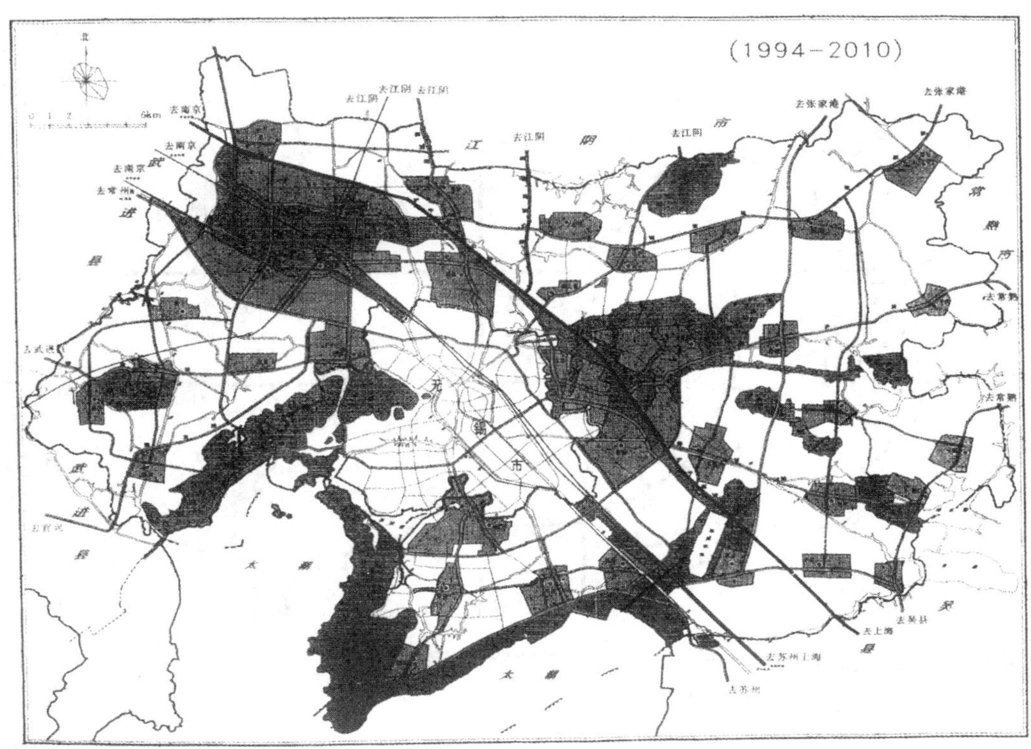

图 6-7　无锡县县域土地利用规划

资料来源：“经济发达地区城市进程中建筑环境的保护与发展”，无锡市是区域的核心，中心村是未来农村地区的发展中心，是开发农业产业的基地。中心村的发展不是简单的村庄建设问题，而是关系到农村和农业的前途的深刻变革，现代农村的产业变化与社会结构的变化，它关系到未来村镇的发展形态，这一切与城市化和现代化密切相关，将是一场真正的农村革命。

县域规划、苏州总体规划、常州市总体规划、张家港市市域规划等①，并与加拿大、韩国、美国等大学进行的合作研究，等等。这项工作已作为“八五”重点项目，完成研究报告并出版②。

---

① 以上论文见吴良镛．城市研究论文集——迎接新世纪的来临．北京：中国建筑工业出版社，1996；吴良镛等．经济发达地区城市化进程中建筑环境的保护与发展．北京：中国建筑工业出版社，1999。

② 吴良镛等．经济发达地区城市化进程中建筑环境的保护与发展．北京：中国建筑工业出版社，1999。

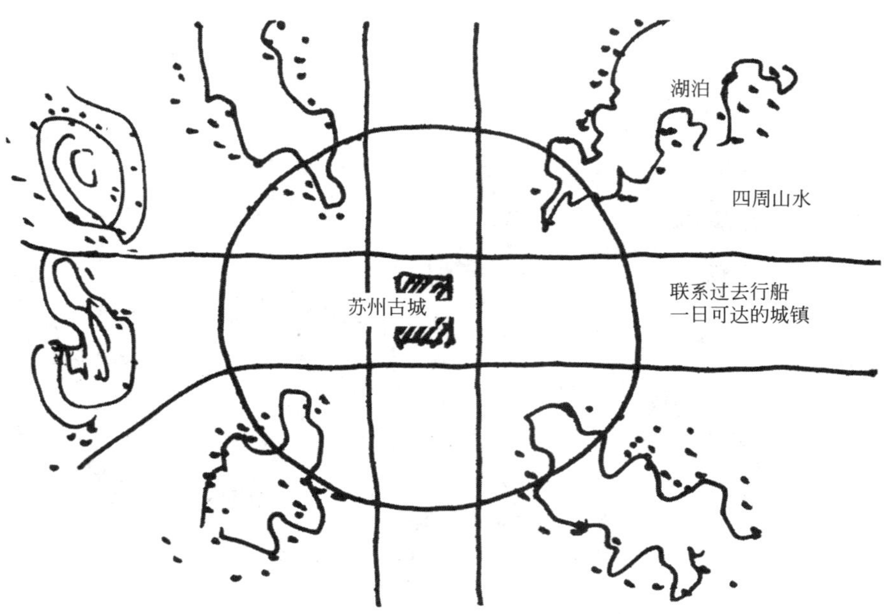

图 6-8　苏州城市空间发展模式概念性方案（吴良镛稿）

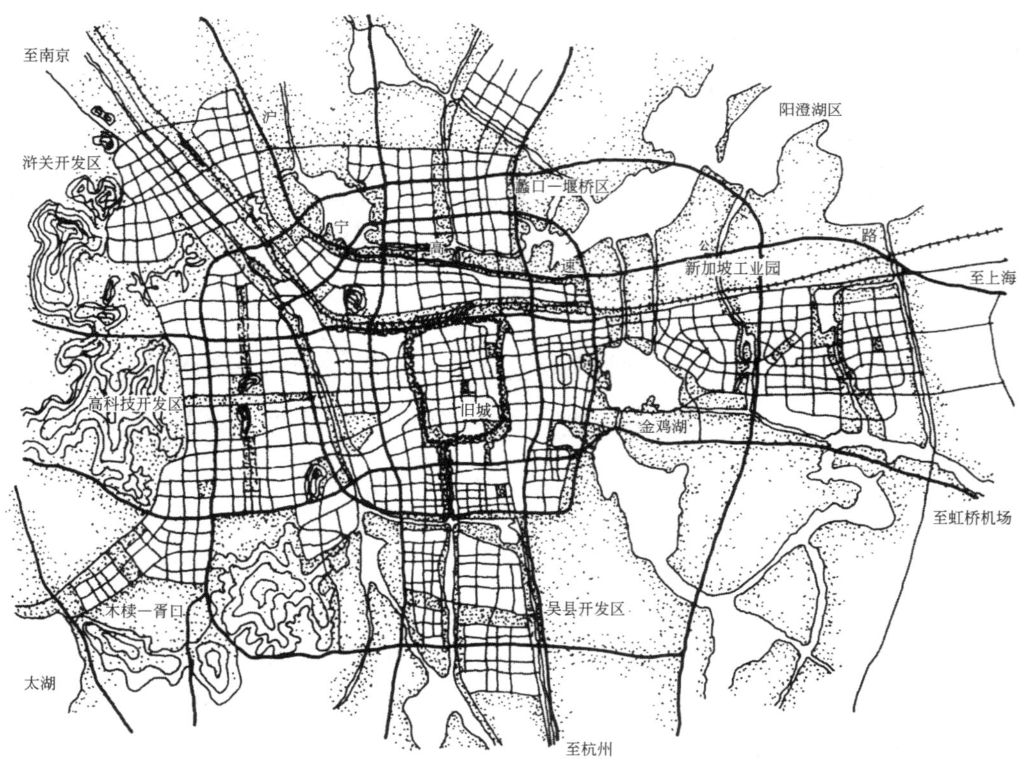

图 6-9　基于上述概念性方案而草拟的苏州市城市总体布局

6.2.2.5　规划研究与城市设计、建筑设计相结合

区域与城市规划研究以及城市设计、建筑设计，现虽然专业有所区分，但宜通体思考。以本地区传统“竹筒式”住宅为例，1983年进行调研，发现与其他形式的住宅相比，占地较小，有一定优势①。近20年后，根据生态学原理和通风等要求，在英国房屋与社会住宅基金支持下，对张家港的生态住宅进行试验②。第一期在张家港建了2幢试验住宅，夏季自然通风效果良好。

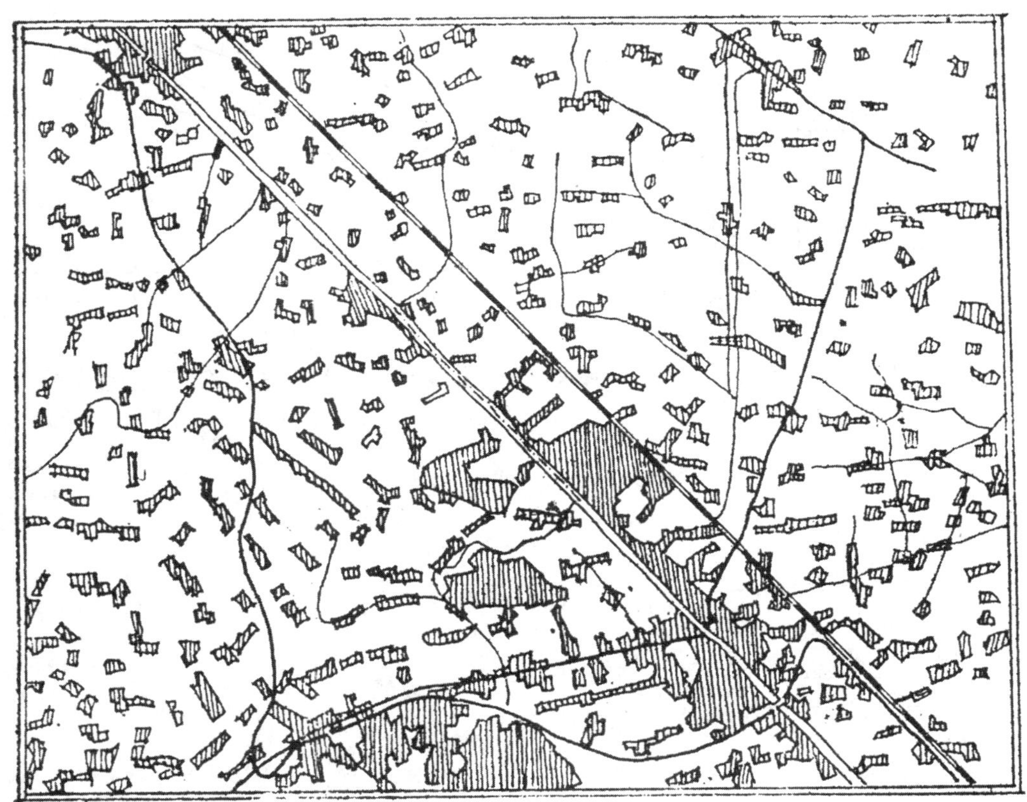

图 6-10　20 世纪 80 年代初苏州附近农田被占用情况

注：其基本建设占地问题曾引起全社会极大的重视。

---

① 吴良镛、戴舜松对太湖地区农家住宅进行调查。见：吴良镛，城市规划设计论文集. 北京：燕山出版社，1988。

② 这项试验 2000 年完成，工程任务由宋晔皓负责。

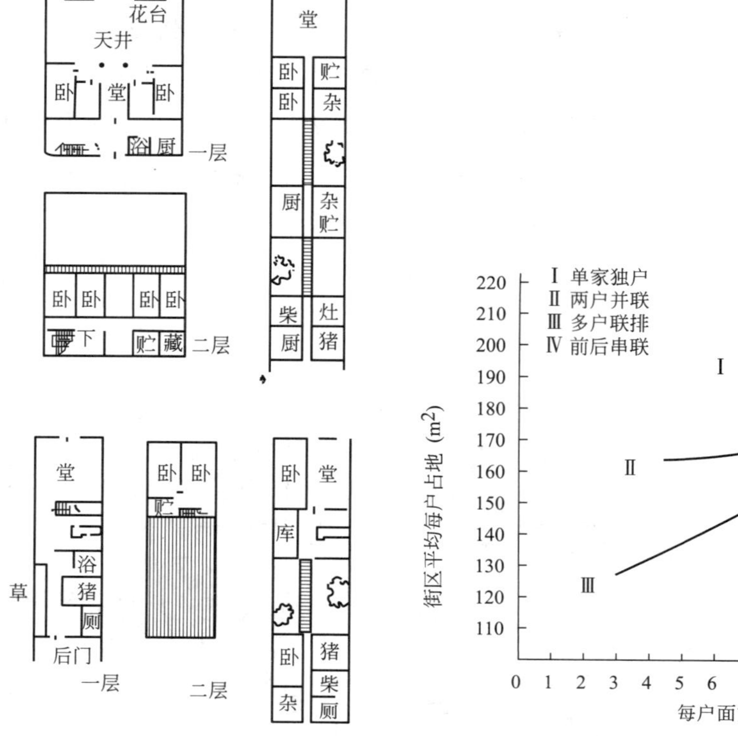

图 6-11　太湖地区“竹筒式”农宅平面举例分析

图 6-12　太湖地区“竹筒式”农宅用地分析

（选自钮薇娜等著《南方农村住宅平面布局与用地研究》）

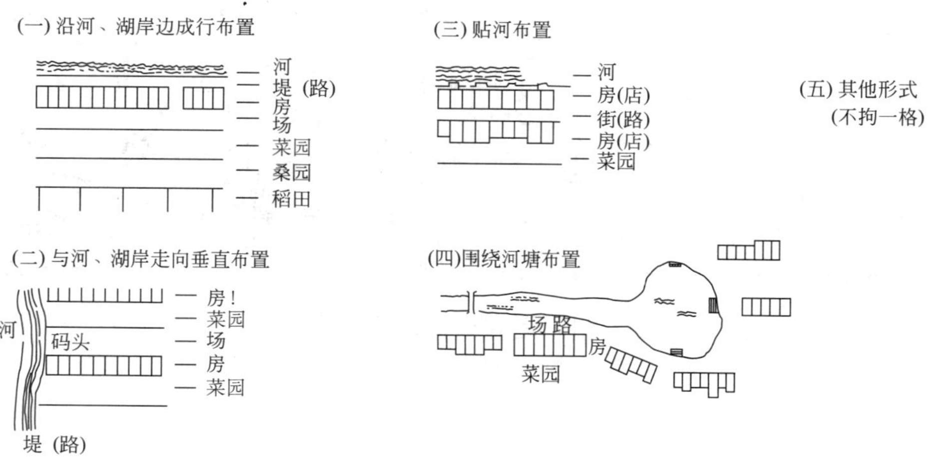

图 6-13　太湖地区“竹筒式”农宅场地布局调研资料分析

注：调研结果显示：这种“竹筒式”农宅及其排列组合方式在过去有着很长时间的发展历程，说明它在节约用地与道路、河道、农田的关系中有一定的合理性。

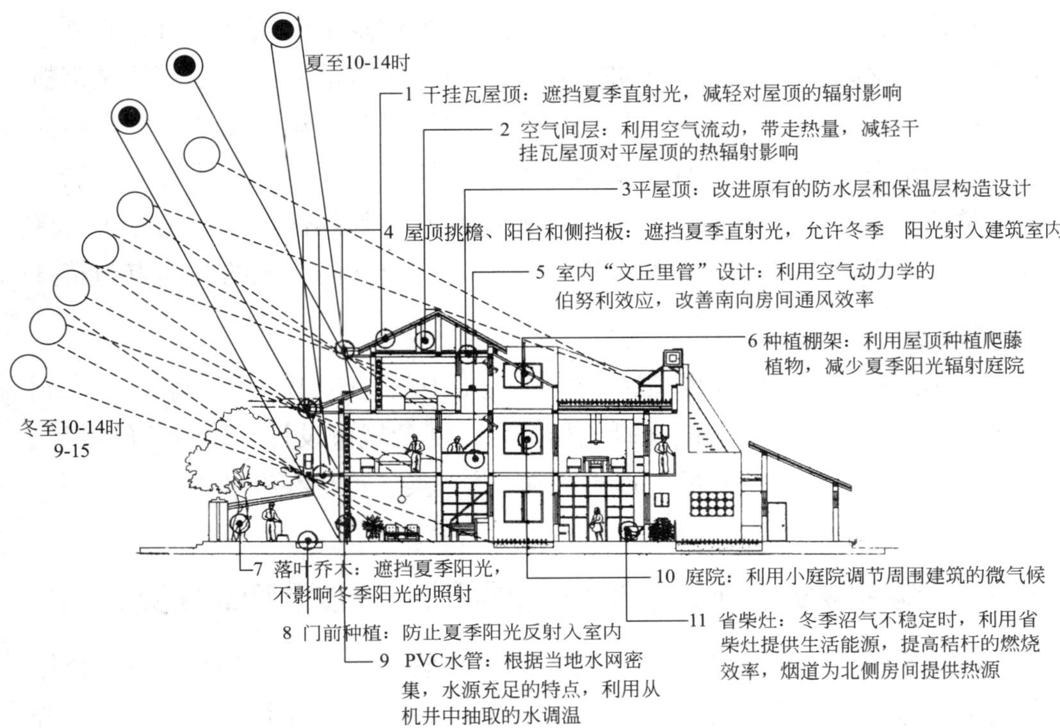

图 6-14　张家港市生态农宅剖面

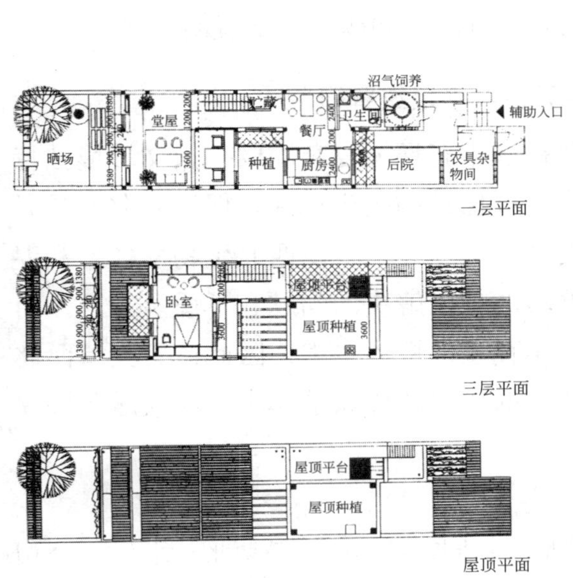

图 6-15　张家港市生态农宅平面

图 6-16　张家港市生态农宅建成实景

我们通过多年来的实践，逐步认识到一个建筑不能独善其身，必须要研究考虑其环境与城市，城市亦如此，不能就城市论城市，必须从城市概念到区域概念，“真正的城市规划必须是区域规划”。从太湖地区的集镇到长江三角洲的研究，对此体会更深。有了长江三角洲地区的研究，人居环境科学的一般原理的框架逐步形成，并试验推及到其他地区。而有了对区域研究的一般性了解后，就渐渐能比较快地发现不同地区的共同点与特殊点，并从问题出发，思考解决之道。

京津冀北地区的研究也是这个路子，从旧城保护、中心城的研究扩大到大北京地区，宏观研究与微观研究相结合，回到城市设计、建筑群的设计，如旧城菊儿胡同“有机更新”的试验等，这一类工作仍在继续推进中。

6.2.3　严峻生境条件下人居环境发展研究——以滇西北研究为例①

1998年初，云南省人民政府与美国大自然保护协会（TNC）提出合作开展保护滇西北生物多样性、建设国家公园的研究。为了准备这个国际合作项目，云南省有关方面决定开展先期的预研究。与此同时，为了贯彻科教兴滇和可持续发展战略，促进云南省社会经济全面发展，云南省政府与清华大学共同决定，实施云南省与清华大学合作的省校合作。上述先期的预研究被纳入省校合作项目。经过项目参加各单位为期近一年的工作，完成预研究的报告。现就预研究中的有关方法论问题作如下说明。

6.2.3.1　复杂生态、生存条件下必须立足统筹研究

经过研究，我们认为，滇西北地区生态环境复杂脆弱，人文环境独特丰富，是我国生物多样性和文化多样性保护的关键地区。但滇西北又是云南省主要的贫困地区之一，经济发展落后。在保护滇西北生物多样性和促进地区经济发展之间，面临许多严峻的难以解决的问题和矛盾。并且，由于滇西北是一个极端贫困的地区，生存条件极为恶劣，因此，有关滇西北保护与发展的任何研究，还必须与人的生存环境联系起来，与人居环境建设联系起来。

---

① 这是1999年8月1日在云南省与清华大学省校合作项目“滇西北人居环境（含国家公园）可持续发展规划研究”项目验收、鉴定会上的讲话。刊登于《科技导报》2000年第8期。

这就给任何解决问题的对策研究带来了不同于一般的复杂性。也由此，对可持续发展战略这一国策的研究和落实，从一开始就必须从以下几个方面予以统筹兼顾。

（1）必须坚持保护第一的观点，在建立地区生物多样性保护网络的基础上，切实加强滇西北生态环境保护与社会经济发展的协调统一；

（2）有序发展旅游及其他各业，有效地解决地方经济发展问题；

（3）要在促进地方经济发展的过程中，保护地方文化多样性；

（4）在协调处理保护与发展的关系中，进行适合当地生存和发展条件的人居环境规划建设与管理。

图 6-17　香格里拉县藏式建筑群

图 6-18　香格里拉县藏式民居

图 6-19　香格里拉县香格里拉峡谷

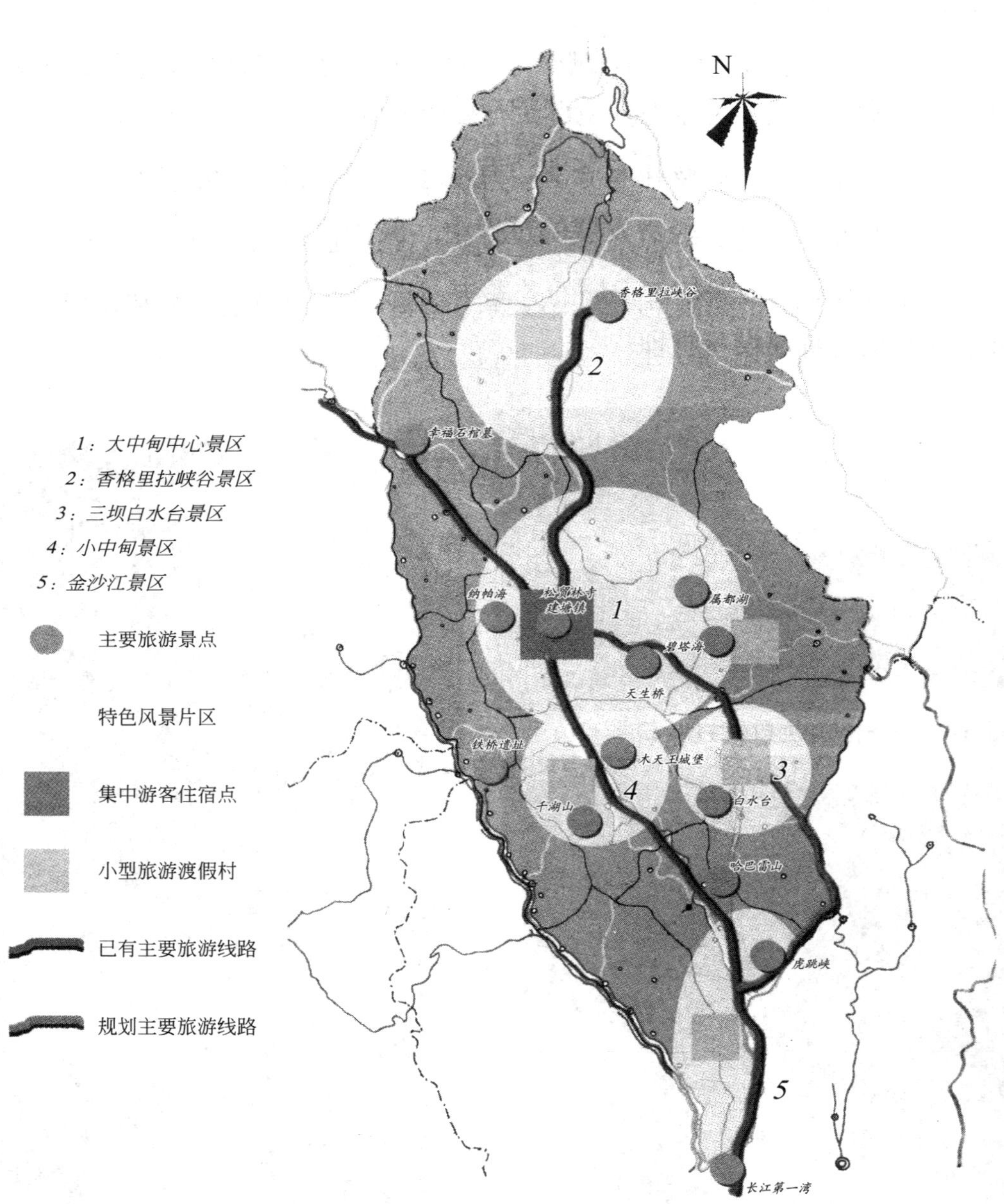

图 6-20　香格里拉县县域旅游风景区分析

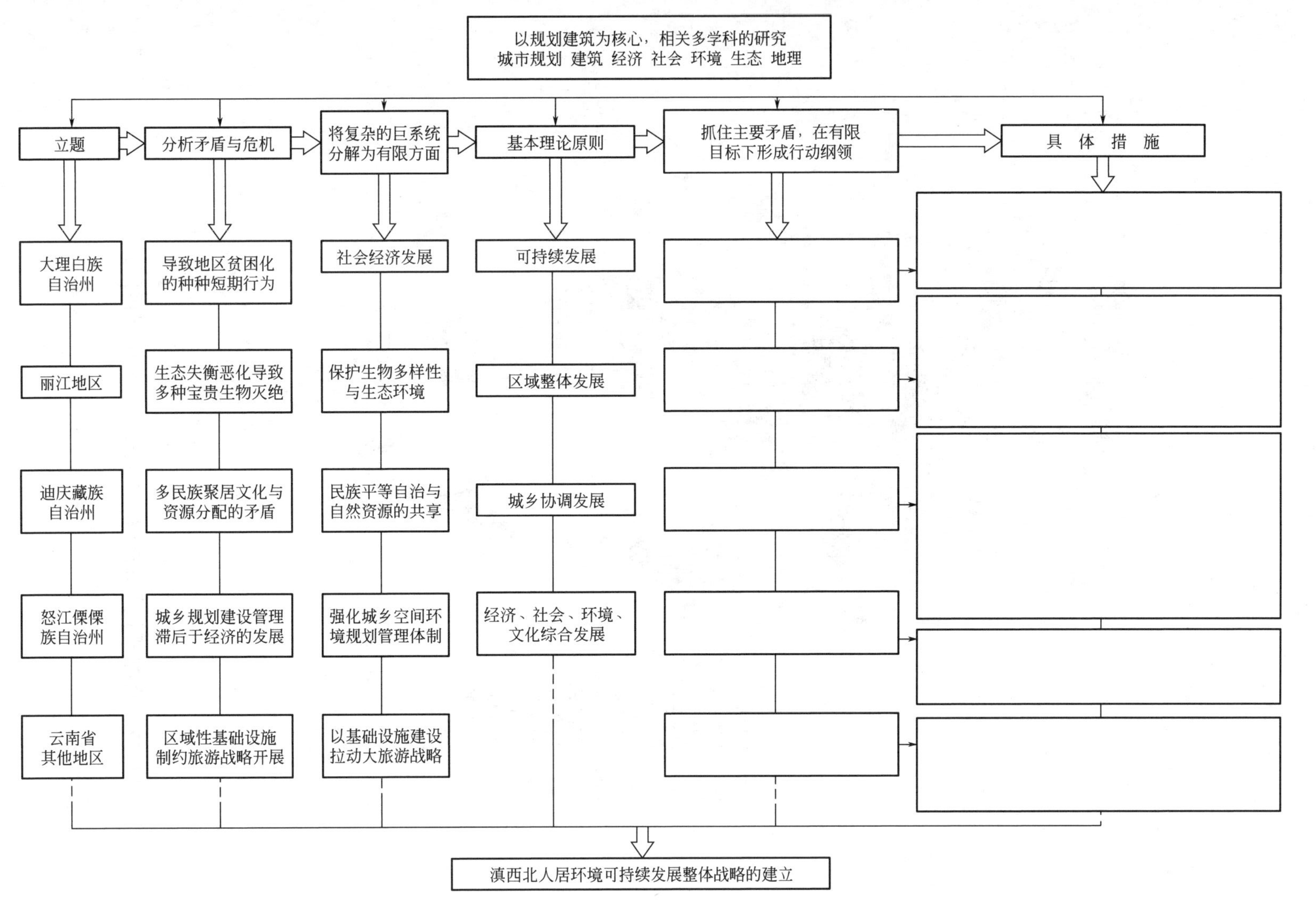

图 6-21　滇西北人居环境（含国家公园）可持续发展规划融贯性、整体性研究的矩阵示意图

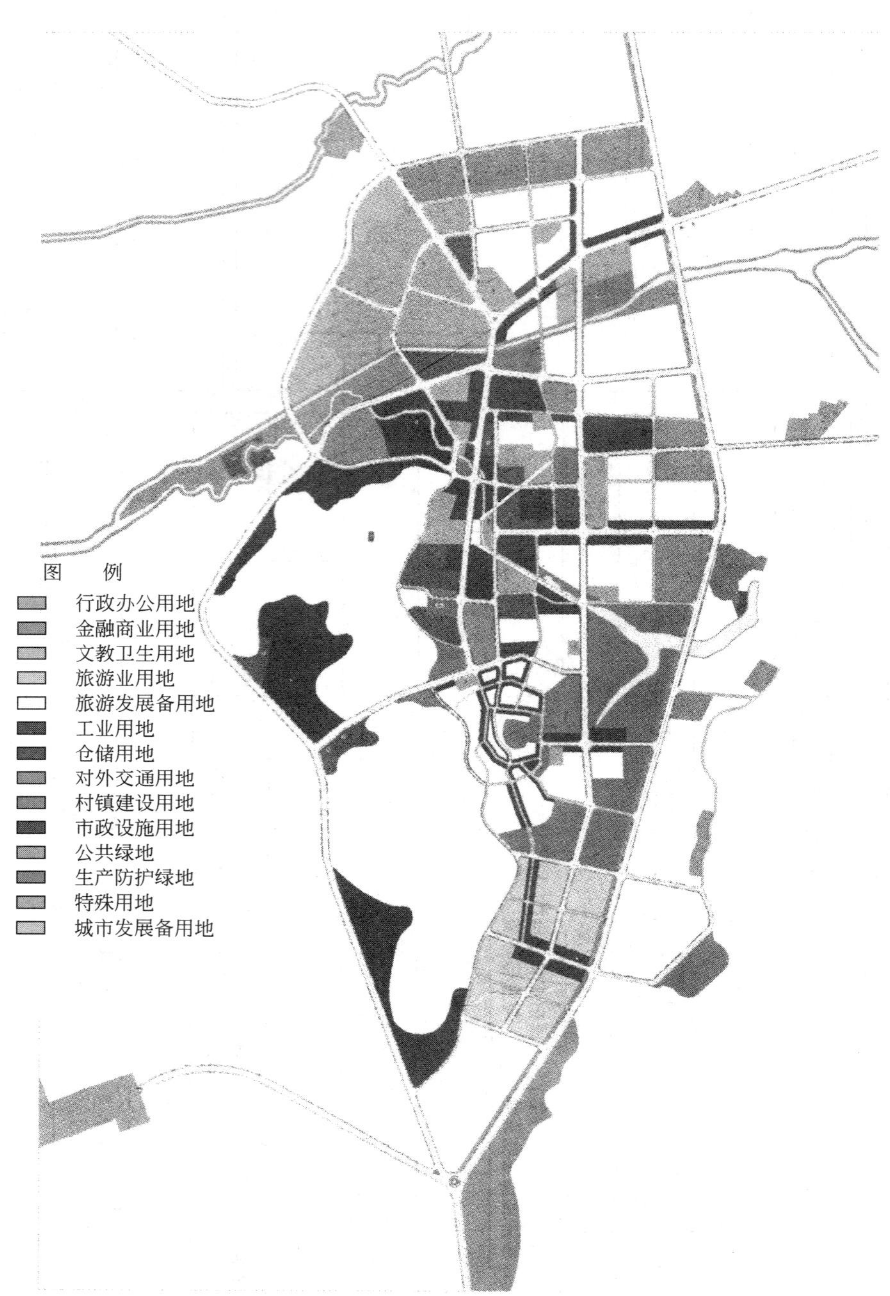

图 6-22　香格里拉县城市总体规划——土地利用规划

6.2.3.2　必须是多学科参与的关联研究

对于上述研究，当然需要多学科参与，这一点一般都能理解。我们早在“滇西北地区人居环境可持续发展研究的总体设想”（1998年5月27日）中，即已指出需要进行“融贯的综合研究”。何谓融贯，这是指各有关学科综合在一起，先把问题找出来，以问题为导向进行求解，在此基础上，进行综合。这也就是所谓的“综合集成”（meta synthesis）的方法论。在预研究总报告中的研究框架就是这种“综合集成”的产物。

这样做的理论基础在于，“滇西北人居环境（国家公园）可持续发展规划研究”这一课题属一种复杂性科学研究的范畴，其研究对象是一个开放的复杂巨系统（opened complex giant system），因此，在这项研究中要处理好系统与整体性的关系。

我们过去一再说在大课题的研究中，不能用习惯的办法，将不同的课题分给各有关专业，各写各的论文，最后把这些论文“扎成一捆”，汇总成册，交差了事。因为这样做是于事无补的。

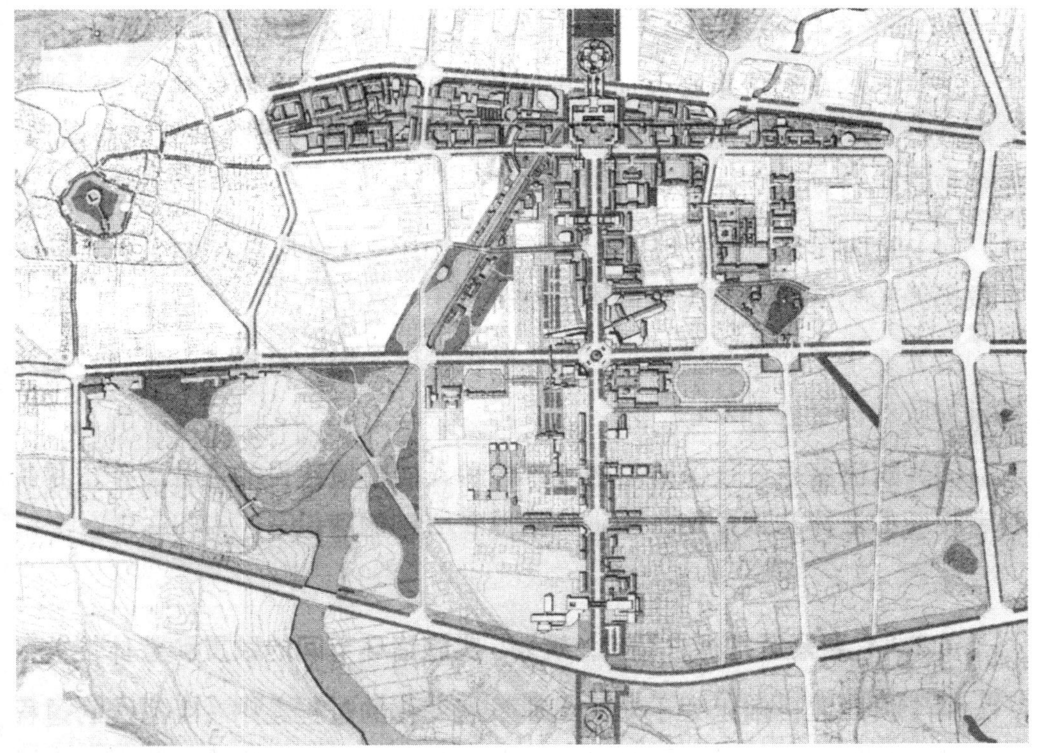

图 6-23　香格里拉县城市中心区设计

从理论上说，我们与过去一般的观点和作法的不同在于，复杂性科学认为，世界不具有简单的统一性，即所谓世界可以分为许多小的部分，如果将每一部分研究搞透了，最后叠加起来，问题就能得到解决（这种理论的基础就是还原论）。而复杂的巨系统具有：开放性，复杂性，层次性，相互关联性，甚至互为前提性等等这些特征。因此，考虑问题的着眼点。立足点就不能孤立地就某一个方面。某一个学科、某一个角度，分门别类的就事论事。我们必须要考虑事务的互相关联性，并且尤为重要的是这种多学科研究过程的贯彻，必须要与地区的发展联系起来。正因为如此，就需要：

（1）各分专题的报告需要有步骤地进行汇总；

（2）应该把这项工作看作是一个研究的过程，而不应该仅仅看作是为了一个最终研究结果的获得；

（3）在研究中始终应贯彻从定性到定量逐步深入这样的一个过程。

6.2.3.3　多学科参与的关联性成果，最终应成为政府的战略选择

多学科的研究成果必须加以贯彻落实，即形成政府制定的行动计划和发展战略。为此，我们在研究中强调了地方政府与科研院校的共同合作，首先要拟定出行动计划，其内容可包括以下方面：

（1）先选择某一典型地区（例如迪庆州香格里拉县或其他）进行试点工作，在取得经验后，再大范围地向面上铺开；

（2）要求采取紧急措施，立即冻结保护区内的不合理建设项目，制止各自为政的掠夺性开发；

（3）积极着手进行保护生物多样性和人居环境建设的立法工作，尽快制定相应的法律法规条例，加强执法监督机构的建设。

6.2.3.4　要紧紧把握住研究、规划、实施诸环节间的融贯和整体性关系

由于滇西北目前正处于一个迅速发展变化的过程之中（巨系统的过程变化也非常迅速），任何矛盾的解决或解答，只能求得暂时的平衡。在项目研究中提出的滇西北人居环境可持续发展原则确定之后，许多具体的措

施，必须要根据实际的发展变化，进行追踪研究，观察。每个阶段（假定一年或几年），都要根据实施情况，调整项目研究发展战略。换言之，这也是将融贯的综合研究贯彻在规划程序的全过程，形成多学科研究——制定发展战略—贯彻落实—调整，这样一个整体。没有整体性，也就形不成整体的动态。这也可称之为动态的复杂巨系统。

建议云南省政府建立以地方的科研机构与人力为主，必要的外部力量为辅的科研体制，省与各级地区形成滇西北生态环境保护与人居环境建设的科学研究和具体实施的技术核心。

钱学森先生言："21世纪是一个整体的世界"。在面向21世纪的发展中，我们必须要在研究中抓住整体性这一环节，将科学研究的工作同政府工作的战略制定与实施紧密结合起来。

目前，预研究的文献已经汇订成册，正式出版，被视为对滇西北问题阐述完整的专著，这对以后研究工作的开展十分有利，不同专业的研究工作仍在进行之中[①]。

6.2.4　紧迫形势下三峡库区的人居环境研究[②]

三峡工程自1994年12月正式开工以来，经过三年的建设，于1997年11月8日水利枢纽工程实现大江截流，初步完成了第一期的移民安置和城镇建设，工程进入第二期。按预定计划，2009年大坝建成，完成全部移民和城市镇迁建，2013年实现175m蓄水正式发电。

三峡工程是中华人民共和国成立以来我国最大的建设工程，也是世界上最大的水利枢纽工程，技术复杂、投资量大、移民人口多、城镇迁建任务繁重，工程后期环境恢复时间长，面积广。这项工程建设的成败，直接影响到中国跨世纪的经济发展大事，也是三峡地域广大范围经济文化发展和社会稳定的关键因素。所以，它不仅是一项水利枢纽工程，而且是一项社会工程和

---

① 吴良镛主编．滇西北人居环境可持续发展规划研究．昆明：云南大学出版社，2000。

② 该节内容以清华大学赵万民同志博士论文为基础，由赵万民、吴良镛合写，曾在1996年中国工程院年会上进行介绍，刊登于中国工程院《中国科学技术前沿》，1996年。见：赵万民．三峡库区人居环境研究．北京：中国建筑工业出版社，2000。

文化工程。大坝枢纽和库区移民迁建，从一开始就深受政府和广大科技工程人员的重视和关心，中央领导曾经多次指出：三峡工程成败的关键在于移民。

按一般的习惯，把三峡工程淹没区的居民迁移和生存环境的建设称为“移民”，这样说也无不可。但是，远远不能完整地涵盖他广泛的、实际上的内容。

6.2.4.1　三峡工程除本身的水利枢纽建设和淹没移民外，同时还面临了十分重大的课题。

——三峡工程是三峡大地区产业和经济结构的一次大调整和大发展；

——是中国一次特殊形态的城镇化过程；

——是保持三峡大地区生态环境可持续发展的重大工程；

——是库区120万居民迁移的一项特大安居工程；

——是保护三峡自然风景资源和历史文化遗产的一项严峻的、前所未有的新任务。

三峡水利枢纽工程2010年建成后，淹没所及20个县、市范围，13个城市、镇，140多个集、场镇，动态移民的总人口是120万。库区这样大规模的城市迁建和移民，在如此有限的时间内完成，并且要达到党和国家所提出的目标：把三峡库区建设成为长江上游的经济繁荣，环境优美，人民安居乐业的新型经济区[①]。这是一件十分庞大而艰巨的工作。仅以城市建设来论，120万人新家园的迁移和安置，就不是一件简单的事。用一般的算账方法：如以5万人一个的城市计，相当于要建24座新城市；以10万人计，要建12座新城市。并且，是在时间紧迫、条件限定下完成。这种工作往往需要从整体上科学的论证和规划、逐步合理的实施以及完善系统的后期管理。三峡如此规模的城市镇迁建，不可预见的因素很多，要研究的工作也很多。新城市的建设，往往很慢，很多方面是在预测和探索未来的发

① Frederic J. Osborn and Arnold Whittich，.《新城的起源、成就与进展》（New Towns：their origin，achievement and progress），伦敦，1977。

展。城市的建设，有它自身发生发展的规律，不全以人的意愿为转移，这方面，我国和外国都有不少实例。如二战后的英国新城运动，自1945年始，英国政府颁布新城法并组织专门的新城建设公司，投入大量的财力和人力，可以说一个时期中为全英建设之重点。自1946年至1968年，在伦敦远郊以及整个英国，建了28个新城，以解决战后的城市居住和就业等问题。建设持续22年左右时间，按1976年统计发展到192万人。效果并不理想，且遗留问题很多，足以说明城市建设问题的艰巨性和复杂性。

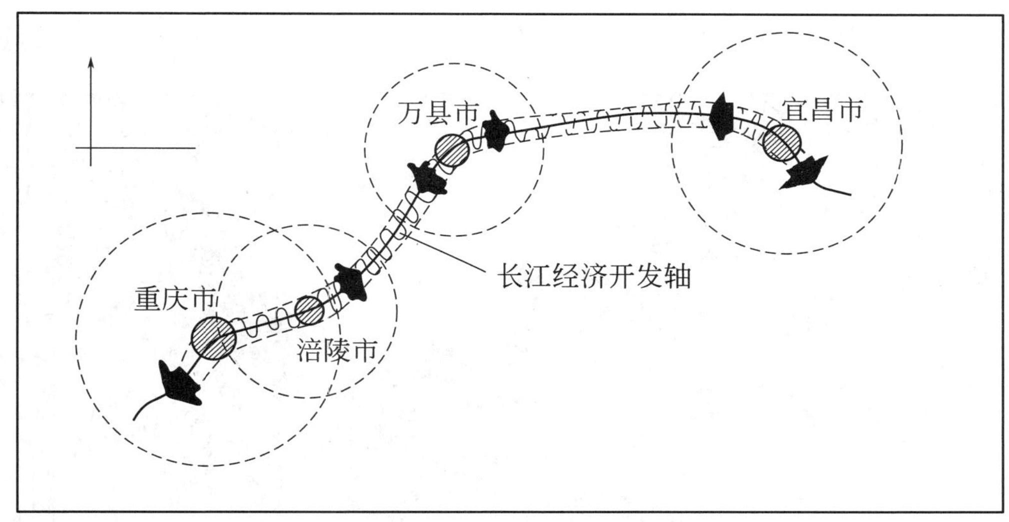

图 6-24　三峡库区趋于“点一轴”开发城镇化结构示意图

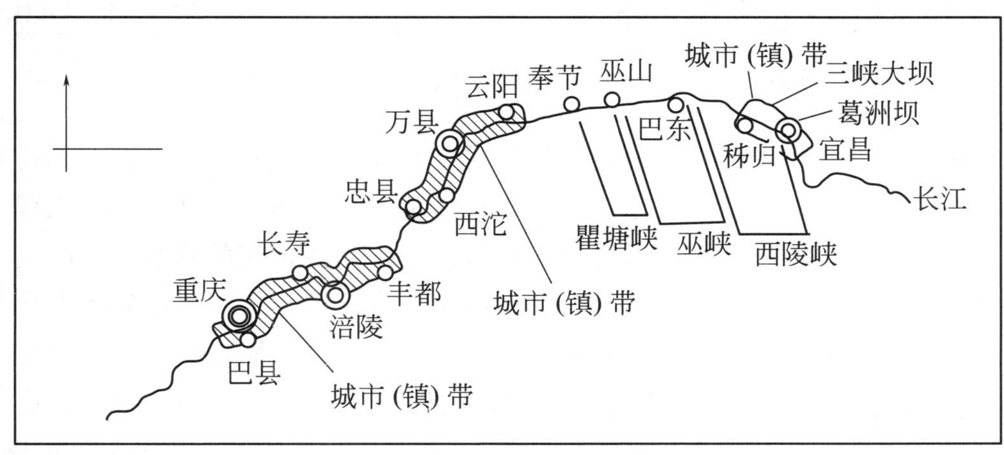

图 6-25　三峡库区长江两岸城市迁建极易成片的区段

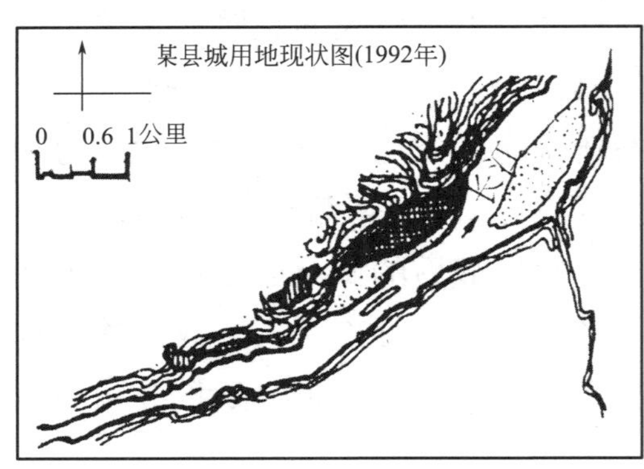

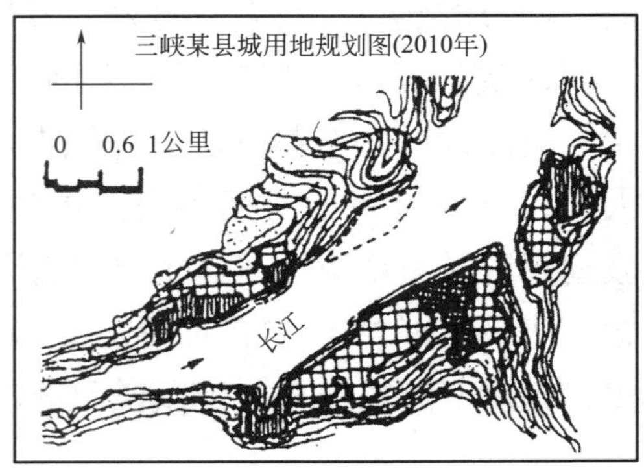

图 6-26　三峡库区某县城迁建用地扩展情况

图 6-27　三峡库区将被淹没的巫山大昌镇明代古街

对三峡库区使人安居乐业的现代聚居环境建设，尤其需要持客观和科学的态度。何况三峡如此大范围的人居环境建设，绝不是一项单纯的工程技术问题，也不仅仅是简单的居民迁移问题。是在21世纪的开端，中国三峡地区5万多平方公里水陆域面积上近1400万人民的生产、生活和生态环境的一次大调整，大平衡和大建设，是整个库区新的人居环境可持续发展的综合系统工程。这项工程是一个开放的巨系统，广泛地涉及区域科学、环境科学、历史文化遗产的保护与开发、新城镇规划建设、风景旅游和地方建筑学等多个领域，社会、经济、历史、地理、能源、土建、水利等学科都能在其中找到自己的位置，构成了三峡工程多学科综合交叉的结构关系。

6.2.4.2　三峡工程与人居环境科学

本文所论三峡工程面对重大课题的五个方面，仅是从建设库区人的优良生存环境的角度，提出了一些思考。并且，三峡库区人居环境的建设，是一个持续的、发展的、不断完善的工作。它需要比大坝枢纽建设和移民安置需要付出更长的时间和更大的气力。

对于三峡工程人居环境的建设，不乏个别的、局部的积极见解，但从综合的、系统的、整体的方面加以研究，可以说是十分欠缺的。在过去的工作中，从一般学术团体到工程部门，过多地侧重这项工程防洪、发电、航运、调水的技术性一面，而对它社会性与文化性的一面，重视不足，甚至不应有的忽略。三峡工程的建设尚在初期，很多待做的工作，如库区经济建设，城镇化发展、生态平衡、安居问题、文化遗产的保护，也才是一个开始，但是，这些工作直接与三峡工程的巨大效益和持续发展紧密相连。随着工程建设的深入，将逐步地向人们表明：三峡工程不仅是一个水利枢纽工程的建设问题，而且是从库区移民安置到广大地区人民的优良生存环境的可持续发展的特殊形式；是一项我国前所未有的社会工程和文化工程。这项工程直接涉及数百万人目前和将来的聚居环境质量，影响整个长江中下游流域可持续发展，因此，应该首先从环境与发展的高度来讨论问题。这种“环境”的概念，除所直接影响到的生态环境外，还广泛地涵盖了社会环境、生产环境、生活环境、文化环境等命题与意义。

人居环境学是研究人的生活和生产活动与其生存环境之间构成关系的科学。它强调把人类聚居作为一个整体，从政治、社会、文化、技术等各个方面，全面地、系统地、综合地加以研究。其目的是要了解掌握人类聚居发生发展的客观规律，从而能更好地建设符合于人类理想的聚居环境。本文提出用人居环境科学的观点来研究三峡问题，是希望面对工程建设的复杂情况，将它的技术性与社会性和文化性综合一起进行研究；将它工程性的建设与库区可持续发展人居环境综合一起进行研究，以形成应有的结论和相应的政策、措施，改变习惯上单一的、孤立的概念与工作方法，避免我们理论、决策与实施的失误与偏陋。

6.2.4.3　要妥善地解决三峡库区人居环境建设的现实问题

（1）库区人居环境建设是三峡水利枢纽工程相关的一个重要部分。许多工作要赶在大坝建成之前。还必须看到，水利枢纽建成，更是人居环境建设的新的开始。这种优良聚居环境的培养，不仅是三峡水利枢纽巨大效益的根本保障，而且是三峡地区乃至长江中下游流域生活与生产可持续发展的大事。因工程建设的“创伤”，物质与文化环境整体恢复与提高，将须持续20年、50年，甚至更长的时间，需要投入更大的人力与资金。因此，对三峡工程中人居环境建设的可持续发展问题要有足够的认识。

（2）要打破传统学科的观念和认为移民安置的建设问题仅局限于盖房子的狭窄意识。三峡工程建设实际所引发的问题说明，对人居环境科学的研究应该得到有关部门的重视。这项工作在空间范围上，是一个大区域的协调发展研究；在时间范围上，是一个持续发展的过程；在学科领域上，是开放的巨系统；在研究方法上，是应运用多学科融贯的综合方法。所以，要全面的对待，要责成专门的部门来抓，要有专职人才的组成与管理。

（3）要研究三峡城市、建筑的特点，创造适合该地域环境的城市空间。三峡地区，城市和建筑文化具有悠久的历史传统，聚居形态有其特殊性，因于山地、长江的特殊环境，既是“山城”，又是“江城”，是地地道道的“山水城市”，空间构成十分独特而美丽。人工建设融于自然，建筑组合充分反映山地形态和地域文化内涵，在我国建设学类型中占有一席重要的位置。新城市的建设，要结合地形特点、气候特点、地质水文特点，生态特点，人们的生活习性特点，创造富于山地特色，技术合理、功能完整的跨世纪现代城市空间。避免千篇一律的单调形式，或对传统合理成分的一味抛弃。

（4）国家政府对三峡人居环境建设要予以及时关注，切实的指导，以及制定出相应的实施方法和条文，落实到地方管理与技术部门。任何巨大的建设工程，不能忽略有关人居环境建设的论证。如现在实际已开始酝酿的南水北调工程等，过境地区的拆迁与建设，虽然不像三峡工程那么集中，但新城镇建设、交通组织、生态培养及经费投资等，都需综合考虑，全面论证，组织与协调发展。

6.2.5　桂林规划与“山水城市”

我在20世纪50年代末曾初访桂林，当时山光水色，醉人心扉。1979年，第二次考察桂林，发现已遭“文革”破坏，满目疮痍。当时市负责人借我在桂林总体规划讨论会之机，邀作“风景－旅游－城市规划”讲演①。第三次去桂林是1984年，承担桂林市中心规划的任务，当时因面对改革开放新形势，一方面城市发展，到处勃勃生机；另一方面对于这种风景绝佳的城市，规划指导思想极为混乱（包括规划界内），当时的任务是市中心的详细规划，我们一改苏联遗留下来的做法，即做大模型排排房子。几十年实践证明除了对第一期建设有一点参考以外，徒劳无功，于是我们改为：

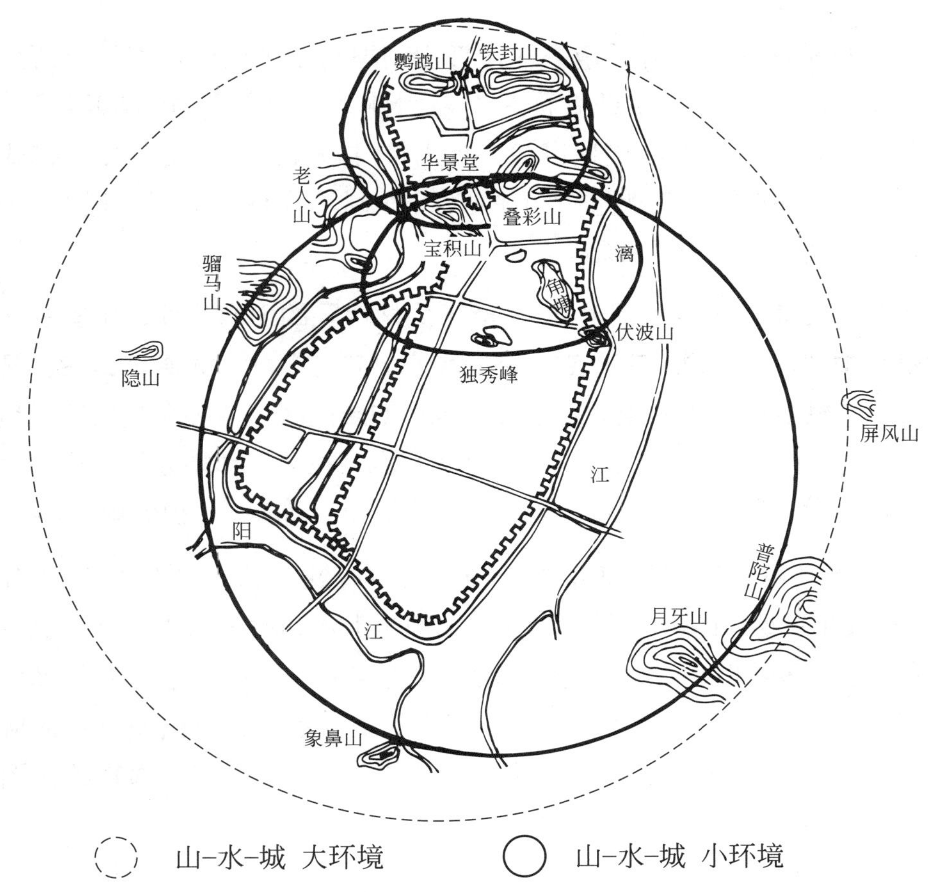

图 6-28　“山 - 水 - 城”大环境、小环境示意图

① 后来刊于吴良镛. 城市规划设计论文集. 北京：燕山出版社，1988。

1. 以城市设计为基础进行规划原则的探索，即：

1）对现状的调查研究，发现现实问题；

2）探索历史的发展；

3）对桂林从美学角度进行景观调查，并举行展览，让市民认识桂林；

4）酝酿形成城市设计导则。

2. 在城市设计的基础上，进行区划法（Zoning）导则的制定，即将所承受的地区分片编号，除记录现状外，确定每一片的容积率、绿地指标、高度限制、通向马路的进出口等6项指标（当时第一次作此尝试，不求过细）。

关于这种做法，我曾受邀去建设部规划司与中国城市规划设计研究院作演讲并受到肯定，后来即被称为“控制性详细规划”。1987年1月，在桂林规划完成后，我曾在当地讲演，提出：“桂林的‘山－水－城’模式和保护对策”（1993年在三亚进行市中心10km^{2}城市设计时对三亚提出“山－海－河”模式，称之为“三雅”。）

1992年钱学森先生写信给我：**“能不能把中国的山水诗词、中国古典园林建筑和中国山水画融合在一起，创立山水城市的概念？人离开自然，又要返回自然，社会主义的中国能建造山水城市的居民区。”**①在全国建筑界热烈响应下，这个问题得到很大重视，并有所发展。在建设部举办的“钱学森论山水城市”学术研讨会上，我曾著“论山水城市”等文②，积极响应。

1993年，在我们进行柳州规划中，我曾提出“柳州要发挥其特有的‘江流曲似九回肠’的山水文化特色”③。柳州山水和城市的创造是一般城市所不能比的。柳州的特色正是体现在曲折的江流与青山拥抱上，是极为难得的风景资源。世界上以大江大河而著称的城市不少，以山城著称的城市也不少，而山水城如此相得益彰者并不多得，而且柳州有它独特的构图与

① 1990年7月1日钱学森给吴良镛的信。

② 刊于吴良镛. 城市研究论文集——迎接新世纪的来临. 北京：中国建筑工业出版社，1996。

③ 同上。

布局。**“江流曲似九回肠”，“鹅之山兮柳之水”**，难就难在山林、水流、城市结为一体。中国的绘画有一种特殊的形式——长卷，多叙述性，表达一种浩阔的空间意境。我们在乘舟考察江景时，我就在欣赏柳江这幅山水长卷。我在那里默默地欣赏，并思考手卷画的美如何融合在城市设计的构思里。这一点与西方美学迥然不同。西方城市美学的传统是从希腊、罗马或者两河流域文化继承发展起来的，城市美学在城市建筑、城市设计中以雕塑美学为主导，建筑的造型、广场空间的塑造以至于雕像、喷泉、建筑体量的构图等，均呈现一种雕塑美，追求雕塑美。

现在有些问题从本质上说，是两种美学观的冲突。桂林也好，柳州也好，一些基于现代构图的建筑物与传统的山水美每每格格不入，西方式雕塑美的建筑放在中国绘画美的长卷中不能协调。在一些风景绝佳地带，四周环境是中国的山水景观，包括山水文化，而建筑是“西方式”的，是建立在雕塑美基础上的城市设计和建筑设计的构图。建筑师食而不化，拙劣地拼凑在一起，科学家钱学森先生早就高瞻远瞩，敏感地意识到了这个问题，提倡把中国的山水美要跟古典诗词结合起来。

1995年2月在无锡市城市规划院的一次谈话中，我又对无锡建设“山水城”提出了几点建议：

当前学术界各方面对如何建设“山水城市”讨论甚多，并无定论。就我对无锡的看法，无锡应该在城区及必要的外延建设城市，而对现在滨湖地带（指梅梁湖、五里湖等地）的大面积地区首先要保护好，而不是用这些地区去搞“开发”；这样无锡市才能有它的中心城，有它的山水风景区，这样才能被成为名副其实的山水城市。相反，**如果将建设“山水城市”理解为匆忙地在这些地区搞开发，实际上是背离了“山水城市”的方向；如这样搞下去，要不了多久，一些风光明媚的地区就会被“城市化”；果真如此，所谓“山水城市”也就名存实亡，成为失去山水的“山水城市”**。①

对于山水城市，我在研讨会上陆续发表了一些观点，认为：

1. 对于山水城市，就不同城市根据不同条件的研究还需深入；

① 吴良镛. 城市研究论文集——迎接新世纪的来临. 北京：中国建筑工业出版社，1996。

2．“山水城市”的研究还需拓展至城市的历史、地理、生态等山水美学等，并且将其融合起来进行多学科意义的研究，进一步形成科学的规划理论和设计理念，即作为人居环境科学体系中的一个重要方面；

3．“山水城市”的理论还需在实践中发展；

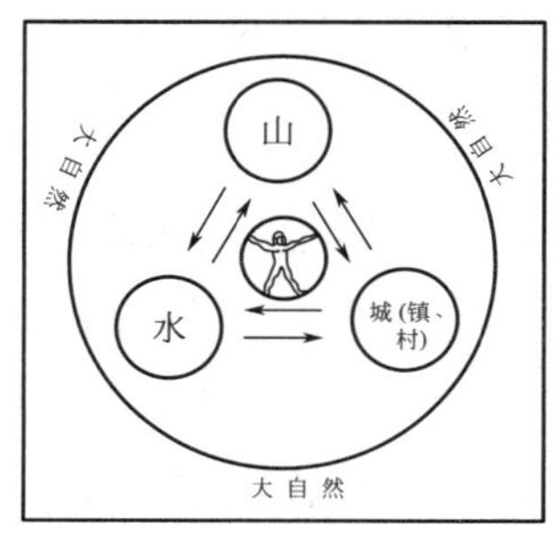

桂林“山–水–城（村镇)”模式

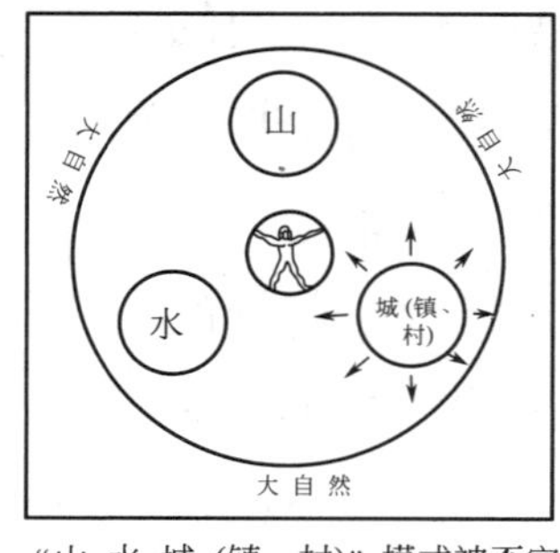

“山–水–城（镇、村)”模式被否定

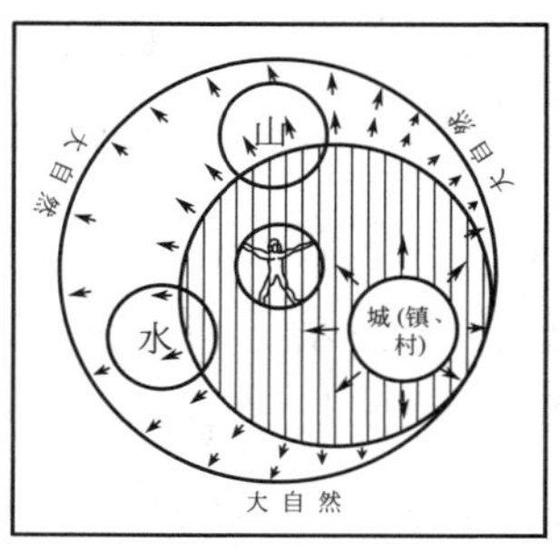

“山–水–城（镇、村)”失去平衡

左图：历史上的桂林城，山、水与城市的规模尺度取得协调
中、右图：城市的大发展，山与水在尺度上失去平衡

图 6-29 “山 - 水 - 城”模式的发展演变

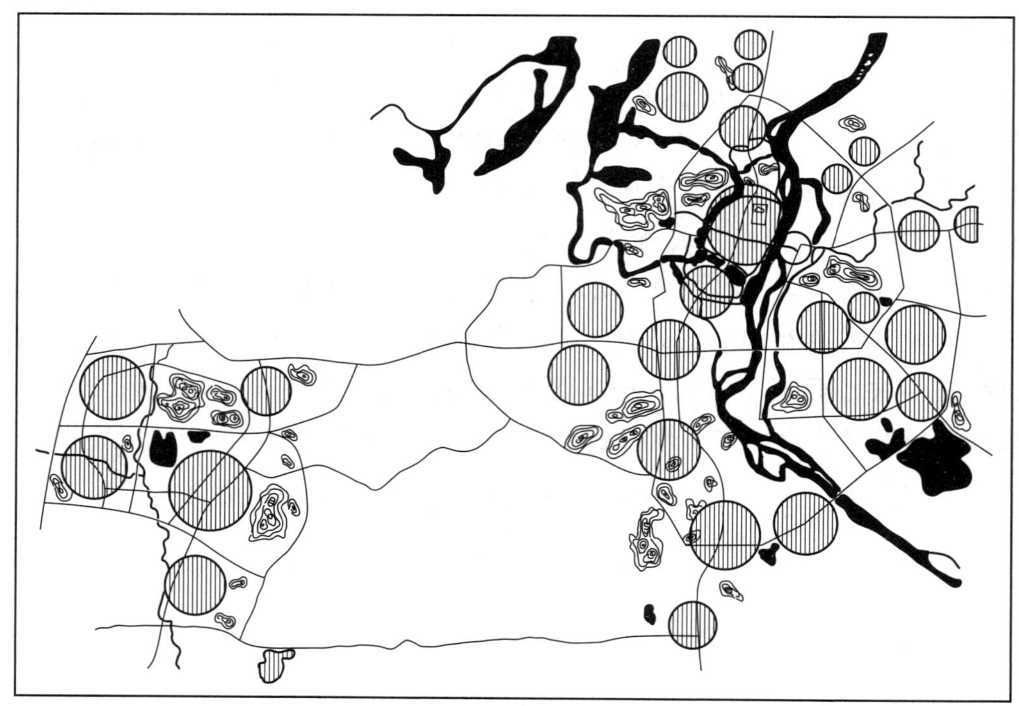

图 6-30 桂林“山水城”再创造，体现了以“有机疏散”形式重视山水景观活力的设想

4．一定要提防以提倡山水城市为名，在规划研究跟不上的情况下对城市山水风景宜人的地区作不负责任的“规划”，从而使我们伟大的自然和人文遗产遭受破坏。

这里，桂林的研究给予我们的警示是，从一项城市设计的任务启发引导我们城市美学的研究，《城市美的创造》一书（尚未定稿）就是在这种情况下诞生的。

6.2.6　从一项建筑设计任务引导出一个城市的研究并推进它的城市设计与城市的历史研究

1996年，曲阜市人民政府拟兴建孔子研究院，邀我进行设计。我当时认为，孔子研究院建立在他的家乡——历史文化名城曲阜，意义重大，这项工程需要具有更高的文化内涵，应认真从事。

我和创作集体的工作途径包括：

1．以城市设计的观点指导建筑设计

在1978年我提出的“十字花瓣的模式”基础上，对新的城市规划总图，建议以“儒学文化区”作为花蕊，后为当地领导发展为“三孔四院”（三孔，即孔庙、孔府、孔林；四院，即孔子研究院、论语碑院、计划中心博物院及画院）。

2．重视总体布局——运用“洛书”、“河图”和九宫格式，利用河湖及对景、推山，创造相对完整的自然人工环境。

3．建筑设计的构思——运用“明堂—辟雍”与高台明堂的隐喻，创造现代建筑造型。

4．“辟雍广场”适应各种活动需要。

5．雕刻、绘画与装饰文样精心设计和创造。

6．山水园林设计——布局以“仁者乐山、智者乐水”为题材。

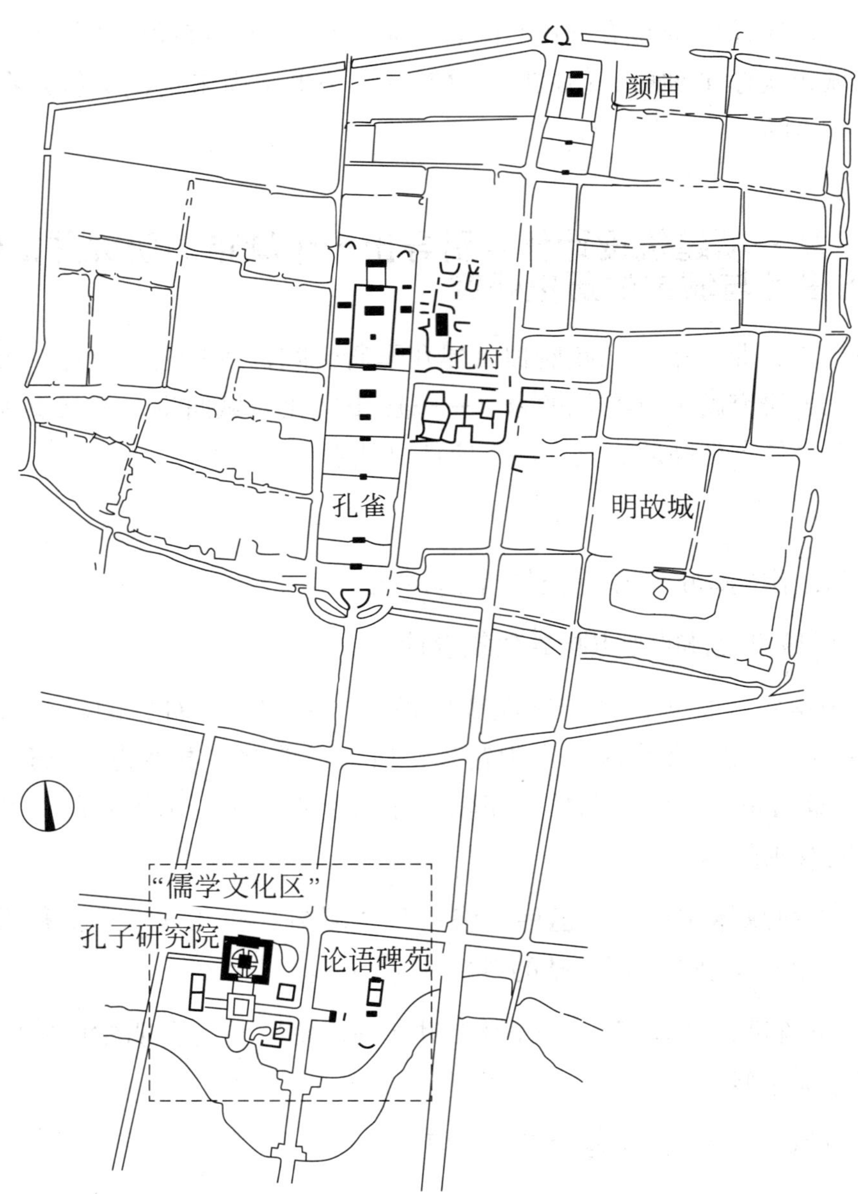

图 6-31　孔子研究院建设地段规划示意图

总而言之，孔子研究院创作思想是：**“文化建筑必须要有‘文化内涵’”**。

1. 有目的地用隐喻的方式发挥涉及孔子的文化内涵作为建筑设计“母题”，并力求用现代人能理解的方式表达“欢乐的圣地感”。

2. 从建筑设计又回归城市与园林设计，孔子研究院在一期完成后，已成为大成桥与小沂河相交处的“标志性建筑”，我们进一步建议当地，加强小沂河南北两岸绿地建设，发展该地区的城市设计，将曲阜三条干道连为一体。

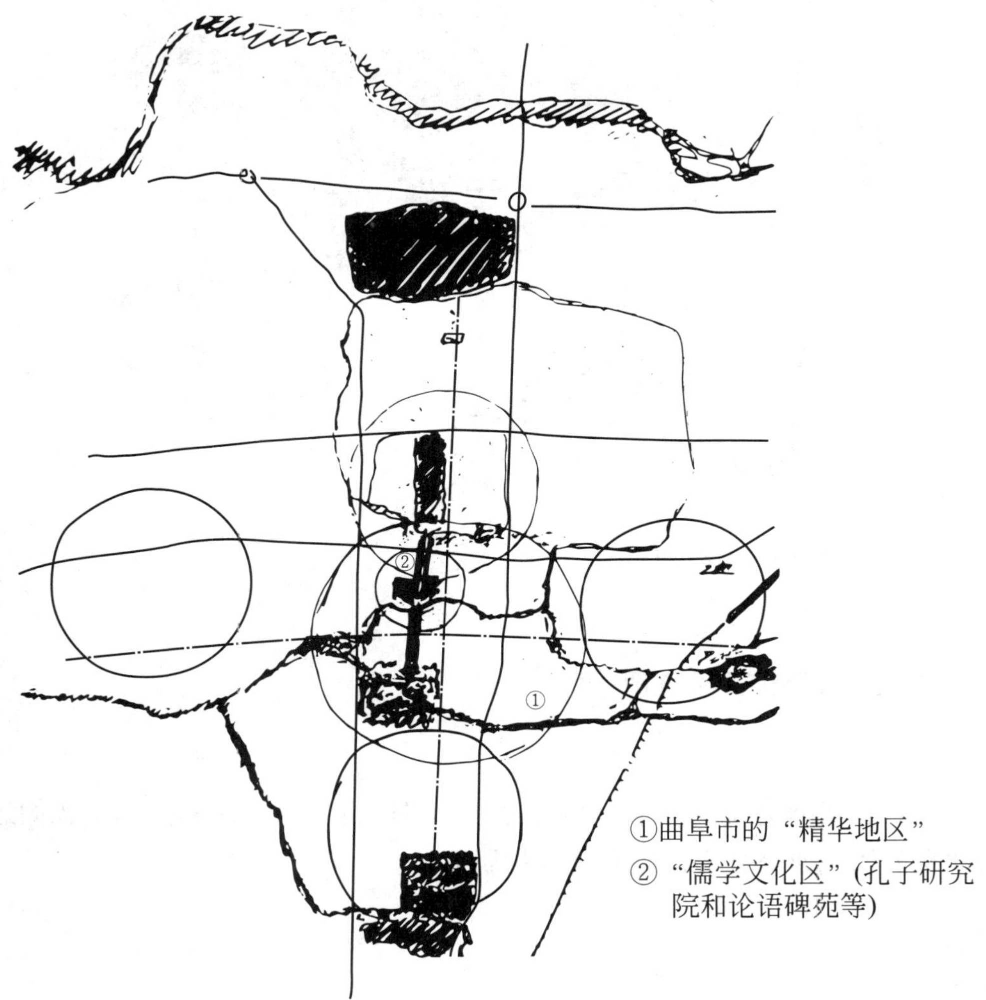

图 6-32　吴良镛手稿——曲阜市总体规划示意图

注：孔子研究院所在地处在整个城市的东（工业区）、南（新区）、西（文教区）、北（孔庙、孔府、孔林等）之“中”，是曲阜市的“精华地区”，要形成占地具有一定规模的、庄严肃穆的、内容丰富且具有文化内涵的一个整体环境，我们暂称之为“儒学文化区”；大成路应成为曲阜“建筑艺术的骨架”，是城市的“脊骨”。

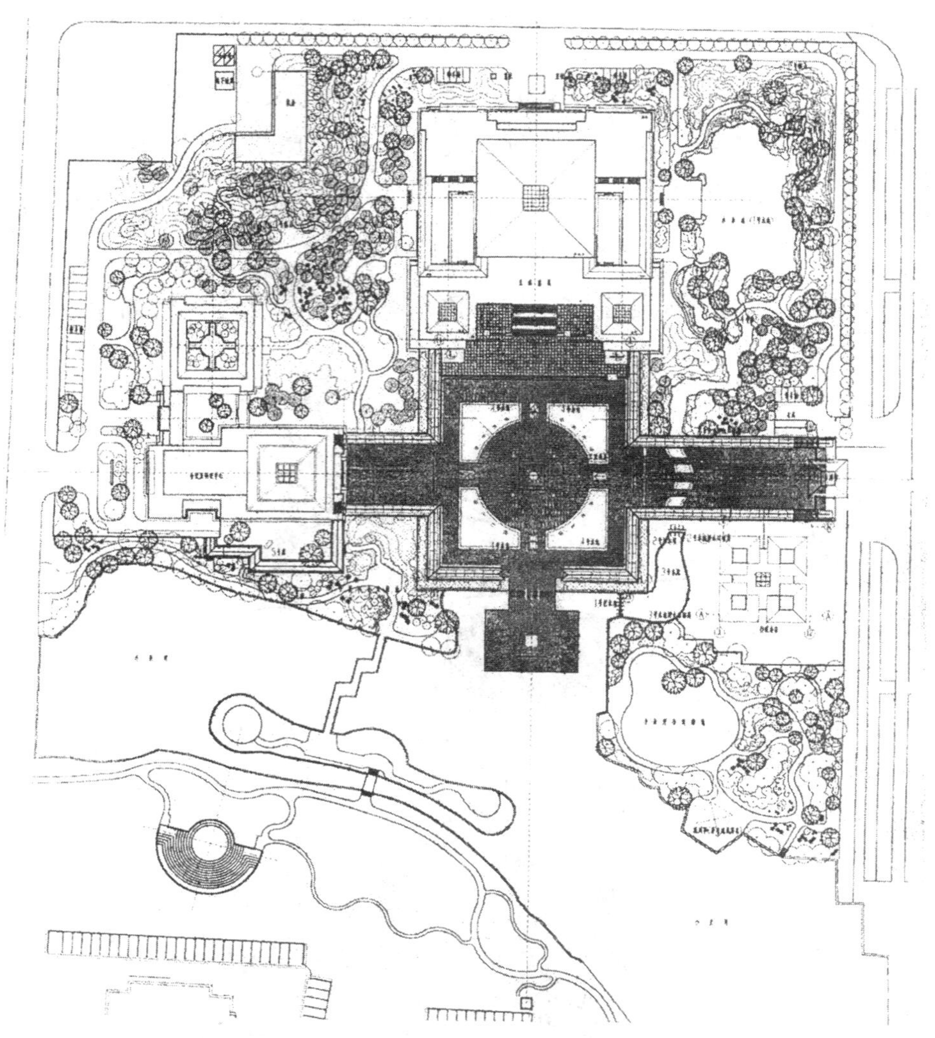

图 6-33　孔子研究院总平面图

曲阜孔子研究院的一期工程已完工，并取得了好评，它推动了我们进行曲阜的历史研究并尝试旅游规划的研究等。

小结

上述若干例证是改革开放多年来，在持续的科研和实践中就不同问题由点到线到面，扩大领域，找出它们的相互联系，逐步在认识上蔚为整体、走向系统的一点体会。作为建筑、园林和城市工作者从学习起，就不

图 6-34　孔子研究院外景

图 6-35　孔子研究院外景细部

断受到要树立整体观念的教育，小至一幢建筑的造型要讲求整体性，一组建筑群的总体布局更要讲求整体性，城市与区域的发展也要讲求“区域的整体性”（如芒福德讲Regional Integration）。谢林谈美学也强调整体性，“也许个别的美也会感动人，但是真正的艺术作品，个别的美是没有的，唯有整体才是美的。因此，没有整体观念的人，便没有能力来判断任何一艺术作品”。近又学习复杂性科学，对作为“整体和整体性科学”又多了一些了解。以整体的观念，寻找事物的“相互联系”，这是人居环境科学的核心，也是它的方法论，甚至可以说是人居环境科学的真谛所在。

6.3　体会与鞭策

试对过去工作予以自审，得到以下一些体会：

第一，科学工作者、建筑师、规划师应当**面对祖国建设需要，探索立足于中国的城市建设道路，并在这探索过程中逐步确立自己对专业的追求目标，并为此奋力以赴**。几十年虽历经曲折，至今无愧无悔。

第二，在上述目标下，**客观需求逐步形成自己的知识系统。每个人的专业、经历等各方面千差万别，不可能一样的，其自身的知识系统也永远是不会完善的。但是由于注意到客观需要和建立自身知识系统自觉性、迫切性，于是就有可能在自己实践和理论探索过程中，有一些甘苦自得之处**。也会逐渐知其缺陷，还需要继续不断地加以改进、精炼、充实、深化自己的知识领域。

第三，**在可能条件下，随时从自己的知识系统中归结规律性的东西，从而凝结为理论和方法，建构新的知识框架，再作新的探求，如此往复不已**。

第四，**“学而后知不足”**。随着社会的飞速发展，现实中种种问题的涌现，各种讯息和新思想的启发，便会**发现自己知识的不足，追索进一步努力探讨的新方向，即要不断填补、深化对某些关键的问题的研究**；根据需要向宏观–微观并进，酝酿较为综合的科学体系。

第五，现实生活中问题多端，新事物层出不穷，科学发展时有突破，文化艺术表现形式丰富多彩，更要求不断创新。**因此，人居环境科学必然是开放的，它本身的阔步前进，必然带动更多有关学科的、参与推进人居**

环境科学的繁荣和发展。

第六，在全球化与地区化交织的时代里，**人居环境的科学与文化、艺术必然要善为交融，相互促进，共臻繁荣**。此天地广阔，大有可为。

第七，作为教师，特别是执教多年的教师，更应知肩负责任之重大。由于“文革”之破坏，人才的断代至今未能很好地弥补，面对大好的发展形势，深感人才的短缺，总寄望于中青年，愿他们能更快地成长，**教师水平能高些，科研经验多些，学生就可少走弯路，不能“以其昏昏，使人昭昭”。我每以此语为戒，鞭策自己**。

第八，**对于学生来说，基础理论知识学习与实践动手能力的培养都是必不可少的，要培养创造性的思维。既要高瞻远瞩，又要关心现实问题，保持对新生事物的敏感，特别要有热爱祖国、服务社会、繁荣人居的志愿与抱负**。

可以说，“人居环境科学”的理念就是在上述求知与实践的过程中产生的。我们要建立起这样的信念，**即随着时代的发展，各个学科本身愈趋成熟就要求他愈精炼，这样就可以更易于为学者们所掌握，更好地、更高幅度地驾驭，进行学科间的交叉与创造。因此，人居环境科学能否做到“博而约”就颇为关键**。若能做到这一点，易为学者接受并为社会所理解，运用于实践，使我们的建设与创造少走弯路，适应生活、发展，节约资财，最大限度地取得宜人的艺术效果。我相信一个新的思想、理论形成过程中虽然步履维艰，待苦尽甘来，为学术界同行们以至广大社会接受后，就会认为理所当然。

6.4　科研集体的形成与团队精神

6.4.1　清华大学人居环境研究中心成立以后的探索

人居环境建设是一重大任务，人居环境科学提倡研究，需要研究。就清华大学人居环境研究工作来看，如前所述，“文革”以前，当为准备阶段；1984 年建筑与城市研究所成立后，步入积极推进和实践阶段；1995 年清华大学人居环境研究中心成立后，进入了实际理论探讨的新阶段，组织机构的配备、研究路线的确定、课题的选择等经过几年来的酝酿，都已逐步明确，现初步总结如下：

——需要有一个创新、敬业的学术团体，要有追求真理、实事求是的精神。

——需要一个共同的为之奋斗的学术纲领、学术理论、发展战略与工作方法。

——需要有一个强的领导、学术带头人，和老中青相结合的学术梯队。其组织领导的集体应该是“一潭活水”，学术方向明确，协同努力，力量不断增强。在高校中，善为引导的研究生和博士后是一支积极的基本的力量。一个善为引导的集体可以成为一支能攻善打的科学队伍，学生探索的尖兵。

——需要有任务带动，这任务应当是科学的难题，而攻关需要建立在理论的基础高素质的班子上，学术带头人要能够有计划、有纲领地引导和组织队伍，自觉地打攻坚战，并随着“战局”的变化及时地调整自己的战略战术。

——需要有足够的推动研究的经费。如果一个研究组织本身有实力，课题的研究有意义，经营有方，经费来源无须过于发愁。

——需要与国家、地方有关部门、团体、专业人员的支持与结合；加强国际、国内学术团体的合作。多年来的经验证明，只要研究成果有水平，学术作风正派，可以逐步建立信誉，也不愁没有国内外学术组织的合作。

——及时总结报导阶段性学术成果，具备条件的可以有出版物。

——需要进行人居环境科学的基本理论建设，近两年来已两次为建筑、土木、环境、水利等专业硕士、博士研究生开设“人居环境科学”讲座，并着手编写教材。

——建立实验室或工作站，积极有步骤地引用并推进先进技术。

目前，各项工作在稳步的正常的开展之中，实验室已初步建立，在课题研究上应当说已经取得了一些成果。基本理论在探索中，从漫长的征途看，还仅仅是一个开端，请爱护这样一个得之不易的开端，自信这也是一个大有可为的开端。

时代在进步，今天的世界局势、中国局势远非二战时期，如今的学生再也不必像我当年那样，只有在重庆中央大学图书馆黑暗闷热的小屋里，透过阅读缩微胶卷这一唯一窗口才能了解世界，今天几乎每一个人都可以通过各种方式与世界相连，实在太幸福了。当然，在这样的时代里，他们应当也可以作出更伟大的事情。**在新的世纪里，特别是在中国，首先要把建设人居环境科学作为大科学来对待、来发展。今天的建筑学、城市规划学、地景学虽然进步很快，但是还不能适应新时代的要求，远不能称繁荣，还缺乏活跃的空气。人居环境建设问题无所不在，同样规划设计创新的契机也无所不在，无限的能量有待从种种桎梏中，包括从自我精神枷锁中释放出来，这也是提出人居环境科学的良苦用心之一。**

第二部分

道萨迪亚斯“人类聚居学”介绍

道萨迪亚斯像

C. A. Doxiadis（1913 ～ 1975）

第7章

人类聚居学概说

7.1　思想和理论的形成过程

所谓人类聚居学，是一门以包括乡村、集镇、城市等在内的所有人类聚居（human settlement）为研究对象的科学，它着重研究人与环境之间的相互关系，强调把人类聚居作为一个整体，从政治、经济、社会、文化、技术等各个方面，全面地、系统地、综合地加以研究，而不是像城市规划学、地理学、社会学那样仅仅涉及人类聚居的某一部分、某个侧面。学科的目的是了解、掌握人类聚居发生发展的客观规律，以更好地建设符合人类理想的聚居环境。

人类聚居学是由道萨迪亚斯在20世纪50年代创立的。道氏创立人类聚居学的想法，可以追溯到20世纪30年代。在攻读博士学位期间，他系统地研究了古代希腊的城市，从而对古希腊城市中宜人的生活环境有了深入的了解，同时更清楚地感觉到现代城市中人们的生活环境质量正在日益恶化。其时，他想通过自己所从事的建筑学的工作，去改善人类的生活环境。

毕业后，作为一个年轻的建筑师，道氏开始了他的职业生涯。这时，他逐渐发觉仅靠当时的建筑学专业本身并不能担负起改变人类生活环境，以使人类生活更加美好这样一个任务。因为在当时，建筑师们关心的仅仅是建筑的外观和内部空间的形状，而很少去考虑人们在建筑中是否生活得满意；并且，建筑师对于人类生活环境的影响范围很小，其工作只涉及城市中心区的那些纪念碑式的建筑和有钱人的住宅①（图7-1）。因此，他得出结论：建筑师们“对于创造更好的人类生活环境只做出了微不足道的贡献”②。同时，他对城市规划学也很失望，因为城市规划仅涉及城市实体形态，而“没有成为一门科学，它主要是处理工业革命后出现的城市问题的一种技巧，而没有能力去面对世界不同地区的处于不同发展阶段的问题”③。有鉴于此，道氏逐步产生了要创造一门新的学科——一门以建设美好的人类生活环境为目的的学科——的想法，他采用Ekistics作为这门学科的名称。当然，在那时这仅仅是一个模糊的念头，尚未形成比较明确的思想。

① C. A. Doxiadis. Architecture in Transition. Hutchinson of London, 1963, P65 ~ 89.

② C. A. Doxiadis. Architecture in Transition. Hutchinson of London, 1963, P77.

③ E. Ehrenkrantz, O. Tanner. The Remarkable Dr. Doxiadis. Arch. Form, 1965（5）.

第二次世界大战后，道氏领导并直接参加了在战争废墟上重建希腊的工作，后来又在许多国家中承接了城市规划和建设任务，随着城市规划和建设经验的不断增加，道氏对20世纪以来的城市问题和产生这些问题的原因有了更深刻的理解。首先，道氏认为现代城市已陷入困境之中。20世纪以来，人类目睹了在世界范围内出现的不断加速的城市化现象，大量人口向城市（尤其是大城市）集聚，城市不断向外扩展，规模急剧扩大；一系列问题也随之而来，如农田日益减少、自然生态系统遭到破坏、城市的各项建设无法适应快速的发展和变化、城市的居住条件下降，以及严重的环境污染问题、交通问题和各种社会问题，等等。城市的高速发展和高节奏的生活方式，给人们的心理产生很大压力，致使许多人精神压抑，甚至精神崩溃。道氏由此得出结论：包括城市和乡村在内的所有人类聚居已经出现了危机，**“人类聚居已经不再能使居民们得到满足了。……从经济角度来看，许多居民无法在聚居中获得他们的基本需求，他们或是无家可归（如在加尔各答这一类城市），或是住在质量极其低劣的房子里，全球的许多城市和所有乡村都是如此。从社会学的观点来看，‘人’在城市中已经被遗忘了，许多小镇和乡村中的居民也逐步产生了被遗弃之感。从政治上看，新的社会形态和新的人群尚未找到与之相适应的政治机构。从技术的观点看，尽管当今技术发展突飞猛进，但大多数聚居仍缺乏维持正常功能所必需的设施。最后，从美学的观点看，也是如此，只要我们看看周围现存聚居的丑**

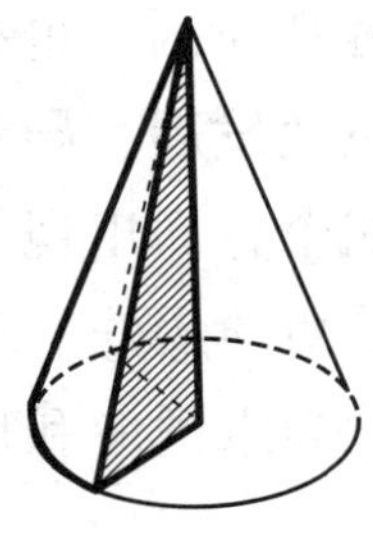

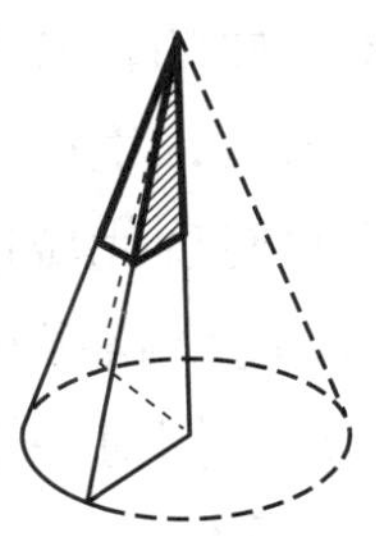

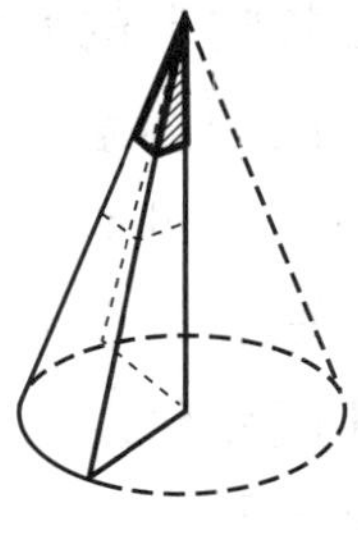

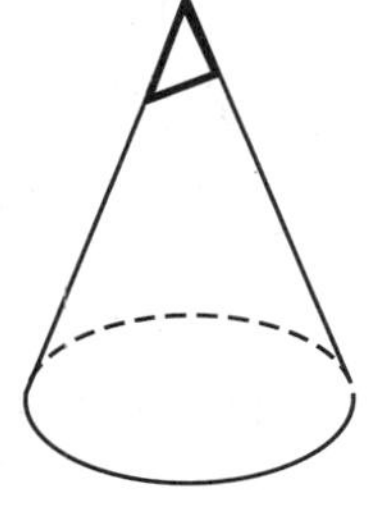

图 7-1　建筑师对世界建筑创作的影响

资料来源：C. A. Doxiadis. Ekistics: An Introduction to the Science of Human Settlements, P13.

陋，就会同意这个判断了"[①]。道氏把这种日趋恶劣的城市环境称为"城市噩梦"，他断定，"人类聚居正在走向灾难"[②]。

面对这样的情形，人们在行动上作出了什么样反应呢？许多人认为城市规模过大是造成城市中一切问题的根源，因此竭力采取措施以限制城市发展。例如，二战后欧洲一些国家建设了许多"卫星城"，并进一步发展为"新城"，其目的就在于把农村人口吸引到卫星城或是新城，以制止大城市的进一步扩张；又如，许多国家在搞大城市规划时都把限制大城市的用地和人口规模作为目标。另有许多人对城市问题采取了急功近利的办法，城市的行政机构只关心眼前的问题，如当城市缺水或交通出现问题时，就集中精力解决单一的问题，即使是战后欧洲许多城市重建规划这样的被认为是有远见的行动，也没有能对城市和城市区域的演变作出显著的影响。

实际上，所有这些行动并未能真正地解决城市问题。"卫星城"和"新城"的建设非但没能起到控制大城市规模的作用，反而进一步增加了母城的负担，甚至更加速了人口向大城市的流动；那些头痛医头、脚痛医脚的解决办法，结果也常常是事与愿违。例如，为了解决交通堵塞的问题，通常是把道路拓宽，建高架道路，这样不但破坏了城市的景观，改变了城市的尺度，而且吸引了更多的交通进入城市之中，加剧了城市的交通问题。

为什么城市问题越来越严重？为什么进入20世纪后人类找不到解决问题的正确方法？为什么人类在现代城市中显得如此无能为力？对于这些问题，道氏作了深入的思考。

道氏认为，**产生这种情形的原因是多方面的，**其中有客观原因，也有人们主观的原因。客观的原因是工业革命以后，生产力的飞速发展，导致了工业的高度集中和城市的迅速膨胀，从而使现代城市在四个方面出现了"爆炸"现象，即人口爆炸、郊区爆炸、高速公路爆炸、游憩地爆炸。现代城市以前所未有的速度变化发展，往往是人们对一个变化尚未适应和理解，新的变化又接踵而至了，因之显得无所适从。

---

① C. A. Doxiadis. Ecumenopolis: the Inevitable City of the Future. Athens Publishing Center, 1975, P5.

② C. A. Doxiadis. Ecumenopolis: the Inevitable City of the Future. Athens Publishing Center, 1975, P6.

但是，**道氏认为更重要的还是人们主观上的原因，人们在主观上犯了两个错误。其一，城市急剧变化，而人们仍一成不变地抱守着已经过时的旧观念，企图用这种陈旧的观念来考察和解决现代城市中的问题，其结果只能是使我们自己在现代城市中迷失方向。**道氏列举了这样一些错误的观念：

“人们仍然坚持把现代的城市看成是由市长所管辖的那些地域，而从未认识到我们生活其间的真正的城市是一个由许多互相连接的聚居构成的城市系统。”

“人们总是试图把某些部分孤立起来单独考虑，而从未想到从整体入手来考虑我们的生活系统。”

“人们总是把构成人类聚居的基本元素分开来考虑，每次只考虑其中的一项。例如在一段时间里集中考虑高速公路问题，过了一段时间又集中考虑人类对自然的破坏问题，没有认识到真实的聚居中同时包含着所有元素。”

“人们总是把注意力集中于城市疾病的症状上面，而不去研究产生这些疾病的原因”①。

道氏认为，正是由于这些观念上的错误，才使我们无法真正地理解城市问题，无法采取正确的行动，从而加剧了城市的灾难。进而，道氏又指出了存在于人们头脑中的一个根本性的概念错误。他认为，作为人类生活的地域空间的所有城市型聚居和乡村型聚居，从本质上讲属于同一类事物，它们都是“人类聚居”。所有人类聚居之间都有着非常紧密的联系，他们都是整个人类聚系统中的组成部分。因此，我们应当把“人类聚居”作为一个完整的对象加以考虑、研究和建设。但是，目前城市规划人员往往把城市从这个整体中分离出来，作为一个独立的事物来对待，这样就忽略了不同规模的城市聚居之间、城市聚居和乡村聚居之间的相互联系和影响，因而也就无法真正地理解城市的客观规律。

其二，**现代科学技术发展的趋势是专业越分越细，对人类聚居进行研究的有建筑学、规划学、地理学、生态学、经济学、社会学、政治学、人**

① C. A. Doxiadis. Ecumenopolis: the Inevitable City of the Future. Athens Publishing Center, 1975, P139.

类学等多门学科，但是它们往往针对某一个侧面来研究问题，难免顾此失彼。道氏认为，"我们已经过分地专业化了，并总想找出一条便捷的道路解决问题，这使我们无法将人们的行动在总体上协调起来……。专业人员仍然以各自的一套方法来看待人类聚居的问题：建筑师只看到建筑物，规划师只管城市的平面布局，工程师们只管公用设施和各类结构，经济师和社会科学家们也只是考虑他们自己感兴趣的问题。由于每人都在一个方面发展自己的兴趣，所有人的工作综合起来不会有任何统一的结果，因此情形只能是越来越混乱"[①]；而且，随着在人类聚居问题上专业越分越细，没有人对城市的总体效果负责了。**"当我们在处理聚居问题的过程中，在过度专业化的道路上越走越远的时候，我们丢掉了建设聚居的主要目的：人类的幸福，即人类通过与其他元素之间的平衡发展而获得幸福。每一天，我们都在失去一些综合处理聚居问题的能力，因为我们的专业越分得细；我们越无法从总体上理解聚居问题，也就越忘记了综合的必要性"**[②]。"面对现实的问题和人们无所适从的状况，专家们却躲进了各自的小角落里，或想通过各个分门别类的科学研究来解决问题，如经济学、社会学、行政科学、技术和文化等学科，或仅仅去处理聚居问题的某一个侧面，如交通问题、住宅问题或是公共设施等方面的问题。这样整体的问题事实上已被忽视了"[③]。

为了解决这个问题，有人提出了多学科协同合作的想法，即把所有与人类聚居有关的学科的研究人员组织在一起，共同来解决人类聚居的问题。但是，道氏认为这样做并不能真正地解决问题，其结果往往会造成相互扯皮和浪费精力。人类聚居是一个综合体，由五项元素组成（自然、人、社会、建筑、支撑网络），涉及人类聚居问题的学科可归纳为五个基本方面：经济学、社会科学、政治行政学、技术学科和文化学科，它们结合在一起有25个结点（一门学科研究一个方面的问题形成一个结点）（图7-2），这些结点共有33 554 431种结合方式，"仅仅靠着圆桌会议式的学科之间的综合是毫无意义的"[④]。

---

① C. A. Doxiadis. Ekistics: An Introduction to the Science of Human Settlements, P10.

② C. A. Doxiadis. Ekistics: An Introduction to the Science of Human Settlements, P47.

③ C. A. Doxiadis. Ekistics: An Introduction to the Science of Human Settlements, P48.

④ C. A. Doxiadis. Ekistics: An Introduction to the Science of Human Settlements, P49.

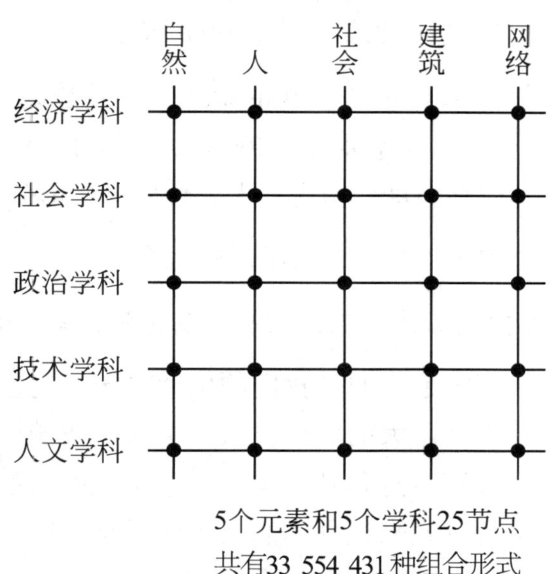

图 7-2　人类聚居研究中的元素与学科

资料来源：C. A. Doxiadis. Ekistics: An Introduction to the Science of Human Settlements, P49.

因此，道氏得出结论：**需要创立一门以完整的人类聚居为对象，进行系统综合研究的科学，通过对这门科学的深入研究，真正地理解城市聚居和乡村聚居的客观规律，以指导人们正确地进行人类聚居的建设活动。这门学科就是人类聚居学。**

7.2　学科的研究对象——人类聚居

要了解人类聚居学的基本内容，首先必须搞清楚它的研究对象——人类聚居。

7.2.1　人类聚居的定义

道氏所指的人类聚居是一个内容十分宽泛的概念。在其一系列著作中，他曾多次对人类聚居的含义进行阐述。例如：

——“人类聚居是人类为了自身的生活而使用或建造的任何类型的场所。它们可以是天然形成的（如洞穴），也可以是人工建造的（如房屋）；可以是临时性的（如帐篷），也可以是永久性的（如花岗石的庙宇）；可以是简单的构筑物（如乡下孤立的农房），也可以是复杂的综合体（如现代的大都市）”[①]。

——“人类聚居是人类生活其间的聚居。在这里，‘人类’这个词限定了聚居的类型（是人的而不是动物的），同时又传达了这样一个含义，即人类聚居必须使人得到满足。据此，人类聚居由两部分组成：

①内容，即单个的人以及由人所组成的社会；

②容器，即由自然的或人工的元素所组成的有形聚落及其周围环境”[②]。

——“人类聚居实际上指的是我们的生活系统。它包括了各种类型的聚落，从简单的遮蔽物到巨大的城市，从一个村庄或城镇的建成区到人们获取木材的森林，从聚落本身到其跨越陆地和水域的联系系统。由于我们无法以一种比较简单的方式来识别我们的生活系统，所以可视其为人类聚居的系统，以形象地反映出我们的生活。”[③]

不难看出，道氏认为，第一，人类聚居是地球上可供人类生活直接使用的、任何形式的、有形的实体环境；第二，人类聚居不仅是有形的聚落本身，也包括了聚落周围的自然环境；第三，人类聚居还包括了人类及其活动，以及由人类及其活动所构成的社会。总之，只要是有人生活的地方，就是人类聚居；人类聚居实际上就是整个人类世界本身。当然，人类聚居有大有小，整个世界是一个人类聚居，一个城市是一个人类聚居，城市中的一幢住宅是一个人类聚居，一块平整过的栖息之地也是一个人类聚居。

在《为人类聚居而行动》一书中，道氏对人类聚居提出了一个广义的定义，即**“人类聚居是人类为自身所作出的地域安排，是人类活动的结果。其主要目的是满足人类生存的需求**，使儿童的生活更加轻松、愉快；像亚里士多德所指出的那样，使人类幸福和安全；像我们目前所希望的那样，满足人类发展的需求。为了更好地认识人类聚居，我们必须在时间和空间两个方面，从认识整个宇宙开始，逐步深入到地球上的自然界、生物圈、人

---

① Ekistics, 1967（8）, P131.

② Ekistics, 1967（8）, P21.

③ C. A. Doxiadis. Ecumenopolis: the Inevitable City of the Future. Athens Publishing Center, 1975, P6.

类世界，最后再到人类聚居。人类聚居是上述单位中最小的和最后的一个，它们甚至不能包含整个生物圈。例如，海洋的一部分完全被动物界和植物界所占有；又如人类只有利用高层建筑、飞机和宇宙飞船才能进入大气层”[①]。

7.2.2　人类聚居的分类

在人类聚居建设的实践中，道氏发现，人们对聚居的类型和规模缺乏统一的认识，常常出现概念上的混乱。“当人们提到城市时，根本不管它是一个只有5000人口的小城镇，还是一个拥有数十万人口的大城市；甚至在解决数百万人口的城市连绵区的聚居问题时，仍称之为‘城市设计’”[②]。鉴于这种情况，他建议根据统一的尺度标准，对人类聚居的类型和规模进行划分，以澄清概念，形成对人类聚居的统一认识，便于对人类聚居的研究。他以自身丰富的实践经验为基础，经过长期的思考和归纳，提出人类聚居的分类框架，即**根据人类聚居的人口规模和土地面积的对数比例，将整个人类聚居系统划分成15个单元**，从最小单元——单个人体开始，到整个人类聚居系统——普世城结束（表7–1）。在15个聚居单元中，除规模较小的几个单元外，其他各单元无论在人口规模还是土地面积上，大致都呈1 ：7的比例关系，与中心地理论相一致。**15个单元还可大致划分成三大层次，即从个人到邻里为第一层次，是小规模的人类聚居；从城镇到大城市为第二层次，是中等规模的人类聚居；后五个单元为第三层次，是大规模的人类聚居。各层次中的人类聚居单元具有大致相似的特征。**

7.2.3　人类聚居的组成

如前所述，道氏认为人类聚居由内容（人及社会）和容器（有形的聚落及其周围环境）两部分组成；它们可继续细分为五种元素，即所谓的人类聚居

① C. A. Doxiadis. Action for Human Settlements. Athens Publishing Center, 1975, P2.

② Ekistics, 1965（1）, P26.

的五种基本要素:

① 自然:指整体自然环境，是聚居产生并发挥其功能的基础；

② 人类:指作为个体的聚居者；

③ 社会:指人类相互交往的体系；

④ 建筑:指为人类及其功能和活动提供庇护的所有构筑物；

⑤ 支撑网络:指所有人工或自然的联系系统，其服务于聚落并将聚落连为整体，如道路、供水和排水系统、发电和输电设施、通信设备以及经济、法律、教育和行政体系等。

人类聚居单元　　（$M=10^6$）　　**表 7-1**

人类聚居单元	1	2	3	4	5	6	7	8	9	10	11	12	13	14	15
社区等级				Ⅰ	Ⅱ	Ⅲ	Ⅳ	Ⅴ	Ⅵ	Ⅶ	Ⅷ	Ⅸ	Ⅹ	Ⅺ	Ⅻ
活动范围	a	b	c	d	e	f	g	A	B	C	D	E	F	G	H
人口数量范围			3–15	15–100	100–750	750–5000	5000–30000	30000–200000	200000–1.5M	1.5M–10M	10M–75M	75M–500M	500M–3000M	3000M–20000M	20000M及更多
单元名称	人体	房间	住所	住宅组团	小型邻里	邻里	小城镇	城市	中等城市	大城市	小型城市连绵区	城市连绵区	小型城市洲	城市洲	普世城
人类聚居人口	1	2	5	40	250	1500	9000	75000	500000	4M	25M	150M	1000M	7500M	50000M

早在人类出现以前，自然界（作为容器）即已存在；自诞生之日起，人类便进入这个容器，并且由于相互间的交往而逐步形成社会；为了生存，人类共同建造了用于栖身的构筑物，经过漫长的过程演化直至今日；而当人类聚居的规模不断扩大时，人类又根据自身的需要建起了道路和通信设施等联系网络。在此过程中，五种基本要素相互关联，缺一不可。正如道氏所言，“五种要素之间的相互关系便形成了人类聚居，这是人类聚居学的全部内容。”[①]他指出，由于人们对人类聚居的组成缺乏清楚的认识，常常出现许多容易产生混淆的看法，“特别是在环境问题出现和发展之后，对环境一词，大多数人只理解为自然环境；其实环境和人类聚居一样，也是由五

① Ekistics, 1964（10）, P188.

种基本要素构成的”[①]。许多人在考虑人类聚居问题时，往往是一叶障目不见森林，“尽管许多人都明白，聚居实际上是由五种要素组成的，但人们总是倾向于对他目所能及的东西给予更多的关注，所以人们在探索人类聚居时，只能论及他所看到的聚居的容器和实体的一面”[②]。然而，以建筑和支撑网络为代表的有形的实体环境，并不能完整地反映人类聚居的真实面貌；实际上，容纳人类各种活动的任何空间，都应被视为某一聚落整体的一部分。“当我们面对任何一种类型的人类聚居以及与此相关的任何一个方面的问题时，必须保证我们清楚地知道其中涉及的基本要素。一个村庄的布局，不能只局限于其中的建筑，还必须涉及它的土地和森林、联系的道路以及村庄的居民，这其中包括每一个人以及整个村庄社会的整体运作”[③]。

道氏强调，对人类聚居的研究不能只把注意力局限在聚居的有形实体上，而忽略了其他无形的要素；**不能只把注意力局限于五种要素的孤立研究上，而应当注重各要素之间的相互关系，“因为正是这些关系才使得人类聚居得以存在”**[④]。

7.2.4　人类聚居的影响因素

道氏指出，虽然人类聚居由五种基本要素组成，但其发展还受到其他因素的影响，在人们对人类聚居的不同认识中有所反映。在现实生活中，人们常常从不同的角度来认识人类聚居，用不同的方式来表达自己的看法，因而会有不同的结果。即使对于同一个聚落，由于人们的出发点和立足点不同，评判标准不一样，也会产生不同的结论。例如，某个人可能认为一座城镇非常美丽，另一个人却可能因为它的封建体制而痛恨它，其他人则可能提及它严重的经济问题、有效的行政管理、美丽的公园或者历史的重要性，以至于产生混乱。

---

① C. A. Doxiadis. Action for Human Settlements. Athens Publishing Center, 1975, P6.

② Ekistics, 1965 （1）, P30.

③ C. A. Doxiadis. Action for Human Settlements. Athens Publishing Center, 1975, P6.

④ C. A. Doxiadis. Ekistics: An Introduction to the Science of Human Settlements, P22.

因此，“无论是作为个体的市民还是专家，在谈及和研究人类聚居时，都迫切需要澄清不同的认识方式。这样的认识方式可以有许多种，所以必须有基本的划分标准。就此，我们已有一个结果，**即通过经济的、社会的、政治的或行政的、技术的、文化的这五种方式来认识人类聚居，并以此检验研究中每一个可能的方面**；任何特殊方面的问题或观点都可以作为这五个分类下面的分支继续划分。有朝一日可以建立一个涵盖所有方面的模型，即便是最陌生的问题，也可从中找到自己的位置”[①]。这样，道氏就进一步扩展了人类聚居所涵盖的领域。

7.2.5　人类聚居的属性

道氏认为，“人类聚居是一种社会现象，尽管其内部包含了许多属于自然世界的元素”[②]。作为地球上最复杂的系统之一，人类聚居的属性是多方面的。

首先，“人类聚居是一些独特的、复杂的生物个体。”[③]道氏借鉴赫胥黎（Sir Julian Huxley）的做法，将地球上的生物体划分成三个等级。其中，第一级为最简单的细胞，第二级是较为复杂的动物和人等自然生物体，第三级是最为复杂的人类聚居。因此就等级而言，人类聚居要比细胞体高两个等级，比自然有机体高一个等级；而它的复杂程度要比其组成部分高出更多的等级[④]。作为有机的生物体，人类聚居同其他所有的生物体一样，有其特殊的出生、发展、成熟、衰老、消亡的生命周期。然而，作为独特的生物体，人类聚居又不同于自然界的大多数生物体，它不是注定要衰败和死亡的。究其原因，主要在于构成人类聚居基因的基本材料是人，而人总是从属于不断的革新和变化，即“**人类聚居和自然生物体之间的最大区别在于人类聚居是**

① C. A. Doxiadis. Action for Human Settlements. Athens Publishing Center, 1975, P6.

② C. A. Doxiadis. Ekistics: An Introduction to the Science of Human Settlements, P41.

③ C. A. Doxiadis. Ecumenopolis: the Inevitable City of the Future. Athens Publishing Center, 1975, P6.

④ C. A. Doxiadis. Action for Human Settlements. Athens Publishing Center, 1975, P3; C. A. Doxiadis. Ekistics: An Introduction to the Science of Human Settlements, P42.

自然的力量与自觉的力量共同作用的产物，它的进化过程可以在人类的引导下不断调整改变，而自然生物体仅仅是自然之力作用的结果，它的进化过程是不可变更的”[①]。因此，如果人类能够采取正确的行动，使人类聚居能够不断得以更新，它就可以长期存活下去。在此意义上说，人类聚居永远不会消失。

其次，“**人类聚居是动态发展的有机体**”[②]。道氏强调，要把时间作为人类聚居研究中一个不可缺少的基本因素来对待，要研究人类聚居的演进过程；认为人类聚居是静态的或一成不变的看法是错误的。“在谈论城市时，只提及目前城市进行改善缺乏资金的问题，而不考虑城市正处于人口和经济的增长阶段，这是不合理的；只有了解了支出和收入的动态增加，才能使我们认识到该城市是否真正存在严重问题，或是相反，这只不过是正常发展阶段出现的正常问题，正像一个年轻人进入成人阶段一样，这些问题可以自然地得到解决”[③]。之所以强调时间因素在人类聚居研究中的重要性，是因为“聚居是不断变化的过程，是不断地对人口增长、技术发展、自然环境的变化以及相应的社会、政治、文化机构等的变化所产生的巨大影响作出反应的系统。……由于无法把人类聚居从其居民的生活中分离出来，对人类聚居的分析也就不可能脱离时间因素。”[④]遗憾的是，现实中不少的城市研究并没有反映出人类聚居的动态特点，“似乎人类聚居都是由城墙包围的中世纪城市，结果这些研究并没有真正开阔我们的视野，以面对现实的条件及其发展变化，以及该如何应付这些发展变化”[⑤]。这也正是人类逐渐丧失其对城市有机体的真正理解，并进而对聚居的进化过程失去控制的主要原因之一。

再次，“**人类聚居是协同现象**”（synergetic phenomena）[⑥]。一方面，

---

① C. A. Doxiadis. Ekistics: An Introduction to the Science of Human Settlements, P42.

② C. A. Doxiadis. Action for Human Settlements. Athens Publishing Center, 1975, P6.

③ C. A. Doxiadis. Action for Human Settlements. Athens Publishing Center, 1975,P6.

④ C. A. Doxiadis. Ecumenopolis: the Inevitable City of the Future. Athens Publishing Center, 1975, P7.

⑤ C. A. Doxiadis. Action for Human Settlements. Athens Publishing Center, 1975, P6.

⑥ C. A. Doxiadis. Ecumenopolis: the Inevitable City of the Future. Athens Publishing Center, 1975, P7.

人类聚居是动态的、不断变化的实体，仅通过对其组成部分的孤立分析是不可能完整理解它的；另一方面，对其任何组成要素的单一分析都不能推断或预测出整个系统的特点。"聚居的基本特征来源于物质结构（或容器）和人类（或内容）的融合和相互平衡，对人类聚居的合理研究必须围绕对这两种因素间动态平衡的分析"[①]。在他看来，现有的各种学科之所以不能合理地解释和解决人类聚居的问题的原因在于，它们"或者过于狭隘，不足以涵盖整个聚居系统，或者缺乏必要的动态分析手段；因此尽管有大批的专业人员在某一方面或多个方面从事有关人类聚居的研究，如城镇规划师、建筑师、市政工程师、城市经济学家、社会学家、交通工程师、艺术家、行政管理人员等等，可是**却极其缺少将整体聚居系统作为研究对象的系统理论，缺乏能够从总体上将各种现象联系起来的训练有素的研究人员"**[②]。据此，道氏建议成立并发展一门新的学科，即所谓的人类聚居学，在不同程度上依靠一门或多门其他学科，深入研究人类聚居及其动态的演化过程，反映人类聚居的全部整体特征。

7.3　人类聚居学的基本框架

7.3.1　人类聚居学的概念

道氏认为人类聚居学是从所有角度对人类聚居进行综合考察，规模宏大，包罗万象。它身兼二任:一方面，它是一门注重理论和方法研究的科学，学科的目标是要发展一种科学的体系和方法，对所有的聚居进行研究分析，获得与聚居有关的所有知识，掌握聚居发展的规律；另一方面，它又是一门应用学科，是一项要付诸行动、指导实践的研究，要解决人类聚居的实际问题，其最终目标是要"创造使居民能幸福、安全地生活"的人类聚居。

---

① C. A. Doxiadis. Ecumenopolis: the Inevitable City of the Future. Athens Publishing Center, 1975, P7.

② C. A. Doxiadis. Ecumenopolis: the Inevitable City of the Future. Athens Publishing Center, 1975, P7.

也许是为了使这门学科更具影响力，道氏把古希腊的伟人们尊奉为这门学科的创始人。他指出，人类聚居学早在古希腊时期就已经存在，只是后来失传了。“很可能早在公元前五世纪，像希波丹姆（Hippodamus）这样的杰出人物已发展了人类聚居学”①。

“毫无疑问，存在着有关聚居形成的规则，我想我们可以说或许有三个人制定了这些规则。……**第一个人是哲学家普罗泰格勒斯（Protagoras），他说‘人是衡量一切事物的标准’**，从而导出了评价在聚居中采取的行动和决策的最好标准。**第二个人是希波丹姆，他首创了城市分区，发现了规划和组织城市的方法**，从他规划的米利都城中可以很清楚地看到这点。**第三个人是亚里士多德**，他认为**‘建设城市的最终目的是要是居民们在其中幸福地生活’。他为人类聚居学制定了终极目标。**”②

道氏认为，他自己所做的工作只是重新发现和恢复这门“古老的学科”。

7.3.2　研究内容和工作体系

道氏为人类聚居学确定的研究内容和工作体系主要包括下列三个方面：

第一方面是**对人类聚居基本情况的研究**，包括对人类聚居进行静态的和动态的分析，并研究“聚居病理学”（Ekistic Pathology）和“聚居诊断学”（Ekistic Diagnosis）。所谓静态的分析，就是分析人类聚居的基本类型、数量和规模，并对聚居进行具体解剖，即分析其“生理特点”；分析聚居与聚居之间相互的结合关系，即分析聚居系统的结构。所谓动态分析就是研究人类聚居从古到今的进化发展过程，了解聚居各个发展阶段的不同特点。研究聚居的病理和诊断，则是分析聚居中出现的各种问题，和产生这些问题的原因及影响因素，并研究如何找出解决问题的途径。

第二方面是**对人类聚居学基本理论的研究**，找出人类聚居内在的规律，以指导人类聚居的建设。这部分工作包括：提出有关人类聚居的基本定理，

① Ekistics, 1974（12）, P389.

② Ekistics, 1965（10）, P10.

在此基础上进行基本理论的探讨（包括人类需要研究、聚居成因研究、聚居结构和形式的研究等）。最后，根据基本理论，探讨对人类聚居进行综合研究的方法。

第三方面是**制定人类聚居学建设的行动步骤、计划、方针**，即进行对策和决策研究。这是应用前两部分的工作成果，对聚居的未来作出展望，明确聚居的发展趋势，明确聚居发展中哪些是必然的，哪些是应当加以限制或克服的，进而制定出正确的方针和政策。道氏认为这部分工作是最重要的，也是最难的[①]。

此外，道氏还提出，应当把人类聚居学同数学结合起来，研究人类聚居的各种数学模型，同时，还要研究人类聚居学与其他学科之间的相互关系等等[②]。

7.3.3　人类聚居学的研究方法

关于人类聚居学的研究方法，道氏认为应当同时使用经验实证和抽象推理两种方法。“若要使人类聚居学变成一门科学，它必须同时依靠经验实证和抽象推理这两种方法，它必须依赖事实和思考、事实和推理、事实和逻辑。一个完整系统的研究方法应当包括下列步骤：**①根据经验研究人类聚居；②用经验实证的方法进行人类聚居与其他事物的比较研究；③抽象理论研究以得出理论假设；④把理论假设进行实际验证；⑤反馈并进行理论修正**[③]。”

人们历来都是凭经验对聚落进行分析研究和建设的，总是根据现有聚落中的经验和教训来推测未来，因此，经验实证的方法是人类聚居的基本研究方法。但是，经验实证的方法有一个重大缺陷，即当人类聚居中出现了前所未有的新问题或者发生了较大的变化时，如果人们仍按照经验方法

① C. A. Doxiadis. Ekistics: An Introduction to the Science of Human Settlements.

② C. A. Doxiadis. Ekistics: An Introduction to the Science of Human Settlements, P1.

③ C. A. Doxiadis. Ekistics: An Introduction to the Science of Human Settlements, P66.

来处理，就会出现失误或偏差。所以，聚居学研究还必须采用抽象的理论思维。上述步骤就是两者的结合。

在对人类聚居学有了一个大概的了解之后，接下去几章我们将就学科的内容分别作比较详细的介绍。

第8章 人类聚居基本事实分析

道氏提出的人类聚居学的基本内容包括三个部分。第一部分是人类聚居的基本事实分析，第二部分是人类聚居学的理论研究，第三部分是人类聚居建设行动的研究和建议。其中，第一部分是对聚居的基本事实进行分析考察，了解和认识聚居的真实面目，为进一步进行抽象的理论研究和制定行动步骤打下基础。它主要包括对聚居进行静态和动态的分析以及聚居病理分析。

8.1　静态分析

8.1.1　聚居的数量和种类

对聚居进行静态分析的第一步工作是搞清楚聚居的数量和基本类型。

聚居可以有多种不同的分类法。比如，按用地或人口规模可分成大型聚居、小型聚居；按永久性程度可分成临时性聚居和永久性聚居；按聚居形成的方式可分成自然形成的聚居和按规划建成的聚居，等等。但最主要的还是按聚居的功能和性质进行分类。

道氏认为，按聚居的不同性质，通常可以把人类聚居分成乡村型聚居和城市型聚居两大类。根据雅典人类聚居研究中心的研究，1960年全球共有14 092 200个人类聚居，若以2000人的规模为乡村型与城市型聚居的分界线，则当时世界上共有13.35亿人口住在92 200个城市型聚居中，16.25亿人口住在14 000 000个乡村型聚居中。所有聚居的占地面积总计为358 000km^2（其中城市型聚居用地占62%，乡村型聚居用地占38%），占全球可居住面积0.875%（全球可居住面积为40 900 000km^2）[①]。

乡村型聚居与城市型聚居是两种性质完全不同的聚居类型，它们之间的区别是很明显的。

（1）乡村型聚居

乡村型聚居的基本特征是:

①居民的生活依赖于自然界，通常从事种植、养殖或采伐业；

---

① C. A. Doxiadis. Ekistics: An Introduction to the Science of Human Settlements, P81.

②聚居规模较小，并且是内向的；

③一般都不经过规划，是自然生长发展的；

④通常就是一个最简单最基本的社区。

一个完整乡村聚居很像一个自然系统，形似一棵树或一个器官。所有的道路都会聚在一个中心，外围没有环形道路。乡村聚居的中心是最具有特色的地方，通常是各种功能（生产、交换、服务、行政、宗教、娱乐）的集聚地。

乡村聚居是人们为了在自然条件下保护自己，根据自然的特点而逐步建造形成的。对于这点，应当给予充分的重视。在搞乡村规划时，不应该照搬城市的经验，因为乡村聚居与城市完全不同。许多由政府资助规划建设得很漂亮的新村，往往因违反了乡村聚居的内在规律而缺乏内聚力。

乡村聚居的基本类型有游牧聚居（或称临时聚居）、半游牧（或半永久）聚居、独户永久性聚居（如家庭农场）、复合永久性聚居（或称村庄）、半城半村式聚居（城乡结合型中心）等。

（2）城市型聚居

城市型聚居按规模分有城市、大都市、城市连绵区等，从发展的角度看又有动态城市与静态城市之分。

城市型聚居的基本特征可以通过分析城市中五个基本元素的特点而得出：

①从自然因素看，城市一般都靠近江河湖海和交通干线，城市规模越大，这个特征越明显。在20世纪60年代初，雅典人类聚居中心曾对当时全世界20万人口以上的640个城市的地理位置进行研究，结果表明，靠河的城市数量最多（224个），沿海的城市次之（201个），内陆城市有193个，靠湖边的城市最少，只有24个。从规模上看，沿江河湖海的城市平均人口超过130万，而内陆城市平均人口约为60万[①]。

②从人和社会角度看，城市居民不同于乡村，他们属于许多不同的阶层，种类繁杂，社会接触面广，受教育的机会多，对生活的欲望高，但人们被稠密的建筑所包围，与自然界的联系很少。

---

① C. A. Doxiadis. Ekistics: An Introduction to the Science of Human Settlements, P157.

城市中家庭的规模、结构和生活方式也与乡村型聚居不同。家庭的规模逐渐变小，家庭成员之间一起生活的机会比较少，父母与孩子的交往比较少。在城市中按地域划分社区的观念越来越淡薄，而由职业、宗教等联系构成的社区意识加强了。

城市中社会组织繁多，但管理系统不如乡村社会那样有效率，缺乏内聚力。

城市的功能往往是多样化的，城市规模越大，就越难确定其主导功能与城市性质。

③从建筑看，城市中的建筑具有很多共同的特点，城市的规模越大，其特点就越国际化，反之，则越具有地方色彩。这是因为小城市一般建筑投资都比较少，而且小城市往往比较闭塞，保留着更多当地的传统文化。

一般中小城市中汽车比较少，城市比较符合人的尺度，人们在街上行动较自由，而大城市汽车很多，到处是高速公路和停车场，造成了非人的环境，使人们活动很不方便。

④从交通联系网络看，小型城市聚居一般只有一个交通节点，往往就是城市的中心点。随着城市规模的扩大，结点就增加了。在大型城市聚居中，往往有3 ~ 4个层次的结点。

一般来说，城市越大，它所有的元素的变化范围也越大，人们常常感到的城市问题就越复杂，越难解决。

8.1.2　聚居剖析

聚居是由自然、人、社会、建筑、支撑网络这五项元素组成的，对其相互关系的研究构成了人类聚居学的全部内容。

为了能对五项元素进行深入的研究，我们首先分析一下五项元素的基本构成：

——自然。自然可分为下列几方面：

①地质资源

②地表资源
③土地资源
④水资源
⑤植物
⑥动物
⑦气候

——人。人可以从下列四方面考察：
①生理的需求（空间、空气、温度等）
②感官和知觉（五官）
③情感需求（人际关系、安全、美感等）
④道德价值

——社会。社会可以从下列七方面考察：
①人口组成和密度
②社会阶层
③文化模式
④经济
⑤教育
⑥卫生福利
⑦法律和行政

——建筑物。有下列几种类型：
①住宅
②社会公共设施（学校、医院等）
③商业中心和市场
④娱乐设施（剧院、博物馆、体育馆等）
⑤民众事务设施（市政厅、法庭等）
⑥工业建筑
⑦交通建筑

——支撑网络：

①供水系统

②供电系统

③交通系统（水运、空运、公路和铁路交通）

④通信系统（电话、广播、电视等）

⑤排水系统

⑥实体布局

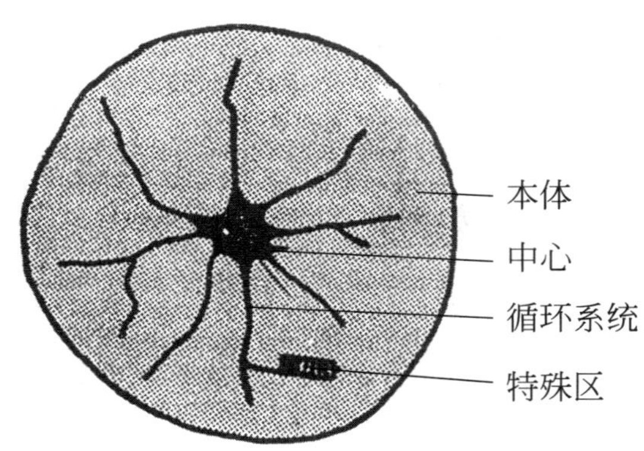

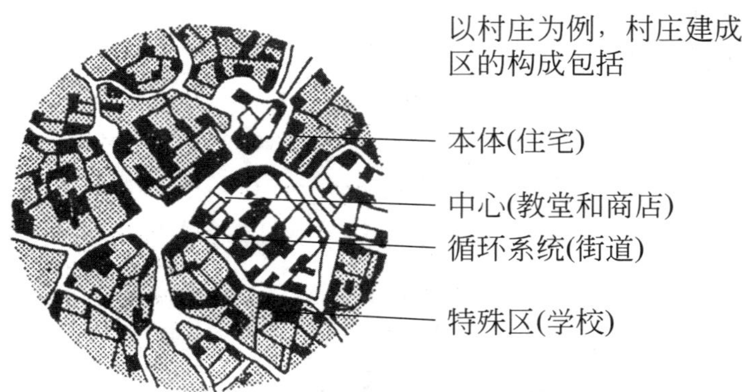

图 8-1　人类聚居的组成部分

资料来源：C. A. Doxiadis. Ekistics: An Introduction to the Science of Human Settlements, P52.

对人类聚居进行研究时，必须包括所有五个元素，在进行人类聚居建设时，则是要落实到具体的实体形态上来的。道氏认为，任何一个复合的人类聚居[①]的实体空间可以细分为四个部分（图 8–1）：

——本体，在空间上占主要部分；

——中心，为周围服务的部分；

——循环系统，使人、物、信息互相流通的部分。循环系统分为结点和流线两类。

——特殊部分，与周围功能不同的特殊用地，如兵营，大型工厂等，往往在尺度上与周围部分明显不同。

道氏指出，上述四个部分的概念都是相对而言的，在任何规模、任何层次的聚居单位上都存在这四个部分。譬如，若把一个村庄看作一个聚居，那么村中的所有住宅就构成了本体，商店和社交活动场所就是中心，街道小巷是循环系统，而一座学校就是一个特殊部分。倘若扩大一个层次，把整个村落（即包括属于村庄的所有农田）看成是一个聚居，则田野就成了本体，而整个村庄就是中心部分，田野里的道路河流是循环系统。如果在田野中有一座庙宇，那么，它就是特殊部分。从这里我们还可进一步看出，人类聚居并非仅仅指人们居住其间的建成区部分，它还包括所有为人类所利用的空间。

一般来说，越早期越原始的聚居，其构成越不完整，如游牧聚居往往只有本体（帐篷区）和初级的交通系统，而城市聚居则很完整，也很复杂。

从组织结构上看，人类聚居构成一个多级层次体系，乡村型聚居处于较低层次，城市聚居是较高层次的系统。一般聚居规模越大，它在整个体系中所处的层次就越高。

8.1.3　聚居的量度

分析聚居必须进行量度。在人类聚居学中，需要两种基本类型的量度：

---

① 复合的人类聚居是指那些由多所住宅组合而成的聚居。

①对现象的量度（现象指功能、元素等）；

②对效果的量度。

对现象的量度包括两个方面的内容：一是对各元素本身进行自然的量度。比如，对一所住宅作定量分析，就要考虑居住人口是多少，以判断建筑面积是否合适；二是考虑不同元素之间的比率关系，比如考虑单位用地中的建筑量，或是单位用地中的投资数量等。这种对现象的量度，运用得相当普遍，因此是比较容易理解的，道氏提出的“人类聚居模型”，就是对现象进行分析和量度的系统方法。

对效果的量度一般用得很少，这是对聚居的整体效果作数量化的分析，通常可以采用多项指标评分方法。譬如，要评价一个社区的整体效果，即评价该社区的现状和它发挥作用的程度，就可先确定有哪些因素对社区的整体效果发生作用，并按各自的重要程度给以不同的分数值，然后对每项因素作出判断评价，最后进行综合。这样就可以定量地判断一个社区的质量。

下面是道氏应用上述方法对社区进行整体效果评价的实例。他把社区的整体效果分成三个部分来评价：第一部分是社区的现状；第二部分是社区的功能；第三部分是该社区与其他社区之间的关系。评价的总分数为100分，他认为第一部分影响最大，占60分；第二部分占30分；第三部分占10分。这三个部分又进一步细分为许多项指标，根据它们的重要程度不同给以不同的分数值，具体给分如下：

社区整体效果评价

总分 100

（1）社区现状 60

其中：密度 35

形态 20

内聚性 5

（2）社区的功能 30

其中：有意义的总体规划 10

中心社区功能的重要性4

社区中心的形态4

社区中心的通达程度2

主要干线的方向4

次级中心3

居住街道和广场的设计3

（3）与其他社区的关系10

其中：与高一级社区的距离2

高一级社区中心的通达程度2

与其他同一级社区之中心的关系1

来自其他社区中心的消极影响5

上述所有因素中，“密度”一项的给分值最高。因为道氏认为，不管在社区中心人们如何富裕，服务设施如何健全，如果没有一个正常的居住密度，社区就不称其为社区。如果密度太低，社区的气氛就无法形成；如果密度太高，则社区内会产生很多的矛盾和冲突。所以居住密度是社区最重要的特性。社区的形态也同样对社区的整体效果起很大作用，尽管聚居中的密度很合适，但如果社区的实体形状很不好（例如狭长的一条），则作为社区的气氛也就消失了。所以这一项的分值也很高。其他各项的分值也都是经过仔细分析后确定的。

确定了各项指标和它们的分值以后，便可以开始评价了。评价是分项进行的，每一项都用一个百分比表示出该项的实际效果的好坏，再与该项的分值相乘，结果便是实际的评价分数。比如对社区形态的评价，根据经验判断，认为各个方向上距离社区中心的距离基本相等是最佳的，即满意程度是100%，这样的社区得分便是满分（20分）；如果社区的形状变成了一个1 ∶ 6的长条形，其满意程度就下降到50%，这种形状的社区得分便只有10分（图8–2）。其他各项因素的评价也是采用类似的方法。最后，把所有项目的实际评价分数相加，便反映出一个社区整体效果的优劣程度。一般来说，得70分的社区肯定比得60分的社区从总体居住环境上看更好一些。

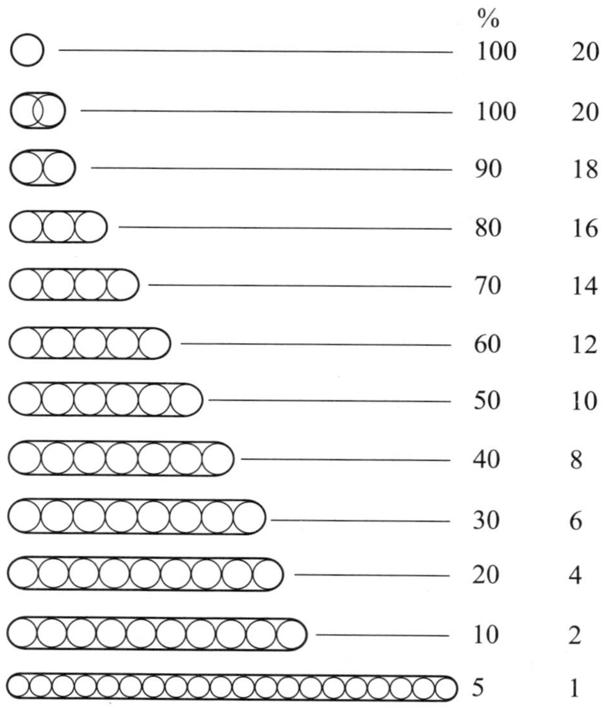

%	
100	20
100	20
90	18
80	16
70	14
60	12
50	10
40	8
30	6
20	4
10	2
5	1

图 8-2　不同形状社区的评价

资料来源： C. A. Doxiadis. Ekistics: An Introduction to the Science of Human Settlements, P119.

8.1.4　聚居生理学分析

道氏常常把人类聚居与人、动物等有机物作类比，在人类聚居学的研究中借用了许多医学上的名词，“聚居生理学”就是其中的一个例子。

聚居生理学研究的是聚居的功能运转情况，即把聚居的各部分放在正常运转情况下加以研究。道氏指出，以前聚居生理学的研究一直被忽视，其结果是人们把各种功能问题都以静止的方法来对待，而不是把它们作为正常运转过程中的事物来看待。在目前的情况下，对聚居作全面的生理研究还为时尚早，因为人们还没有掌握足够的有关这方面的材料。因此，道氏只是着重研究了与密度相关的一些问题。

道氏认为对密度的研究是聚居生理学研究中很重要的一项内容。“从许多方面的观点看（如从生物学、生理学、社会学、经济学，等等），**密度对于人们来说是非常重要的，因为这涉及人与他所生存的空间之间的关系；人**

们生存的可能性、人的生理和心理的健康、人的幸福等，都有赖于他和空间的关系”[①]。

聚居密度是各种因素综合作用的结果。经济因素使人们趋向于集中，人体本身的生理因素使人们趋于离散；而社会因素和美学因素，则使人与人、建筑与建筑之间处于最佳的状态。

现代聚居中密度的变化范围很大，从国家范围看，密度最高的国家和地区如挪威、比利时、西德、中国台湾、韩国等，平均每公顷为2 ~ 4人；密度最低的如蒙古、毛里塔尼亚等，平均每平方公里不到1人。从城市看，高的如莫斯科，每公顷为400人，低的如美国的洛杉矶，每公顷为12人[②]。

道氏指出，20世纪以来，城市的密度正在逐步下降，其原因是高层建筑的大量建造和汽车的不断增多，使城市用地增长比人口增长快。道氏认为，与平常人们所接受的观点相反，高层建筑不仅不能增加密度，反而会降低密度，同时也降低人们的生活质量[③]。

因此，要想解决因密度变化而引起的聚居问题，人类就必须投入更多的时间和精力，以更系统的方式对密度问题进行研究，道氏提出，今后当在空间的性质、尺度、功能、空间的重要性等几个方面进行更深入更具体的研究。

8.1.5　聚居系统

人类聚居学不仅要分析单个聚居本身，还必须从更大范围，即从聚居系统上分析考察聚居之间的相互关系，以对聚居有一个比较全面的理解。

道氏认为，现代世界的聚居系统大致可以归结为两种类型：一类是六边形模式的聚居系统，另一类是动态聚居系统。

---

① C. A. Doxiadis. Ekistics: An Introduction to the Science of Human Settlements, P125.

② 所有国外的数据均见 C. A. Doxiadis. Ekistics: An Introduction to the Science of Human Settlements，都是 60 年代的统计数字，原书中未说明具体年份。

③ C. A. Doxiadis. Ekistics: An Introduction to the Science of Human Settlements, P127.

（1）六边形聚居系统

所谓六边形聚居系统，是指在一个较大区域内，所有聚居在平面上都呈六边形，相互紧挨在一起。每六个聚居围绕着一个中心聚居，共同形成一个高一级的聚居。而六个这种高一级的聚居又互相围绕着一个中心聚居，构成了更高层次的聚居。这样互相结合，形成了一个完整的聚居系统（图8–3）。

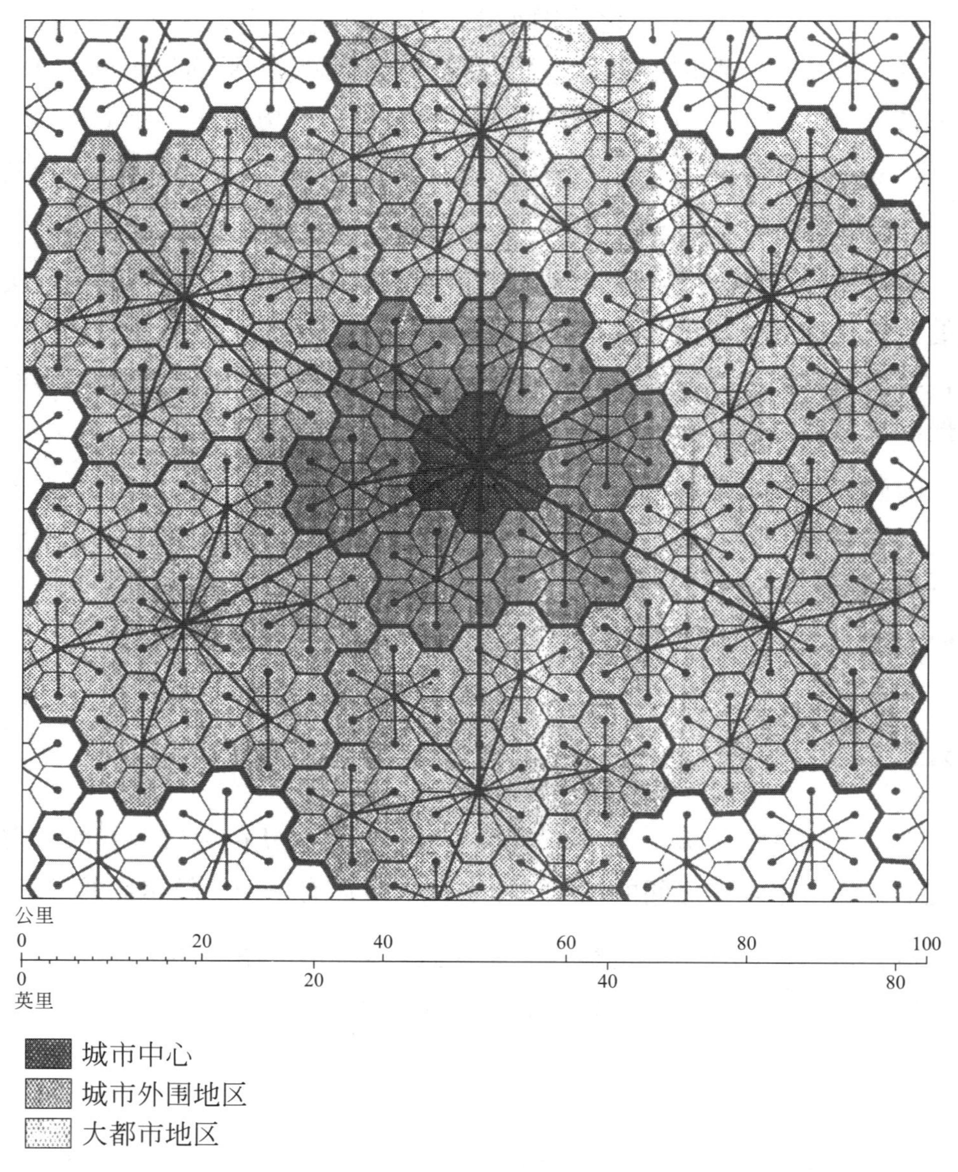

图 8-3　人类聚居的等级组织

资料来源：C. A. Doxiadis. Ekistics: An Introduction to the Science of Human Settlements.

一般来说，六边形聚居系统都是在自然条件下发展形成的，其过程如下：

首先，设想一下，若要把一个平面分割成均匀的、并且互相紧挨的（中间没有剩余空间的）若干小块，只有两种形状满足这个要求：四边形和六边形。和四边形相比，六边形具有从中心到边缘的距离比较均匀这一优点。因此，在一片平坦的土地上若要分出同样大小的若干社区，人们很自然地就会采用六边形模式，也正是因为这个原因，我们在大自然中可以发现很多按照六边形模式给合起来的物体（如蜂房、结晶体等）。可以认为，按六边形模式进行组合是自然物体组织结构的一个规律。

进一步设想，当人们需要建立一个较大的商业中心时，一般总是把它设在能同时为若干个聚居服务的地方，即一个聚居组团的中心点上，它同时为自身和周围六个低一级的聚居提供服务，这样一个高一级的聚居便产生了。这样依次以7倍递进，便形成了整个聚居系统，这个聚居系统的规模，是由最基本的聚居单元所决定的。

基本的聚居单元的规模，主要取决于聚居的经济功能。譬如，一个农业聚居中，人们上工出行的距离决定了它的规模。在古代，人们步行去地里耕作，一般单程最远是步行半小时，即2.5km，这个距离限定了该聚居的范围。实现机械化后，人们开车或骑自行车去上工，这样基本聚居半径扩大到10 ~ 15km。因而，第二级、第三级聚居系统的规模也扩大了。其他如聚居的人口性质，社会组织形式、居民收入水平和交通等因素也对聚居的规模产生很大影响。

上述六边形模式仅仅是以一片完全平坦的土地为前提的一种假设。事实上，由于各种因素的影响，如地理和地形条件、交通干线等的影响或是经济因素的变化，六边形模式就会出现很多变化（图8–4）。

道氏认为在世界上那些受现代技术影响的较小的地区，聚居系统基本上都呈六边形模式。

可以看出，**道氏的上述六边形模式理论是从德国地理学家克里斯泰勒（W. Christaller）著名的“中心地理论”发展而来的。**克里斯泰勒就是采用六边形模式对城镇的等级与规模关系加以概括的。

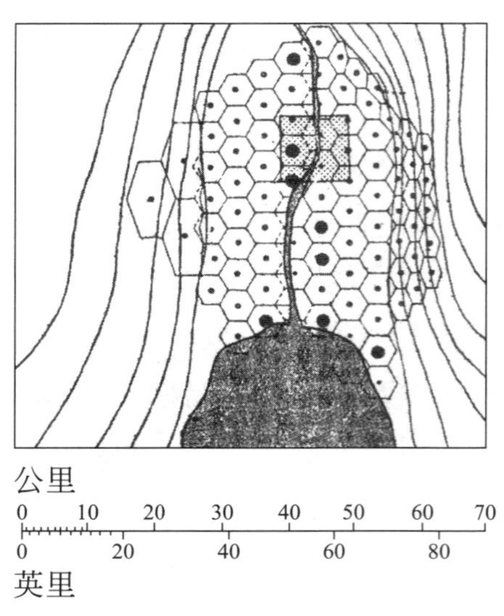

河道导致六边形聚居系统的变形

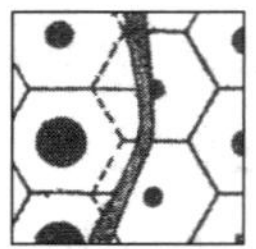

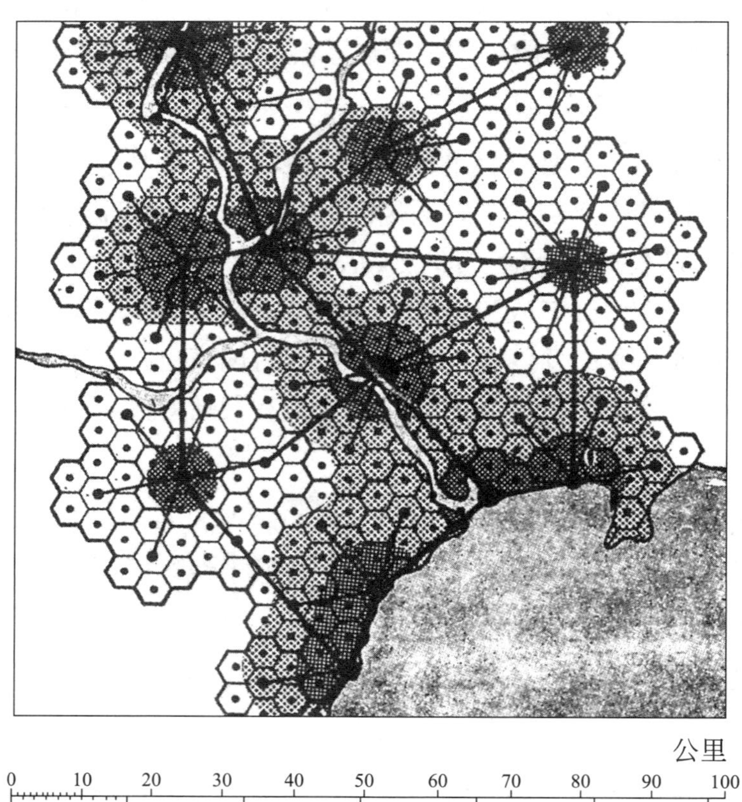

某些地区的特别吸引导致六边形聚居系统的变形

图 8-4　六边形聚居系统的变形

资料来源：C. A. Doxiadis. Ekistics: An Introduction to the Science of Human Settlements, P138–139.

（2）动态系统

一百多年来，随着现代科学技术的发展，人们的交通工具和交通方式也发生了很大变化。铁路和高速公路出现之后，使得聚居系统由过去的以步行为主的单一交通方式，变成了具有很大的速度差异的多种交通方式同时并存（图 8–5）。**这样，聚居系统不再是静止而均匀的六边形模式，而是依照同等时距，同等体力消耗和同等费用距离的原则，沿着交通干线发展组合，呈现各种不同的形态**：如果同样的交通线向四周同时发展，则系统呈向心形；若有一条较高速的交通线向一个方向发展，则系统呈现梨型；如果许多交通系统组合在一起，则系统呈现双星形或多心形。

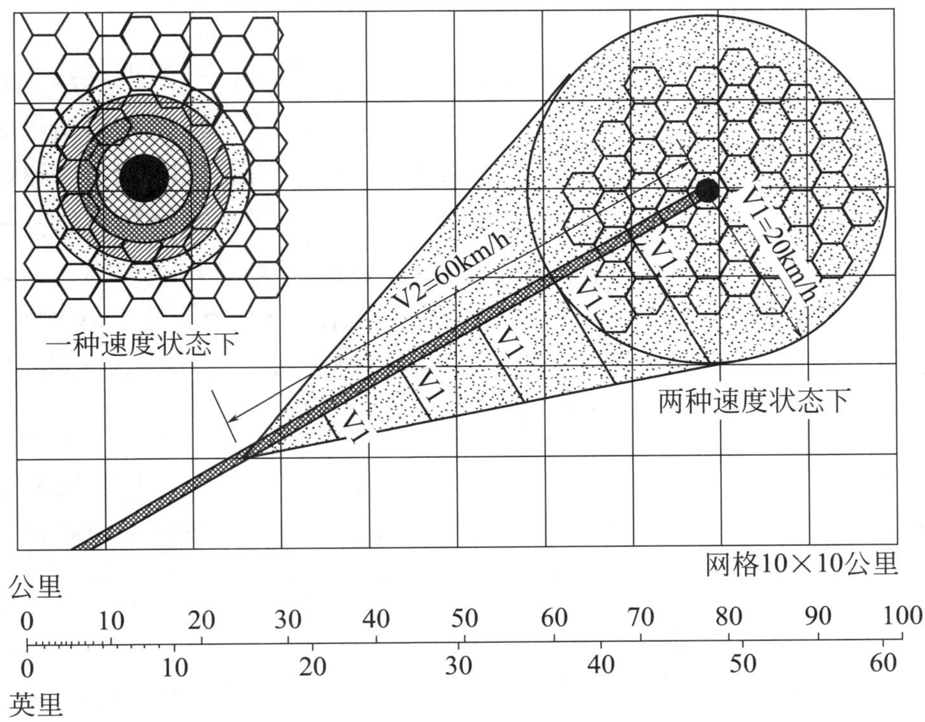

图 8-5　交通速度对聚居系统的影响

资料来源：C. A. Doxiadis. Ekistics: An Introduction to the Science of Human Settlements, P147

上述这些聚落系统是随交通系统的发展变化而不断发展变化的，所以它们是动态系统。道氏认为，**现代的聚居系统往往是六边形模式与动态系统的结合体，即每个聚居系统中既具有六边形模式的特点，又有动态模式的因素**。这是因为现代聚居同时受着两种力的作用，即一是传统的自然力量，一是现代技术和经济发展的力量。

8.2　动态分析

对聚居进行动态分析，就是在对聚居的分析中考虑时间因素，考察聚居的发展变化过程。它包括对单个聚居发展变化过程的分析和对聚居系统发展变化过程的分析。

8.2.1　聚居单体的发展进化过程

对聚居发展进化过程的研究，是人类聚居学研究中的一个很重要的内容，通过对过去的各个阶段聚居的分析，我们可以认识聚居进化的规律，从而对其发展方向作出预测。

关于早期人类聚居的确切情况，我们已无从得知。但根据考古学和人类学的不断研究和发现，我们可得到一些间接的信息。最早的原始聚居大约出现在两百万年前，称作“原始无组织聚居”，呈自然的无组织状态，而且聚居往往是临时性的，游牧式的，人们只是为了生存群集而居。一般一个聚居大约有70人，这群人生活在属于他们的领地上，靠狩猎为生，每人大约占有300hm^{2}土地。因此，整个聚居通常占有几百平方公里的土地。聚居中心到边缘的距离约为8km，这个规模是由人们的步行速度决定的，他们每天狩猎在路上花的时间一般在5h以内。

无组织的原始聚居，一般都呈圆形，人们居住在中心，在一定的范围内狩猎。在聚居内部，最先出现的由人建造的结构物一般都采用蒿草、树枝、泥土、兽皮等材料建造，平面大都呈圆形（图8–6）。所有棚舍都是独立的，互不相连。

原始无组织聚居一直延续了数百万年，直到大约一万年前才发生变化。一万年以前，人类掌握了农业耕作技术，于是，人类建造的永久型聚居——村落便出现了。这是聚居发展的第二个阶段。

这时期，聚居内的建筑物已经有了一定的组织，随着人们在生产和生活上的联系不断加强，住宅逐渐靠近时，相互之间的空间关系则显得很别扭。人们经过不断尝试，发现四边形平面比圆形更合理，四边形平面可以使许多房间互相紧贴在一起，而且室内空间也比较适用。这样，四边形的平面逐步取代了圆形而成为聚居内部微观形态的主要特征（图8–6）。

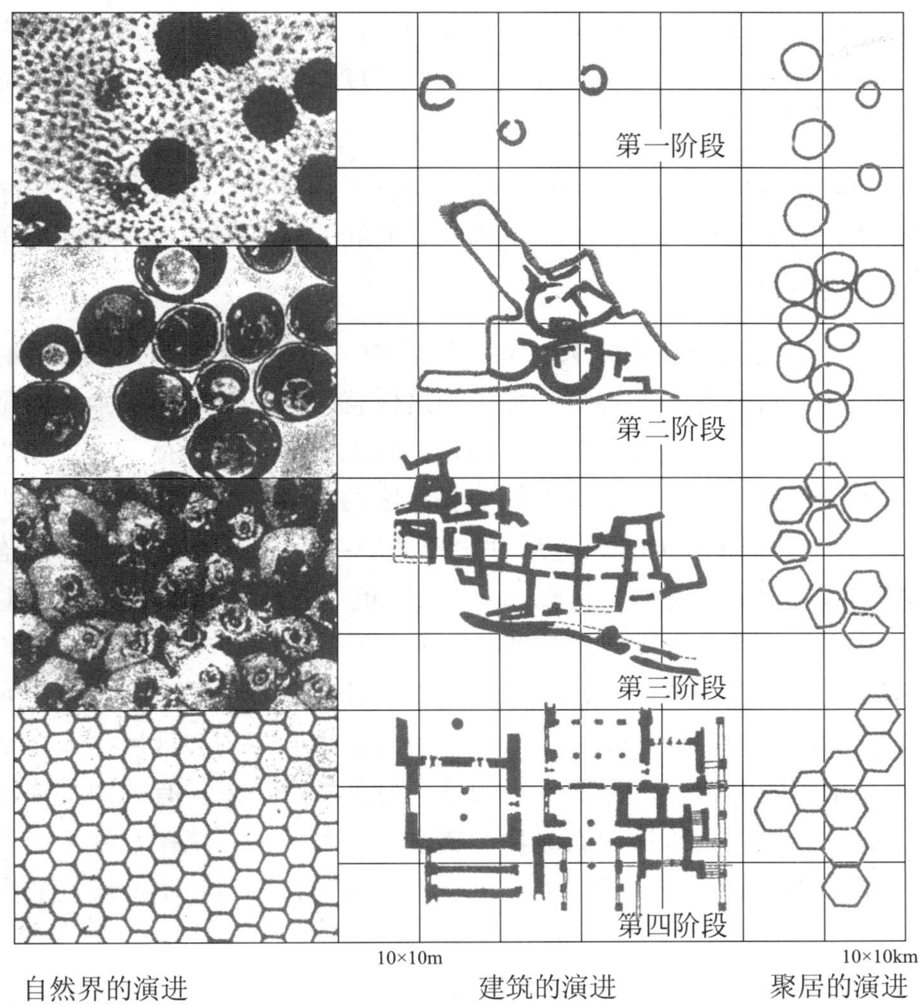

图 8-6　聚居空间形态的演进过程

资料来源：C. A. Doxiadis. Ekistics: An Introduction to the Science of Human Settlements, P206.

另一方面，从区域上看，村落与村落之间的联系也越来越紧密，最终形成了六边形的聚居系统。

村落的人口规模从原始无组织聚居的数十人扩大到了数百人（平均为700人左右，也有的多达数千人）。而人类为生存所必须拥有的土地面积比起狩猎时期则大大地减少了，农业型聚居中为人均0.5hm^{2}左右，在畜牧区稍大些。因此，整个村落土地的规模通常在21km^{2}左右①。

① 本节中所有具体数字，均引自 C. A. Doxiadis. Ekistics: An Introduction to the Science of Human Settlements, P56–193.

村落内的建成区的结构也是很不相同的，密度从每公顷几人到数百人不等，一般平均密度为200人/hm^2。建成区的形态有向心的、正交棋盘式的、四边形的、线型的等等。

有组织聚落阶段比起前一时期是一个巨大的进步，在村落中人们生活得更安全，有永久的房屋，有一定的空余时间娱乐，因此也有更多的创造更好生活的机会。

随着村落规模的逐渐扩大，某一区域中一个中心村落的经济、商业、文化、宗教、行政等功能逐步加强了，这样就形成了集镇。每个集镇都是一个村落系统的中心。与村落不同的是，它无法孤立地生存下去，而必须依赖于若干其他社区。通过对世界上各地区的集镇系统的研究，可以得出一个集镇——村落系统的六边形理论模式，一个集镇为周围六个村落服务，村与镇之间的距离一般是5.22km（3.25英里），即人们步行一个小时的路程。整个集镇系统的领域为150km^{2}左右，平均约7000人，即六个700人的村落，加上一个3000人的中心集镇。在相同的地域面积内以前有4900人（7个700人的村庄），现在增长了2100人。建立了中心区后，人口增加了43%。集镇的结构是多样的，有的是从村落发展而来，有的则是择地新建，尝试用新的结构以适应新的功能要求。一般来说，集镇总处于它所服务地区的中心。服务的种类和数量也在不断增加，以满足不断增长的人类需求。

多数集镇都经历过一个动态发展期，然后稳定下来，居民们有足够的时间来逐步改善内部的环境，以获得更好的生活质量。

继集镇出现之后，我们又目睹了城市的出现。首先是静态城市的产生。由于很难在集镇与城市之间划一个分界线，人们无法明确指出第一个静态城市是什么时候出现的，就像无法明确指出第一个集镇何时出现一样。可以确切指出的是，城市是比集镇更大、更复杂的人类聚居。

静态城市的结构和形态有很多种类型，但通常都呈自然地向心放射。那些经过规划建造起来的城市则总是呈四边形，如古代希腊的雅典、古代罗马的许多城市。

由于城市规模的不断扩大，城市中心开始向外扩展。后来，在较大的城市里便出现了多个中心。

静态城市的形状往往由围墙所确定，城市有组织地向外扩展。

静态城市的人口规模一般都在十万人以下，平均人口为5万人，最大达到15万人，如古罗马等都城。

与集镇一样，城市的位置总在其实际领域的中心。城市的结构沿袭集镇结构的原则，但大多是自然形成的中心辐射系统框架。当城市规模太大时，便出现了许多问题，如古罗马，造成了中心区的交通拥挤。很明显，交通阻塞不仅是现代的问题，也是过去的问题。当人类有机会按规划创建城市时，总是根据正交棋盘系统创建。对人类生活质量来说，相应的情况也存在。村落里所有的人都能与自然直接接触，城市里的大量人口则与自然没有任何接触，这导致新的需求——创建公园、花园和其他开敞空间，增加了私有花园的重要性。没有可能拥有花园时（经常是这样的），那些有钱人便离开城市，迁移到郊区带花园的别墅里。

由于数百年中生产力水平的低下，经济发展非常缓慢，城市的发展也非常缓慢，其人口规模和用地规模变化都很小。因此，对于城市内部的居民来说，城市几乎是静止的，不发展的。静态城市是一个相对概念，很难作出确切的定义。一般是以城市发展的速度快慢来判断。一般来说，18世纪工业革命以前的城市都属于静态城市。

从无组织的原始聚居发展到村落、集镇和静态城市，这就是18世纪工业革命以前人类聚居的发展过程。

工业革命以后，由于生产力的迅速发展，农村的剩余劳动力不断增加，向城市集聚。同时，现代技术和现代化交通的发展为城市的扩展提供了可能，这样，原来城市中的静态平衡被打破了，城市迅速突破了以前的边界，向乡村扩展。尤其是21世纪以来，城市更是以前所未有的速度增长。这样，第四维因素——时间因素的重要性就超过了其他三维因素，越来越多的静态城市参与了剧烈的动态发展。从这个意义上来说，人类聚居便进入了一个新的时期——动态发展时期。

动态城市与静态城市有着本质的区别。动态城市的最大特点是连续不断地增长，始终处于变化之中，总是没有规则地不断向乡村扩展，破坏自然状态。**对于动态城市，用人们习惯的“形态、结构、规模”等来描述已不够了，因为对它来说，最重要的特点是它的动态变化趋势。**

和静态城市一样，动态城市也无法给予确切定义，道氏提出的标准是：若城市每年的人口增长率和经济增长率之和大于1.2%，就属于动态城市。如果每年的人口和经济综合增长率介于0.5% ~ 1.5%之间，就是混合型的城市。道氏在对世界上的大部分城市作了统计分析后得出这样的结论：城市人口规模与城市的动静态有密切关系，一般来说，十万人口是动态与静态城市的分界线，凡超过十万人口的城市都是动态城市。在人口规模低于十万的城市中，只有很少一部分城市由于地理条件等特殊原因（如靠近主要交通干线或交通中心，或位于一个正在迅速发展的大城市附近），而呈动态发展。

在动态城市中，自然、人、社会、建筑、支撑网络等五项元素总是不平衡的，人口不断涌入，城市功能不断增加，新的活动不断出现。因为动态城市的扩展是无组织的、盲目的，因此在它的扩展过程中很少顾及自然界的生态平衡，以及保护景观、水资源、气候等因素。

由于动态城市出现的历史还很短，人们尚未认识其规律，因此，人们在动态聚居中失去了与自然界的联系，失去了与社会的平衡。可以举一个城市居民每天时间分配的例子，来说明动态城市对人们生活方式的巨大影响。在工业革命初期，西方城市居民一天的时间主要花在三种活动上：

睡觉休息：　1/3天
工作学习：　1/3天
娱乐消遣：　1/3天

而现代动态城市中，居民一天的活动中又增加了第四项内容，即上下班在路上奔波数小时。现代城市居民的时间安排是：

睡觉休息：　1/3天
工作学习：　1/3天
娱乐消遣+交通：　1/3天

由此可见，用在路途上的时间越多，人们宝贵的娱乐时间就越少，另一方面，这段浪费了的时间都是以受罪的方式度过的。这是一个值得重视的问题。

既然动态城市的最大特点是连续增长不断发展，那么它最终将会导致什么样的结果呢？要想回答这个问题，首先需要考察一下迄今为止动态城市的发展过程。

工业革命初期，那些以前具有独立边界和明显行政地域界线的静态城市开始扩展，突破了原来的边界，毫无组织地向乡村延伸，这样就出现了早期动态城市。早期动态城市的出现，在经济上是由于城市的工业化，在技术上则是由于铁路的出现，它使每天远距离上下班交通成为可能。18世纪后半叶，早期动态城市在英国等国家产生，而在有些国家二战后才出现。**随着城市的进一步工业化，铁路在郊区沿线发挥了更大的作用，早期的动态城市便发展成为真正的动态城市**，其特征是城市不再仅仅是沿铁路线发展而产生一个个新的独立的城市，而是向所有方向扩展，吞并了附近的乡村和城市（图8–7）。同时，动态城市还对周围的独立城市产生影响，使它们也呈动态发展，这样，整个区域都显示了动态的特征。

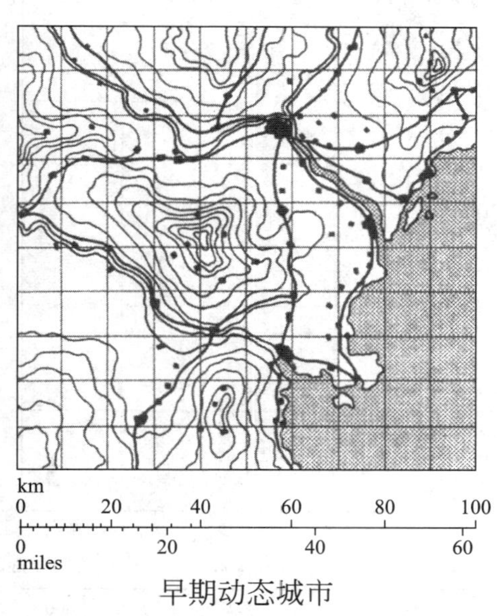

早期动态城市

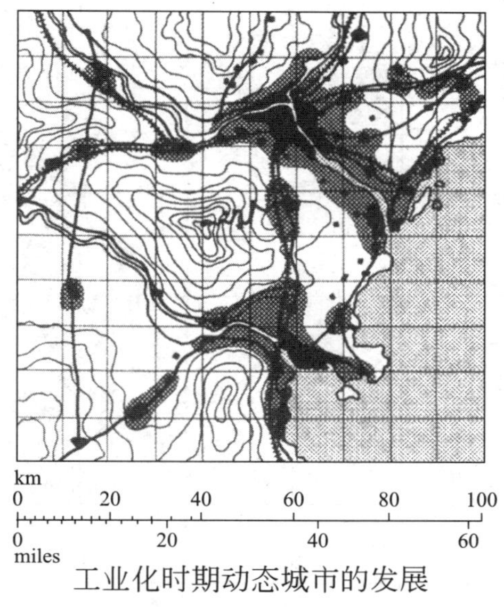

工业化时期动态城市的发展

图 8-7　动态城市

资料来源： C. A. Doxiadis. Ekistics: An Introduction to the Science of Human Settlements, P210, 213.

从20世纪40年代起，又出现了一种新的聚居形式。**在一个广阔的地域范围内，若干个大小不等、类型不同的动态特大城市和大城市，互相穿插发展形成一种错综复杂的结构，其内部有若干个交通系统、通信系统和各类用途的土地混杂一体，甚至互相冲突，这是一种规模更大的新的聚居形式，人们通常称之为“城市连绵区”**。第一个城市连绵区出现在美国的东海岸，从波士顿到华盛顿地区，其长度将近1000km（图8–8）。

地球表面陆地可用面积$73.9\times10^6\text{km}^2$（表8–1），理论上，它可以支持350万个单独的村落，或少一些村落而增加60万个集镇和10万个

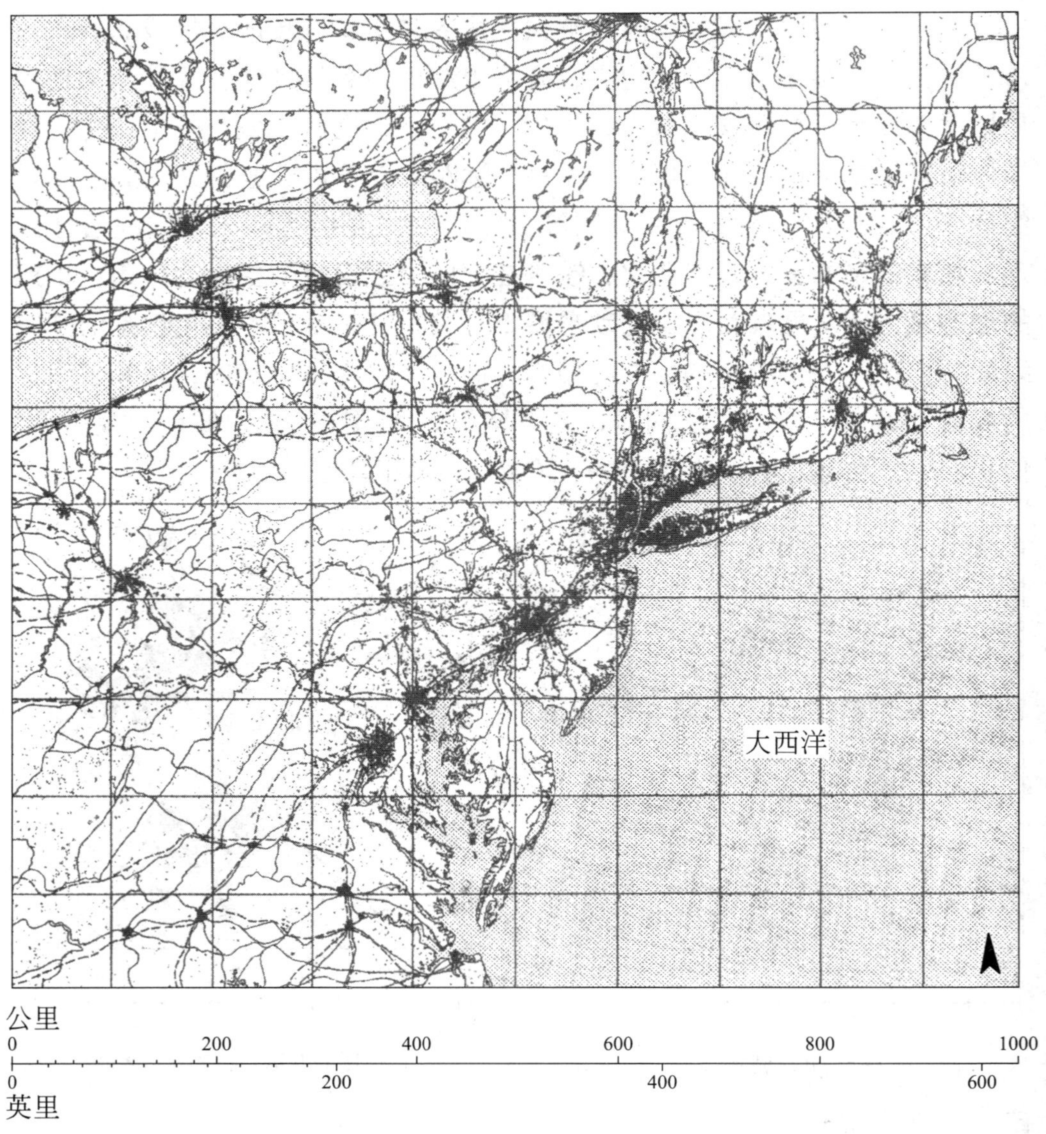

图 8-8　美国东海岸的城市连绵区（1963）

资料来源：C. A. Doxiadis. Ecumenopolis: the Inevitable City of the Future. Athens Publishing Center, 1975, P104.

城市。这相当于15000个小城市，或3000个大城市，或500个城市组团，或 90个城市连绵区。

从原始无组织的聚居到静态城市，再从动态城市到城市连绵区的出现，这就是迄今为止人类聚居的整个发展过程。道氏通过对这个发展过程的分析，看到了下列发展趋势：

地表陆地可用面积　　表 8-1

	10^6km^2	10^6mi^2	%
人类聚居区的建成区域	0.4	0.15	0.55
可耕区域	13	5.0	17.60
牧场	21.3	8.2	28.80
森林	35.3	13.6	47.77
潜在可用培育的区域	3.9	1.5	5.28

第一，从时间上看，人类聚居的变化发展速度越来越快，变化越来越频繁。人类用了几十万年时间从原始无组织的聚居进化到永久性的村落，从那时起到工业革命开始为止，大约用了一万年的时间才完成了从群居的村落到城市的发展过程，在人类聚居的规模上缓慢地爬上了五个单位台阶①，而从1825年起到现在这150年的时间里，就已相继产生了大都市，城市组团和城市连绵区，即用了150年时间就登上了三级台阶，照此发展下去，用不了多久，我们将看到更大、更复杂的聚居形式出现。

第二，城市的地域规模与经济发展水平是成正比的。如美国城市日常运动系统的平均半径为90km，而在一些不发达国家城市的平均半径仅30km②，这个差别完全是由经济上的发达程度不同造成的。因此，随着经济技术水平的不断提高，世界各地城市的用地规模还将不断发展。

第三，城市人口密度将逐步降低，然后趋于平衡。因为人们总是希望具有最佳的个人空间，随着生活水平的提高和交通工具的发展，人们不愿再拥挤在市中心附近，而逐步向郊外迁移。

第四，城市与城市之间的联系将会越来越密切，而且这种联系不仅仅限于一个地区之内，一个国家之内，而将是全球性的。如从美国的情况看，先是大都市将许多城镇吞并，然后许多大城市逐步联系成一个整体，产生大城市群，并互相联系，形成大城市群区。

通过上面的分析，我们看到人类聚居从诞生到现在已有数百万年的历

① “五个单位台阶”是指五级聚居单位。

② C. A. Doxiadis. Ecumenopolis: the Inevitable City of the Future. Athens Publishing Center, 1975, P281.

史，经过了四个发展阶段:无组织的原始聚居、有组织的原始聚居、静态的城市聚居和动态的城市聚居。这四个阶段的时间跨度分别是:

第一阶段——数百万年；

第二阶段——一万至一万二千年；

第三阶段——五千至六千年；

第四阶段——约需400年。

可以看出，人类聚居发展阶段的时间跨度越来越短，这意味着现代人类聚居已进入了成熟期，再过一个阶段人类聚居将到达一个稳定阶段。总有一天，**全球的城市地区将会连成一片，形成一个崭新的聚居形式——普世城**。

8.2.2　聚居系统的进化过程

在静态分析部分，我们已经分析了聚居系统的几种结构模式。在这里，要进一步考察聚居系统随着时间的推移而产生的变化发展过程。

我们先来看以下古代聚居系统的形成和发展过程。当最初的人类在某个地方定居下来的时候，便产生了第一个人类聚居，这是聚居系统形成的最初阶段。最初的人类来到某一地区以后，总是要选择该地区中最有利的地方作为他们的聚居地。这个选择过程一般受到两方面因素的影响:一个是功能因素，即人们总是要选择那些对生活和生产来说都是最方便最有利的地方；另一个是安全因素，即总是要选择最易于防守的地方。

第一个聚居建成之后，便会吸引第二批定居者前来该地区定居。这些后来者如果和第一批定居者有同样的习俗，他们就会选择一个次好的位置（一般都是在最佳位置的附近）建立新的聚居，如果后来者对首批定居者怀有敌意或戒心，便会从安全的角度考虑，在离第一个聚居较远的地方定居，而不去考虑这个地方从功能来看是否是次好的位置。

这样便产生出若干类型的聚居系统:一种是许多聚居围着中心聚居（往往是最早的聚居）组成系统，另一种是两个聚居分庭抗礼，在较远的距离上同时向外扩展，最后必然导致冲突，结果或是其中一个变成比另一个低

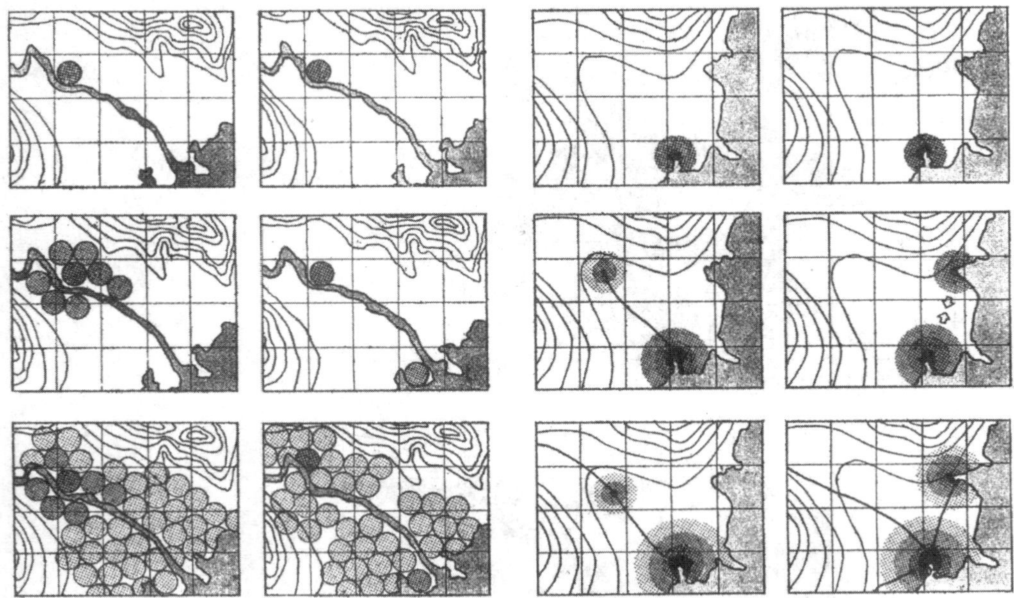

图 8-9　聚居系统的形成

资料来源 :C. A. Doxiadis. Ekistics: An Introduction to the Science of Human Settlements, P224.

一级的聚居，或是两者组合成一个更大的系统（图8–9）。这便是最初的聚居系统的形成过程。它完全是自然的发展过程，而不是人们的自觉行动的结果。

在人类历史发展过程中，人、社会、经济活动都在不停地变化，聚居系统也会随之不断发生变化。譬如在欧洲，中世纪的封建城堡式聚居系统，逐渐演变成了新的以民族国家为基础的聚居系统，前者的特点是人口都集中在聚居系统的中心，形成一个个孤立的城堡，而在民族国家中，人口则分布得比较均匀，聚居之间的交通网也比较发达。在工业经济逐步发达起来以后，这种以民族国家为基础的系统又进一步演变，聚居系统逐步超出了国界。例如，西欧的所有主要工业城市之间在功能上都紧密地联系在一起成为一个系统。

聚居进入动态发展阶段之后，形成聚居系统的“力”也发生很大变化，新的动态聚居系统和动态区域主要受到三种吸引力的作用（图8–10）：

① 主要聚居中心（即大城市）的吸引力；

② 现代交通干线的吸引力；

③ 具有良好景观的地区的吸引力。

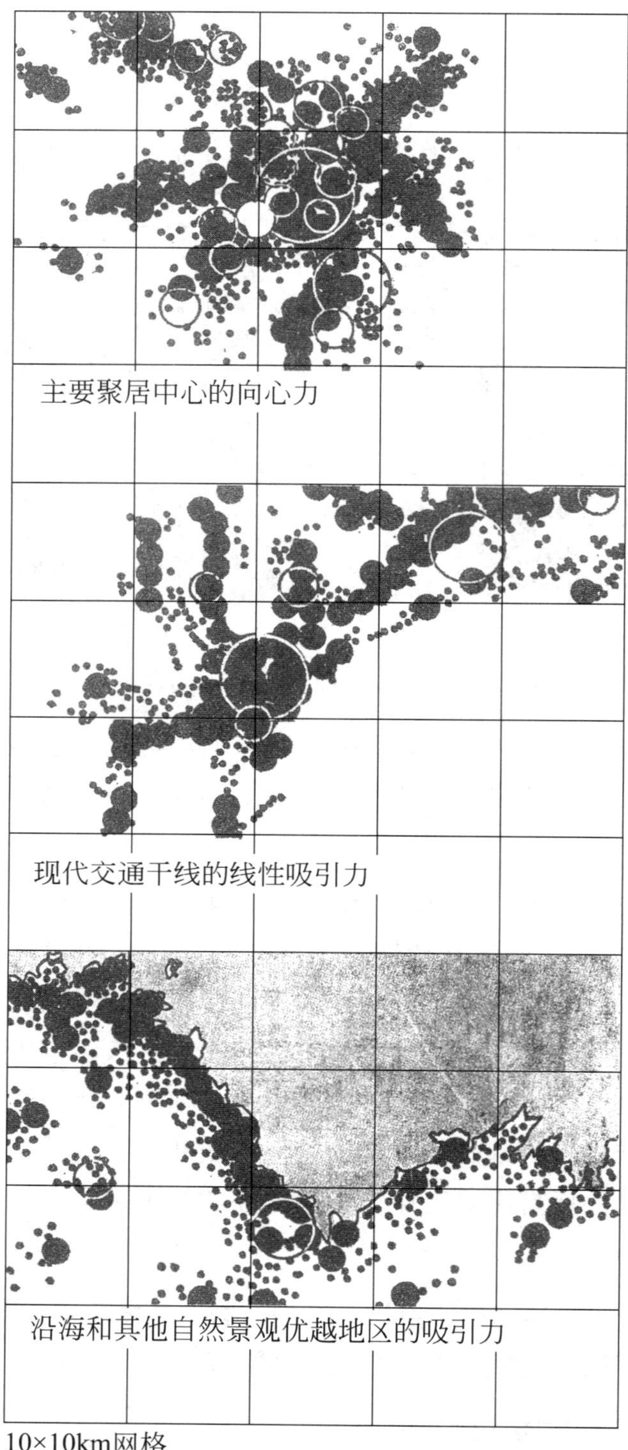

图 8-10 形成普世城的力

资料来源：C. A. Doxiadis. Ekistics:An Introduction to the Science of Human Settlements, P229.

这些力对于整个区域的人口分布状况起着极大的影响，它们把人们都吸引过去，造成人口的高度集中。道氏认为，人口集中是件好事，我们应当鼓励集中并积极地解决因人口集中而带来的问题，而不是消极地使人口分散或设置障碍阻止人口向上述三个地区的集中。

道氏认为，根据人口集聚的不同情况，可以把聚居分为下列三种类型：

①发展中的聚居，受三种力的影响而人口正在不断增加；

②静态聚居，几乎没有受上述三种力的正面或负面影响，人口基本上保持平衡；

③正在衰退的聚居，聚居的人口受上述三种力的吸引而不断外迁，整个社区逐步衰落。

在上述三类聚居中，静态聚居由于几乎没有人口和用地规模的变化，问题较少。在那些正在衰退的聚居中，总是会产生许多严重的社会问题，因此必须引起人们的充分注意。然而，在这三类聚居中，**正在发展的聚居中出现的问题最多，人们应当投入最大的精力去加以解决。**

从聚居系统的演变上看，我们正处于从静态六边形体系向动态体系转变的过程中。动态体系是不规则的，是没有理性的，这是因为动态聚居系统是由许多个动态聚居组成的，而这些动态聚居本身又以不同的速度发展着的。

8.2.3　聚居的扩展和变形

聚居的发展实质上就是不断生长和变形的过程。**考察现代动态城市聚居，我们能够发现一些共同的现象。首先，从城市的面积看，它们比一百年以前同一个城市的面积都扩展了10 ~ 40倍。其次，所有城市总体上的生长扩展都没有得到有效的控制、引导和规划。因此，所有聚居的规模和形态都是相当混乱的。**这种混乱不仅仅表现在城市的整个结构上，同时也表现在城市的细节问题上。比如，过去的城市里，建筑的高度是分等级控制的，公共建筑最高，居住建筑比较低矮。然而，现代城市在高度上却是混乱不堪。因此，我们可以说，**生长导致了城市规模失控，导致了结构与形态的混乱。**

应当看到，尽管动态城市的生长是失控的和混乱的，但仍是依据一定的自然规律，是可以预见的。因为人们在微观上的每一个行动都是有目的的，比如平原上的城市总是以同心圆式向外发展，而受到山川河流等自然条件限制的城市，往往朝着条件较优越的方向发展。可见，城市形态的变化发展主要取决于城市所在地区的自然条件。20世纪以来，人们为了控制城市规模的不断扩大，采取了许多措施，其中最普遍的就是建设卫星城。道氏对卫星城进行了分析，认为这并不是一种解决问题的好办法。他认为，卫星城由于规模较小，无法提供较高级的服务设施，反而给母城加重了（而不是减轻了）压力。而且，卫星城一般都不能离母城太远，这样，随着城市的动态扩展，若干年后，卫星城就有可能与母城连成一体。道氏认为建设独立的新城，比建设卫星城效果要好些。

但是，若要真正改变混乱和失控的情况，使人类能有效地控制城市的发展，我们首先必须在思想认识上来一个转变，**即在做规划时应当认识到我们面对的是动态城市的问题，应当“为生长做规划”**[①]**，应当积极地考虑如何使城市更好地发展，而不是考虑如何去限制它、束缚它。**道氏认为，20世纪70年代以前，绝大多数城市的规划方案基本上都是按静态城市的概念来做的，只有像哥本哈根、华盛顿等这样很少的几个城市例外。丹麦首都哥本哈根的城市总体规划是1947年制定的，当时人口为150万，规划确定哥本哈根今后的发展应呈“五指状”，而不是继续以同心圆向外扩展。这是一个富有远见的总体规划，它是经过对城市实际情况的仔细研究而制定的，其优点是抓住了城市发展的生长轴，使城市沿着生长轴向外发展，而不是向外“摊大饼”。但是，道氏指出，哥本哈根规划也有缺点。首先，他没有考虑城市的扩展给城市中心区带来的压力；其次，它没有考虑海岸线对城市的吸引力。因此，道氏在对哥本哈根周围的交通体系做了分析之后，认为哥本哈根如果能采用“一指形”发展模式（图8-11），让城市沿着靠近海岸的高速交通干线单向发展，这样更符合城市发展的实际情况，城市中心受到的压力也会更小些。

1958年制定的美国华盛顿特区规划，也大胆地突破了传统的同心圆扩展的模式。规划人员经过认真分析，制定了一个沿交通干线呈星形发展的

① C. A. Doxiadis. Ekistics: An Introduction to the Science of Human Settlements, P249.

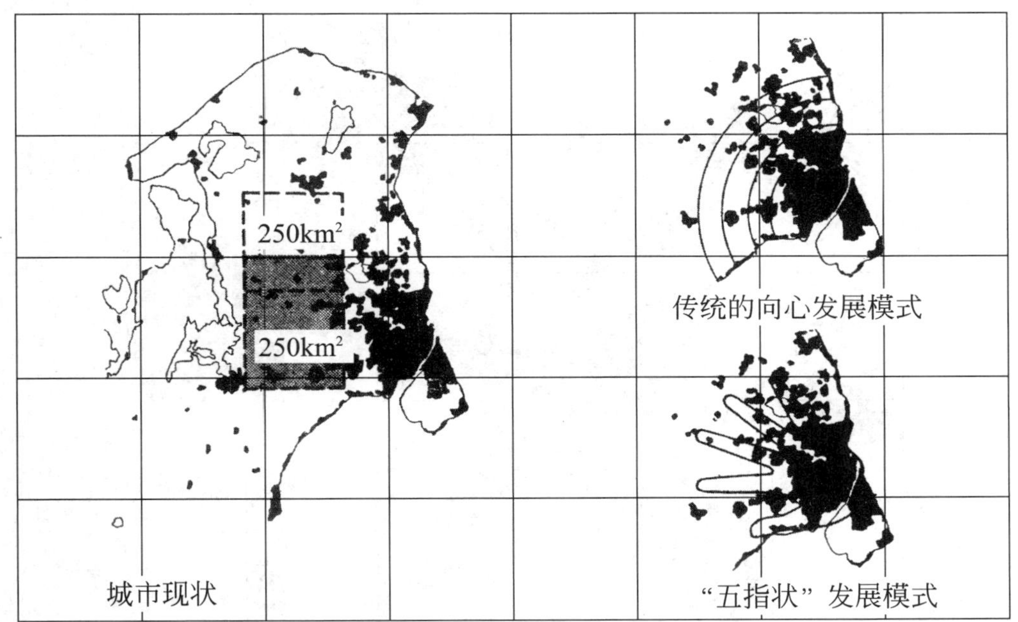

图 8-11　哥本哈根规划方案

资料来源：C. A. Doxiadis. Ekistics: An Introduction to the Science of Human Settlements, P250.

规划。道氏认为这个规划方案的优点与缺点都和哥本哈根规划相类似，他们都抓住了城市动态发展这个趋势，但都忽视了城市中心区的扩展问题。道氏认为，城市的发展应当以中心区的发展为轴线向外扩展。因此他为华盛顿特区的发展提出了一个新的建议：华盛顿周围的交通干线都已超负荷了，城市未来的发展应该以波托马克河为主轴线向外扩展，这样可以避开整个区域造成的压力（图 8-12）。

道氏通过对哥本哈根规划与华盛顿规划的分析和建议，初步表达了他自己的规划思想：城市的发展模式应当是动态轴向发展。这一模式后来成了道氏人类聚居学的一个主要组成部分，对此我们将在下一章作较为详细的介绍。

8.3　聚居病理学研究

动态聚居在生长和发展的过程中，必然会产生很多问题，出现很多病变，人们已经认识到了这一点，并且正在采取许多措施。但迄今为止从未有人对聚居中的病变和问题作过系统的研究。

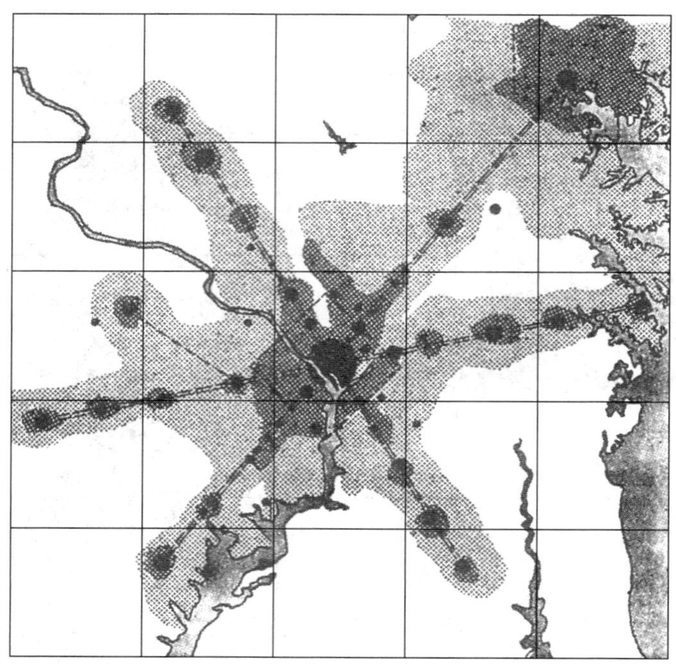

国家首都规划委员会提示的规划(2000年)

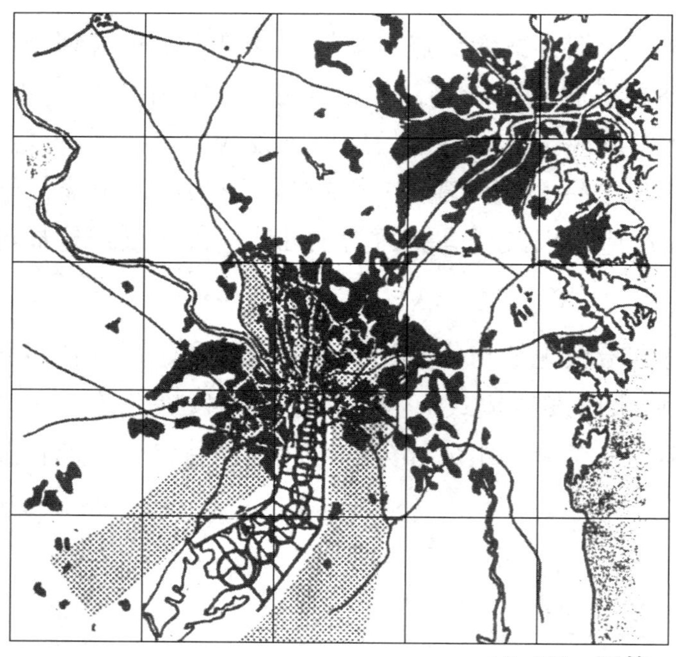

道氏提出的发展模式

图 8-12　华盛顿地区发展模式

资料来源：C. A. Doxiadis. Ekistics: An Introduction to the Science of Human Settlements, P253.

道氏认为，只有在对聚居中存在的问题和引起这些问题的原因有了全面而透彻的认识之后，才有可能采取正确的行动。因此，需要对聚居中存在的问题进行专门的系统研究。道氏借用了医学上的术语，把这项研究称为“聚居病理学”。道氏指出，**“聚居病理学必须研究聚居的疾病，研究由这些疾病引起的功能和结构变化，研究构成疾病主要特征的生理和解剖上的异常现象，最后，还要研究产生聚居的疾病或异常变化的原因”**[①]。

要研究聚居的疾病和异常变化，首先必须要搞清楚什么是聚居的正常状态，什么是健康的聚居。道氏认为，如果一个聚居能够同时满足所有居民的需要和环境的需要，这个聚居就是正常的和健康的[②]。可以看出，这里有两条标准：既要符合自然界的规律，又要满足人类生活和生产的要求。

对于人类聚居中存在的问题，即聚居的病状，人们已作过很多的描述，如交通问题、环境污染问题、城市中心区衰落问题等等，但是，人们对引起聚居疾病的原因却缺乏了解，按照道氏的观点，**引起聚居疾病的原因主要有四个，即老化、异常的生长、功能和准则的变化、人们错误的行动。**

就像动植物一样，老化是许多聚居问题的原因。虽然聚居本身是可以永远存在下去的，但构成聚居的某些元素和组成部分则是有年限的。

异常的生长指的是某些方面的增长超过了聚居所能承受的限度。人们在建造聚居时总是要为今后的发展预留出一些余量，这些余量就规定了正常生长的限度，如果某方面的发展超过了这个限度，聚居的疾病就产生了。在现代聚居中，人口不断增长，经济高速发展，城市用地不断地扩展，由于目前的聚居尚不能适应这种动态的增长，因此就产生了各种矛盾和问题。

功能和行为准则的变化是引起聚居疾病的另一个原因。譬如，原是为人们行走而建造的街道，现在却闯进了汽车，街道的功能改变了而结构依旧，于是便出现矛盾。人们的生活标准也在变，过去能使人满意的事物现在则不一定了，因为人们的需求变得越来越高。

引起疾病的最后一个原因，是人们在解决聚居问题或建设新聚居时所采取的错误行为。人们由于无法理解动态聚居中的各种问题，往往对聚居

① C. A. Doxiadis. Ekistics: An Introduction to the Science of Human Settlements, P265.

② C. A. Doxiadis. Ekistics: An Introduction to the Science of Human Settlements, P265.

问题采取错误的对策，这样反而更引出新的矛盾。

在聚居中，上述四种原因有时单独起作用，有时是几种原因同时发生影响；而且，由于聚居的影响因素是多种多样的，致使每一个聚居中出现的问题都不一样。

在各种影响聚居疾病变化的因素中，文化差异是一个很重要的因素。文化是由历史、人种、地理和气候等条件决定的，不同的文化导致了不同的生活方式和聚居的形式。也许在人类社会的初级阶段，聚居之间可能没有区别，因为那时的人类文明程度很低，尚未产生文化的地方特色。当地方文化产生后，聚居的形状便出现了差别，聚居中的问题和疾病也呈现出不同的特点。

科学技术的发展是一股聚合力，现代科学技术的发展将再次导致全球的文化。但是，**科学技术的发展也正在威胁着地方文化的生存，也许在世界文化尚未形成的时候，地方文化就会消亡了。因此道氏提出，应当尽可能地保存现有聚居中所具有的地方文化和传统价值。**

在目前的情况下，东西方之间文化的差别给聚居带来了不同的问题，西方文化明显地处于领先地位，在那里聚居遇到的是没有先例可循的新问题，譬如，当规模巨大的立体高速道路把某一个西方城市很优美的环境破坏后，没有任何可资借鉴的经验来解决这类问题。**而对于东方国家的聚居来说，最大的问题是，在毫无准备的情况下西方文化和科学技术大量涌入，导致了现代技术与地方传统文化的冲突，这样东方的聚居文化就有可能连同文化一起消亡的危险。**这个问题应当引起人们的足够重视。

除了文化因素引起聚居问题的差别以外，还有许多因素，如地理位置、气候、经济、社会、政治、技术等等，也同样导致聚居疾病的变化。因此，在着手处理聚居的病变时，应当仔细分析，“对症下药”。

第9章

人类聚居学理论研究

对理论的探讨和研究是人类聚居学最重要的一个内容。人类聚居学要作为一门独立学科，并对人类聚居的发展起指导作用，就必须建立起一整套理论。正如道氏所言，**"理论是以事实为基础的，但又不是事实本身。理论是对实际情况的解释和归纳，导出一些基本的规则，并由此建立起系统的思想"**[①]。

道氏把人类聚居学的理论研究工作分成两步：**第一步，根据聚居的事实，导出一些关于聚居发生、发展、生长、衰亡的最基本的原理和定理；第二步，把上述原理和定理归纳成为一个基本理论体系**。当然，理论研究是一项长期的工作，需要许多人的共同努力。道氏本人也认为，他自己只能做一些初步的开拓和探索工作。

9.1 聚居的基本原理

在进行理论归纳之前，把有关聚居生长、发展、衰亡及其正常运转的一些最基本的规律以定理的形式表达出来，这是道氏人类聚居学理论研究的第一步。所谓聚居的定理就是聚居的自然法则，它们既具有无可辩驳的事实基础，不会随时间而改变，并且适用于所有类型的聚居；同时，作为定理，又必须具备真实、有用、简明、概括等特点。

道氏共提出54条关于聚居的定理。这些定理共分三个部分：第一部分是有关聚居发展的定理，共20条，指出了聚居产生、发展、消亡的规律；第二部分涉及聚居的内部平衡问题，共5条；第三部分是关于聚居的实体空间特性的定理，包括聚居区位、规模、功能、结构、形态等方面的内容，共29条。

9.1.1 有关发展的定理

1）产生

定理1 人类聚居是为了满足居住其内的人和其他人的需要。满足各种不同影响因素的需要而创建的。

---

① C. A. Doxiadis. Ekistics: An Introduction to the Science of Human Settlements, P282.

定理2　随着聚居的创建和发展，新的、未曾预料的功能会不断被添加进来，因此聚居必须同时满足最初的需求和不断增加的、新的需求。聚居越发展，这些新增加的需求就变得越重要。

定理3　人类聚居的最终目的是要满足内部居民和该聚居所服务的地区内其他人的需要，尤其是要满足有关人类幸福和安全的需要。

定理4　只有当聚居中居民的所有需要——经济的、社会的、政治的、技术的和文化的需要都得到满足时，才能认为该聚居对居民来说是满意的。

定理5　聚居是由内部的居民创建的，聚居存在的先决条件是其内部居民的存在。

定理6　只有当人们真正需要一个聚居时，它才会被建立并且生存下来。

2）发展

定理7　人类聚居的发展和更新是一个连续的过程，此过程一旦停止，导致聚居死亡的内因就产生了；但聚居经过多长时间才会真正消亡，则取决于所有的影响因素。

定理8　聚居的潜力、聚居任何时候的规模和类型，主要取决于聚居的地理位置和它在整个聚居系统中所处的地位。

定理9　聚居中的经济、社会、文化及其他价值的总投资，在任何时候都取决于聚居本身的潜力，以及聚居在系统中所处的地位和作用，因为这两者是内部和外部投资的条件。

定理9之分定理　聚居内某部分的投资额取决于作用在此部分上的外部作用力。

定理10　除了导致聚居形成的最初需要外，聚居中已形成的有价值的东西作为下一层次的力，起着加快聚居发展或延缓甚至阻止聚居衰退的作用。

定理11　在一个正在生长的聚居系统中，最大的聚居比其他聚居增长更快。

定理12　一个聚居的人均费用同它所提供的服务设施和居民数量成正比（即城市人口越多，服务设施越好，则人均建设费用越高）。

定理13　时间是聚居发展的必要因素，它寓于聚居之中，并被物质地表现出来。

定理14 时间不仅对聚居的发展，而且对聚居的存在都是必要的，因此时间对聚居来说成为必不可少的第四维因素。

3）衰亡

定理15 当聚居不再能为居民提供服务，不再能满足居民和社会的基本需要时，聚居就开始逐步走向衰亡了。

定理16 在聚居衰亡的过程中，以前的所有投资不会消失，除非价值转移了。

定理17 在聚居衰亡的过程中，所有的元素并不同时死亡，它所具有的价值也不会同时消失。所以聚居作为一个整体，即使其中的某些元素正在衰亡，但通过更新，聚居本身还是有很大的可能生存下来并仍得到发展的。

定理18 在聚居衰亡的过程中，由现存的力所产生的惯性在延缓衰亡的过程中起很重要的作用。

定理19 当聚居存在的任何理由都已消失，或该聚居提供的设施在另一个地方更容易获得，或者标准更高时，聚居的死亡过程就完成了。

定理20 聚居的形成、生长和衰亡都遵循一定的规律，除非人们想要去改变这个发展过程。

9.1.2 有关内部平衡的定理

定理21 在聚居的每一个部分，五项元素都趋于平衡。

定理22 聚居的各元素之间的平衡是动态的。

定理23 在聚居形成和演进的每一阶段，元素之间的平衡都以不同的方式出现。

定理24 在聚居的每一部分和每一层次上，元素之间的平衡是以不同的方式出现的。

定理25 从空间角度看，在所有元素的所有平衡中，最主要的是人的尺度之平衡。人的尺度是由人通过其身体和感官来确定的。

9.1.3　有关物质特性的定理

1）区位

定理 26　聚居的地理位置是由它自身的功能和它在整个聚居系统中所担负的作用决定的。

定理 27　聚居的地形位置取决于它的需要和它的规模。

2）规模

定理 28　聚居的人口规模取决于它为本身的居民和为整个聚居系统所提供的服务和发挥的作用。

定理 29　聚居的用地规模取决于它的人口规模、功能，以及它在聚居系统中的作用和它的地形位置。

3）功能

定理 30　聚居的功能取决于它的地理和地形位置、人口规模和它在聚居系统中的地位。

定理 31　聚居在系统中的地位取决于它的功能、地理位置和人口规模。

定理 32　聚居的功能和它在系统中的地位同它的地理和地形位置、人口和用地规模等相互制约。（图 9–1）

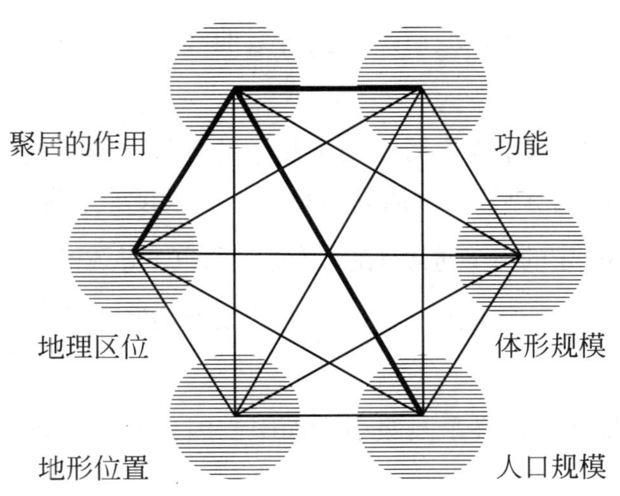

图 9-1　各要素和功能之间的依赖关系

资料来源：C. A. Doxiadis. Ekistics: An Introduction to the Science of Human Settlements, P307.

4）结构

定理33　人类聚居的基本细胞，即人类聚居单元，是一个社区的实体空间表现，这个单元具有正常的功能而不能再分割。

定理34　所有社区，即所有聚居单位，互相联系形成一个等级层次系统。高一级的社区为若干个低一级社区提供服务。

定理35　等级层次的上下联系并不是社区之间唯一的联系，许多其他联系（如在同一层次上的互相联系）也同样可能存在。但就组织结构而言，联系是有等级层次的。

定理36　高一级的社区或功能的出现和存在并不意味着低一级社区或功能的消失。

定理37　每个聚居单位、社区和功能为比它低一级的相应对象提供的服务类型和满意程度，取决于时间—距离和费用—距离[①]指标。

定理38　聚居的总体空间肌理取决于它的基本的聚居单元，即聚居模数，它可以是一座房子或是一个街区的尺寸。

定理39　聚居的空间肌理随尺度的变化而变化。

5）形态

定理40　聚居中的所有部分互相紧密联系的趋向是形成聚居形态的主要作用力（因此多数聚居都呈向心形式）。

定理41　向心力导致城市形态按等效曲线分布——理想情况下是一组同心圆。

定理42　线性力导致聚居中的某几个部分呈线形。在一定条件下经过一定的时间，有可能使整个聚居呈线形，但其长度是有限的。

定理43　不确定的力（通常是由地形景观所致）导致聚居呈不确定的形态。

定理44　一个聚居的形态是向心力、线性力和不确定的力共同作用的结果。

定理45　聚居往往在最具吸引力而限制因素最少的地区生长。

---

① 时间—距离（time-distance），指的是移动单位距离所需的时间；费用—距离（cost-distance），指的是移动单位距离所需的费用。

定理46　对安全的考虑在一定情况下会超过向心力而成为直接影响聚居形态的重要因素。

定理47　影响聚居形态的另一个重要因素是形成有序模式的倾向。有序性趋向与向心力构成一对矛盾，向心力使城市呈同心圆状，有序性趋向使城市呈方格网状。

定理48　聚居的最终形态是上述所有的力，即向心力、线性力、不确定的力、对安全的考虑和有序性趋向，以及文化、传统的因素综合影响的结果。

定理49　只有当所有这些重要程度不等的力在空间中处于平衡时，聚居的形态才是令人满意的。

定理50　人类聚居的正确形态应当能够最好地表现其内部的人、动物和车辆的所有静态位置和动态活动。

定理51　正确的形态应当表现出每个聚居单位的重要程度、分类和相应的规模。

定理52　一个聚居或是聚居中任何一部分的密度取决于其上面的作用力。譬如，交通密度取决于把交通吸引入该地区的力，办公区的人口密度取决于产生该地区办公功能的力。

定理53　在正常情况下形成的聚居，其密度随该聚居在聚居系统中的位置和作用而变化，并且是一个有理性的连续变化过程。

定理54　聚居单元为居民提供服务之满意程度，主要取决于聚居的基本密度。

9.2　人类需要与聚居的评价标准研究

9.2.1　人类需要与人类聚居的建设原则

道氏的人类聚居学是以研究人的需要为第一出发点的，判断一个聚居的好坏就是要评价它满足人类需要的程度。人类需要可分为两大类:第一类是客观的可量度的需要。如，从度量的角度看，人们每天需要一定量的热量、水、氧气以维持生命，需要一定面积的空间、土地来进行日常活动，等等，这些是人类的基本需要，一般差异不大，可以确切地量度；第二类是主观上的不可直接量度的需要。比如，人们去森林或海边最愿意走哪条路？什么样的城市、村庄、住宅最受人们喜爱？对于这些问题，很难做出简单的回答，甚至无法说出什么是最优的选择，因为人们的行动并不总是合乎逻辑的，因此，对这类需要只能用经验统计的方法进行考察。一般来说，涉及的聚居规模越大，就越能用合理性来确定人们的需要，对需要做出确切定义的可能性也越大。例如，某人若想建造一幢别墅，他可能会因为个人偏好而选择一个远离城市的位置，但是如若一个城市要建造一所学校，其选址就必须经过理性的判断和比较来确定，最终将靠近城市。

从需要的特点来看，人类需要可以按照不同的标准分类。如按需要的主体可分成个体的需要和集团的需要；按层次可分为基本需要（如生存需要）、第二级需要（如感情需要）、第三级需要（如事业上的成就）等；按人与空间的关系，又可分为自然的需要和人为的需要。此外，还可以分为生理需要、经济需要、社会需要、文化需要等。然而，在所有的人类需要中，对聚居来说最重要的是人类对空间的需要，因为这类需要是形成聚居的最主要的"力"。

人类对空间的需要可以通过由此而派生的功能来加以理解。譬如，人们在空间中不断流动，导致了城市的交通功能；人们对于遮蔽空间的需要，导致了住宅功能的出现。而人类对空间需求的满足程度和功能的运转状况，则取决于聚居的现状条件及其所提供的可能性，同时前者对后者又有制约作用。如，农业生产是一种特殊功能的活动，它依赖于足够的适于种植的土壤和正常的气候等自然条件；但是，如果没有人去那里定居，这些条件本身对于人类需要来说也就失去了意义。

人类对空间的需要往往表现为个人的需要和团体的需要两种形式。从个人对空间的需要来看，人们在不同时间和不同环境条件下，需要多种类型和规模的空间。这些空间可能是直接与人联系在一起的，也可能是间接联系。例如，人每天食用的大米可能是从数百里之外的农村运来的，人与这个数百里之外的农村中的某个空间就有了间接联系。个人对空间的需要可分为生物的、生理的或感官的，等等；每一类又可细分为身体、感官、头脑、心灵等项内容。通常，对个人的空间需要可以用如图9-2所示的网来进行定量分析。

<table>
<tr><th colspan="3" rowspan="2">总需求</th><th rowspan="2">空间需求</th><th colspan="4">需求层次</th></tr>
<tr><th>第一层次</th><th>第二层次</th><th>第三层次</th><th>其他</th></tr>
<tr><td rowspan="4">个人</td><td colspan="2">智力</td><td></td><td></td><td></td><td></td><td></td></tr>
<tr><td colspan="2">感官</td><td></td><td></td><td></td><td></td><td></td></tr>
<tr><td rowspan="2">身体</td><td>静止</td><td></td><td></td><td></td><td></td><td></td></tr>
<tr><td>运动</td><td></td><td></td><td></td><td></td><td></td></tr>
<tr><td rowspan="6">社会</td><td colspan="2">家庭</td><td></td><td></td><td></td><td></td><td></td></tr>
<tr><td colspan="2">小群体</td><td></td><td></td><td></td><td></td><td></td></tr>
<tr><td colspan="2">社区</td><td></td><td></td><td></td><td></td><td></td></tr>
<tr><td colspan="2">安全</td><td></td><td></td><td></td><td></td><td></td></tr>
<tr><td colspan="2">密度</td><td></td><td></td><td></td><td></td><td></td></tr>
<tr><td colspan="2">其他</td><td></td><td></td><td></td><td></td><td></td></tr>
</table>

图 9-2　创造人类聚居的需求及其度量方式

资料来源：C. A. Doxiadis. Ekistics: An Introduction to the Science of Human Settlements, P321.

在社会中，每个人都不是孤立存在的，人与人之间有着多种多样的联系，因此，全体的人对空间的需求与单个人对空间的需求是不同的。研究团体对空间的需要主要是考虑人们相互之间的关系在空间上的表现。人与人之间在空间中既相互吸引，又相互排斥。当人们相距过远或互相隔离时，就会产生相互接近和交往的愿望；而当人们过分接近时又会互相排斥，产生对私密性的要求。道氏认为，满足团体对空间的需要就是要解决好这对矛盾。"人们之间存在着一个在一定的文化背景和一定的相聚目的下，被认为是正常的空间距离"[①]，如果距离过远，则人与人之间的联系便削弱甚至消失了；如果距离过近，人们或是进入一种非常亲密的状态，或是发生冲突。这与分子结构很相像，原子之间远离时相互吸引，距离过近时又相互排斥。因此，人们之间的空间关系并非"越近越好"，而是"越接近最佳距离越好"。

在建设聚居时，应当使人们在尽可能接近的距离内尽可能隔绝，以保持私密性；同时应为人们提供与别人及别的地域进行交往的最大选择余地。要做到这两点，就必须认真考察人与聚居在空间上的关系。空间单元之间有多种联系方法，给人际关系带来不同的影响。譬如，在公共街道边的单

① C. A. Doxiadis. *Ekistics: An Introduction to the Science of Human Settlements*, P325.

层或二层住宅中，居民之间的相互关系比住在多层住宅中的人要密切得多（图9–3）。这是因为住在地面上的人们之间是头对头、脚对脚的关系，而楼房里的居民是头对脚的关系，这种关系不利于人们的相互交往。由此可见，空间单元之间的关系在很大程度上影响着人们之间的相互关系。这是道氏积极倡导建设低层住宅区，反对建造高层住宅的一个主要原因。

为了系统地阐述人类需要对于人类聚居的决定性意义，道氏将人类、

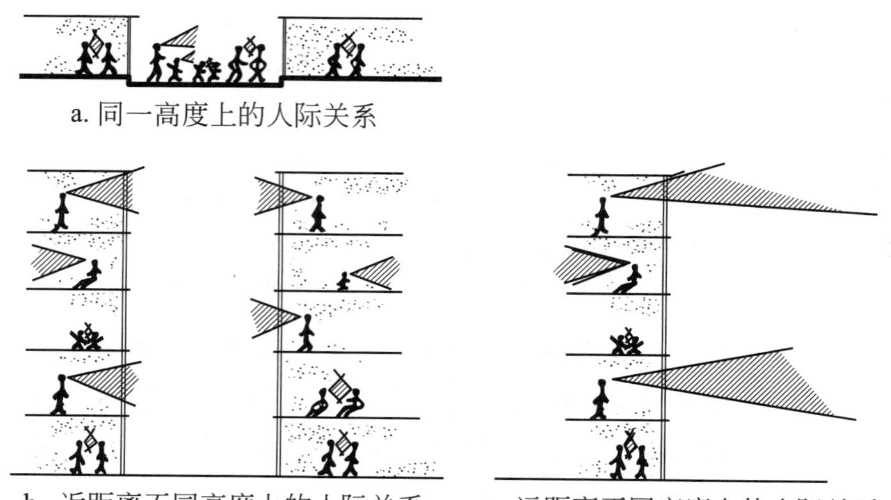

图 9-3　空间位置对人际关系的影响

资料来源：C. A. Doxiadis. Athropopolis, City for Human Development. Athens Publishing Center, 1975, P208.

城市及其相互关系、发展方向进行了全面的描述，通过18个假设对人类的需求和城市的发展趋势进行了分析和总结。

假设一——基本假设　我们所面对的地球是一个非常复杂、不断变化的生活系统，其各个组成部分之间相互影响。这些相互影响遵循一定的原理和规则，在整体上形成一个动态变化的系统；其中有些为我们所掌握，有些则由于复杂而未被掌握。依据我们所使用的标准，这个整体又对其各个组成部分产生正面或负面的影响①。

这一基本假设指出了世界上各种事物相互联系和运动发展的状态，强

① C. A. Doxiadis. Athropopolis, City for Human Development. Athens Publishing Center, 1975, P12.

调了人类聚居系统的复杂性。道氏因而指出，人类作为地球的一分子，无时无刻不在改变着周围的环境，并且人们对于环境的影响与日俱增；任何笼统的概括和过分的抽象都将十分危险并导致错误的结论。

假设二——人的需要　聚居是人类生活系统的物质表现形式。在人类的整个发展历史中，人们始终在五个原则的引导下，通过创建聚居来获得安定的生活，并战胜困难而谋生。这五个基本原则是:

① 交往机会最大原则；

② 联系费用（能源、时间和花费）最省原则；

③ 安全性最优原则；

④ 人与其他要素间关系最优原则；

⑤ 前四项原则所组成的体系最优原则[①]。

道氏认为，古往今来人类所有的聚居建设活动都是遵循上述五条原则的，这反映了人们对聚居的最根本的要求。以古代城市为例，按照第一个原则，人们为了获得尽可能多的交往机会，希望城市的规模越大越好；而当城市规模达到一定的程度时，由于特定交通方式的限定，有可能违背第二个原则，因而需要在这对矛盾中间找到一个平衡点，并尽量提高城市的密度，使人们尽可能接近；但是根据第三个原则，人类出于对私密性和安全性的要求，需要保持一定的距离，这就限制了城市的密度不能过高。城市的发展正是这几个规律相互作用、不断达到平衡的结果。人类聚居学五项原则是人类聚居学理论的一个非常重要的观点，是人类聚居的评价标准和设计依据。

假设三——人的平衡　在上述五条原则中，最重要的且最难实现的是第五个原则，它不仅引导人类与其他四种要素取得平衡，而且使它们能够根据变化达到新的平衡。平衡是人类发展的最终目标，这种平衡是在不断变化的系统中达到的动态平衡，是包括从人到整个地球的各个尺度上的总体平衡[②]。

---

① C. A.Doxiadis.Athropopolis,City for Human Development.Athens Publishing Center, 1975, P13.

② C. A. Doxiadis. *Athropopolis, City for Human Development*. Athens Publishing Center, 1975， P18–19.

这一假设体现出道氏研究的系统性，他强调人类最终的目标是实现大系统的平衡而非单个要素间的平衡。

假设四——人的发展　人类聚居是人们在五项基本原则的指导下建立的。其中第五个原则实现得越好，人类聚居就越为成功，居民们就生活得越为幸福、长久[①]。

这一假设提供了一个判断和评价人类住区质量的标准，即以大系统的平衡性来描述人类住区的质量。从这一假设出发，道氏认为人类住区的发展遵循一定的进化趋势。“导致各个层次的人居单位表现出特定形态的力的共同作用遵循一定的规律，即来自人体尺度和个人能量的力量所占的比例在下降，而作为发展和运转的动机，直接源于自然的力量所占的比例在增长。”[②]这种趋势使人工环境更加符合自然的要求。

假设五——人的未来　人类将遵循不变的五项原则创造未来的人类住区[③]。

经验表明，人类住区将在大量的偶然努力以及少量特殊条件下的自觉努力中找到它正确的发展道路[④]。这一假设表现出道氏对平衡理论的特别强调和坚定信心。

在阐述了人类的需要和发展之后，道氏对城市的发展也进行了研究和归纳。他坚信城市的发展有其自身的规律，强调在重视人的需要的同时，必须同时兼顾城市的发展趋势。他认为人口集中是人类聚居由低级向高级发展的基本规律，因而对小城市的发展前途表示怀疑。“城市随着科技的发展而自然地发展，但是我们仍然糊涂地讨论着诸如希望发展小城市这类不太可能发生的事情，虽然我们知道人类总会放弃它并拥向大城市”[⑤]。道氏预

---

① C. A. Doxiadis. Athropopolis, City for Human Development. Athens Publishing Center, 1975, P20.

② C. A. Doxiadis. Athropopolis, City for Human Development. Athens Publishing Center, 1975, P21–24.

③ C. A. Doxiadis. Athropopolis, City for Human Development. Athens Publishing Center, 1975, P24.

④ C. A. Doxiadis. Athropopolis, City for Human Development. Athens Publishing Center, 1975, P24.

⑤ C. A. Doxiadis. Athropopolis, City for Human Development. Athens Publishing Center, 1975， P25.

见未来的城市将不可避免地走向大型化、复杂化，各种矛盾将大量出现并变得十分尖锐；全球城市将最终联系形成一个巨大的稳定的系统，即所谓“全球城市”。在以下假设中，道氏对此进行了详细阐述。

假设六——变化的城市　大城市成为不可避免的现实，它正在不断发展并将进一步发展下去，因为目前的城市已经是“多速”的城市，古老的静态城市正在向动态城市转变，而在城市活动交叉的区域有出现新的城市。由于城市间的相互联系形成了庞大的城市系统，对此，我们的任务是去发现和理解目前城市为何变化以及这种持续不断的变化将把我们引向何处①。

对于城市规模的扩大，道氏有其明确的见解。他认为城市规模的扩大是人类交通方式革命性进步的必然结果，但这并不是城市丧失人文特征的直接原因。“汽车的使用将许多单独的小城市联系起来，这些由小城市组成的网络系统对于有汽车的人来说，就如同一个充满浪漫情调的小城对于步行者一样亲切自然”②。

“大城市是不可避免的，我们必须面对现实，具体分析哪些特征是无法避免的，哪些是可以改变的；哪些是我们想要的，哪些又是我们不想要的；然后决定保持什么、立即动手解决什么。这其中最难办的是那些无法避免而又是我们不想要的东西，需要集中调动我们的资源，不去改变其必然的成分，而是努力创造受人们欢迎的新条件”③。

假设七——必然的结构　由于来自现有城市系统、现有的及新的交通干线和具有良好景观地区的三种吸引力的作用，人类聚居的结构将发生变化，未来的城市将在各个方面都变得更为复杂，各种要素结合在一起将形成高度复杂的系统④。

城市结构的复杂化是道氏对城市发展趋势的一个基本判断。

---

① C. A. Doxiadis. Athropopolis, City for Human Development. Athens Publishing Center, 1975, P25.

② C. A. Doxia dis. Athropopolis, City for Human Development. Athens Publishing Center,1975, P25.

③ C. A. Doxiadis. Athropopolis, City for Human Development. Athens Publishing Center,1975, P28.

④ C. A. Doxiadis. *Athropopolis*, City for Human Development. Athens Publishing Center,1975, P28–29.

假设八——必然的规模　未来城市的规模将日趋庞大，因为人口仍在不断增长，并且因为人们的收入和能量在增加，人的流动性在增强，人口增长的趋势将需要很长的时间才能减缓；地球人口达到稳定需要几代人的时间，城市人口达到稳定则需更长的时间①。

至于地球人口何时达到稳定、稳定在何种规模目前尚不得而知，但至少比现在的规模要多几十亿；即使人口不增加，城市人口也将继续增长到现在3倍的规模。即使城市人口不再增加，由于第一和第二个原则的作用，以及人们可能得到的能量的增加，城市规模仍将继续增大②。

“人类住区将继续增长直至一个非常巨大的尺度。即使人口总数不再增加，城市人口仍将增长到现在的3倍，面积将增长到现在的6倍，收入和消耗数倍于现在的能量；如果地球人口仅翻一番，……城市居民将为现在的6倍，面积至少将为现在的12倍，能量和收入增长到18倍”③。这种增长将导致城市危机并更大程度地影响整个地球。

对不断增长的人口道氏持冷静而客观的态度。他并不讳言人口爆炸，同时也不认为人口问题是新的问题，而是对人口的增加，特别是城市聚居人口的增加进行客观的分析和评价，将问题和矛盾摆在面前来讨论。

假设九——不断增加的问题　由于在城市的五种基本元素之间缺乏必要的平衡，致使我们的城市正处于危机之中。这固然有很多原因，但其中根本原因在于各种城市尺度（人口、面积、能量、经济、复杂程度）的增长及其空间结构的改变④。

这是道氏对一个复杂的巨系统的基本判断。他认为人类将面临更多的

---

① C. A. Doxiadis. Athropopolis, City for Human Development. Athens Publishing Center, 1975, P30.

② C. A. Doxiadis. Athropopolis, City for Human Development. Athens Publishing Center, 1975, P32.

③ C. A. Doxiadis. Athropopolis, City for Human Development. Athens Publishing Center, 1975, P32.

④ C. A. Doxiadis. Athropopolis, City for Human Development. Athens Publishing Center, 1975, P34.

社会、经济、资源等方面的问题。这些问题的产生并不是偶然的，而是不断膨胀的系统自然产生的。“有时问题的产生并不是因为人本身发生了变化，而是由于人所处的系统发生了改变”①，人们必须就此提出解决的方案。

假设十——普世城　城市在结构和尺度上的演变必将导致一个全球城市——普世城，它将如古代城市一样重新达到稳定，其各要素之间也必然达到平衡状态②。

普世城是道氏人类聚居学理论的重要论断。他认为人类最终将在一个巨大的系统内达到新的平衡。

在分别讨论了人的需要和城市发展的规律之后，道氏又试图探讨“有着复杂需求的人”与“不可避免的充满复杂矛盾的巨型城市”之间应当建立何种关系，即人类聚居的建设当如何为人类的发展服务。他首先强调人的尺度是永恒不变的，对于人类聚居系统的一切研究都是从这个基点出发去思考问题。

假设十一——人类的发展　人类的发展必须先确定目标，即帮助一般的人发挥其最大的潜能，并逐渐增加这种能量以使人类向更高层次发展③。

假设十二——不断发展的人类系统　由于人与其住区的关系在人生的各个阶段不断变化，我们必须将人作为一个发展的系统来看待，按照其“生命周期”的规律加以研究④。为此，道氏将人的生命周期划分成12个阶段，分阶段讨论人的需要。12个时期为:胎儿时期、哺乳时期（0 ~ 6月）、婴儿时期（7 ~ 15月）、学步时期（16 ~ 30月）、学前时期（2.5 ~ 5岁）、小学时期（6 ~ 12岁）、青少年时期（13 ~ 18岁）、青年时期（19 ~ 25岁）、成年时期（26 ~ 40岁）、中年时期（41 ~ 60岁）、老年前期（61 ~ 75岁）、

① C. A. Doxiadis. Athropopolis, City for Human Development. Athens Publishing Center, 1975, P40.

② C. A. Doxiadis. Athropopolis, City for Human Development. Athens Publishing Center, 1975, P42.

③ C. A. Doxiadis. Athropopolis, City for Human Development. Athens Publishing Center, 1975, P49.

④ C. A. Doxiadis. Athropopolis, City for Human Development. Athens Publishing Center, 1975, P52.

老年时期（76～100岁）。这一方面反映出人类聚居学理论在逻辑上的严密性，同时也体现出道氏彻底的人文主义的学术观点，即一切为人服务，一切为人的每个阶段的不同需要服务。

道氏认为每个人都应当在其所居住的聚居中无条件地享有行动自由、行动能力、安全、生活质量、人际交往、创造性等六项基本权利和机会，并分别用以下六个假设加以阐述。

假设十三——行动自由　在人的生命周期的各个阶段，人们都应当有行动的自由，不但有行动的机会，而且想走多远、想去多少地方均不受限制①。

假设十四——行动的能力　在人的生命周期的各个阶段都应当享有充分的活动能力，他可以独自以最佳的方式到达他想去的地方②。此中包含着两方面的含义，一是人们有权选择出行的方式和地点，道氏特别强调在机械横行的年代要全力保障步行的权利；步行到达任何地方而不借助任何机械是人的一个基本权利。二是强调规则的重要性，在一个“多速”的环境中，规则是多种需求的共同保障。如果我们同时乘车出行，没有任何的规矩和方向限制，将导致一片混乱。

假设十五——安全　一个城市必须在保证自由、安全的条件下，为每个人提供最好的发展机会，这是人类城市的一个特定目标③。

人类聚居的设计，从城市的规划、社区的组织、建筑的设计乃至家具的细小处理等都应照顾人的安全需要。这里道氏特别强调要保障孩子的安全，“我们面对着的重大挑战是建设一个使孩子自由、安全生活的城市，这需要我们用智慧来防止他们做某些不该做的事情”，“没有规则就没有游戏”，“问题的关键在于在何处限定、如何限定”。

假设十六——人的交往　人类城市应当创造一个能让每个市民得到享

① C. A. Doxiadis. Athropopolis, City for Human Development. Athens Publishing Center, 1975, P62.

② C. A. Doxiadis. Athropopolis, City for Human Development. Athens Publishing Center, 1975, P67.

③ C. A. Doxiadis. Athropopolis, City for Human Development. Athens Publishing Center, 1975, P69.

受和充分发展的系统，而且这个系统只能是一个高度秩序化的系统①。要做到这一点，它必须在合理的层次上实现有序，即整体上是有序的，其中的组成部分则可能是无序的。这种有序的质量总是与自然、空间和社会环境联系在一起。

今天，因为我们的生活中缺乏秩序，城市充斥着机器和高楼大厦，甚至有人认为只要有钱就可以为所欲为；自然的、宗教的事物，以及人的尺度被华丽的炫耀所掩盖。这种状况必须改变。

假设十七——人的交往　人们总希望花费最小的力气，扩大交往的可能性，同时又不破坏交往的质量和合理的数量。在人生的不同阶段，他所适宜的接触面和交往的频度都有所不同②。因此，需要逐渐扩大其接触面。

道氏认为，"城市的目标就是要将人们集中起来以使他们从交往中获益，同时还要建立适当的结构，使人们之间保持足够的距离以减小危险。"因而他强调交往空间的创造，并重视给予人控制其不想参与的交往活动的能力。

假设十八——创造性　城市的任务是使其能量的源泉——人——对种种挑战作出反应，并尽可能地创造和面对不断出现的更多的新的挑战③。

9.2.2　人类聚居的评价及其标准

人类聚居学的五项原则是评价人类聚居质量的一个基本依据。根据对五项原则的满足程度可以对不同的聚居进行评价。表9–1就是道氏对现代城市质量的定性评价。

另外，在对不同层次的空间进行评价时，应当考虑每个层次聚居的特点和对人的影响程度，主要有以下几个方面：

---

① C. A. Doxiadis. Athropopolis, City for Human Development. Athens Publishing Center, 1975, P78.

② C. A. Doxiadis. Athropopolis, City for Human Development. Athens Publishing Center, 1975, P87.

③ C. A. Doxiadis. Athropopolis, City for Human Development. Athens Publishing Center,1975, P100.

现代城市质量的定性评价　　表 9-1

原则	质量（总体评价）	平等性（单体评价）	结果
交往机会最大	★	×	○
联系费用最省	★	×	○
安全性最优	×	×	××
人与其他要素间关系最优	×	×	××
前四项原则所组成的体系最优	×	×	××

表中：★——好，○——尚可，×——差，××——极差。

1）人在每个空间单元中花费的时间。一个人在一生的各个阶段的活动范围差异很大，从一个房间到整个世界，通过统计分析可以得到，不同年龄阶段的人在不同层次的聚居中停留时间的分布，对其进行加权就可以得出人在不同规模的人居单元中平均的停留时间。道氏通过分析得出一个基本结论，即无论人类的交通、通信手段如何发达，其身边的小型聚居空间对他的意义最大。

2）每个空间单元对于人的重要性。一个人一天在厕所和会议室中花费的时间一样，但他会知道哪个空间对他更重要。

3）有多少人一起使用这个空间单元。一个为单人服务的房间和一个为很多人服务的房间相比，其意义更为重要些，应当有更好的设施和服务，这是个很简单的问题。

在评价和建设人类聚居时，这些因素能够帮助我们看清何种尺度的聚居对于人的意义更大，具有更为重要的性质，以帮助我们摆脱对纪念碑式的非人尺度的建筑和城市空间的崇拜，踏踏实实地从事人类聚居的设计，创造更为舒适、和谐的人类聚居。

9.3　聚居的结构和形态

在人类聚居学研究中，聚居的结构通常指的是一个城市或者村落的总体的骨架组合，表现为路网形式和各部分功能的关系。聚居的形态指的是聚居的外观形象，主要表现为城市平面的形式以及城市在空间高度上的形态。

如同聚居本身一样，聚居的结构和形态也是各种力综合作用的结果。如果我们正确地理解了聚居中的力动体①，就能够很好地分析聚居的结构，因为一个适当建立起来的力动体综合考虑了所有的力，它是进行聚居结构分析的基础。

从力变换到聚居的结构和形态的过程可通过一个图示（图9–4）来表示，在这个图示中，我们假设聚居只受向心力的作用。实际上，不同的力动体产生不同的聚居结构与形态。如果只有向心力单独作用，而没有别的力的影响，聚居趋于圆形；如果只有线性力作用，则聚居趋于带形结构。

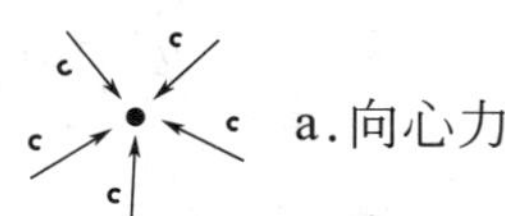

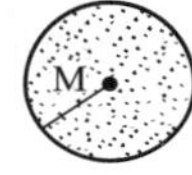

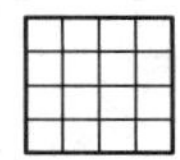

图 9-4　力、结构和形态

资料来源： C. A. Doxiadis. Ekistics: An Introduction to the Science of Human Settlements, P336.

自然力（地理、地形、气候等）不导致特定的聚居形态，因为它们的作用是不确定的（图9–5）。聚居系统的整体环境以及人为因素等也会对聚居的形态与结构产生影响，但它们同样也不会导致特定的形态（图9–6）。

聚居的形态千变万化，足以使人眼花缭乱，但经过仔细分析，就会发现许多聚居之间有着共同之处，可以归纳成若干种类型。道氏将其归结为下列三类：圆形、规则线形、不规则线形（图9–7），这三类基本形态还有很多变化形式（图9–8）。

① 力动体是道氏提出的一个概念，他说，“所有形成聚居的力的总和（考虑它们的方向、强度和质量）构成了聚居中的力的结构，我们把这个力的结构叫做‘力动体’（force–mobile）。因为力的方向、强度和质量不是恒定不变的”（C. A. Doxiadis Ekistics: An Introduction to the Science of Human Settlements, P330.）。力动体这一概念强调了力不断变化的特性，以城市中的交通系统为例，在交通高峰时间里，大部分的汽车都集中在城市某几个地区的主要干道上，这是一个很强的线性力；相反，到了晚上，肌理的力变成了最大的问题，因为所有汽车都需要有停车面积。所以在“力动体”中，力的强度、方向甚至力的种类都是在不断变化的。

a.中心作用下的形态
b.线性力作用下的形态
负面的地形因素
正面的气候因素
正面的地形因素
正面的地理因素
正面的地形因素
c.各种自然力
d.由此造成的形态

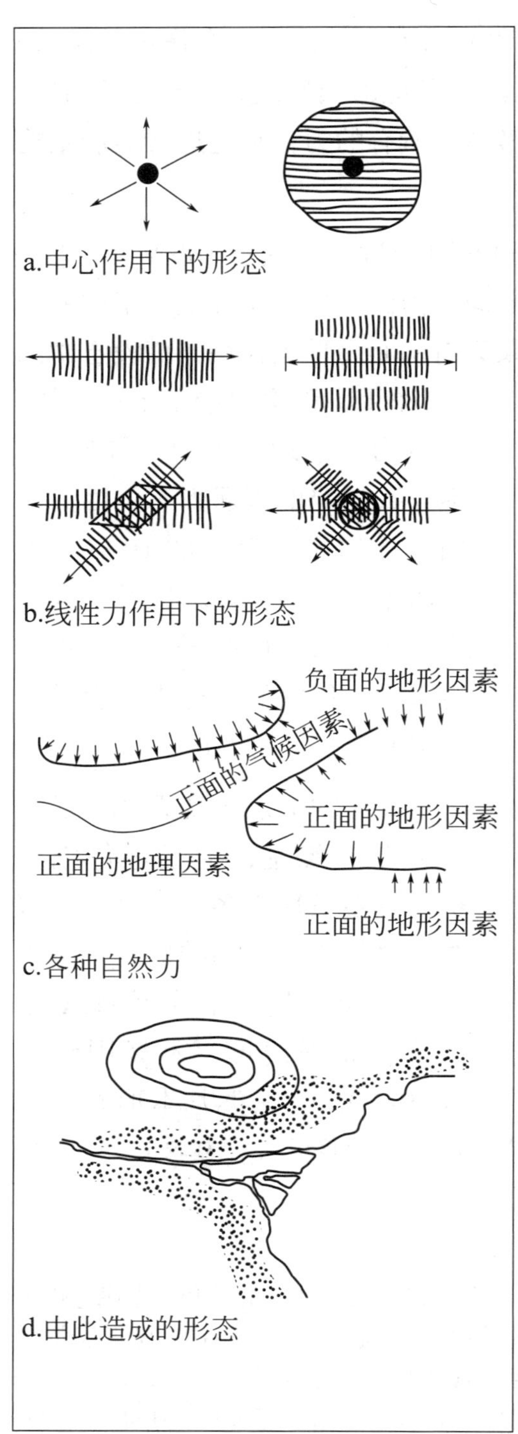

图 9-5　中心力作用下的形态

资料来源： C. A. Doxiadis. Ekistics: An Introduction to the Science of Human Settlements, P336.

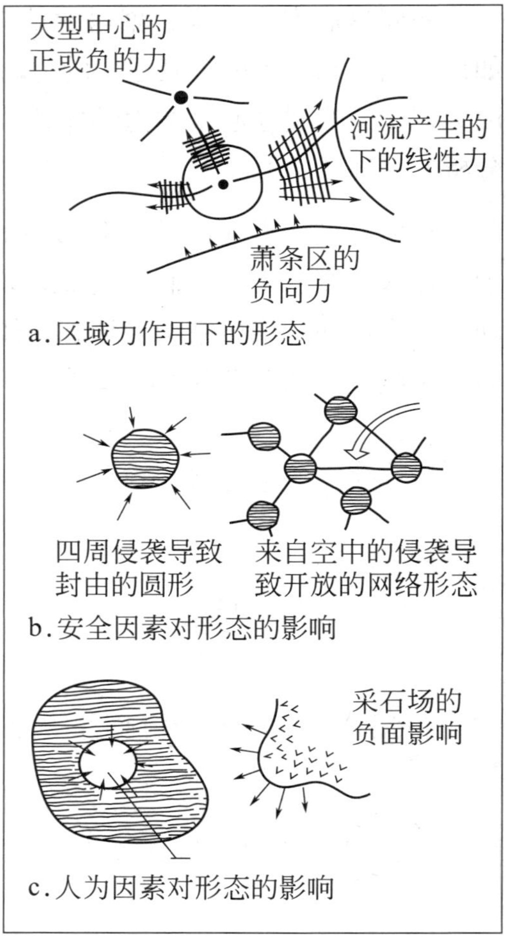

大型中心的
正或负的力
河流产生的
下的线性力
萧条区的
负向力
a.区域力作用下的形态
四周侵袭导致
封由的圆形
来自空中的侵袭导
致开放的网络形态
b.安全因素对形态的影响
采石场的
负面影响
c.人为因素对形态的影响

图 9-6　区域力作用下的形态

资料来源： C. A. Doxiadis. Ekistics: An Introduction to the Science of Human Settlements, P337.

圆
规则线形
不规则线形

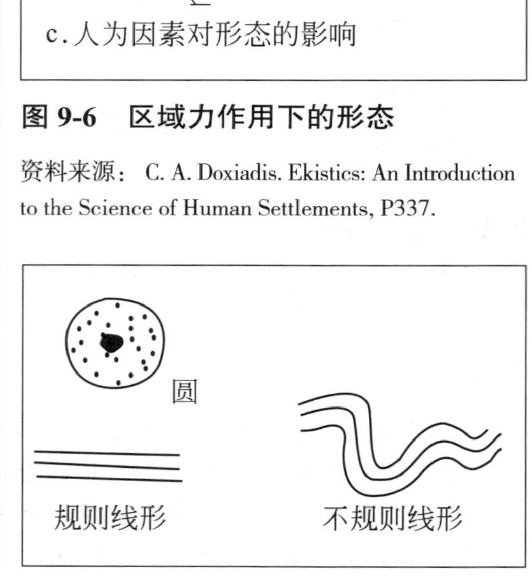

图 9-7　三种基本的聚居形态

资料来源：C. A. Doxiadis. Ekistics: An Introduction to the Science of Human Settlements, P337.

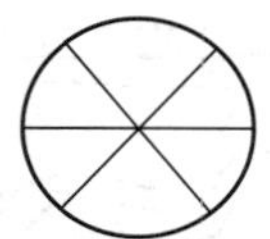
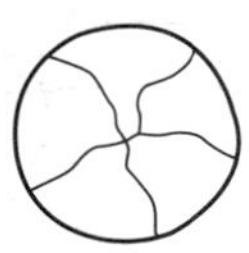

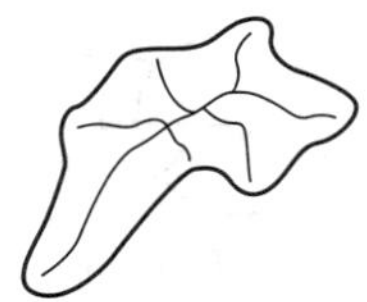

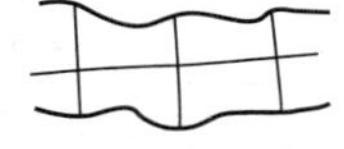

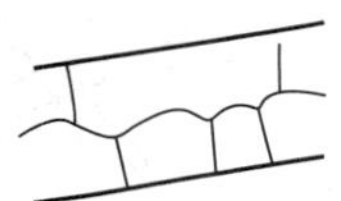
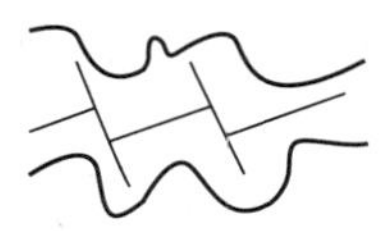
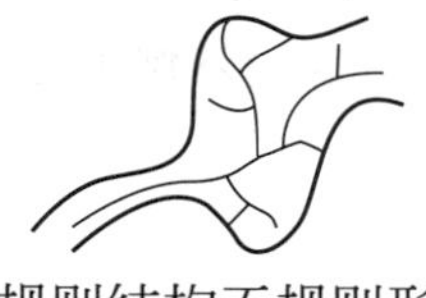

图 9-8　三种基本形态的不同变形

资料来源：C. A. Doxiadis. Ekistics: An Introduction to the Science of Human Settlements, P337.

线形聚居与圆形聚居的最基本的区别在于它们的发展趋势上。线形平面只有一个发展轴，城市向两端发展；而圆形平面无明显发展轴，向四处延伸。这样就把城市的形态与城市的发展方向联系了起来，赋予形态研究以重要的实际意义。

实际上，上述三种单一形态的聚居是很少见的，聚居一般是由若干单一形态合成的结果。纯粹的带形平面只在很小规模的聚居中（一般数千人）才可能出现，一旦这个聚居开始扩大，它就不可能始终保持这种单一的形状，任何不位于发展轴上的功能或外力的出现都会改变其形状，最后成为多向发展的向心式城市。带形城市唯一可能出现在狭谷中，但世界上没有无限延长的峡谷，所以也就不会有无限延长的带形城市[①]。纯粹圆形平面的聚居

① 道氏指出，“因为地球表面是三维的，因此带形城市的产生和正常运转是不可能的。只要城市中有任何一种功能不位于带形城市的发展轴上，该城市的单一的带形就有遭破坏，如果我们一开始有一个带形城市，后来出现了不是同一方面的线性力作用，城市中就会出现一个交叉口，这样在这个交叉口上就很容易形成向心力、倘若这一向心力很强，则城市将要为中心放射式城市；倘若它比原有发展轴上的力还强，则城市的发展轴就会转向。类似的现象都将导致带形城市的改变形状”（《论带形城市》，见 Town Planning Review，1967（4））。

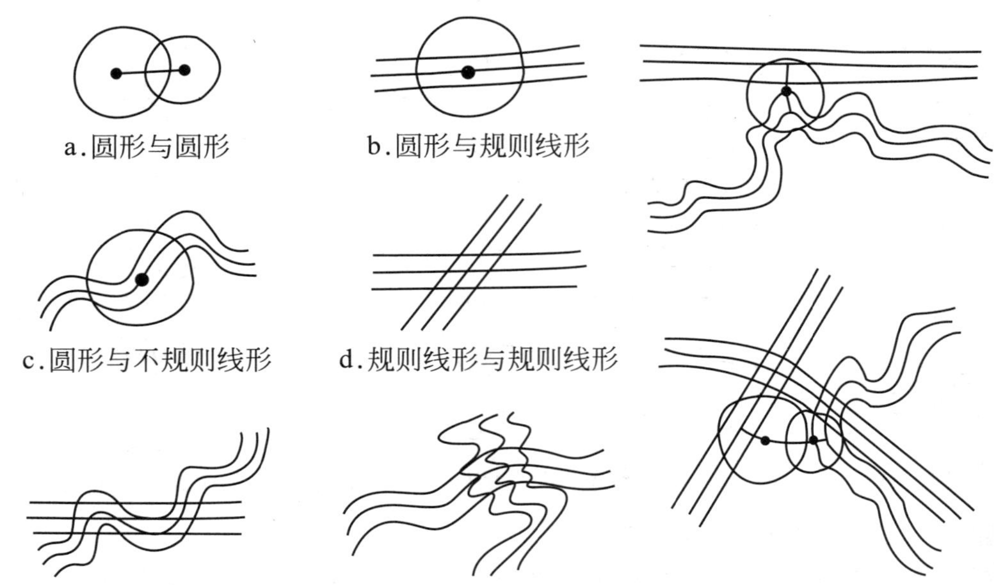

图 9-9 合成的结构与形态

资料来源 :C.A.Doxiadis.Ekistics:An Introduction to the Science of Human Settlements,P338-339.

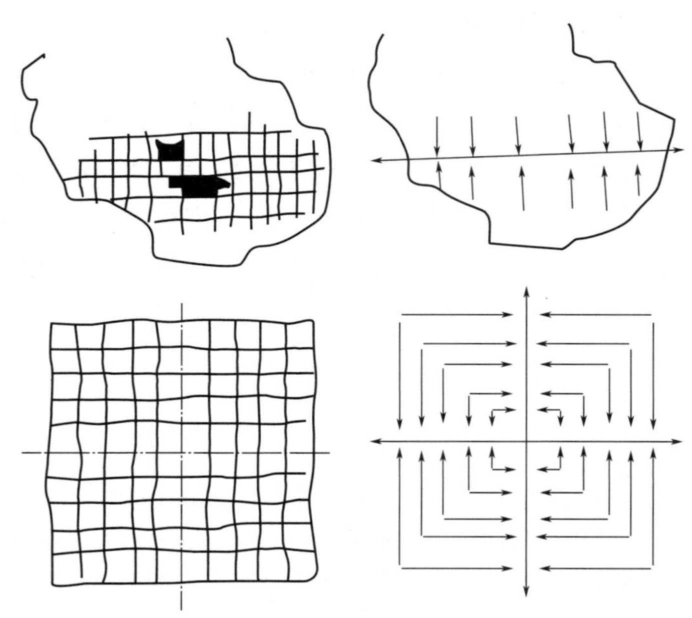

图 9-10 相同的道路结构不同的城市形态

资料来源： C. A. Doxiadis. Ekistics: An Introduction to the Science of Human Settlements, P339.

也只是在极少数小规模聚居中才有可能出现，这同样是因为很少有聚居只受单一的力的作用。图9–9是合成的结构与形态的若干示意。

判断一个聚居的形态与结构，应主要依据其发展方向，而不是看它的路网形式。譬如同是方格网道路系统的城市，有可能是带形城市，也有可能是向心式城市（图9–10）。

9.4 动态城市的理想模式

道氏对城市发展理想模式的研究是建立在他对城市尺度的研究基础上的。他对人类聚居的实际建设有一个明确的指导思想，那就是在城市中要种种尺度并存，为多个不同的“主人”提供服务。更具体地讲，就是未来的人类聚居在宏观上是非人的尺度，在微观上是人的尺度。

从宏观上看，我们知道城市的规模将不断扩大，这是不以人的意志为转移的，因此宏观上的城市尺度应当同各种城市功能正常运转的要求相适应，同现代的交通工具相适应，应当体现出迅捷、高效的特点。但是城市终究是为人服务的，高效率功能体系和交通系统也是为人服务的，因此，在微观上城市应该是亲切的、宜人的，在越接近人的层次上越需要具有人的尺度。

人的尺度归根结底来自人本身，人和物质环境之间的尺度关系是通过人的身体尺度、人的感官和人在空间中的运动这三个方面得到体现[①]。对于第一点，通过人的身体体现出物质环境的尺度是比较容易理解的，与人相联系的东西，如桌、椅、室内外空间等，都应当和人的身体尺度相适应，如果把一间居室造得像体育馆那样大，我们就说这个居室不符合人的尺度。但第二点，通过感官获得尺度就比较复杂了，主要是通过人的视觉、听觉、有时还包括触觉，来对空间的形状、大小和围透等取得一个综合的感觉。第三点，空间尺度与人们的运动有关同样是非常重要的，比如我们的手能摸到的某一高度，我们到某个地方需要行走多远的距离等，都会产生空间上合适或者不合适的感觉。除上述三点之外，人们心理上的主观感觉对空间

① 道氏指出，人的尺度只能从人身上获得，但人和这个尺度是如何相互联系的呢？这一问题的答案是，人和外部实体环境是通过他的外表尺寸、他的感知和他的运动等几种途径联系在一起的。见 C. A. Doxiadis, Ekistics: An Introduction to the Science of Human Settlements, P433.

的尺度也会有不同的反应。

空间的尺度是否宜人对空间环境的质量起着重要作用。所以道氏一再强调，"我们必须使聚居具有人情味，保持人的尺度。这一任务比以一个理性的方法来组织聚居，使它们发挥正常的功能和不走向衰亡更重要"[①]。

道氏提出，为了使城市既具有人的尺度和宜人的环境，又具有现代化的高效率的功能系统，并符合动态城市的发展特点，城市的理想模式应当是一个静态的细胞和动态的整体结构的综合体[②]，即在微观上每一部分都是静止的、稳定的，在宏观上整个城市呈动态发展。

静态细胞的设想来自道氏对处于动态发展阶段的城市具体的分析。"动态发展的城市所面临的一个主要的问题是，它的功能、规模结构、质地和密度都在连续变化，任何静止的事物都是不存在的，所有事物都不断被打破并且被改变。实际上现代的动态聚居中没有一个地方能满足人和社会取得平衡的要求，没有一个地方能使人们的功能活动得到正常发挥"[③]。在这样一个变化无常的环境中，人的尺度也无法得到很好的保护。为了寻找解决问题的途径，道氏借鉴了自然界中有机物的组织结构，认为城市里既要包含有不同层次、不同规模的活动单位，又要把宜人的居住社区与高效率的交通网结合起来，两者缺一不可。在这里，居住社区是城市的细胞，交通线则是联系的网络。为了使人们获得一个平衡的环境，必须使城市细胞保持静止，城市的发展靠不断增加新的细胞来实现。静态细胞的规模应当与古代城市的规模相仿，不超过五万人口，居民日常活动的步行距离不超过十分钟；人们在社区内生活，具有充分的选择自由，既可以安静地独处一隅，也有参与高节奏的社交和政治活动的机会；汽车交通只在社区外围通过，并用尽端式道路引入社区之中，使汽车可以达到社区中的任何部分而不穿越社区，社区的中心完全是步行区（图9-11）。

---

① C. A. Doxiadis. Ekistics: An Introduction to the Science of Human Settlements, P433.

② 对于自然界中生长的有机物的观察表明，大多数有机体在生长过程中其内部的细胞的大小永不改变。不管一个年轻人或一个老年人，还是一棵新树或老树，其内部的细胞都差不多。由此我们就可以得出一个重要的结论：对于解决问题的理想方案的摸索应该走静态细胞和动态的有机体组织这条路。见 C. A. Doxiadis, Ekistics: An Introduction to the Science of Human Settlements, P355.

③ C. A. Doxiadis. Ekistics: An Introduction to the Science of Human Settlements, P355.

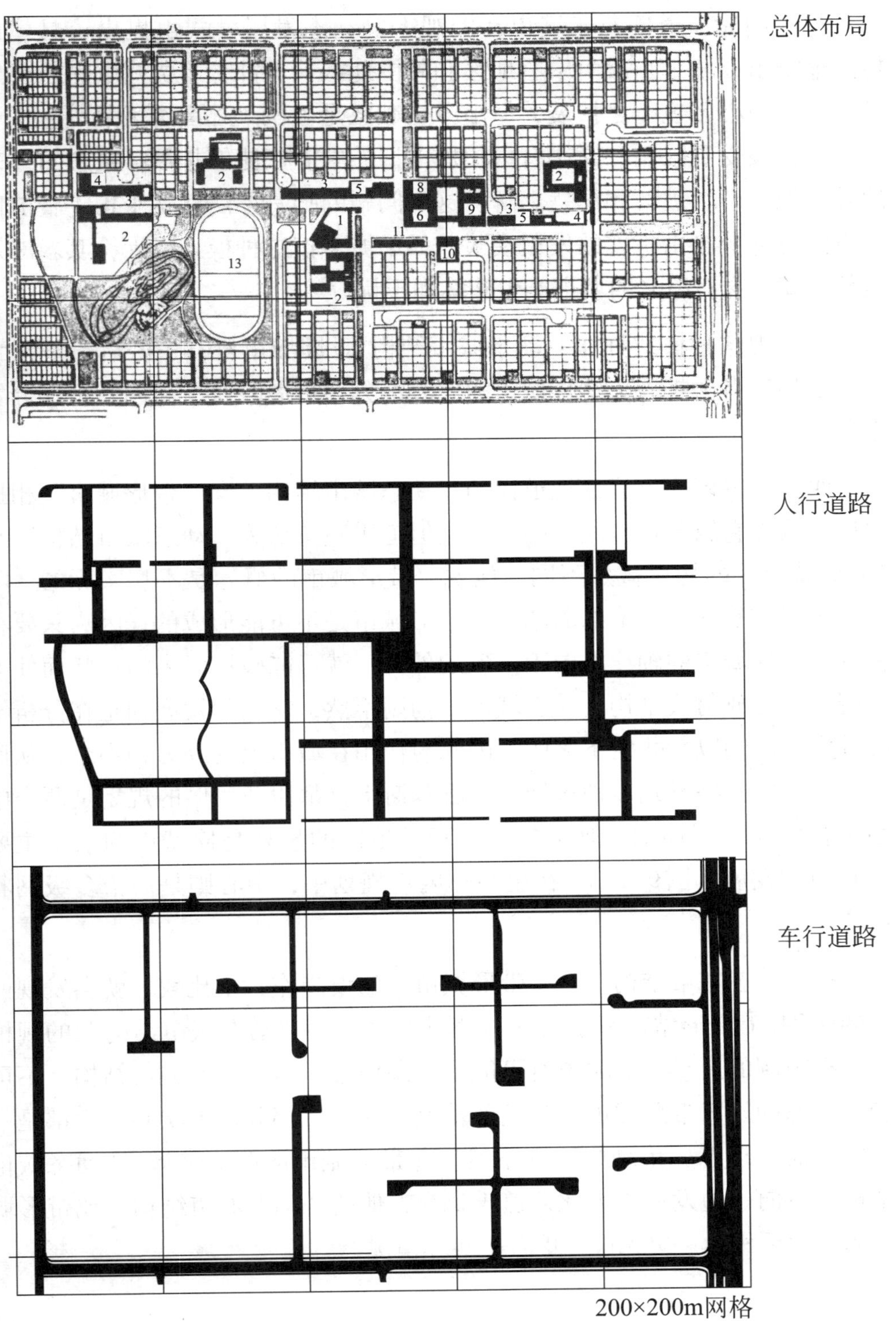

图 9-11　人类区段的道路网（巴格达西区）

资料来源：C. A. Doxiadis. Ekistics: An Introduction to the Science of Human Settlements, P129.

与此同时，道氏对于城市在宏观上的动态发展模式也提出了具体设想。他指出，城市一般由中心地区和外围地区两个部分组成。当城市向外扩展时，中心区也随之扩展，但由于中心区是被整个外围地区紧紧包围着的，其扩展受到限制，无法自由扩展；即使中心区能够扩展，也会对原来的外围地区产生破坏和干扰。解决这个问题的唯一办法就是采用一种能使城市的各部分自由扩展的发展模式，如果城市按这种模式发展，其新的发展部分就不会对原来的城市产生破坏和干扰。

道氏把这种模式称作"动态城市结构"，即城市及其中心区沿一条预先确定的轴自由扩展，这样城市的中心部分在扩展时就不会同其余部分发生矛盾。

西方一些评论家往往把道氏的"动态城市结构"同"带形城市"相提并论，认为它属于带形城市的一种。但道氏坚持认为"动态城市结构"与"带形城市"的构思截然不同。他说，带形城市的概念是不切实际的，除了在峡谷或是在长条形的岛屿上，带形城市是不可能形成的，因为只要存在着与带形城市的轴线方向不一致的外力，就可能破坏原来的形状而使城市变成星形放射式结构。动态城市结构则不然，它们的发展轴是在分析了各种力的影响以后才定下来的，因此与作用在城市上的外力相吻合，从而导致城市的发展形式多种多样。如巴基斯坦首都伊斯兰堡的规划是两个中心平行发展，而加纳的阿克拉——泰马地区的规划是使城市的三个主要中心同时发展（图9-12）；在里约热内卢规划中，中心则是一个多级网状系统。

把"动态城市结构"与"带形城市"的设想作一个比较，就会发现两者的区别:①带形城市只适合小规模的社区，而"动态城市结构"的规模是没有限制的。②带形城市有可能是静态城市，而"动态城市结构"不可能是静态的。③带形城市在其发展轴上的任何一部分，形状和尺度都是一样的，而"动态城市结构"则不然。④带形城市向两边发展，"动态城市结构"只向一边发展。因此，道氏认为，他的"动态城市结构"比带形城市的概念更科学、更先进、更合乎实际情况[①]。

① C. A. Doxiadis. On Liner City. Urban Planning Review, 1967（4）.

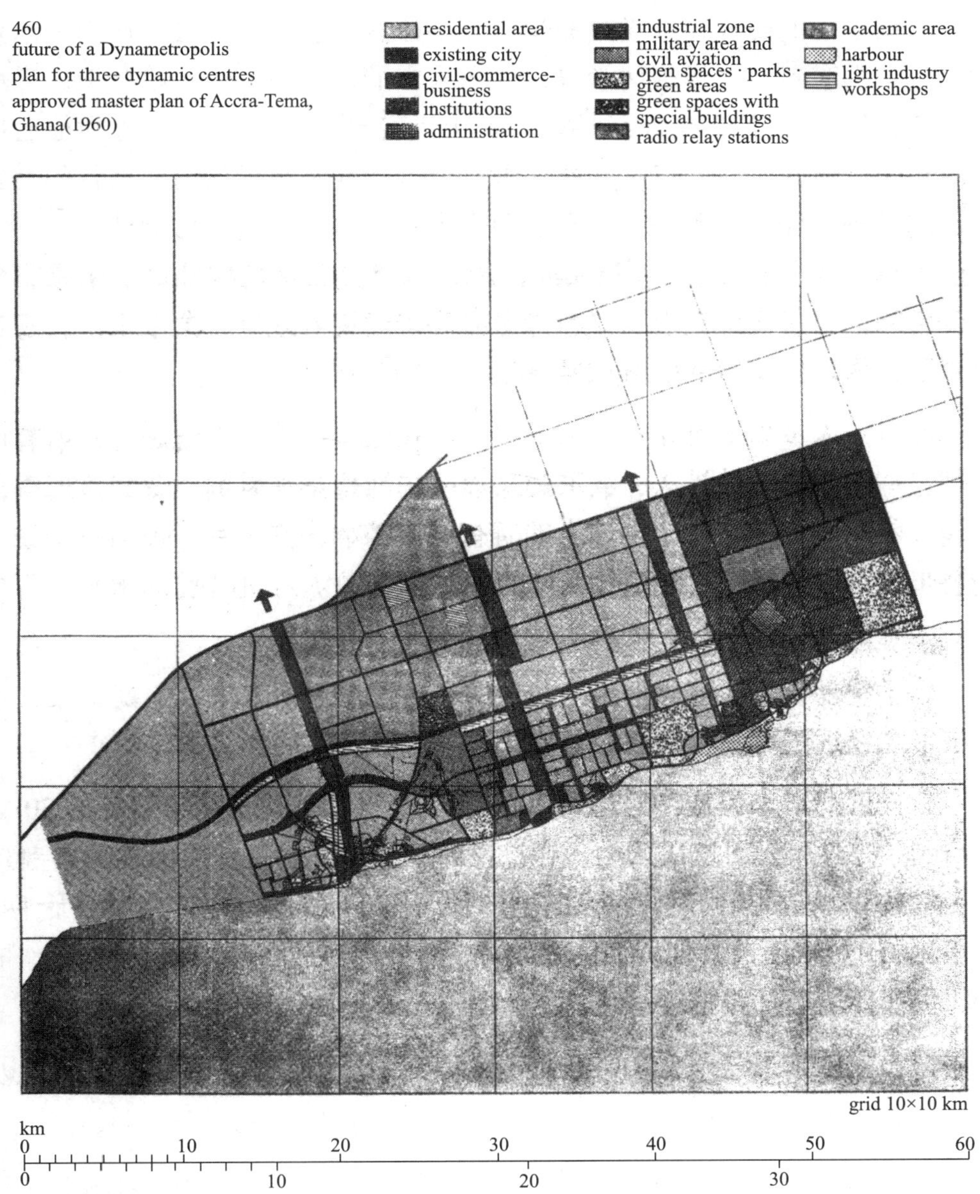

图 9-12　泰马：三个中心同时发展

资料来源：C. A. Doxiadis. Ekistics: An Introduction to the Science of Human Settlements, P447.

9.5　未来城市预测研究

与根据现状事实进行抽象、逻辑推理和理论概括的方法不同，对未来城市的预测研究则是根据对现状聚居事实的分析，研究未来的发展趋势和可能出现的情况，因此研究的结果并不是一种严密的理论，而是一种可能性。未来城市的研究在人类聚居学研究中占有很重要的地位。作为一门要付诸行动的学科，人类聚居学总是面向未来的，因此，道氏始终把未来城市的研究作为一个重点研究课题，从20世纪50年代末起，一直到他逝世的前一年，他带领助手们在这方面作了长达15年之久的研究。其目的是要尽可能准确、详尽地预测人类聚居的未来状况，作为制定行动计划、方针等的依据。道氏指出，**“我们知道，没有人能够非常肯定地说出未来将会是什么样的，但我们至少可以立即着手去非常现实地分析这个未来，现在已经到了运用现实的方法睁开眼睛展望未来的时候了”**[①]。

通过对人类聚居进化和发展的研究，我们可以看到，**地球上的所有城市都是朝着规模日益扩大、联系越来越密切的趋势发展的。由此道氏得出结论：在21世纪末，整个地球上的所有城市都将连成一片，成为一个统一的普世城。**普世城究竟会是什么样的呢？在普世城出现以前的未来一百多年时间里，我们的城市将会发生什么样的变化呢？

为了便于研究，道氏把未来分成四个阶段：近期未来、中期未来、远期未来和遥远不可知的未来。其中：

——近期未来是从当时起到2000年为止（即从道氏从事研究的20世纪70年代初算起）。道氏认为，在这段时间里，我们目前所面临的各种问题，如城市化，污染问题，收入的增加和人们在收入上差别的扩大，食物、水、能源的短缺以及其他资源的短缺等，都将达到最高峰。在这个时期，人类的生存环境条件将继续恶化。

——中期未来是从2000年到2075年。这个时期聚居中的危机将逐步得到缓解，人口的增长速度将减慢，环境不断恶化的趋势将被扭转过来。

——远期未来是2075年以后。在此阶段人类聚居将逐步发展成为一个统一的全球城市，并进入一种相对静止的状态。

——遥远不可知的未来是普世城形成以后，人类将进入的一个崭新的阶段，这以后的进一步发展，现在尚无法预测。

通过对迄今为止人类聚居进化发展过程的分析，和对人类聚居错综复

① C. A. Doxiadis. Ecumenopolis: the Inevitable City of the Future. Athens Publishing Center, 1975, P156.

杂现状的认真研究，道氏对未来聚居的发展过程逐步产生了一个基本认识。概括起来，主要包括以下几点：

第一，对于未来聚居发展阶段的认识

道氏指出，我们正处在一个演变的时代，处于人类聚居从旧的静止形态向新的更高一级的静止形态转变的过渡时期，因此，这必然是一个动乱的时期。**“我们正处于一个在建筑的观念和实践上都完全混乱的局面，这是因为我们正处在一个演变的时代。演变妨碍了我们澄清概念”**①。这个时期的开始是以工业革命为标志的，发展到现在已经有150年的历史了，大约还将延续150年，因此近期未来和中期未来将仍然处于这个演变和过渡时期。目前人类聚居所面临的各种问题，如环境污染问题、交通问题、居住环境质量问题、城市中的各种社会问题以及城市对人们心理上造成的巨大压力等等，在近期未来将继续存在，并且还会进一步恶化。在中期未来，这个局面将逐步改变。这一方面是由于新的、更大的城市形式（城市洲，第 14级聚居单位）的出现，带来了许多新的问题；另一方面，由于中期未来已接近整个动态过渡时期的尾声，整个变化过程越来越缓慢，许多目前存在的问题已得到了解决。所以总的来看，“整个发展的势头将减缓并稳步地得到改进”②。当进入到全球城市阶段，动态发展过程便结束了，人类聚居将进入一个新的静止时期，人类社会将在各方面逐步建立起新的平衡，自然、人、社会、建筑和支撑网络将得到协调发展。

第二，未来城市的规模将不断扩大

这是一个不以人的意志为转移的客观规律。迄今为止，我们已经看到了大城市（第10级人居单位）、小型城市连绵区（第11级）和城市连绵区（第12级）的相继出现，今后这个城市规模不断扩大的趋势还将继续下去。

首先，城市人口规模将不断扩展。道氏预测，到2000年全球人口将达到64亿，到2025年达到96亿，到2100年即全球城市形成时将达到200亿左右。到那时，由于农业生产率的大大提高，农村地区的人口不会比现在增加很多，将有95%的人生活在城市中。预计到2100年，全世界生活

---

① C. A. Doxiadis. Architecture in Transition. Hutchinson of London, 1963, P67.

② C. A. Doxiadis. Ecumenopolis: the Inevitable City of the Future. Athens Publishing Center, 1975, P321.

在城市中的人口将比20世纪70年代的城市人口翻好几番。

与此同时，城市用地规模也将不断扩展。到2000年，全世界所有城市的平均半径将比现在的城市平均半径大三倍，达到200km左右；**在中期未来，世界高收入地区的最大城市半径将达1000km。到那时，城市系统的面积将比现在扩大数百倍，当然，它们并不完全是建成区，而是一个互相连接在一起、建成区与自然区混杂在一起的网状结构。**

道氏指出，**影响城市用地规模不断扩展的唯一原因是交通工具的发展。**在古代城市中，人们的交通方式以步行或马车为主，速度很慢，这样就把城市规模限制在一个很小的范围内。工业革命以后，随着科学技术的发展，现代交通工具的使用使城市范围的扩展有了可能，尤其是小汽车的使用，大大提高了人们在空间上的流动能力；人们的日常生活系统因而进一步扩展。今后，随着科学技术水平的不断提高，人们将不断改进交通工具，并且，随着生活水平的提高，使用现代化交通工具的数量也将逐渐增多。因此，即使城市人口不再增加，城市用地也仍然会继续向外扩展。可是，当今世界上有很多人，包括许多杰出人物在内，都不愿意正视这个现实，他们总是企图使城市变成静止的、不发展的，并想通过制定规划来限制城市的规模。这些人的错误在于，他们没有认识到有史以来人类聚居发展的基本规律；同时，**事实也不断地证明，任何想要限制城市规模进一步发展的规划方案，都是无法实现的。**所以道氏强调，**城市不可能有一个静止的最佳规模**，任何要限制城市发展的设想，不管动机多好，都是注定要失败的。

第三，全球将成为一个日常生活系统

随着交通工具的不断发展和交通系统的不断完善，人们的生活系统不断扩大，全球将发展成为一个日常生活系统，即人们有可能每天都在全球范围内活动。要理解这一点，首先必须认识到，**现代城市的性质已经发生了根本变化，城市的概念已经完全改变，不再是传统意义上有明确行政边界，**甚至有城墙围绕的城市了。城市人口已远远超出了原来旧城的界限，生活在比以前所有时代的城市大得多的范围内。因此，现代城市已不像古代城市那样仅仅是由建成区构成的、被乡村包围着的一个孤岛，其用地已比古代城市扩大了数百倍，是由许多建成区和穿插在一起的广阔田野、森林共同构成的系统。城市居民也并不一定住在城市所属的范围内，许多远离城市建成区的人（如住在小城镇或乡村中的人）因为拥有小汽车而能够密切地参与到城市生活中来。因此，“**如果认为今天的城市仅仅是包括它的建成区或是行政区划的范围，那么我们就根本无法理解城市。……当今人们并不是生活在城市里，而是生活在一个城市系统中**”[①]。1971 年美国对 11 个典型城市的调查有力地证明了这一点。**更为重要的是，现代城市之间在用地和城市功能上已经互相交错重叠，这是人们尚未注意到的一个变化。**图 9–13 表示的就是美国东北部城市影响范围互相交错的情形。因此，道氏认为，传统的“城市”概念已完全不能理解现代城市中出现的问题，**应当代之以“日**

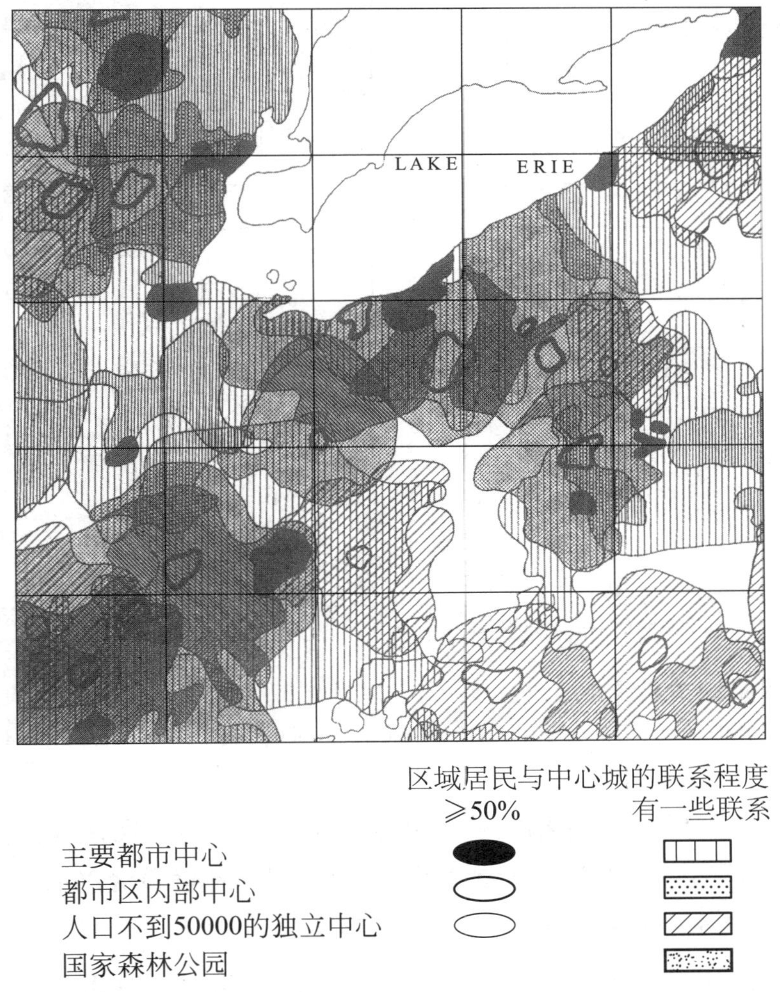

图 9-13　美国东北部城市互相交错重叠的情形

资料来源：C. A. Doxiadis. Ecumenopolis: the Inevitable City of the Future. Athens Publishing Center, 1975, P100.

① C. A. Doxiadis. Ecumenopolis: the Inevitable City of the Future. Athens Publishing Center, 1975, P81.

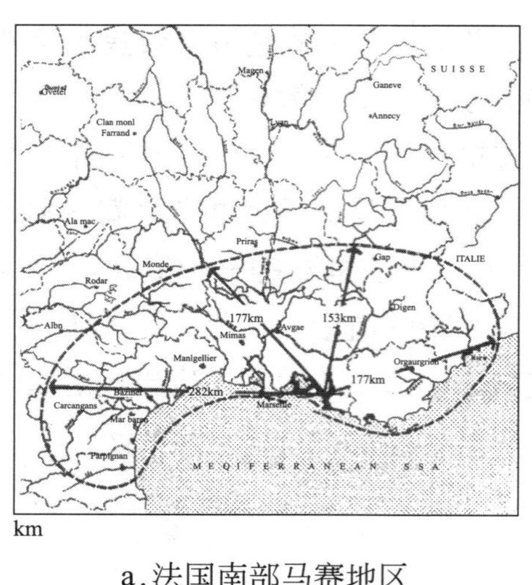

km

a.法国南部马赛地区

km

b.西班牙巴塞罗那地区

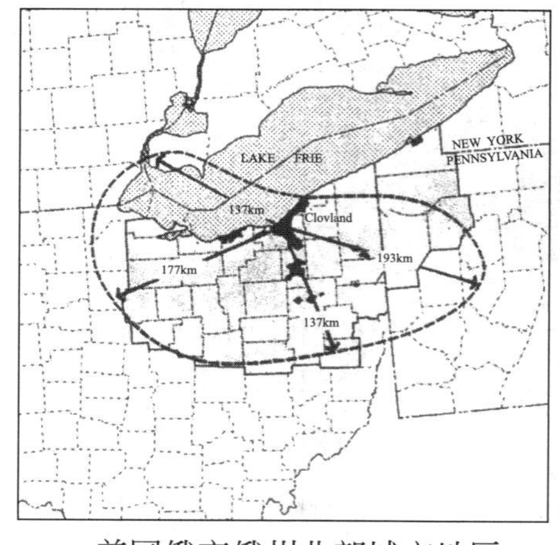

c.美国俄亥俄州北部城市地区

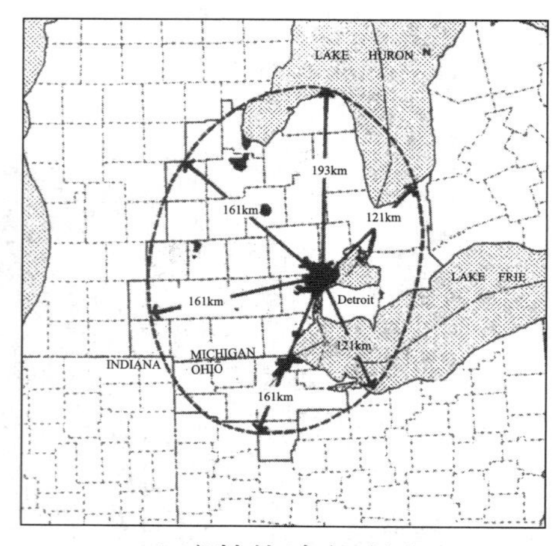

d.底特律城市地区

图 9-14　日常城市系统

资料来源：C. A. Doxiadis. Ecumenopolis: the Inevitable City of the Future. Athens Publishing Center, 1975, P103.

常城市系统”的概念。它指的是享受城市生活的普通居民在城市内部的全程交通时间不超过一小时的日常生活系统①，其范围随着经济活动性质的不同和经济发展水平的不同而变化（图9–14）。

在未来，日常城市系统将不断发展。道氏预测，到21世纪初期，其范围将达到整个城市连绵区，平均日常活动半径为500km；到中期未来，将

① C. A. Doxiadis. *Ecumenopolis, the Inevitable City of the Future*. Athens Publishing Center, 1975. P346.

进一步扩大到整个城市洲，日常活动半径达到 1500 ~ 5000km；最后，在进入普世城之后，整个地球将会成为一个日常生活系统，人们一天的活动距离可以达到20000km。

第四，关于未来城市区位与人口分布模式的预测

如前所述，道氏认为目前聚居的区位主要受到三种力的影响：**一是现有城市中心的吸引力，二是主要交通干道的吸引力，三是自然景观的吸引力。在这三个力的作用下，目前全球的城市人口正逐步向大城市周围、交通干线周围和自然景观较好的地区（尤其是海岸线）转移**。在未来，这三种力将对城市系统产生越来越大的影响，人口向上述三类地区集聚的趋势将越来越明显。因此未来的城市洲和普世城的形态将主要由这些趋势决定。

道氏还指出，除了上述三种力之外，**还有一个新的因素将会对聚居的区位和人口分布逐步产生影响。这个因素就是地球表面各部分“可居住性”[①]的差异**。道氏对这种差异性作了研究，分析了地球各个部分的可居住程度的差别；这就是对全球承载力的研究。他根据人类的适应能力从三个方面对此进行了考察：

①**高程**：由于人类对氧气的需求，3000m以上的地区不适于居住。3000 ~ 1000m的地区不适于高密度居住。

②**气候**：根据气候对人类的适宜性把地球分为六类地区：宜人的、适可的、严酷可忍受的、严酷的、难以忍受的、非常难以忍受的。

③**水供应**：以5L/S · km^{2}的水资源供应为界线，低于这个数值的地区为缺水区，只能承受一定密度的人口居住。

对上述三个因素加以综合考察，就可以分析出地球上哪些地区是最适合居住的，哪些地区是不适合居住的，并可以分出很多可居住的各个层次，依此可区分地球上不同区域的不同居住密度、人口分布密度和全球的人口分布。道氏指出，在最近的将来“可居住性”对于聚居的区位与人口分布的影响可能不会太大，但是随着时间的不断推移，这个因素的影响作用将越来

① 道氏指出，我们说某一地区的“可居住性”，指的是这一地区维持人类生活（从最广义上的理解）的能力。C. A. Doxiadis. Ecumenopolis: the Inevitable City of the Future. Athens Publishing Center, 1975, P178.

越大。

另外，道氏还从其他方面预测了地球的人口容量，其结论是:地球能容纳220亿人口，为此必须保留足够的土地，使人们能够从城区到城郊享受生活和环境，还要保留足够的地方用于粮食生产。

在上述各种力的影响下，**未来城市的模式并不会像人们通常想象的那样，如摊大饼似的覆盖整个城市建成区，而是呈条形的网状结构，大部分都集中在沿海一带，并和原有的城市中心和主要交通干道结合在一起**。对坚持在绿带以内发展城市的思想，道氏认为是没有认识到人类可更好地接近自然的结果。在他看来，在巨型城市的肌理中嵌入供人休息娱乐的绿色开敞空间，远比在建成区之外为部分人提供整块绿带要好得多。

第五，从社会、政治和文化角度对全球城市的具体推测

在普世城阶段，人们在社会地位和经济收入上的差别将缩小，相互之间和睦相处。而且，全球将形成一种统一的世界文化。由于人们互相之间的理解得到加强，经济、文化上的互相联系非常密切，甚至融为一体，国家之间的分界和防卫将失去意义，全球在一定程度上将变得像一个联邦制国家一样，由一个统一的政府进行管理。道氏曾把自己设想为未来普世城中的一个居民，“在这个阶段，数千年来人类想通过宗教、哲学、政治和社会变革而获取的许多目标，都已成为现实。这时我们可以说，在地球上（包括亚非国家的边远地区）已没有奴隶，已没有挨饿的人，已没有得不到医治的病人，已没有不受教育的老人和儿童。我们可以以愉快的心情宣布:我们正在以一种较为明智的方式利用地球……”[①]。

总体看来，在未来，“连续的发展将导致人类生活系统的连续变化，并且在所有规模和种类的聚居中，这些变化都将不断加速。游牧和狩猎等活动将消失；村落也将逐步减少，那些继续生存的村落将改变性质；村镇和城市也将发生变化，并且在数量上逐步减少；同时，越来越大的城市中心将会出现，一种崭新的聚居将诞生，它将把所有类型的聚居以及所有类型的自然区域连同它们的总体结构（我们称之为日常生活系统）结合成一体。”

---

① Ekistics，1965（10），P249.

近期未来将是出现最大危机的时期，在这个时期，人类将逐步对正在发生的事情获得正确的认识，并探索出处理各种问题的新方法；在中期未来，这些新方法将对整个世界产生真实的影响，并使人类走向普世城。“普世城并非十全十美的环境，尤其在它诞生的最初阶段，但可以肯定它将比目前的环境要好得多，而且随着时间的推移，将变得越来越好。”①因为人类有能力创建质量不断提高的静态城市，普世城是人类与自然平衡的一种状态。其空间结构是静态的，但其内部结构则是动态的；不仅沿其网络系统流动的资金、商品和服务不断增长，而且受教育的人，更多的信息和更多的思想也在不断增多。

9.6　在生态学上的探索

在道氏晚年，有一个问题引起了道氏的深切关注，这就是人类聚居同全球自然环境之间的平衡问题。他觉得有必要改变人类的生活方式，更明智地利用自然环境，保护自然资源，防止对所有资源的浪费和破坏。**“随着时间的推移，我越来越多地感觉到需要一场大的变革。”**②这种需要与保护密切相关，对自然环境的明智利用，在保留、改善和再生所有资源的质量和利用的同时避免废弃物的污染，使人类的欲望与有限资源的限制相吻合。他指出:环境问题是涉及很广，头绪纷繁的问题，我们不能等到问题出来后再匆忙地去解决，而应当防患于未然。首先要把环境中的所有部分都明白无误地定义出来，并进行分类，这样在处理环境问题时，我们就能确切地知道在什么时候需要考虑那几个部分。同时也能把力量集中在最需要的地方。而定义和分类环境中各个部分，正是人类聚居学的任务之一。

在《人类聚居学与生态学》这本书中，道氏阐述了人类聚居学之间的关系。他回顾了人与自然之间关系的深化过程。自从人类一产生，人类对自然界的干涉便开始了。当人类掌握了耕作技术并建立起村落时，自然环境和生态平衡就受到了人类的巨大干扰，这时人与自然的矛盾便开始了。然而，直到18世纪工业革命以前，人类聚居发展得非常缓慢，因而人与自

① C. A. Doxiadis. Ecumenopolis: the Inevitable City of the Future. Athens Publishing Center, 1975, P355.

② C. A. Doxiadis. We Need a Great Revolution. Ekistics, 1974, Vol. 37, 1.

然界的矛盾并不很突出，即使发生了冲突，出现了不平衡，人们也有足够的时间来作出调整，适应新的变化，使人类与自然达到新的平衡。可是，自从蒸汽机发明以后，人与自然的关系就完全改变了。**今天，人们处在一个爆炸的时代，各种变化和发展越来越快，城市中心问题变得日益复杂了。由于我们对这些复杂的现象缺乏真正的理解，因而无法采取正确的行动，使生态平衡遭到了破坏。“使我们的时代失去控制，自然平衡遭到破坏，人类聚居正由于缺乏对这些异常复杂爆炸的充分理解遭受损失。现在正是建立和形成知识系统的时候了，这个系统与爆炸前存在的知识系统相似，但应对之作出调整，使之适合于现代的情形，这正是我试图把人居发展成一门科学并扎根于过去与现在知识基础上的原因”**。[①]人类第一次面临着全球范围的巨大的生态危机。这个危机的产生不是由于政治上的原因，也不是社会原因，而是由于工业化的高度发展，是由于人类毫无节制地扩大生产规模，恰如道氏所指出的那样:无论在哪种制度的国家，只要是盲目地追求工业化，都会产生严重的污染问题。

道氏认为，“正是由于我们对周围环境的干扰和破坏导致维持宜人环境所需的必要平衡的丧失，我们有义务协调利用生态的和人居的观点，使人居对生态问题的影响降低到最小的程度。”[②] **人类需要发展，发展必然导致许多生态方面的变化，但“停止和阻碍这种变化是不现实、不可能的，我们所要做的是引导这种变化”。“为引导这种变化，我们需要知识和作出根本决策的勇气”。**[③]

道氏从他本人在许多国家工作的实践中得出这样一个结论:在70年代人类面临着下面这两个最大的危险:

第一点，人们尚未认识到，我们所处的地球有一个最大的限制条件——人类可以利用的空间和土地是有限度的、是不会增加的。尽管随着科学技术的发展，我们能够获得新的能源和资源，也能发明出重复利用各种资源的技术，因而我们可以乐观地说，地球上资源是不会枯竭的。但是，**土地、空气和水是不可能变多的，这限定了人类生存的总数量。**“我们相信

---

① C. A. Doxiadis. Ecology and Ekistics. Elek Books Ltd., 1977, Pxv ~ xvi.

② C. A. Doxiadis. Ecology and Ekistics. Elek Books Ltd., 1977, Pxvi.

③ C. A. Doxiadis. Ecology and Ekistics. Elek Books Ltd., 1977, P3.

人类有能力建设一个更好的生活系统，但是，有一个方面是无法改变的，这就是人类所能获得的空间是不会增多的，这一点将确确实实地限制在我们这个星球的表面上生存的人类数量。这个无法改变的土地极限使我们得出结论，在地球上，保证人类能过正常的高质量生活的最大人口限度是220亿”。①可悲的是，**人类对于土地资源的极限普遍地忽视了，人们听任在地球上每天都在发生的由于城市扩展而大量侵占良田的现象存在，听任人口的无计划增长。②道氏指出，良田一旦被破坏，再要恢复是困难的。因此，如果人类继续忽视在全球范围内平衡地使用土地和资源的重要性，人类将面临巨大的危险。**

第二点，人类尚缺乏从大的区域的规模直到从全球生态系统来考虑问题，采取正确行动的能力。道氏指出:现在每个国家都各自为政，仅仅是从自己国家的利益出发来考虑问题，这样，永远无法解决生态平衡的问题。全球的生态系统是一个完整的大系统，在一个国家或几个国家的范围内，是无法建立起满意的生态平衡的。人们往往认为，要在全球范围内采取行动，首先必须对全球的环境有一个系统的知识和理解。对此，道氏持反对意见，他大声疾呼:我们不能坐以待毙，“如果等到我们对整个生态系统有了完全正确的理解之后，或者，只是等到对每一个方面有了完全科学和理解以后，再采取行动，那就太晚了。我们必须在现有知识的基础上，就开始行动”。③

道氏认为:解决环境问题的唯一办法，是要建立一个“全球生态平衡”，“这将有助于人类解决现在和未来的环境问题合理发展，有助于平衡状态的形成，这种状态将保证人类的安全与幸福”。④“经验分析表明，一个社会能够在一个地方长期存在的必要条件是保持同样的生态平衡，这种平衡是通过在同一地方建立各种不同的利用类型来获得，如建成区，农耕区，森林区等”。⑤所以要获得全球生态平衡，必须在更大的尺度上，甚而在全球尺度上，作这种类型的划分。为此，应当使所有国家都携起手来，互相合作，共同商讨决定全球范围内土地资源的合理利用问题，讨论全球范围内

---

① 在六七十年代，只有很少国家实行计划生育。

② C. A. Doxiadis. Ecology and Ekistics. Elek Books Ltd., 1977, P9.

③ C. A. Doxiadis. Ecology and Ekistics. Elek Books Ltd., 1977, P9.

④ C. A. Doxiadis. Ecology and Ekistics. Elek Books Ltd., 1977, P11.

⑤ C. A. Doxiadis. Ecology and Ekistics. Elek Books Ltd., 1977, P3.

人口的合理分布问题，并据此采取统一的行动。道氏指出，生态学的终极目标应当是:建立全球生态平衡。

“人类生活系统内全球空间的总体状况是相当混乱的。我们正经历着一场革命性的变革，我们对之及其后果尚缺乏明确的了解。但我们必须以简单实用的方式走出这种混乱状态，即有勇气采取行动，作出决策。”[①]为了改变人类这种在土地资源，空气和水资源使用上的巨大盲目性，道氏提出:首先应当在全球范围内对土地按性质不同做出明确的划分，并合理地、有效地使用各类土地。他把全球的土地分成四种基本的类型和12类基本区域。

1）四种基本空间类型

（1）自然区域:其目的是尽人类之所能保留其自然价值。

（2）农耕区域:其主要目标是通过农业和畜牧业为人类生存提供足够多的植物、动物和水。

（3）人类生活区域:其主要目标是提供人类生活之所需，不包括其他类型所提供的人类需求。这个类型以前被误称为建成区，其实建成区只是其中很小的一部分。

（4）工业区域:在此人类以各种方式挖掘处理各种自然资源。

这四个基本空间类型按人类对之利用的顺序排列，人类最早在自然区域中生活，而直到上20世纪人类才有了工业区域。从范围上看，自然区域最大，农耕区域和人类生活区域次之，工业区域最小。从某种意义上，人类利用的能量越多，其占地面积就越少。同样，空间建设和覆盖的强度由自然区域向工业区域递增。

四种空间类型的定义及其利用上的差别是很重要的，但这并不能自然地带来平衡的发展，还必须对之进行细化定量化，如各类型所占的百分比份额等。科学方法，尤其是生态学方法的应用，将逐步得以展开。陆地、水体、海岸和领空内生态分区类型的定义是其中的第二步。

2）12类基本区域

在每一个领域中，都有12类基本区域，范围从最原始的自然到影响最

① C. A. Doxiadis. Ecology and Ekistics. Elek Books Ltd., 1977, P17.

大的工业。理论上，可以认为第一类是生态的，而最后一类是人居的，但实际上，所有类型都属于两者:生态学上涉及整体的平衡，代表了自然及其法则，人居上涉及的是人类聚居，代表了人类的行为。

第一类:自然区域

第一区:未被人类接触过的原始土地。

第二区:人类可以进入但不能居留的地区。

第三区:人类进入并居留，但不能带任何器械进入的地区。

第四区：允许居住的地区。

第五区:被人类控制的荒野（永久居住，可使用机器）。

第二类:农耕区域

第六区:用传统方法的垦殖区。

第七区:用现代化方法尽可能多地获取资源和食物的垦殖区。

第三类:人类生活区

第八区:供人类运动、娱乐用的自然地区。

第九区:低密度的居住区。

第十区:中等密度一般区域。

第十一区:高密度的商业中心。

第四类：工业区域

第十二区:重工业和污染工业区。

3）12个陆地分区:

与上述12类基本区域相对应，把人类生存的陆地区域划分为12类，陆地是人类活动和生存的核心区域，在此作一重点介绍。道氏沿用了同样的方法对海洋、海岸、领空作了12个类型的划分。上述12类基本区域各自所占的比重如图2–6所示。

（1）自然区域

地带1——真正的野生生物栖息地，除科研之外，禁止任何人类活动。

在全球生态系统中应保留尽可能多的份额为自然状态。不应忘记的是，许多自然保护区由于人类的侵入遭受破坏，诸如狩猎。

地带1占全球陆地表面的多大比例目前还没有科学的答案，但重要的是，它应包括极地区和沙漠区，动植物茂盛区如亚马孙流域（Amazon basin）及每一典型的气候环境类型区。人类极需保留所有典型的不受人类影响的自然区域并从中获得自然进化的过程。

如果我们成功地保留了所有类型的环境而不导致问题的话，地带1应占40%的全球陆地表面，至少在我们努力之初应是这样。

地带2——野生生物栖息地，人类可涉足。许多方面类似地带1，允许人类进入观察自然，机器不得入内。这是个不带商业色彩的自然区域。人类凭借自身的能量来往，不能居留。

地带2占全球陆地表面的17%，并应包括从沙漠到茂密森林的所有环境类型。

地带3——野生生物栖息地，人类可暂住。人类在进入农耕时代之前居于此地带，其他人可进入参观暂住。与地带1、2相比，由于有更长的居留时间，从事观察，采集食物狩猎，人类的自然知识增多。

地带3占全球陆地表面的10%，其中一部分已为各种原始部落居住。

地带4——野生生物栖息地，人类可久居。人类可进入这个地带并建立永久性的居住设施，如现在的某些山区，人们在此爬山、滑雪等娱乐。但其破坏应降低到最小的程度。

这个地带的区域虽被经常光顾但仍保持自然状态，不使用机器。这意味着它将与人类的生活区域——地带8、9、10、11相邻。地带4占全球陆地表面的8%。

地带5——野生生物栖息地，人类控制。这是一个自然的野生生物完全为人类控制利用的地带。它包括大部分商业开采的森林，与地带6相似，在此木材自然生长，还包括人类可凭机器、马达、铁路等进入的地域，为临时游客提供旅店及相应设施。

与上述四个地带相比，有更多的人进入这个地域，面临着更大的压力与侵入，故需更精心的保护。

地带5的总面积占全球陆地表面的7%。

（2）农耕区

地带6——自然垦殖。这个地带包括传统的农业和畜牧业开阔地区，建筑物只用来作贮存或保护动物。由于非灌溉地生产力低下，故这个地带中除不适合灌溉条件的地区外，越来越多的部分将接受灌溉。

这个地带的许多部分将远离人类生活区。这些将是更为自然和传统的区域，代表着过去、现在与未来的许多价值。近邻人类生活区的那些部分，必须给予更多的关心，以避免它向地带7转变。

地带6占全球陆地表面的5.5%。

地带7——工业垦殖区。这个地带包括现代化垦殖方法涉及的区域，如作物栽培与畜禽养殖等工厂性的农场。在此需要更多更大比率的投入，但商业能源的利用，工业化的方法、各种机器的使用，和自动化使它产出要比地带6多得多。在此地带中，可能自然景观全部消失，一大片的屋顶将代替富有诗意的田园景色。除了这些退化之外，地带7对于更多的食物产出是不可缺少的。对此我们应有准备，提供大量的网络，包括水，电和其他形式的动力，以及必需的产品与废物的运移。

地带7的面积有可能占全球陆地表面的5%。

生态整体观念的缺乏导致了地球空间的错误使用，从而大大影响了这两个地带，目前它们正遭受来自城市和工业扩张的攻击。我们的生态目标必须使它们免受攻击并尽可能地扩张，尤其是那些适宜区域。否则即使是遥远的未来，也难以把受建设侵入的区域变为高效的生态区域。

我们正经历建立全球粮食储备的艰辛努力。10.5%的全球陆地面积用于生产是基于理论的计算且必须达到，不够的部分可从地带1到地带5中来补。

（3）人类生活区

道氏认为，人类生活区与工业区是人类创建的危险系统。许多现有城市其用地面积的增长要比人口的增长大三倍，威胁着邻近的农耕区域，同时内城的高密度正引起各种不同的问题。要想达到平衡我们必须面对城市密度普遍提高而中心地区人口减少带来的挑战。

地带8——自然人类生活区。这个类型的定义与分类不明确是目前聚居面临困惑的主要原因之一。地带8应包括为每个人娱乐所需的设施，而不包括居住区等构成建成区的部分。

这些区域在许多方面与自然区域相似，但与地带1 ~ 5保留与发展自然的目标不同，其目标是服务于人类的需求，提供休闲和各种人类运动的培训，包括从非常自然的如爬山到非常有组织的需要特定场地的运动等。在这个建成区不到10%的绿色自然的环境中，我们可以建设所有类型的体育场地，娱乐设施，宾馆和别墅。在此给予人类接触自然拥抱自然的所有机会。

地带8大概占5%的全球陆地面积，是剩下的四个类型的人类生活区与工业区总和的两倍。

地带9——低密度城市。这个地带在某些国家称为郊区。它是城市的有机组分之一，其主要功能是居住，但还可包括其他的设施与服务，如商业，手工业，研究机构，轻工业和其他无干扰的产业。已有的城市包括一些不合理的低密度发展，但在此我们的意思是那些合理的，实际的低密度，大概每英亩70人（每亩28人），可能主要是2 ~ 3层的建筑，可夹杂一些多层但需合理安排。

地带9的总面积不应超过1.3%的全球陆地面积，即大概是地带10 ~ 12的总和。

地带10——中密度城市。这个地带是主要的居住用地，但居住并不是压倒一切的功能。地带9中的非居住利用在此更为重要，占主要的份额。中等密度意味着在居住部分大概平均每英亩110人（每亩45人）。

地带10的总面积不应超过全球陆地面积的0.7%，大概是地带9的一半。

地带11——高密度城市。这个地带包括大城市的中心区，是所有各种功能的混合，有时居住用地占到30% ~ 50%。这个地带主要发挥中心区位的职能。高密度是每英亩300人（每亩120人）。最少每英亩80人（每亩32人），与传统城市如雅典相当。

这个地带的特点不利于人类的全面发展，在此密度下儿童很难正常成长，这里主要适合于单身，无儿女的夫妇，游客和临时居民。

地带11的总面积不应超过全球陆地表面的0.3%。

（4）工业地带

地带12——重工业与废弃区域。这个地带我们目前尚缺，它损害了环

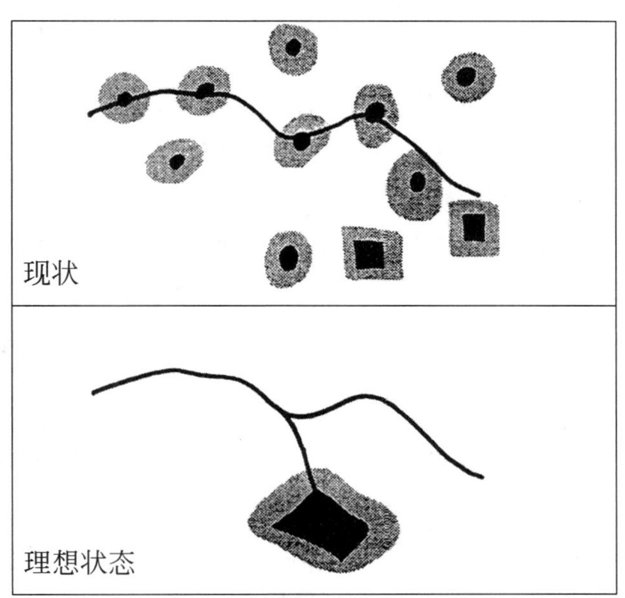

图 9-15　重工业与废弃区的分布
资料来源：C. A. Doxiadis. Ecology and Ekistics. Elek Books Ltd., 1977, P25.

境品质和工业发展。目前全球有几个工业地区，其中一些没有得到有机组织，且几乎没有我们急切需要的大而独立的地带。所以，目前大工业没有集中在某一特定的地区，以特殊措施隔离，而是普遍分散，产生大量的干扰，危害健康（图9–15）。

这个地带的土地应以自然或人工的方式隔离，与其他地带分开使它们不受干扰。其区位可能与人类生活区有较远的距离，但现代化的交通将使重工业与废弃区的建立不给交通通讯造成很大的负担。只要正确运用适当的技术，工业也不全是干扰。造成干扰的原因是它与其他功能地带相混合。有毒物质的排放和所有形式的循环应限定在本地带内。从生态的角度来看，工业区域带来的灾难主要与它们吸收与放出的物质有关，而不在于它们的区位。

地带 12 的总面积应不超过全球陆地表面的 0.2%。

同时，对于全球的土地、水域、海岸线和天空也相应作同样的划分。各类型地带所占的比重只是一个暂时性的数字，有待于在全球范围内作进一步研究。12个区域的划分不可能在每个国家内都是同样的比例，而必须在全球范围内依照地理条件，已有现状，自然环境的价值等进行平衡。同时也必须考虑到国家的存在，应该在各个国家内进行合理划分。

对自然区域与人类影响区域的关系上，道氏作了说明，道氏把12类基本区域按四种基本类型进行归结，即自然区域，地带1 ~ 5，占82%；农耕区，地带6 ~ 7，占10.5%；人类生活区，地带8 ~ 11，占7.3%；工业区，地带12，占0.2%。图9–16说明了各地带中建成区所占的百分比。从中可以看出，虽然一些区域中如自然区域包括了道路和建筑，但另一些区域中也有开阔地和农垦地，使全球范围内的野生生物区和垦殖区的面积达到94.1%。

道氏认为，**全球生态平衡的建立，依赖于一系列的低一级层次的生态平衡的存在。因此，应当在生态学中引进人类聚居单位的概念。**在全球范围内按15级聚居单位划分出各种不同层次，每一层次都是一些环境现象或环境问题的生长点。我们的目的是要在这些生长点解决问题，同时又必须把15个层次作为一个系统来考虑。因此，在每一个层次上都必须确定12类区域的划分。从而把12个区域与15个人居单元有机联系起来。在人居单元体系中体现了区域的划分，并对之进行整合。

道氏指出：**“保护现存的生态中有价值的东西，发展新的生态环境和人类居住环境，是我们的两个实际目标。”**[①]在全球范围和其他层次上确定了12类区域之后，制定有效的保护和发展政策的骨架就确立了。同时，12类区域的划分帮助我们明确了在哪些区域上需要应用哪门学科的知识，在属于自然区域的五个区中，只需要生态学的知识，随之人类聚居学的应用依次递增。越来越重要，到12区，变成占了主导地位。

道氏指出，我们已经确定了最终目标——全球生态平衡。但要想实现这个目标还需要长期的努力。因此，他强调一方面人类必须立即采取行动，另一方面要大力开展生态学和人类聚居学的共同研究。解决生态环境问题需要人类聚居学参加，因为人类聚居学是以整个人类生存环境的研究为对象的一门学科。它帮助人们用系统的方法去解决人与环境的关系。

为最终达成全球生态平衡，道氏对人为空间（Anthropocosmos）作了详细的阐述。**人为空间只是构成整个地球生物圈的一小部分，它的生存必须依赖于生物圈和其他物理圈层如水圈、岩石圈，同时也受其限制。道氏**

---

① C. A. Doxiadis. Ecology and Ekistics. Elek Books Ltd., 1977， P9.

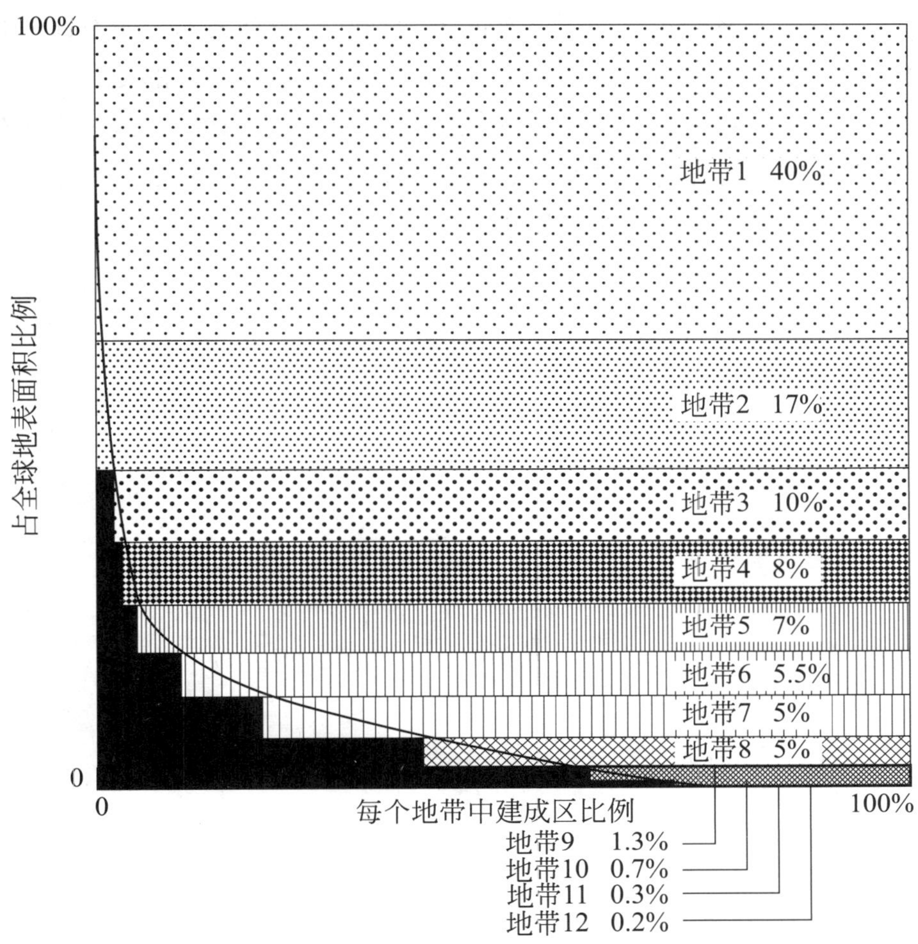

图 9-16　建成区在各陆地带所占的比例

资料来源：C. A. Doxiadis. Ecology and Ekistics. Elek Books Ltd., 1977, P28.

强调必须把人为空间作为一个整体来研究对待。人类目前面临的诸多困惑和灾难都是片面对待人为空间的结果。为此，第一是必须建立整体研究上框架和模式，以定义整个生活系统，建立包含各个部分的明确的系统构架，定义所有部分之间的相互关系，达成对其功能和变化的理解，建立系统各部分及其相互关系的评价方法。第二，**必须澄清人居的概念，为达成聚居与其环境，生态学与人类聚居学之间的平衡提供基础和依据，在时空方向上从宇宙到生物圈到人为空间再到人类聚居，形成研究层次**。第三，规范人居科学使用的术语以便充分准确地交流和合作，同时为聚居的分类提供保证。第四，建立逻辑分类框架，系统理解划分人居与人为空间。第五是修订人类聚居的基本分类，澄清有关这门学科的困惑和误解。第六，道氏提出了一个人为空间研究模式，该模式包括了所有的人为空间部分和要素，各系统构成部分的相互关系以及相应评价标准，从基本尺度—结构功能的变化—人类满意度等三个层次对人居空间作了详细的划分，建立了标准。这为人类生活的安全幸福的同时保持自然平衡，为摆脱生态危机，克服混乱局面提供了理论模式和多学科综合研究的基础。

第10章

人类聚居建设行动的研究和建议

人类聚居学研究最终都要落实到人类聚居建设的行动上，因此对人类聚居建设的研究成为人类聚居学研究的重要组成部分。

10.1 "安托邦"的设想

要进行人类聚居环境建设，首先要有一个明确的行动目标，有一幅美好的蓝图。道氏认为未来的城市存在着三种可能的形式，即坏城或底死托邦（Dystopia）、不可行的城市或乌托邦（Utopia）、合意而可行的城市或安托邦（Entopia）。其中，底死托邦是目前趋势持续的结果，它意味着一种真正的人类灾难，"我们不能忘记人类是作为一种特殊的动物开始发展的，走出丛林，进入热带平原。目前的趋势如果持续下去，人们将再入丛林……"①；现在乌托邦在许多"专家们"的观念中很盛行，但这是一个真正的底死——乌托邦（Dys-Utopia），既糟糕又不可行；安托邦则是合意而可行的城市，它有四个目标：幸福、安全、人性地发展、拥有平等的权利。

道氏指出，为建设安托邦，必须时刻牢记五种力量（经济、社会、政治、技术、文化），否则就会因忘记了是否可行或合意而犯下大错；城市包括了各种规模的空间单元，因此必须将其作为一个生活系统来处理，将城市的所有要素、单元进行综合，从能源浪费走向节能，从社会不公走向公平，从管理混乱走向有条理，从技术迷途走向有序，从破碎的文化走向人的文化，寻求安托邦的整体综合。

在《建设安托邦》一书中，道氏对安托邦的建设作了详细的描述。为简明起见，他把15个聚居单位归并为十个层次，分别对其未来建设提出设想：

1）家具：家具应当自动化、多用途。以整个墙面大的自动组合柜为例，既可作书架，也可陈列各种艺术品，桌子可供读书办公，按一下桌上的按钮，柜子上就会出现屏幕，想看电视只需按下按钮；当不需要时，整个柜子可以关上，变成一幅壁画，而且覆盖面积可以随意调节（图10-1）。其他如卧室、餐室和工作室的家具也可以自动调节的，且可以拥有多种功能。

2）居室：居室的建设应当给人以尽可能多的选择机会。例如墙和天花都是自动而且可调节的，既可以变成一个完全开敞的露天空间，也可以

---

① C. A. Doxiadis, Building Entopia. Athens Publishing Center, 1975， P30.

a. 全部打开

b. 通过不同艺术品改变环境氛围

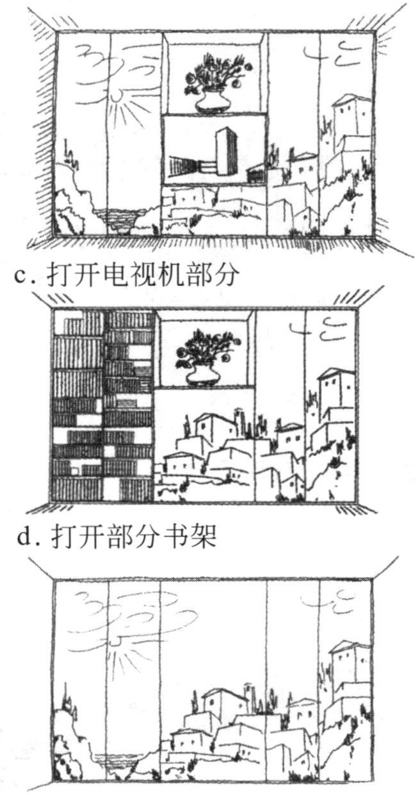

c. 打开电视机部分

d. 打开部分书架

e. 全部关闭成为一幅彩照

图 10-1　多功能自动化组合柜

资料来源：C. A.Doxiadis. Buildings Entopia.Athens Publishing Center, 1975.

变成一个与外界隔绝的全封闭空间（图 10-2），从而满足人们各种活动的需要。至于有特殊功能的房间，如厨房、厕所等，则应当标准化。

3）住宅：住宅最好是两层楼房，前有花园，后有带游泳池的后院（后院位于二层高度）。前院与人行道相连，后院下设为房子所覆盖的车行道，以避免噪声和废气。住宅的墙面和屋顶可以全部或部分封闭，也可以全部打开，从而满足不同时间、不同家庭成员的不同活动的需要（图 10-3）。

4）居住组团：居住组团是城市的基本部分，应当满足人们日常生活的要求，并给人们以尽可能多的接触机会（图 10-4）。在住宅组团中人车应当分流，人行街道应当具有人的尺度和人情味（图 10-5），其中还应有人们活动的小广场（图 10-6）。

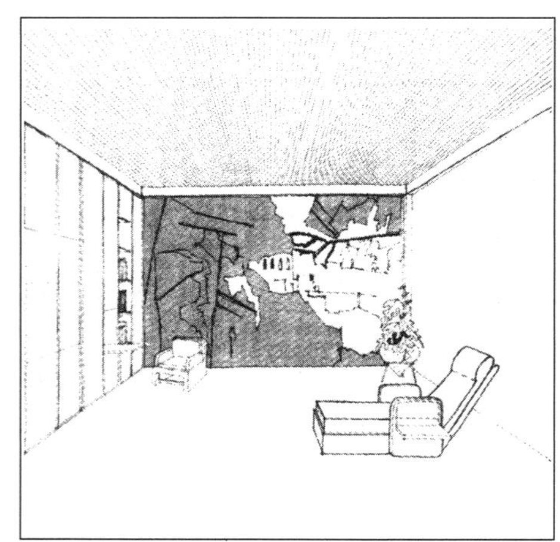

图 10-2　自动房屋

资料来源：C. A. Doxiadis. Buildings Entopia. Athens Publishing Center, 1975, P88.

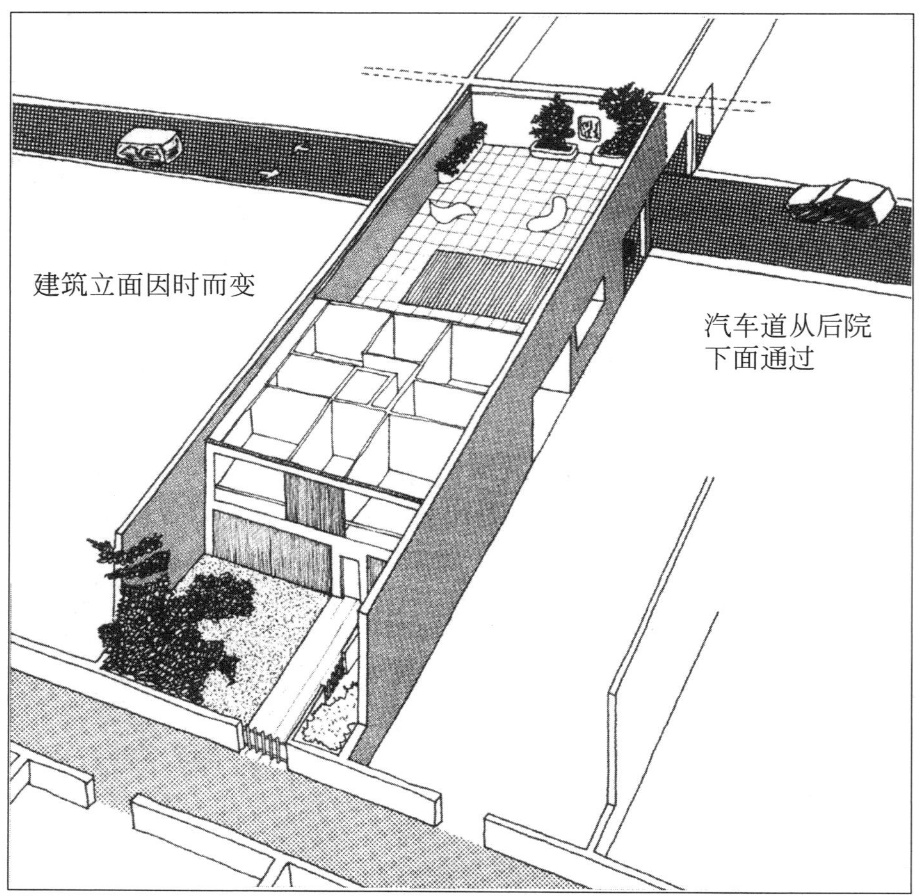

图 10-3　道氏设想的住宅

资料来源：C. A. Doxiadis. Buildings Entopia. Athens Publishing Center, 1975, P104.

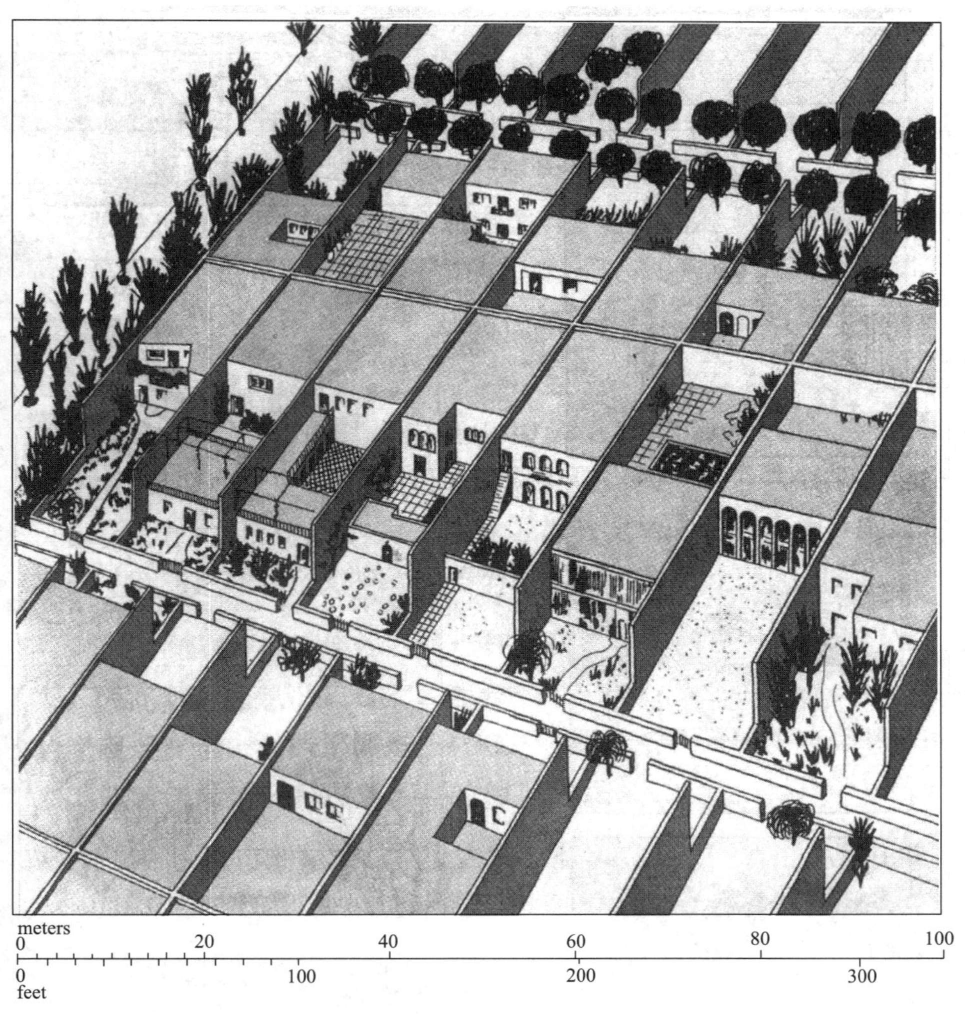

图 10-4　中等收入居民的住宅组团

资料来源：C. A. Doxiadis. Buildings Entopia. Athens Publishing Center, 1975, P117.

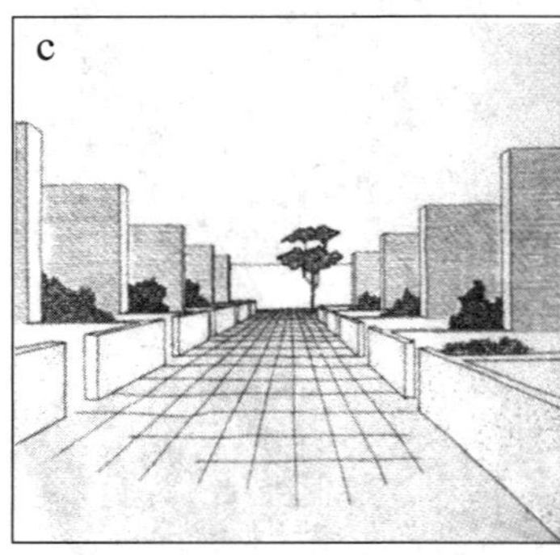

图 10-5 具有人的尺度和人情味的街道

资料来源：C. A. Doxiadis. Buildings Entopia.Athens Publishing Center, 1975， P122.

图 10-6 不同类型的活动场所

资料来源：C. A. Doxiadis. Buildings Entopia. Athens Publishing Center, 1975, P124.

5）邻里：一个邻里通常有数百到数千居民，为使每个居民都有归属感，最好用绿化带或交通干线将邻里单位作明确的划分；邻里单位必须能满足当地所有的社交和服务业的需求，内部应当设置小型商业网点、各种服务设施、活动中心和教育文化设施，人行道和车行道以几种不同的方式相分离（图 10–7）。

6）城市：未来“城市”的人口大约在5000 ～ 200 000人之间（在这里，道氏用“城市”这个名称专指人口在5000 ～ 200 000人之间的非农业聚居），建成区面积在2000×2000 ～ 5000×5000m^2之间。道氏认为，城市应该水平发展，建筑物以低层为宜；城市中心设有文化娱乐设施和商业服务设施，并用加顶的交通走廊与整个城市联系（图 10–8）。上述模式仅是指单个城市，而未来更多的是互相联系的城市系统，“城市”只是系统中的一级社区。因此，可以从居住城市和中心服务城市等不同性质上来考虑。

7）大都市：大都市的人口规模从20万～ 1000万人不等，有完整的自然系统，河流、植物等都得到很好的保护和组织，整个社会结构也是以系统和理性的方式组织起来；每一级社区都有明确的边界，所有的建筑物和交通系统也都是以符合人类的需要为原则，按层次分布。

8）城市连绵区：城市连绵区是一种正在出现的居住形式，它的规模非常巨大，因此对其理想形式目前只能有一个笼统的概念。显然，在城市连绵区的宏观层次上，人的尺度是不存在的，最重要的是四类用地（人类生活区、工业区、垦殖区和自然区）的相互协调和平衡。

9）城市洲：城市洲是指在整个大陆上形成的统一的城市系统。全世界有五大洲，因此将出现五个城市洲。若再细分，还可把东亚和西亚、南美和北美分开。但至今，这种形式尚未出现。这种巨大规模的聚居的形成和发展，主要取决于地理和经济因素。人类只能在顺应这个发展趋势的过程中发挥一定的影响作用，如尽量保护自然的生态系统，尽可能使增长以有组织的方式进行，同时组织起正常的交通联系，协调社会结构等（图 10–9）。

10）普世城：“普世城的形成过程就是从文明社会走向世界大同的过程”①。普世城不仅仅意味着新的聚居形态，同时也意味着新的生活方式和

① C. A. Doxiadis. Building Entopia. Athens Publishing Center， 1975, P232.

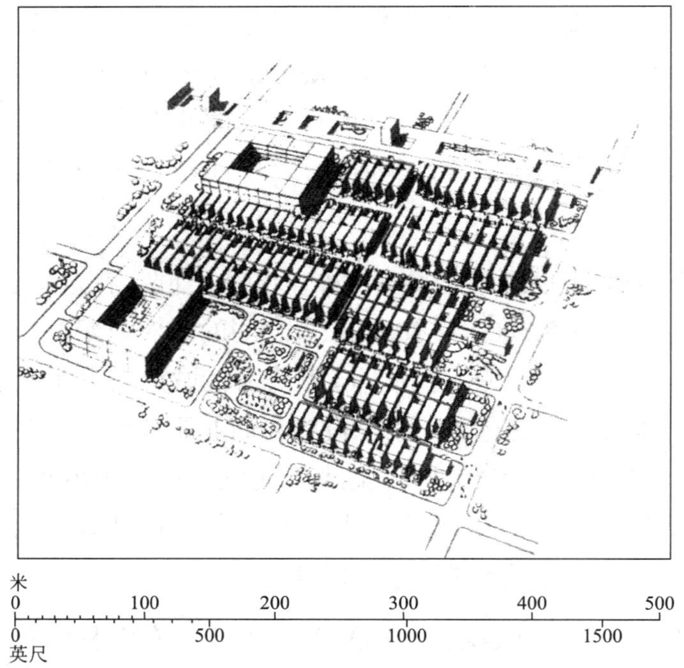

图 10-7　未来的邻里单位

资料来源： C. A. Doxiadis. Buildings Entopia. Athens Publishing Center, 1975, P137.

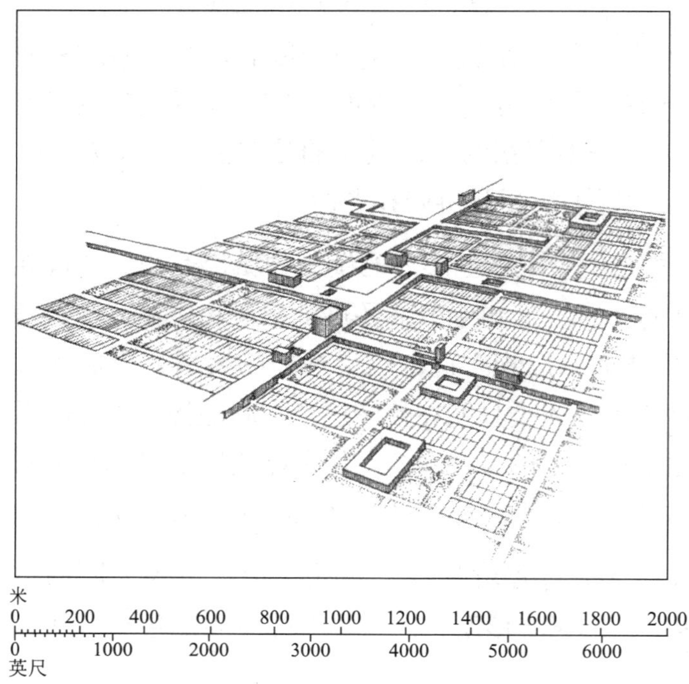

图 10-8　未来的城市

资料来源：C. A. Doxiadis. Buildings Entopia. Athens Publishing Center, 1975, P155.

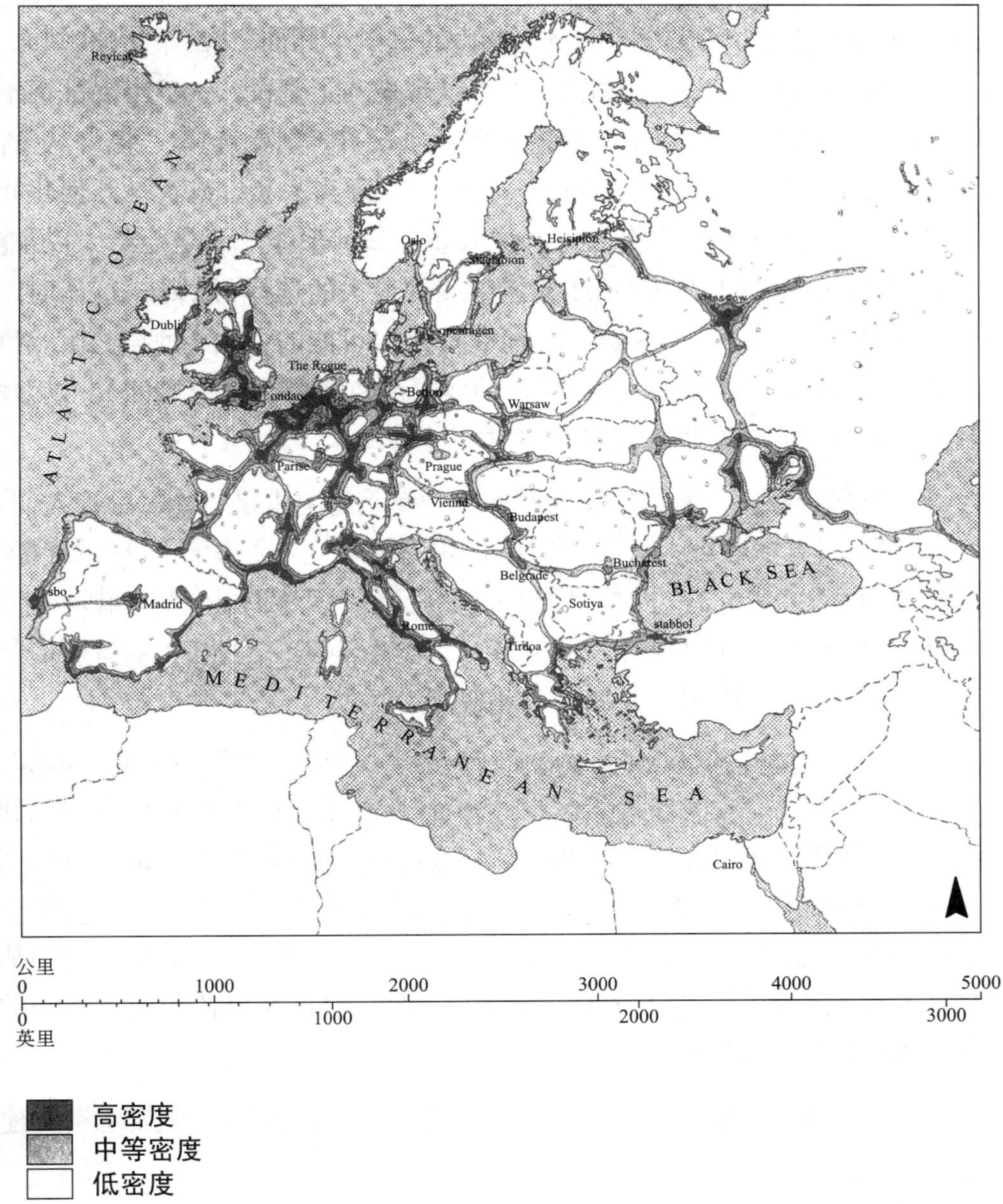

公里
0　1000　2000　3000　4000　5000
0　1000　2000　3000
英里

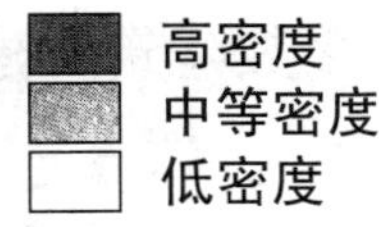

图 10-9　道氏设想的“全欧城市”

资料来源：C.A. Doxiadis.Buildings Entopia.Athens Publishing Center, 1975,P227.

新的社会组织结构。在此过程中，人们所能做的只是努力使各种力量、各个因素之间尽可能地平衡发展。

同时，道氏还强调，必须注意从自然到网络的五个要素。“我们必须力求五个要素在各个层次上达到和谐，那种仅仅囿于居室或城市等小天地中的和谐只意味着一无所获”①。目前城市的每一个侧面，从空间维度到大量的相互作用和要素变化，都相当复杂，以至走向了紊乱，要步出混乱境地，我们除了构筑结构合理、组织有序的生活系统外，别无选择。“也许从某些角度看，这（指有秩序的等级系统——译注）显得呆板，或者是几何化了，但是作为一个整体，它就像人体一样，并非几何形体，而是能给人以最大的弹性和自由。只有这样的系统才能给我们最大的选择（原则一），从时间、能量、金钱等来说，最为经济，从而获得最大可能的自由（原则二），满足适当的空间需求（原则三），促成五种要素的真正综合（原则四），以及这四个原则之间的平衡（原则五）”②。

（1）自然系统：“人聚环境首要的、最普通的元素是自然，尽管人们不生产自然，但有责任视之为一个有组织的系统”③。有组织的自然系统极端复杂，但我们可研究其与人工城市的基本关系。从总体上看，周围环境可分成四种类型区，即自然区、垦殖区、人类生活区、工业区，它们都与自然界的各部分发生作用，并同人类相联系。

通过对从50m到40 000 000m（图10-10）的不同空间单元自然表象的考察，可以看出总体系统的变化；并且，在每一个不同的空间形态中看到“综合”的存在。它以完全自由的、自然的、小规模的方式开始，渐次变为非常几何化的形态，此后开始再一次变成自然形态，最终以非常天然的地理形态覆盖全球。“无论自然的规模如何（盆花或城市大公园），我们都不能把它仅仅看作是一个孤立的‘绿斑’，而应视其为由各种规模不一的部分组成的连续系统”④。

（2）人类系统：人最早被作为系统来考虑的是其身体，多数建筑及建

① C. A. Doxiadis. Building Entopia. Athens Publishing Center, 1975, P240.

② C. A. Doxiadis. Building Entopia. Athens Publishing Center, 1975, P242.

③ C. A. Doxiadis. Building Entopia. Athens Publishing Center, 1975, P244.

④ C. A. Doxiadis. Building Entopia. Athens Publishing Center, 1975, P256.

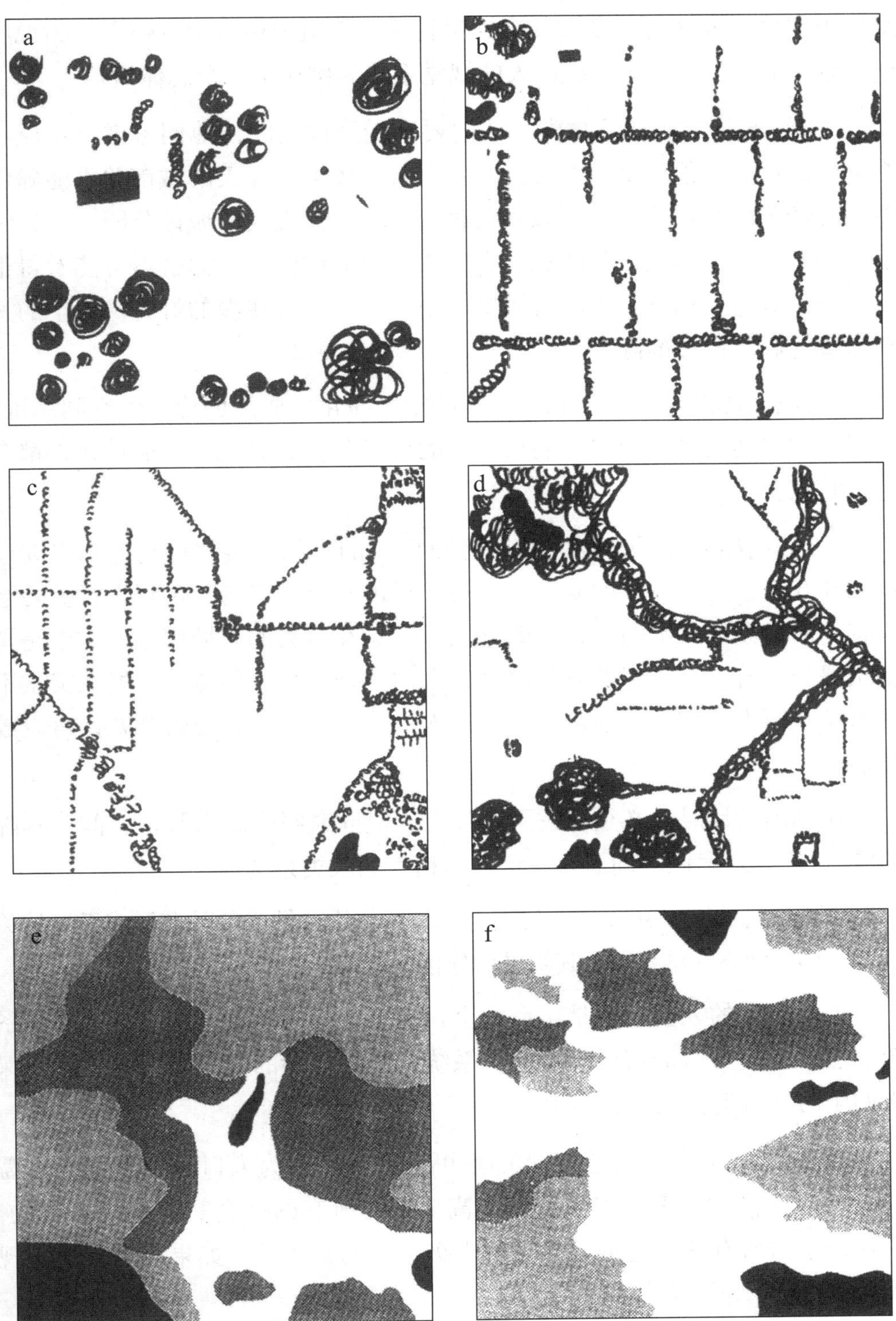

图 10-10　不同空间尺度下（从 50 ~ 40000000m）的自然系统

资料来源：C. A. Doxiadis. Buildings Entopia. Athens Publishing Center, 1975， P257.

筑法规都关心人体的尺度和安全，尽管这在街道中被完全忽略了。为说明整个系统的其他部分，道氏以人的视觉系统为例作了一个总体概括：

“人们不是生活在丛林中，他们要感受开放空间，他们考虑、想象一个宽广的世界；他们也需要独处一室，自我体会。今天的城市并不能确保前一种情形的发生，我们难以看得很远，即便是最大的城市公园——纽约中央公园——也给人以封闭感。在摩天大楼的围困中，你就不可能看得很远。向上看也是如此，白天有污染的空气，夜晚有迷漫的灯光。天空的月亮和星星业已昔日难再。”①

“解决问题的途径不是我们熟知的空气净化，而是创造一个空间系统。在不同的空间类型下，使人们从最小的可能单元到最大的可能单元，都有感觉的机会。”②

“人们的感觉系统开始是六面完全围合的空间，接着自动墙和自动屋顶渐渐开敞，产生开放的院子，直视人行街和公共广场，再到人行街乃至只有一面为大地所围的山丘（图10-11）。这在过去的小城镇或卫城上是司空见惯的。若没有类似的攀临之处，人们总是努力去创造它，如在美索不达米亚平原人们创造了庙塔，在北京人们建造了天坛，视野开阔，可以放眼远观。”③

在具体设计时，必须考虑到“没有人能同时吸收映入眼帘、闻于耳际的所有东西”。我们的确需要一个构造精美的人类系统。

（3）社会系统：社会是人与人之间相互作用，结成各种有形或无形的关系，并形成网络的总系统；其组成部分相互关联，并可一级一级地细分下去。

人们最大的社会问题是生命安全。如今，我们没有一个真正的安全系统。然而我们又恰恰需要一个保护系统，至少在小的人聚单元中，要确保人们生活、行动在人的空间中。

“等级组织是任何社会功能都不可或缺的。因为人口规模越大，所需的且可能提供的服务等级层次就越高。这对所有的社会需求都行之有效，它强调了对所有的功能进行适当的等级组织的必要性。如果我们不能实现

---

① C. A. Doxiadis. Building Entopia. Athens Publishing Center, 1975， P260.

② C. A. Doxiadis. Building Entopia. Athens Publishing Center, 1975, P260.

③ C. A. Doxiadis. Building Entopia. Athens Publishing Center, 1975, P261 ~ 263.

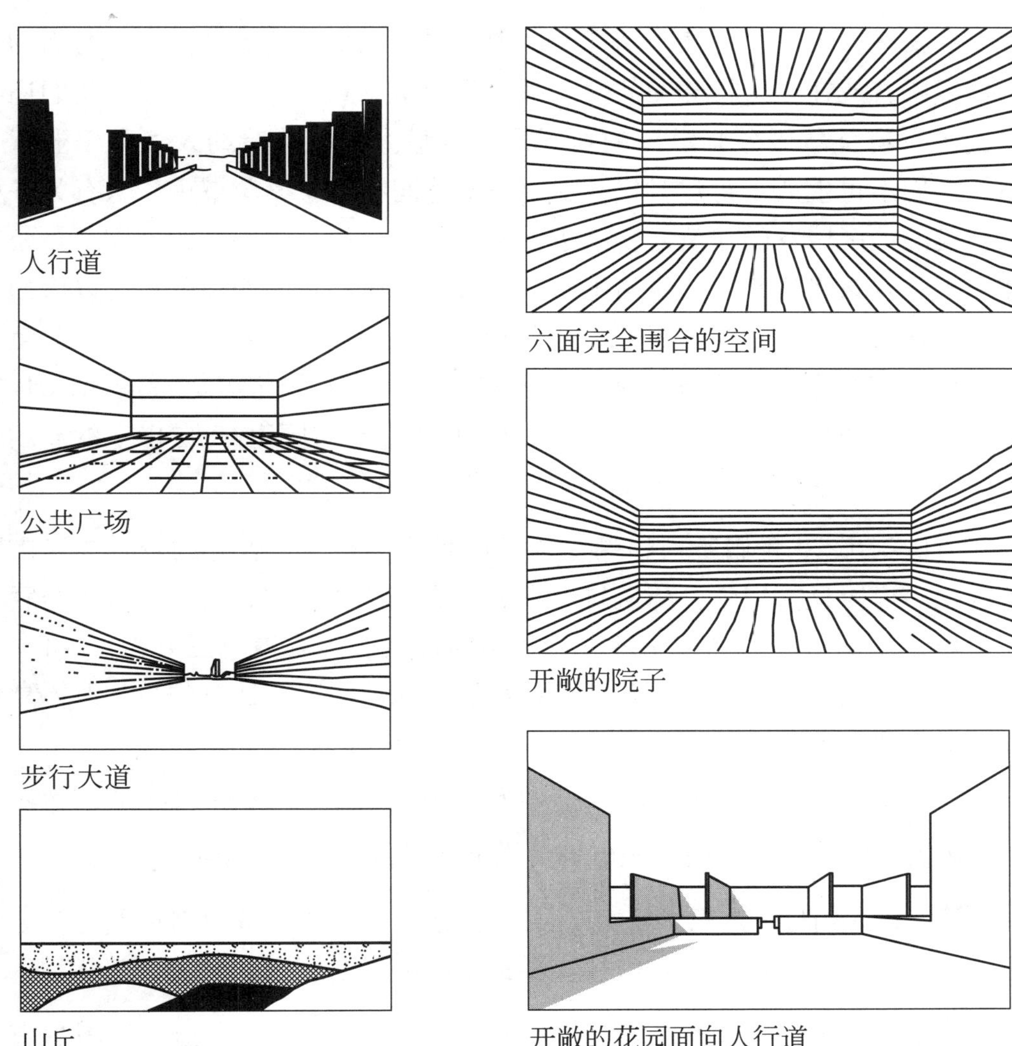

图 10-11　不同空间类型

资料来源：C. A. Doxiadis. Buildings Entopia. Athens Publishing Center, 1975.

这种这社会系统的基本结构，所谓解决社会问题也就没有指望了”，“等级系统对各种功能的整体综合行之有效，但并不意味着所有的社会功能都存在于任何一个层次之中”①。

（4）居住系统：城市通常是一个连续的居住系统。文明无论其起源如何不同，总是以连续的建成区系统而告终。今天人们赞叹的城市、村庄都包括了连续的居住系统，从而形成了街道、广场和内院。

---

① C. A. Doxiadis. Building Entopia. Athens Publishing Center, 1975， P274.

在安托邦中，人们将回到一个连续的居住系统，就像我们在人行街的居住组团，或在一个特殊的邻里、都市区中所见到的那样。在那里我们还看到各种有关“服务廊道”的新观念，以最大限度地节约人力和工业资源。人们不再生活于封建时代，因此三维空间将属于整个城市，只有为各种规模的社区服务的建筑才会高于普通建筑。当然，中心区的旅馆、办公楼等特殊建筑将比常规建筑高出两、三层。不过，它们的高度不再以塔的形式表现出来，而是根据服务中心和廊道的等级，建成四、五、六层甚至更高层的连续系统。这样，从高度上看城市居住系统将有三种概念：（1）通常的人居地：三层连续的居住地；（2）服务中心与廊道：三层以上的连续居住地；（3）象征性建筑，就像孤塔，高于前述二者。

道氏指出：“我们所构想的三维居住系统，是过去著名的乡村或城市的进化。房屋是其细胞，廊道与中心等构成其特殊部分。从人口、社会联系、建筑等低密度的连续系统开始，逐渐形成服务廊道，三方面（人口、社会、居住系统）都有所上升，直到它们（人口密度、社会联系、形体高度）都达到一定的程度，形成一个中心（图10–12）。”①

（5）网络系统：人们过去在城墙以内完成的工作，在安托邦中必须在世界规模上同样实现，因为城市将变成世界城市。这就要求有下列变化：

第一，人们将不再犯当前的错误，所谓运输，不只是把任务交给运输专家，人们不是依靠运输而是通过运动来生活的。运输只是运动的一部分。

第二，通过建造人的系统与机器的系统，如前文已解释过的，减少街道、广场等，代之以人行街、人类广场和机行道、机器广场等，将正常的人的运动从每一种运输方式中完全分离出来。运输网络将按等级层次组织起来，从个人或少数人的小汽车到整个全球系统。

第三，目前的个人与大规模运输间的冲突将不再发生，因为它们都协调地存在于一个系统中了。小汽车（个人拥有、自动登记、纳税）将与公共运输处于同一廊道中；整个系统既是个人的，又是公共的，双方受益，了无弊病。

第四个基本变化与更大规模有关。现在，各种运输体系之间根本谈不

---

① C. A. Doxiadis. Building Entopia. Athens Publishing Center, 1975， P278.

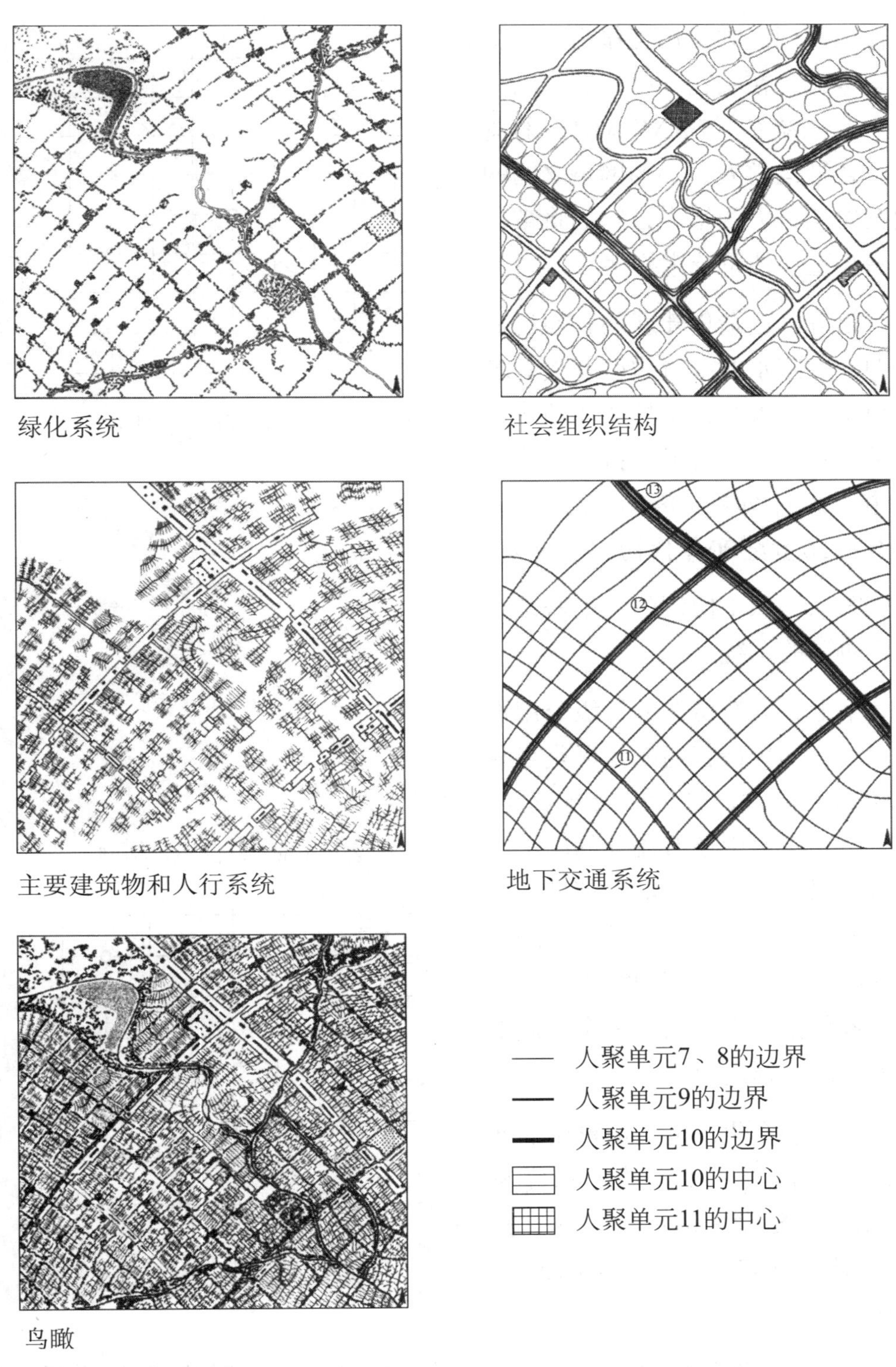

图 10-12　道氏设想的大都市

资料来源：C.A.Doxiadis.Building Entopia.Athens Publishing Center,1975, P174 ~ 179.

上什么协调，它们理当作为一个整体来考虑。在安托邦中将有“陆—水—空系统”（LANWAIR）的概念。各种运送人、货的网络之间的相互协调将大为增强，它们将被作为一个统一的系统来构架。

第五，逐渐创建新的直通运输类型。有跨水的，就像已开放的君士坦丁堡的大桥，横接欧亚两块大陆；有水下的，就像连接英、法的隧道（原计划在1980年开通，事实上到20世纪90年代初才建成）。

第六，从不协调的空中联系转换到协调的系统。

第七，创造协调的等级公用设施网络。如今最普遍的错误是当我们谈到运输时，只考虑人与货物，而忘了在管道中还有流动的净水或污水，以及油、气、电、邮件、电话等的存在，结果浪费了大量的空间和网络。在安托邦中解决的办法是，各种公用设施系统完全协调地布置于同一廊道中。

第八个变化，也是最重要的变化，是运输与公用设施通道完全协调，道氏称之transutilidors，这种协调一旦实现，将节约80%的占地。

在下面的图形中可以看出，从人行道开始到保证人安全的电子系

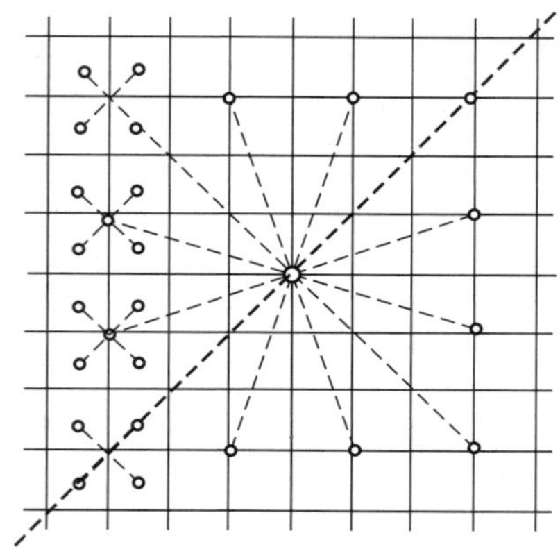

a.运输网络与基础设施网络各行其是

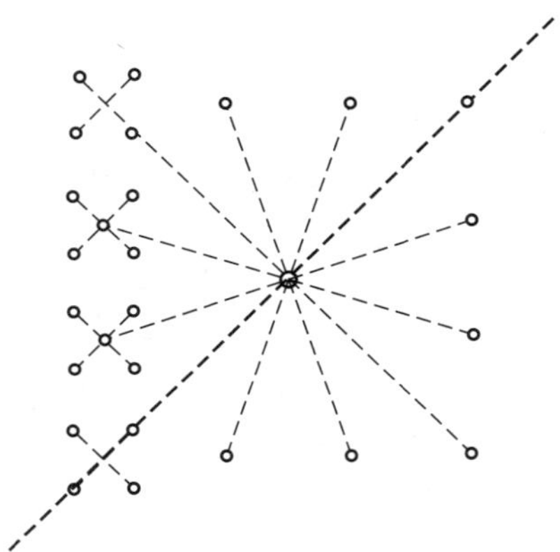

b.两者形式协调，但不是格网

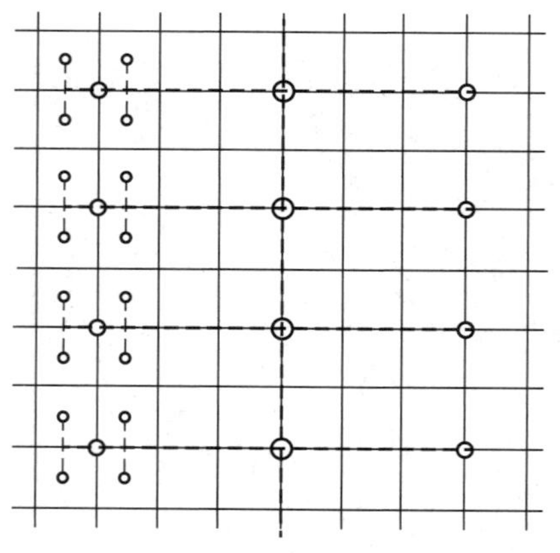

c.形式完全协调的格网状网络系统

图 10-13　完整的支撑网络系统的构思过程

资料来源：C. A. Doxiadis. Building Entopia. Athens Publishing Center, 1975, P290.

统结束的整体系统，以及从家庭到城市的居住系统是如何构想出来的。在第一个图中（图 10–13a）点点之间逐渐伸展与整个地区有序组织的对比，在第二个图中（图 10–13b）则可看到相互冲突的运输系统与公用设施通道是如何转变为一个完全协调的系统的（图 10–13c）。

最后，道氏强调要**将上述各部分、各要素组织成一个整体系统。它是不同规模间的差异性及其内部的综合，是五要素联系而形成系统，是不同空间尺度上影响人聚环境的各种力量的整体综合。**

人居环境是高级有序的复杂有机体，是不断发展的人聚环境系统。由于人居环境规模的变化，及其对人们特定的行为方式（如网络与组织等）依赖性的增强，它与自然有着复杂的关系。系统的整体综合在变化着，以至其结构也发生变化，最终便产生了不同的形态。我们如果不系统地分析形态的变化过程，理解这个整体系统及其原则与规律，形态就会显得一团糟。

10.2 建设人类聚居的工作步骤

道氏一贯认为，人类聚居是动态发展的有机体，是不断变化的过程和系统；作为最复杂的系统之一，对它的科学研究必须是一个长期的、持续的工作；人类要引导聚居的进化和发展，必须在准确、科学地认识人类聚居的基础上，积极、合理地行动起来。他不止一次地倡导人类要鼓起勇气，为人类聚居而行动，以满足人类的需求。“为了实现我们的目标，需要发起一场变革，但这不是在一夜之间就能够完成的。我们所面对的是一个生物过程，需要不断地对它加以引导，以加速其变革；这种变革的唯一标准就是人类的利益和爱好”①。同时，他还指出当前城市正处于“爆炸”之中，是采取行动的最好时机。“在我们正经历的这个爆炸的时代，我们已经犯下了很多错误，未曾了解我们所导致的各种变化，并且仍然在重复着许多重大的错误。……鉴于上述原因，我觉得有义务提出我们所需要的一些根本性的改变”②。为人类聚居而行动，需要全体民众的参与，但这并不意味着要在完全掌握人类聚居中的各种问题之后才能开始，而是从现在就积极投

① C.A.Doxiadis. Athropopolis, City for Human Development.Athens Publishing Center, 1975, P205.

② C. A. Doxiadis. Action for Human Settlements. Athens Publishing Center, 1975, P170.

身实践，在实践中不断试验、探索，逐步积累经验，建立以人类聚居为研究对象的人类聚居学；从认识人类聚居当前的发展状况开始，发现问题，寻求解决方法，明确发展目标，制定科学的政策和计划，并最终采取必要的措施，促进人类聚居实现根本的改变。对此，他特别强调借鉴历史经验和认识，从不同学科角度出发，更多地了解人类聚居，使每一门学科都覆盖与其研究领域相关的全部内容，并加强各个学科之间的联系，在不同知识领域间搭起桥梁，弥补其间的鸿沟。

关于人类聚居建设行动的工作步骤，道氏提出了详细的建议。主要包括：

第一，需要对人类聚居有全面的、合理的认识，包括人类聚居的定义、类型、属性、基本要素、影响因素以及目前的发展状况等。这是任何人类聚居建设行动的基础。

第二，需要对特定的一个或一组人类聚居的各方面问题进行全面分析。由于人类聚居的问题十分繁杂并且多种多样，因此需要以一种系统的方式加以区分，如确定某一问题是否与人类聚居直接相关，是哪一层次聚居单元中的问题，涉及哪一种要素或影响因素，它的影响范围有多大，是否与更大范围的区域相联系以及怎样联系，其重要性如何等等，以决定解决问题的优先顺序。正像医生需要对病人进行彻底的检查，才能够作出恰当的诊断、开出合理的处方一样，只有对人类聚居的各种问题有了全面的了解才有可能对症下药，及时采取必要的措施和行动。这是任何人类聚居建设行动的前提。

第三，需要针对特定的一个或一组人类聚居，确定发展目标。不同层次的聚居单元以及不同的聚居要素，其发展目标各不相同，需要加以区别，具体对待。所有的发展目标都应当由各个聚居内部的居民自己来决定，而不是由专家们来越俎代庖；专家的任务是要向居民们讲清楚不同目标之间的关系，以及在实施目标的过程中可能出现的利弊，以利于他们作出合理的决定，并将各方面的发展目标尽可能地表达得明确、具体。

必须强调，这里所谓的目标包含了双重含义，即近期发展目标和远期发展目标。远期目标是以现实的态度为可以预见的未来所确定的发展目标，它所涵盖的是一段比较长的时间范围；近期目标是针对某些紧迫的问题所采取的可以立即实施的发展目标。“尽管远期目标是远期规划的基础，但对目前所必须采取的行动来说，它同样具有决定性意义；当然，眼下的行动更需要近期目标的指导。为使我们的努力得以实现，需要以一种系统的方式将远期目标和近期目标恰当地相互联系起来”[①]。因此，无论远期目标、还是近期目标，都是聚居的漫长发展过程中的两个阶段。从某种意义来说，近期目标更加重要，它是达到远期目标的漫长过程的第一步，因而需要与其后的一系列目标相联系，为实现远期目标的漫长发展过程奠定良好的基础。

第四，需要针对特定的一个或一组人类聚居以及其中的各个方面，制定具体的政策。这是为人类聚居而采取的行动中最为困难的一项任务。没有具体的方针政策，目标只能是一句空话。“仅仅确定建设一个使人能够安全和幸福地生活的聚居的目标是不够的，还必须指出通过怎样的手段来实现这个目标。譬如，要决定是通过绝对尊重私有财产的保守政策，还是利用在一定程度上限制私有财产或者全部剥夺财产私有权的政策。只有这样，人类聚居的发展目标才有意义”[②]。一般情况下，聚居所涉及的地域范围越大，政策的概括性越强；相反，聚居的规模越小等级越低，政策也就越为具体。另外，在针对某一聚居及其某一方面的问题而制定具体的政策时，需要考虑问题的来源以及它所涉及的地域范围，在此基础上确定该聚居所应承担的责任和义务，而不能只局限于该聚居的行政边界范围内。

人类聚居的发展目标有远期与近期之分，为此而制定的政策也分为治疗性的和预防性的两类。针对聚居在过去的发展中出现的许多弊病和问题而制定的政策是治疗性的，为了防止聚居在未来的发展中出现新的问题而制定的政策是预防性的。由于预防性政策面向未来，因此它比仅仅作为补救的治疗性政策更加重要。就像道氏曾指出的那样，在人类聚居的建设中，**“政策应当是远期的预防性的行动，以防止紧急情况的出现”**[③]。

第五，需要针对特定的一个或一组人类聚居的建设，确定具体的行动计划。计划就是在政策指导下的具体措施，以引导聚居的增长。例如，确定一定时期内应完成的工作量及工作程序，所需的资金量及其到位的先后顺序等。与政策的制定相似，聚居所涉及的地域范围越大，计划的概括性

---

① C. A. Doxiadis. Action for Human Settlements. Athens Publishing Center, 1975, P120.

② C. A. Doxiadis. Ekistics: An Introduction to the Science of Human Settlements， P417.

③ Ekistics. 1967（12）, P432.

越强，聚居的规模越小、等级越低，计划也就越为具体；同样，计划的制定不能仅着眼于该聚居的行政边界范围。此外，由于人类聚居的建设行动是一个长期的过程，其中存在着许多不确定因素，有些目前看来难以办到的事情，几年之后有可能变得易如反掌；因此制定计划必须要有远见卓识。

第六，需要为特定的一个或一组人类聚居制定具体的实体规划。规划是人类聚居发展的目标、政策和计划的具体体现，是人类进行实体环境建设的依据。道氏指出，由于规划具有实体形象，它在人们的头脑中产生的印象要比抽象的目标、政策和计划更加深刻，因而常常使人们忽视了目标、政策和计划的制定，而只重视对规划方案的研究，这需要引起人们的注意。道氏在总结自身实践工作经验的基础上，对规划方案的制定和实施提出了具体的方法，至今仍具有参考价值。例如:

——在规划的制定和实施过程中，规划人员要用最通俗的语言，而不是专业语言，与当地的广大居民进行交流，使他们尽可能多地了解规划方案；

——在规划的制定和实施过程中，在研究某一方面的问题时，规划人员不仅要考虑与此相关的所有可能的方面，还要考虑扩大问题所涉及的地域范围，避免片面地认识和处理问题。例如，对某一聚居内部的交通问题，不能仅单纯依靠交通技术人员来解决，也不能将问题局限于该聚居的内部交通本身；而是需要依靠多个相关部门以及多种学科之间的协作，从区域和聚居的不同层次出发，对这一问题加以研究解决。

——在制定规划的过程中，规划人员要不断地向居民介绍方案，并进行多方案比较，让居民自己作出最后的决定。因为只有在人们看到并了解了所有的方案之后，才能够进行比较、作出合理的判断，并最终接受最佳方案。规划人员在介绍方案时，“应当遵循客观的目标和评价标准，而不要加入自己的观点（这一点非常重要）；没有人会对你的观点感兴趣，他们只对事实感兴趣。城市规划界的专业人员常常认为这个世界离不开他们的智慧，这是大错特错的。世界需要的只是有人来搞清楚聚居中的实际情况”[①]。

——在规划送审时，规划人员要摆事实、讲道理，以便决策者作出自己的决定；而不是试图说服他们接受并非他们真正想要的东西。否则，一旦规划人员离开，所有的事情就会被搞得一团糟。只有当决策者得到他们

① Ekistics. 1967（12）， P434.

自己所希望的规划时，他们才会努力将其付诸实践。

在《为人类聚居而行动》一书中，道氏对自己一生所从事的人类聚居学的研究工作进行了简要的概括总结，并将他曾经或尚未提出的有关人类聚居建设的各种设想，综合归纳为12条建议，**准备递交给即将召开的联合国人类住区大会**[①]**。这是道氏在重病缠身的情况下，为了人类聚居的建设而留给人类的最后的建议。**

这是一份重要的文献，现摘译如下[②]。

建议一　全球12个分区

在未确定地球表面资源的基本含量和合理利用量的情况下，要尽可能地节约土地、水和空气等资源是毫无意义的。那些已有上百年乃至上千年历史的村庄，总是划定出用于耕作的土地，用于建设的土地（通常是不毛之地或低产的土地），以及为自然资源保留下来的不受人类干扰的土地，如野生地、森林和必要的水域。除非能够同样做到这一点，否则我们将毫无生存的希望。

建议:今天的生活系统更加复杂，需要建立12个分区，上至最自然的区域，下至受人类干扰最多的区域。这12个分区将按照下列方式划分:

1）土地利用的12个分区；

2）水域利用的12个分区；

3）沿海地区利用的12个分区；

4）大气利用的12个分区。

空气总是不停地运动，没有边界，而我们的行动却几乎仅限于地球表面，因此必须将我们的目标和政策以土地和水域分区的方式表达出来。这种分区的方式同样适用于气候、动物和植物。它们都十分重要，都应当被视为我们的目标的一部分；同时又必须将它们协调成一个完整的系统，通过上述分区表达出来。例如，为了挽救自然界的植物，就必须挽救该地区整体的自然环境（土地、水、空气、气候和动物）；因为任何一种事物都有赖于整体的生态平衡。

---

① 联合国人类住区大会原定于1975年召开，但实际上是1976年在加拿大温哥华市举行。

② C. A. Doxiadis. Action for Human Settlements. Athens Publishing Center, 1975, P171 ~ 178.

建议二　全球空间的所有权

20世纪之前，人类不能飞行，也没有能力建造高层建筑，土地的所有权足够应付使用，也就不存在地球空间的所有权问题。由此形成这样一种概念，即对地表的所有权就意味着对地面之下的所有资源和地面之上的所有空间的所有权。

既然我们已有能力建造高层建筑，土地所有者们就会趋于开发利用空间；其结果是建筑越建越高，造成的压力越来越大，在某些方面甚至带来灾难性的影响。这里提及几点：

1）低收入国家为建造多层建筑而不得不耗费巨资进口材料和设备；若非如此，这些投资和外汇是可以节省下来的；

2）在所有的城市，如果建筑物超出其总体城市结构所决定的高度，往往会造成交通紧张、人口过度拥挤和丧失平等权利（如邻里只有面积很小的土地，城市的面貌等）等一系列重大问题；

3）尺度上的变化令人吃惊，致使所有的历史价值丧失殆尽。庞大的旅馆破坏了游客们所要欣赏的美丽村庄，林立的塔楼破坏了自然的景观等等；

建议：为了解决上述诸多问题，必须把土地所有权转换成空间所有权，使每一个拥有土地的人只能尽量利用地面以上一定高度的空间；在此之上的空间则以分级方式分属地方、国家，甚至将来也可能属于国际性的管理机构，土地所有者必须向他们购买空间使用权。只有借助于这种体制，才可能制止高层建筑造成的压力，景观、传统、文化和人类聚居才可能重新获得曾经失去的平衡。

建议三　人类空间

正如我们从所有的有机体与空间的关系中所认识到的那样，在我们生存的这个星球上，如果对人类的发展和增长真正有什么限制的话，它并不与资源直接联系在一起，因为资源的利用是随技术的发展而改变的；这种限制与人类和空间的关系有关。这是我们必须面对的根本问题。如果我们不以特定的方式解决它，就无法进一步采取行动。奇怪的是，这一点在最近已被完全忽视了。

在城市中，居民们在平均密度为200人/hm^2的最佳状态下生活了几千年。某些时候也有例外，例如当危险来临时，他们被迫在密度较高的状态下生活在城墙以内；再如当有足够的防卫能力和经济收入达到一定水平时，他们就分散开来，在密度较低的状态下生活，就像罗马的别墅那样。今天，我们身处爆炸的过程当中，各种作用力迅速扩张，并且出于某些可以理解的原因，我们还缺乏能力有效地应付它们，因此人类生活的密度状态变化很大，既有非常低的密度，也有非常高的密度。这是一个严重的失误，因为我们清楚地知道，正是在那些密度极不正常的地区，人们在许多方面（不安全、社会问题、能源浪费等）都承受着极大的痛苦；它们要么密度极高，要么密度极低。

建议:我们的经验足以告诉我们，每一种类型的人类聚居都有体现人类与空间的最佳关系的特定数值。在此，我只针对一些基本的单元提出自己的建议，它们或者已经存在，或者必须在当今创造出来，以便为其他类型的人类聚居提供参考。

各类聚居单元的基本密度建议　　表 10-1

人聚环境单元	人均面积（m^2）	密度（人/hm^2）	平均密度（人/hm^2）
7，8：城市	50.0 ~ 33.3	200 ~ 300	250
9，10：大城市	66.0 ~ 50.0	150 ~ 200	175
11，12：城市连绵区	100.0 ~ 50.0	100 ~ 200	150
13，14：城市洲	125.0 ~ 66.6	80 ~ 150	115
15：普世城	166.6 ~ 83.3	60 ~ 120	90

这些空间需求的数值乘以 3（密度要除以 3）得到的面积，就是在一般的生活条件下，人类所需要的所谓建成区的最佳空间数量，这其中包含了人类对休闲空间的需求，这就是真正的人类空间或人类区域。

建议四　人类尺度

自 1825 年第一条铁路问世以来，现代技术一直在满足着以前未能满足的人类各种需求，但同时也带来人类空间中的一些新问题，人的尺度开始消失，空间也不再具有人性化的特点。机器不断侵入人类空间，将机器的尺度（规模、速度、噪音、污染）强加于人类空间，导致出现新的环境状况。这一过程在所有的人类聚居中都在不断地继续着。

建议:唯一合理的解决方式不是抱怨机器，也不是由机器主宰人类的生活，而要以最佳的方式发展和利用机器，满足人类的需求。这意味着要将人类从机器中分离出来，重新创造具有悠久历史的人类尺度。

建议五　平等的选择机会和权利

在正在形成的新型人类聚居中，最大的问题就是新条件的出现加大了其中居民的分化。这是一个由来已久的问题，尽管我们自以为人类已进入文明社会，但这一问题并没有得到缓解，反而大大加剧，并且一直被人类所忽视。我们已经提到一些例子，如在建筑物的高度和密度方面不平等地利用空间，但还有其他许多方面的问题。在此我列举一个具有鲜明特点的实例。过去，无论年龄和收入如何，人们在街道上是平等的；但现在事实已远非如此，那些使用汽车的人们成为街道的主人，而那些不使用汽车的人却没有同样的自由、速度、机动性或者选择。

我的建议很明确:必须针对社会体系的各个方面和各种表达方式，在空间上给人们以平等的机会。例如，我们有责任建立历史久远的人行街道系统，而使机器在机器的道路上运行（与建议四相联系）；这样就可以解决在公共的人类空间中的平等问题，使正常的人类发展重新充满希望。然而，仅仅依靠这种方式还不足以解决机动性方面的平等问题，为此，必须建设合理的公共交通系统，首先利用现有的技术，然后再逐步建立一个更加可靠的公共交通系统，将私人汽车的优势（任何两点之间的联系）和公共交通的优势（任何人都可以利用）结合起来。

建议六　地域组织

人类聚居的地域组织是根据人类的日常活动产生和发展起来的。在1825年以前，它不仅具有重要意义，而且还具有一定的功能作用。由于当时的速度是固定的（5km/h），因此人们的生活组织和人类聚居的地域组织都基于同样的原则，即人们属于不同的社区（村庄和城镇），社区的中心、服务设施和管理机构在一小时之内即可到达。

随着人口规模的不断扩大，城市难以为上万人继续提供服务，在某些情况下甚至是数十万人，此时通常会出现一种新的细分，使每一个人既属于大城市（一个小时的最大距离），同时又属于该城市中的某一社区或邻里（更短的距离）。例如在古希腊、阿拉伯和中国就是这样。

现在，速度每天都在加快，更多的人聚集在一起，但我们却失去了地域组织的原则。尽管这些原则历史悠久，但它们仍然适合于今天的时代；因此，必须在这些原则的基础上重新组织人类聚居。

建议如下：

1）重新认识根据人口和距离确定的12种功能地域单元的存在；

2）在一小时距离原则的基础上，建立基本单元，如现在的日常城市系统，其半径从5km开始变化不等。在美国有一些极端的例子，半径可以达到250km；

3）根据人口单位，以及在地理单元和由支撑网络所决定的技术单元的共同作用下产生的空间特征，将上述单元进行细分。

建议七　住者有其屋

现在人们对住房的认识极度混乱，并由此造成更多的问题。看看我们的一些重大失误，就很容易理解造成这种混乱状况的原因。下面列举两个最突出的例子：

1）认为住房必须达到一定的标准，才能被允许建设。我知道某国有这样一条规定，首都的住房必须达到或超出某一标准，否则不允许建设。这就像在说除非一个穷人每天摄取2500 cal的热量，否则就不允许他进食；

2）认为政府应该为穷人们建造住房，而忘记了即使收入最高的国家也未能做到这一点，人们总是在以许多方式建造自己的住宅。

建议采取现实的态度，按照下列顺序，尽可能多地向人们提供帮助，使他们在合适的时间得到适宜的住房：

①土地，对一座适宜的住房来说最少要150m^2；没有土地根本无法建造住房；

②供水；

③排污；

④一个房间；

⑤更多的房间；

⑥电力；

⑦其他设施；

只有遵循这一自然的和现实的政策，我们才有可能在全球范围内为几代人提供住房；否则，反而会因为过度拥挤、贫民窟的出现以及居民个人努力的白白浪费，加剧所有问题（经济的、社会的、政治的、技术的、文化的）。

建议八　社区服务设施

在各种类型的社区服务设施的建设中，从最简易的街角小店到设施最完备的文化中心，以及其他所有类型的设施中，也存在着和住房建设中相同的问题。在这些服务设施建设的初期，往往缺乏必要的资金，也没有为它们预先保留所需土地，因此当建设的时机成熟时，常常因为缺少土地而极大地增加建设的难度。于是实施计划被迫搁浅，或者建设标准低于预期的设想，建设费用也远远高出合理价格。

有关这方面的建议与住房建设的建议相似，但是需要更加合理的规划和组织管理。对住房建设来说，条件相对要简单得多（有多少家庭、住房、地块）；对社区服务设施的建设来说，就需要专门计算在未来的两、三代里将会出现的新需求。

建议按下列顺序实施建设过程：

1）合理的地域组织（第六条建议）；

2）计算在不同类型和规模的社区中对社区服务设施的需求量，以及相应的所需土地的位置和大小；

3）为社区保留这块土地；

4）像住房建设一样，提供供水、排污、供电和其他设施（第七条建议）；

这样，即便在没有建筑的情况下，这块土地也可以得到利用。人们可以把它作为开敞的市场，或者搭建帐篷，甚至不要帐篷，作为学校进行任何可能的教育活动的场地。

建议九　陆—水—空系统（LANWAIR）

在解决与运动相关的问题时，我们常常会出现许多错误。在此主要谈及两点。

第一个错误是对所谓“运输”的片面认识。我们把运输问题分派给运输专家，完全忘记了人类不是依靠运输生活，而是依靠运动；运输只是人类运动的一部分。由于忽视了这一点，我们使机器从中受益，却伤害了人类的利益。

第二个错误是现有交通运输系统缺乏相互间的协调。例如，在设计时没有将其视为一个整体，以使空中航线能够与水上的船舶运输相配合。到目前为止，我还没有发现哪一个国家能够把交通从设计、实施到运作都视为一个完整的系统，以便在时间、能源和资金上得到最经济的利用。

建议必须采取下列的方式来解决这些问题：

1）要从我们的词汇表中取消类似街道、广场之类的名词，代之以人行街、人类广场和机行街、机器广场；前者是为人设计的，后者则是为便于机器使用。如果不把人类空间同机器空间分隔开来（第四个建议），作为人类我们将无法生存下去；

2）要建立陆—水—空系统的新概念。必须认识到，将来人类更加迫切地需要各种运输系统之间更加密切的协调、配合，以运输人类和物品，因此必须将它们视为完整的系统。

建议十　基础设施和运动走廊

“交通”一词只意味着人和某些物品的运输，却忽视了此外还有在管道中运动的水（净水或污水）、气、石油、电力以及信息运输的存在，从而使我们浪费了大量的空间和基础设施。这一点已经被许多研究所证实，特别是在欧洲和美国。

在第二次世界大战之前，在几个主要城市的外围很少有密集的基础设施系统，只是在海港和铁路之间需要协调；当然在某种程度上，这其中还包括高速公路。然而二战后，所有的事物都在城市外围迅速扩展，每一个从事各种设施建设的公共或私人机构，都开发建设了自己的基础设施以满足自身的需求，而未能与其他的基础设施系统取得协调。

建议：建立相互协调的交通运输和基础设施走廊，称其为交通设施走廊或运动走廊。这样，我们所需要的土地面积就可以比目前所占用的土地面积减少80%以上，这对挽救环境质量和生活质量具有很大的作用。对底特律城市地区的研究证实了这种可能性，这一对策的详细实施则需借助于美国和加拿大双方相关机构和公司的密切配合。就农村的环境质量和生活质量来说，这样做好处更多。

建议十一　动态的人类聚居

人类聚居是活的有机体，如果不能认识到这一点，即使实施了上述十条建议，也难以解决问题。我们并没有意识到，许多人类聚居正在衰落，甚至死亡；有的停滞不前，有的则快速生长甚至爆炸。忽视了对现实情形的判断，就无法得知该从何处着手，又该采取什么行动，也就不可能运用上述十条建议采取适当的行动。人类需要住宅，但必须明确在哪里以及何时需要它们，否则我们的行动将难以达到预期的目的。只有行动是远远不够的，在没有正确引导的情况下，即使采取了行动，其后果也可能是灾难性的。

建议如下：

1）对每一个人类聚居的总体状况进行分析，而不是仅局限于某一方面；

2）进行诊断以帮助我们确定问题何在；

3）决定采取适当的行动；

4）抱着唯一的目标开始行动：服务于人类而不是任何技术的或者其他的相关方面；

5）尽快采取上述行动，不以研究工作为借口，而使任何的延缓具有正当理由。一个真正的医生在最终详细的诊断完成之前，甚至在进行分析的同时，就会提供基本的辅助措施。

这样的方式首先需要勇气作出决定，避免因为某一领域的专家迟迟不发表意见而出现的躲避行为。需要服务的是以人类聚居为代表的整个人类生活系统；我们必须要有勇气和科学的方法将各个部门和机构紧密联系在一起，形成行动计划。

建议十二　健康清洁的人类聚居

目前，谈论污染问题越来越成为一种时尚，但必须认识到，对于任何有机体来说，重要的是完善和合理地发展。要做到这一点，必须使它保持健康和清洁。上述十一条建议与整个人类聚居的出现、生长和发展有关，第十二条建议则要使人类聚居健康和清洁。

首先要对健康和清洁予以合理的重视。对低收入地区来说，最关键的是向人们提供适当的食物、水和服务，帮助他们以尽可能好的方式谋求发展；虽然会有新的污染问题出现，但部分工厂企业还是要继续发展下去，甚至一些新的工厂企业还要在其周围发展起来。

建议包括以下几部分：

（1）要保护所有的自然价值，例如景观及其组成要素（土地、水、气候、大气、动物、植物），因为一旦失去这些价值，要重新恢复，即便不是不可能，也将是非常困难的（第一条建议）；

（2）在这些价值遭到破坏的地区，要制定计划创造新的价值。当位于雅典中心（卫城）的岩石被变成一座城堡的时候，人们并没有把它重新变回成一块自然的岩石；帕力柯斯（Pricles）以它为基础，创造了雅典和雅典联邦的象征。今天，它仍然作为希腊最重要的特征，受到人们的尊重；

（3）保护人类在过去的历史中创造的所有价值，因为它们是不可替代的。我们可以把一个被改造过的景观变成一处新的纪念地，却不能以我们的创造代替历史上任何有价值的杰作。这就像人类不能自以为比动物更高明，或者有更高级的物种，而对它们横加杀戮；

（4）选择污染和干扰最小的技术手段，帮助保护人类。目前这一行动已开始出现；

（5）在尽可能广泛的范围内，以合理的时间进度和优先权，取代所有现有的对人类有害的技术手段；

（6）要达到上述目的，必须作好全盘规划，对所有的项目以及达到不同目标的时间作出合理的顺序安排。

结论：

为保护人类聚居的五种基本要素（自然、人类、社会、建筑、支撑网络），我们提出了十条建议。但是，如果不对整个生活系统及其整体的需求和选择（第十一条建议）作出整体构想，并以一种协调的方式保护其中所有的价值（第十二条建议），根本无法将它们付诸实现。

就像任何简单的有机体一样，我们需要人类聚居的整治和发展。要实现这一点，就需要有一个保护、整治和发展计划。

第11章

道氏的城市规划和城市研究实践

11.1 城市规划和建设的实践活动

在20世纪40、50年代和60年代前期，道氏在世界五大洲许多国家承担了大量城市规划和住宅建设项目，亲自实践了他的人类聚居学理论和思想。在这些规划建设项目中，比较有代表性的是伊拉克首都巴格达规划和居住区建设、美国费城伊斯特维克（Eastwick）城市改建规划、希腊拉夫提港（Port Rafti）的阿波罗尼翁（Apollonion）社区规划设计、巴基斯坦首都伊斯兰堡规划以及美国底特律城规划等。

伊拉克首都巴格达的规划（图11-1）开始于1955年。在这个规划中，

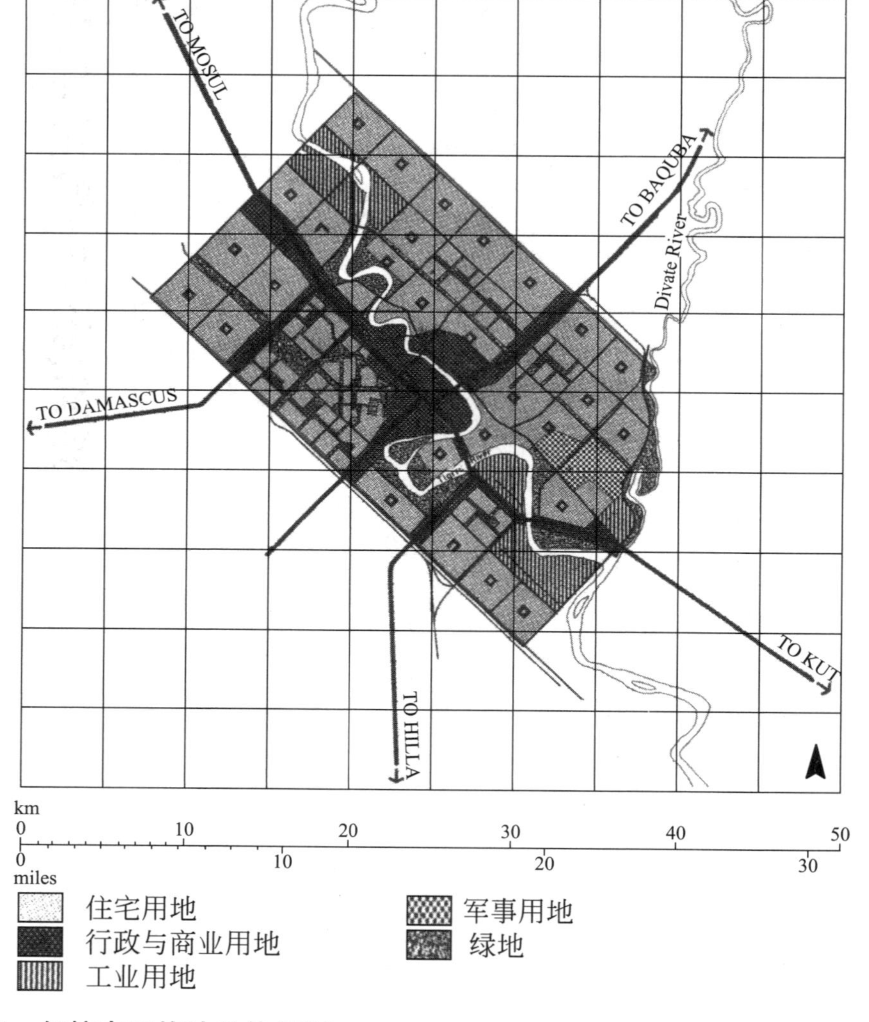

图 11-1 伊拉克巴格达总体规划

资料来源：C. A. Doxiadis. Buildings Entopia. Athens Publishing Center, 1975, P195.

道氏鉴于现代城市中人车混杂所带来的许多不利，采用了他所提出的“静态细胞”的设想。他把这种静态细胞称为“人类区段”，整个巴格达市由高速干道分割成一个个长方形的格网，每一格就是一个“区段”，一个典型区段的边长在0.8～1.6km之间，区段内的汽车道都设计成尽端式，因此汽车不会穿越区段。住宅基本上是单层的，若干户住家有一个小的公共活动空间，叫做“闲聊广场”，邻居们在这里聚会、聊天，儿童们在这里玩耍。每一个区段中都有一个清真寺，一所中学和商业、社交等设施，设在区段的中心；区段内有一个步行道路系统把住房和中心区联成一体。各个区段的中心区头尾连接，形成城市的中心轴线。城市的工业区、行政区等，也同样用“区段”来组织。这种由区段来组织城市的手法，后来几乎在道氏做的所有城市规划方案中都得到了运用。

费城的伊斯特维克城市改建是20世纪70年代中期以前美国规模最大的城市改建项目，占地2506英亩（约合10km^2），内容包括新建一万多套住宅和相应的商业设施，还有800英亩的工业园。在1960年举行的改建规划方案竞赛中，道氏事务所的方案中奖并被付诸实施（图11-2）。在这个方案中，道氏采用了与巴格达规划几乎相同的手法，但由于地段的形状是不规则的，因而“区段”也不是完整的四边形。住宅标准和绿化都比巴格达搞得好。

1970年起开始规划建设的位于希腊拉夫提港的阿波罗尼翁社区，是道氏为了实践他自己提出的有关建设“安托邦”理想而搞的一个实验性居住社区。这是一个高收入者的居民区，坐落在海边的一个小山坡上。1970年初步规划的规模为120套住宅，文娱、体育等活动设施齐全。到1972年已建起了36户住宅。1973年道氏对该规划作了一次修改，把住宅数量增加到 155户。这个社区的建设工作在道氏逝世后由他的助手们继续负责进行，直到1981年才完全建成，实际建成后的社区规模是75户。道氏的许多设想在这里都得到了应用，如人车分层分流，人行道路完全以人的尺度来建设，住宅区内设有许多露天的社交场所，所有的住宅都是两层，尺度宜人，并用矮墙围成后院，形成半私密空间，房屋的墙面可活动等。道氏在这个社区的建设中花费了大量心血，他亲自选址，亲自设计，亲自到现场指导施工。当时对于像他这样各种活动频繁且忙于理论著述的人来说，这是很不寻常的举动。正如他的一位助手在1982年整个社区建成以后所评论的:“阿波罗尼翁社区体现了道氏内心深处最关切的那些东西，它产生于道

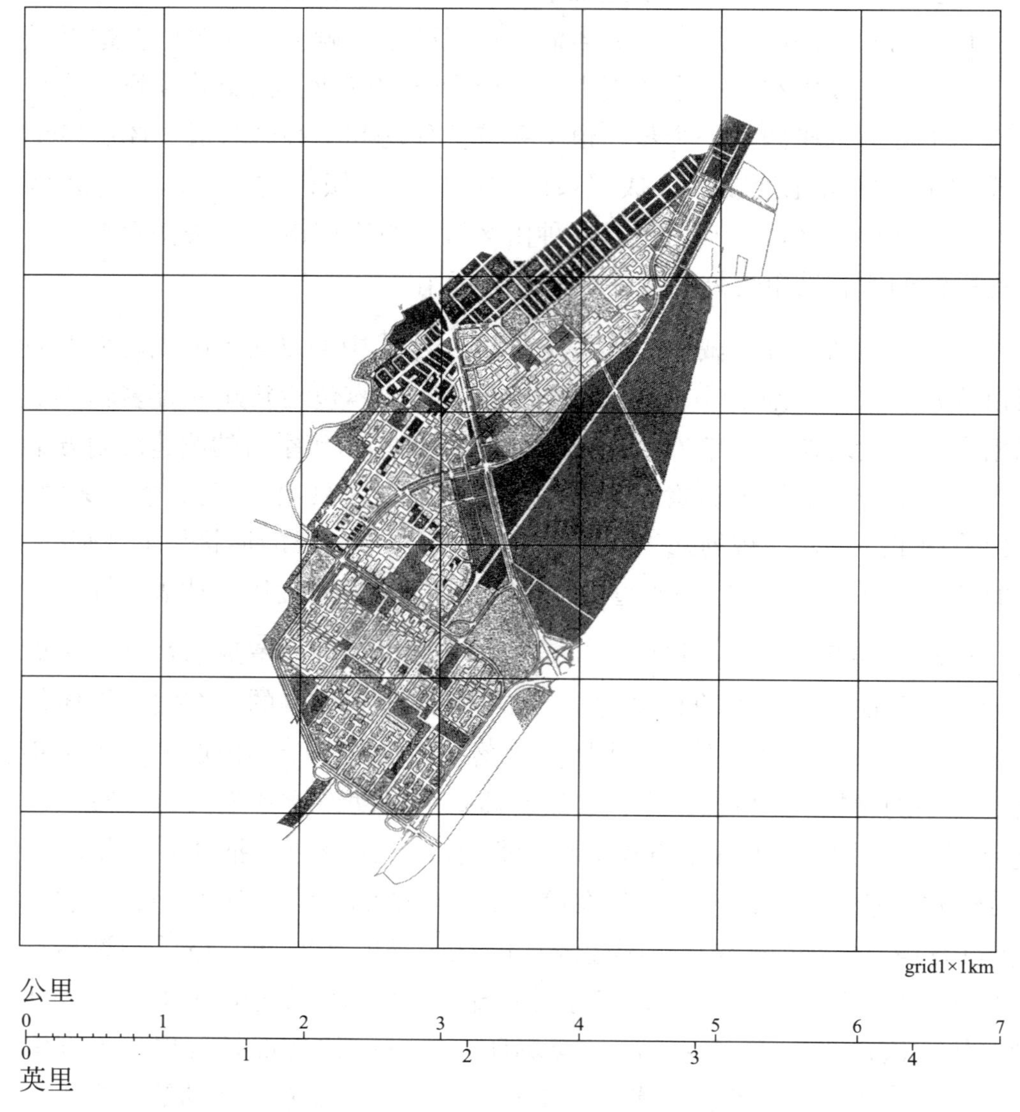

图 11-2 美国费城伊斯特维克城市改建规划

资料来源：C. A. Doxiadis. Ekistics: An Introduction to the Science of Human Settlements, P499.

氏对于理想与现实之间这条巨大鸿沟的悲剧性感受，和他想要通过自己的积极行动去缩短这条鸿沟的强烈愿望”[①]。

在道氏所做的许多城市的总体规划中，最有代表性的是巴基斯坦首都伊斯兰堡规划，它充分地体现了道氏的城市建设思想。这个规划方案从1959年起到1963年止，一共做了五年。当时，巴基斯坦刚刚从英国殖民统治下独立不久，需要建设一个新的首都，道氏便承担了这个新首都的城市规划工作。新首都的选址是在道氏和当地专家的共同分析研究下确定的，选址考虑了三方面的问题：

1）国家的发展重心；

2）位于主要交通线上；

3）良好的美学环境。

最后决定选在波特瓦高地（Potwar Plateau），在拉瓦尔品第附近，并依托拉瓦尔品第来发展。

在伊斯兰堡的规划中，道氏全面实践了他的“动态城市结构”和“静态细胞”的设想，他分析说：“伊斯兰堡开始时将是一个由附近另一个城市——拉瓦尔品第扶植的动态城市，这两个城市将共同发展，逐步成为一个双核动态城市，然后伊斯兰堡将同拉瓦品弟合并在一起形成一个动态大都市，而这个大都市又将成为沿着交通主干线发展的大城市群区的一部分”[②]。基于这样的分析，道氏认为没有必要严格规定伊斯兰堡的人口规模，只需对未来的城市人口规模作一个大致的预测，其对城市人口的实际发展没有任何约束作用，只是作为城市建设的依据，并随实际情况的变化而不断修正。

在伊斯兰堡总体规划方案中，城市有两个发展轴，一个是伊斯兰堡新城的发展轴，另一个是从拉瓦尔品弟延伸出来的发展轴（图11-3），这就是“双核动态结构”。城市内部的基本形式是分割成正方形的道路网，每个正方形就是一个城市细胞（图11-4），城市的扩展靠增加城市细胞来实现。在城市发展到第一阶段末，即伊斯兰堡和拉瓦尔品弟合并在一起时，预测

① P.Psomopoulos.The Apollonian in Attica:A Bricklayer’s Dream.Ekistics, 1985（5/6）.

② C. A. Doxiadis: Islamabad: The Construction of a New Capital. In: City Planning Review, 1965（4）.

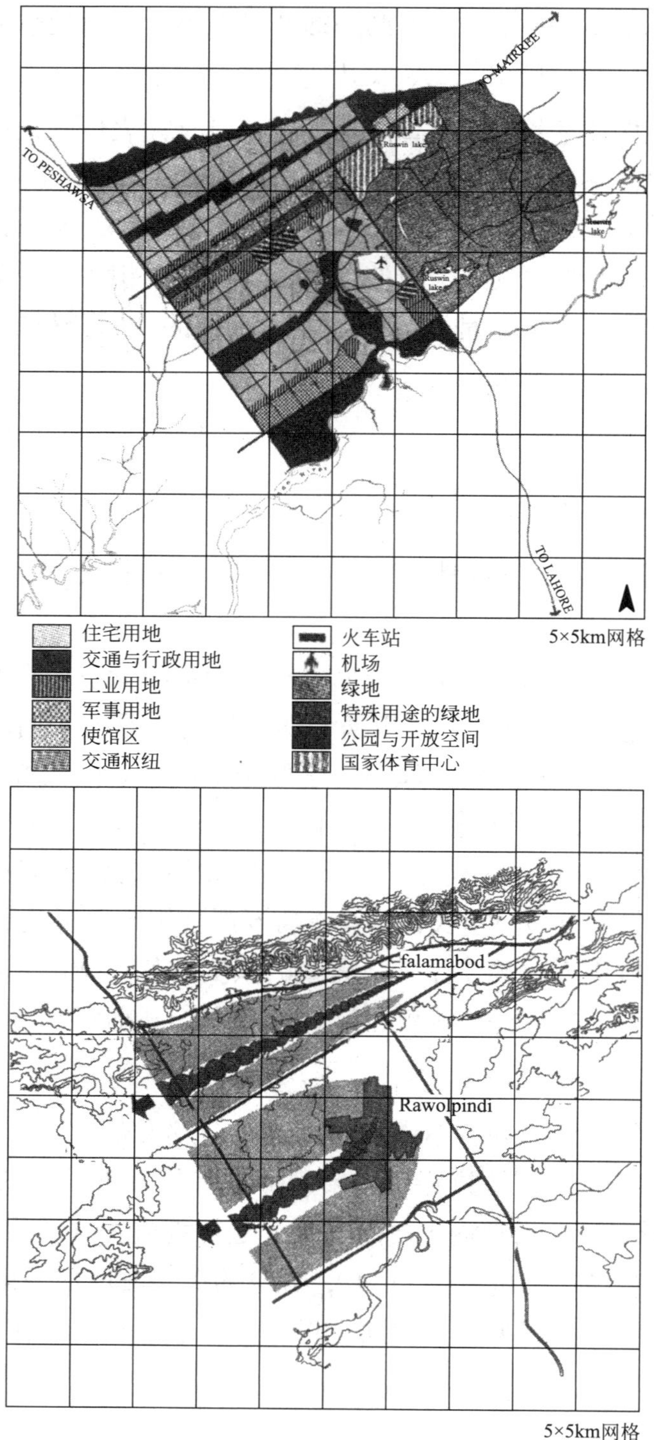

图 11-3　道氏所做的伊斯兰堡总体规划

资料来源：C. A. Doxiadis. Buildings Entopia. Athens Publishing Center, 1975, P193；
C. A. Doxiadis. Ekistics: An Introduction to the Science of Human Settlements, P466.

城市人口将达到200万，并且还将继续扩展。道氏当时预计到2000年整个伊斯兰堡的人口规模就将达到第一阶段的预计规模[①]。

对于伊斯兰堡规划的实施过程，道氏也作了周密的考虑。首先，他从资金上作了仔细的筹划，为了与巴基斯坦的经济承受能力相适应，道氏制定了一套尽量少用建筑机械，而尽可能多地使用劳动力的方案，建设的速度放慢到国家财政支出能够承担的程度。道氏采取的这个策略，被实践证明是行之有效的。美国加州大学伯克利分校的一位规划教授在1985年访问了伊斯兰堡后说："最令我惊讶的是，伊斯兰堡市的建设一直没有超出预算，这样的事情在都市建设中是绝无仅有的。通常，简单化的估算和对环境中许多无法数量化因素的忽略，往往导致预算估计不足，而使投资成倍

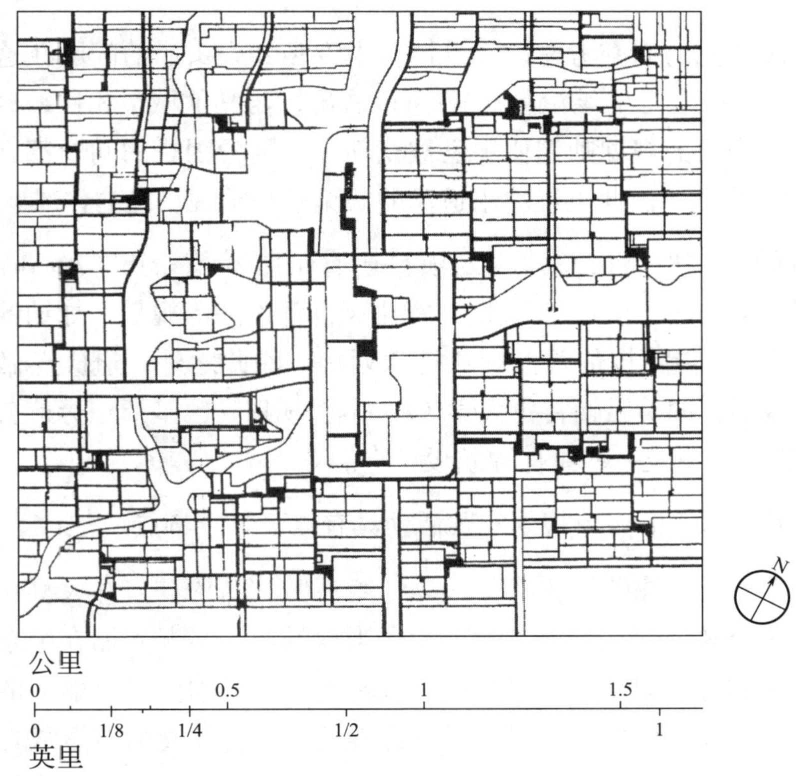

图 11-4　方形城市的静态细胞（伊斯兰堡 1960）

资料来源：C. A. Doxiadis. Ekistics: An Introduction to the Science of Human Settlements, P361.

① C. A. Doxiadis: Islamabad:The Construction of a New Capital. In: City Planning Review, 1965（4）.

甚至成五倍地超出”[①]。如果注意到巴西新首都巴西利亚的建造几乎使该国经济濒于崩溃的事实，我们更可以看出道氏的远见。

道氏在伊斯兰堡规划的实施过程中，还借鉴了昌迪加尔、巴西利亚等新城建设的教训。这两个城市在开始建设时，都从附近农村征集了大批建筑工人，他们一般在城市建完后都不愿再回到原来的地方去，而长期住在城边大片的临时棚户中，从事各种商业活动，结果新城市的面貌由于这些棚户区的存在而很不雅观，而且棚户区中兴旺的商业活动把城里的商人和顾客都吸引过去了，出现了棚户区内人丁兴旺，而新城市内却冷冷清清的情形。有鉴于此，道氏提出让所有建筑工人都住在拉瓦尔品弟，工人们每天乘车去工地，这样新建的伊斯兰堡城就不会出现棚户区。这个办法看来是行之有效的。

由于道氏事先的周密考虑，建设过程中许多令人头痛的问题在这里都不存在。美国教授迈耶的结论是："我可以看出，与其他城市相比，这里的问题少多了，当地的规划师们似乎已被宠坏了。因为困难的问题都已经预先帮他们解决了。”[②]由此也反映出道氏的预见性和重视功能的作风。

道氏所做的其他城市总体规划项目还有希腊罗德斯市（Rhodes）规划、赞比亚的卡夫市（Kafue）规划、赞比亚首都卢萨卡规划、加纳的泰马（Tema）规划、沙特阿拉伯首都利亚得规划等。除此之外，道氏还做过一些大学校园规划，如希腊帕特拉大学（Patras）规划和巴基斯坦旁遮普大学规划（图 11–5），以及一些单体建筑设计等。

总体来看，道氏的城市规划实践活动具有以下几个特点：

（1）注重功能，注意解决实际问题，绝不做沽名钓誉、好大喜功的规划。道氏的每个规划方案，总是力求切合当地的实际情况。如在中东和阿拉伯地区所做的许多规划，针对当地资金不足而又必须为尽可能多的人提供住房的实际情况，道氏设计了大量低标准住宅，把注意力着重放在尽可能满足人们对居住环境的基本需要上，这样，建成后的城市环境显得单调、朴素。一些西方的规划人员曾据此指责道氏的规划“缺乏温暖感和人

① R. L. Meier. Islamabad is Already Twenty–five. Ekistics, 1985（5/6）.

② R. L. Meier. Islamabad is Already Twenty–five. Ekistics, 1985（5/6）.

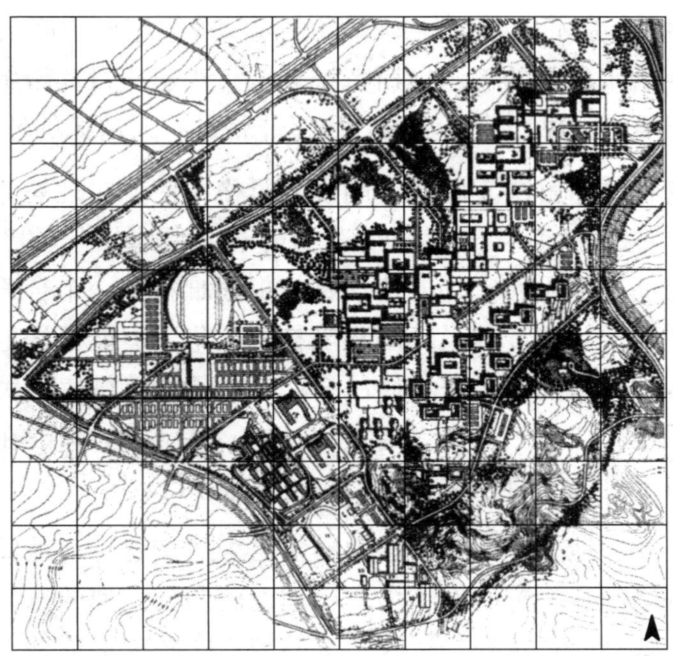

200×200km网格

希腊帕特里斯大学规划

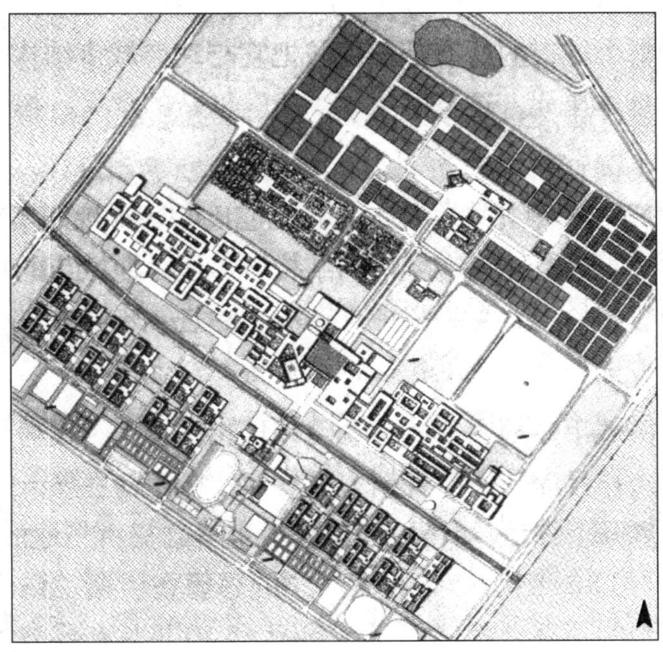

巴基斯坦旁遮普邦大学规划

图 11-5　道氏所做的部分大学校园规划

资料来源：C. A. Doxiadis. Buildings Entopia. Athens Publishing Center, 1975, P160 ~ 165.

情味”，这种指责是不很公正的，他们显然忽视了道氏当时所面临的具体条件。道氏在后来所做的美国伊斯特维克城市改建项目和希腊阿波罗尼翁社区中，由于经济条件允许，都设计出了非常具有人情味的环境。

道氏的这种注重解决实际问题的规划风格，使他在规划专业人员中并不很受青睐，他的伊斯兰堡规划建设也远不如昌迪加尔、巴西利亚等著名，因为在伊斯兰堡没有宏伟的建筑物，也很难找到一个合适的角度拍出令人激动的建筑照片来。他设计的环境朴实无华，但能很好地满足人们生活的需要，因此，道氏深受普通居民的欢迎。伊斯特维克市民园林协会在一封写给道氏的信中说:“您给予我们这样一个社区的模式:在那里对人类权利的考虑高于对机械的考虑。为此，我们向您致敬。”①

（2）始终如一地在规划中贯彻他的人类聚居学思想。道氏总是严肃地对待每一个规划项目，把它们作为自己理论的验证。他的“静态细胞动态城市结构”的设想，正是在一次又一次的规划实践中形成并不断发展、成熟起来的。实际上，他的静态细胞“区段”来源于20世纪30年代西方规划界盛行的“邻里单位”理论，并非他自己的新发明，但是道氏把这种“区段”应用到了整个城市的所有部分，并把它与动态城市结构联系起来，作为城市扩展的基本单元，这就赋予“区段”以新的意义，拓宽了它的应用范围。

（3）总是以发展的眼光来看待城市。在道氏的城市规划实践中，处处体现了这种发展的观点。无论在城市的结构上，还是在城市的人口和用地规模上、城市中心区的设置上，都考虑到今后的进一步扩展，即使对于单幢住宅的设计，他也考虑其今后扩展的可能性。

通过对道氏城市规划实践的考察可以看出，其人类聚居学思想具有很大的实用价值，并且深受实际规划人员欢迎。在伊斯兰堡，尽管道氏和他的事务所早已离开了那里，城市的建设任务也早已交由当地的规划师承担，但是，在20世纪80年代，“人类聚居学的思想在伊斯兰堡依然流行。人们平时互相之间的谈话，就好像是60年代和70年代在雅典的道氏事务所里听到的谈话”②。

① A. M. Cole. Eastwick revisited. Ekistics, 1985（5/6）.

② R. L. Meier. Islamabad is Already Twenty-five. Ekistics, 1985（5/6）.

11.2　人类聚居学思想在城市研究中的应用

从20世纪60年代起，道氏运用人类聚居学思想，在一些国家承担了城市发展的研究项目，如美国底特律城市地区研究、美国—加拿大的大湖大城市群区研究、法国地中海区域城市发展研究等。其中最深入、最有代表性的是对美国底特律城市地区的研究，这是道氏应用人类聚居学的思想理论和分析方法进行研究的一个完整实例。

底特律市建于18世纪初，最初是一个贸易和交通中心，扼守于美国北部大湖区水路交通和该地区主要陆路交通的交叉点上。19世纪初，底特律成为美国的汽车工业中心。到1960年，底特律制造业人口的就业率居于五大湖区所有大城市之冠，这样便导致了整个底律城市地区的发展完全依赖于汽车工业的局面。这一方面使该地区成了五大湖区中城市人口增长最快的地区，另一方面，由于整个经济依赖于单一的快速增长的汽车工业，结果其他经济部类相对来说很不发达，尤其是城市的服务业（第三产业）很落后。1960年美国大都市标准统计表明，底特律的服务人口比例在美国所有大城市中是最低的。这种经济上的结构性弱点，对底特律城市地区的发展产生了很不利的影响，尤其是在20世纪50年代末美国经济萧条期间，这种脆弱的经济结构的弊端暴露得更加明显。为了探索底特律地区未来发展的最佳途径，从1965年起到1970年止，道氏事务所同美国韦恩州立大学合作，在底特律爱迪生公司的资助下，承担了“发展中的底特律城市地区研究课题”。其目的在于分析大底特律区域内城市发展的状况和数量，研究大规模的动态城市发展引起的各种问题，并找出解决这些问题的办法。当然，这项研究还有一个具体的目标，就是通过研究制定出爱迪生公司今后设备扩展的总体规划，以更好地满足这一地区日益增长的对电力的需求。

底特律城市地区面积为37102km^2,1965年人口为710万，包括37个县；整个地区是一个城市群，属第11级聚居单位，内部包括大都市和许多城市（图11–6）。

为了便于研究，道氏把这个区域划分成近似6×6英里的格网，每一格为一个研究单元，共划分成658个研究单元。

研究工作的步骤包括：

——对现状的分析；

——对现状的评价；

——根据现状发展趋势预测未来；

——对上述预测进行评价；

——找出其他所有可能的未来发展方案；

——对所有方案进行评价、筛选、择优；

——选出底特律城市地区未来发展的最佳方案。

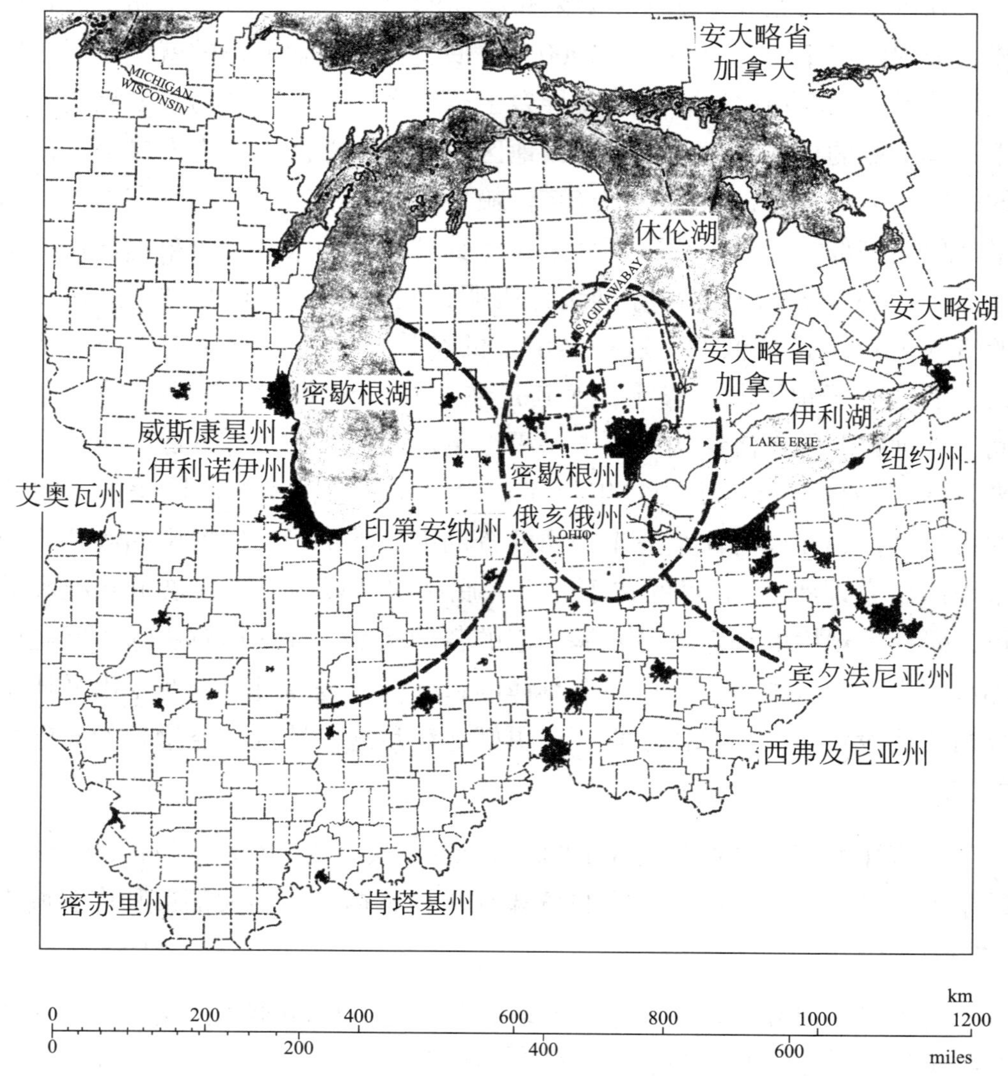

图 11-6　底特律城市地区范围图

资料来源：C. A. Doxiadis. Ekistics: An Introduction to the Science of Human Settlements, P387.

上述步骤分两个阶段进行，前两步构成研究的第一阶段，即对现状环境的资料收集和分析、评价；第二阶段包括后五步，主要目的是要找出底特律地区到2000年时可能达到的最优目标，这是本研究项目的核心[①]。

由于底特律地区的发展是和更高级的大系统紧密联系的，因此在第一阶段，道氏对底特律地区所处的大系统从三个不同层次上进行了资料收集和现状分析:第一个是北美地区，包括整个美国和加拿大的南部，这个范围在人类聚居表上属第13级单位；第二个是五大湖区大城市群区（Great Lakes Megalopolis），属第12级单位；第三个是五大湖区域（Great Lakes Area）。道氏和助手们收集了巨大数量的数据资料，包括这三个范围内以及底特律城市地区本身的自然特性（包括地质、地理、地貌、气候、水资源、自然植物等）、社会经济特性（包括人口情况、经济情况、文化教育等）、土地使用和交通系统等历史和现状情况，并对这些材料作了详细的整理。

第二阶段的工作是在第一阶段了解和评估现状的基础上，研究目前整个地区的发展趋势，研究由于城市发展所带来的问题；同时，提供一个选择未来发展合理方案的系统分析方法，并对所有可供选择的合理方案进行比较筛选，最后作出底特律地区未来发展的决策。

首先，道氏分析了底特律所处的地位。他认为，从交通条件、服务设施和工业情况看，底特律都应当是五大湖区域最重要的城市，但当时由于底特律的经济结构不合理，第三产业很薄弱，它并没有起到应有的作用。而且底特律地区的现状城市系统的结构很不合理，整个地区只有底特律一个城市中心，因此所有的人口都向底特律市及其周围地区集聚，这个趋势越来越明显。加之整个地区的现状交通系统呈中心放射式格局，所有主要交通线都会聚到底特律市，这样更加剧了对底特律市的压力。道氏预测，到2000年，底特律地区的人口将达到1500万人，比20世纪60年代初期的人口增长一倍多，其中将有34%是就业人口，约500万人。如果按照目前的发展趋势，上述人口的大部分将集聚到底特律市和邻近地区，所有的矛盾和压力也会都集中到这里，届时底特律市将不堪重负而陷入混乱和危机之中。

---

① 该研究还有第三个阶段，主要是在得到最优目标后，研究在从现状向最优目标转变的过程中，该地区会出现哪些具体的矛盾，因资料不全，故文中未加以介绍。

但是道氏指出，事实上未来并不是现状趋势的简单延续，“因为现状趋势仅仅影响现状，没有理由认为这就是必然的趋势。被研究的目标越远，现状趋势的影响就越小”[①]。因此他再次强调，人类应当以积极的态度来改变未来发展的趋势。他指出，“当今的人类聚居（尤其规模较大的人类聚居）已变成了动态城市地区，在各种因素（包括人口、经济、技术等）的影响下，它们以前所未有的速度增长着，依靠有机体的自然发展来增长的老办法，即听任现状趋势的延续，只能导致灾难。当今世界目睹了许多大城市在功能和结构上的灾难，其原因就在于过去的城市结构都未预料到新的影响因素的出现，那种以前是合理的由生长而产生的演变现在是不可能的。仅仅通过自然发展来实现增长已行不通。因此，迫切需要改变聚居的结构，增加更多的中心、交通干线和新的功能，使它们成为新的聚居。在这里，增长并不是让原来的有机体继续扩展，而是把它改变成一种新的有机体”[②]。

道氏在对底特律地区现状发展趋势进行分析后指出:底特律目前的城市结构已不适应新的发展需要了，因此，应当改变底特律地区的现状发展趋势，在整个地区建立一个新的城市结构。其中最重要的任务就是要制定一个新的未来发展规划，这也就是第二阶段的中心任务。

道氏没有像通常人们所做的那样，在分析现状后就着手制定一个（或若干个）规划方案。他的想法是，为了找出底特律城市地区未来的最佳发展模式，首先应当把未来发展的所有可能的途径都找出来，然后再进行比较、评价和筛选，这样才能保证最后得到的结果是最佳的。

但是，上述想法实施起来困难很多。首先，若要把符合底特律城市地区基本条件的合理方案，从最保守的（即完全按现状发展）到最畅想的（采取一种全新的发展模式）全都罗列出来，事实上是不可能的，因为底特律城市地区的各个层次上有许多的变化因子，它们的排列组合而产生的合理方案可以有无穷多个。其次，对于数量巨大的合理方案逐个进行评价筛选，其工作量之大也是不可想象的。

因此，关键是要限制合理方案的数量。道氏的具体做法是:限制变化因子的数目，只考虑那些对于整个地区的发展起主要作用的变量，那些只

① C. A. Doxiadis. Emergence and Growth of an Urban Region, Vol 1, P12.

② C. A. Doxiadis. Emergence and Growth of an Urban Region, Vol 1, P18.

影响局部地区的因素都不加考虑。这样一来，合理方案的范围就被限制在这些变量的合理变化值的不同组合内。由于底特律城市地区属第11级聚居单位，因此选择变量时只考虑第10级单位以上的因素，结果共选择了10项变量，组成一个“理论矩阵”（表11–1）。

变量的理论矩阵　　　　表 11-1

人口参数		功能参数																													
		城市中心					重要科研文教中心					工业中心					港口					机场					其他功能				
		1	2	3	4	5	1	2	3	4	5	1	2	3	4	5	1	2	3	4	5	1	2	3	4	5	1	2	3	4	5
人口	1																														
	2																														
	3																														
	4																														
	5																														
密度	1																														
	2																														
	3																														
	4																														
	5																														
交通网	1																														
	2																														
	3																														
	4																														
	5																														
交通速度	1																														
	2																														
	3																														
	4																														
	5																														
最大出行时间	1																														
	2																														
	3																														
	4																														
	5																														

资料来源：C.A. Doxiadis. Ekistics: An Introduction to the Science of Human Settlements, P394.

其中：

——纵向的五项变量是：

· 人口规模变量

· 居住密度、就业密度变量

· 主要人流交通线变量

· 交通速度变量

· 交通时间变量

——横向是五种最主要的功能：

· 主要城市中心

· 主要教育和研究中心

· 主要工业地区

· 主要港口

· 主要机场

假设矩阵上横向的五种功能的位置选择分别有M、N、O、P、Q个变化，纵列上的变量可有R、S、T、U、V个合理取值（变量的合理变化值是通过建立数学模型取得的），则总共将有M×N×O×P×Q×R×S× T×U×V个合理方案。在底特律地区的研究中，"理论矩阵"中的每一项功能选择五个最可能的地点，每一项变量考虑五个最可能的取值，这样组合起来，一共得到4900万个合理方案。

要对这样众多的合理方案进行评价比较，从中找出一个最佳方案，仍犹如大海捞针，因此，需要采用一种系统的分析方法。为此道氏设计了一种被称为IDEA-CID的研究方法①。

应用上述方法时，每一步评价都要选择一套相应的评价标准。因此评价标准的建立是应用这种方法的关键。道氏在选择评价标准时主要考虑了下列两点：

①要与被评价的聚居单位相适应，比如要评价一个城市地区，其评价标准主要侧重于高速交通系统、各种功能的合理分区等等。而若是评价一个住宅组团，则其评价标准应当是美丽安静的环境、和睦的邻里关系等。

②应当根据人类聚居的五项基本元素来选择评价标准。

在底特律城市地区的研究中，对4900万个合理方案进行了八个步骤的评价筛选。（图11-7）步骤1的主要目的是消去每个变量的五个理论假设值中实际意义不大的值。比如，底特律城市地区的现状交通道路就已决定了主要功能所能选择的主要结点位置；这样，其他一些不太符合实际情形的假设都被删去了，第一步结束时合理方案从4900万个减少到524 880个。

---

① IDEA-CID法是IDEA法和CID法这两种方法的综合。IDEA法是Isolation of Dimensions and Elimination of Alternatives（限定范围消元法）的字头缩写，这是一种分步评价的方法，其基本思想是：将评价筛选工作由粗到细地分解成若干步骤，每次都只把可行方案放在一个层次上或者一个方面进行评价（即限定在某一范围内），把所有不符合这一层次或这方面要求的方案筛选掉；剩下来的符合条件的方案再进一步放在另一范围内进行评价，这样逐步评价，最后剩下的方案就是符合所有条件的最佳方案。在采用IDEA法的同时，还要采用"范围连续扩展法"（Continuous by Increasing Dimensionality），简称CID法，即最初几步的评价范围可以限制得很小，只考虑最主要的几个因素。对方案进行笼统的筛选；越到后来，剩下的方案较少了，则评价标准的范围越广，考虑的问题越深入。上述两种方法合起来称为IDEA-CID法。

步骤2主要以交通系统为限定范围，那些不能建立起交通功能层次结构的方案淘汰掉，同时还把那些交通网与主要功能的位置互相矛盾的方案也消去，结果便减少到11544个方案。

步骤3把主要功能组合到一起进行综合评价，对这11544个方案的相应的“力动体”作了评估，结果得到312个最合理的“力动体”结构。

步骤4对交通体系再次进行了评价，主要是考虑交通系统能否在整个地区充分发挥作用，交通速度和交通时间的变量之间是否矛盾；最后，再从每一组交通体系和主要功能的位置都相同的方案中，根据“力动体”模型的合适程度，选出最好的几个方案，这步结束时还剩下28个方案。

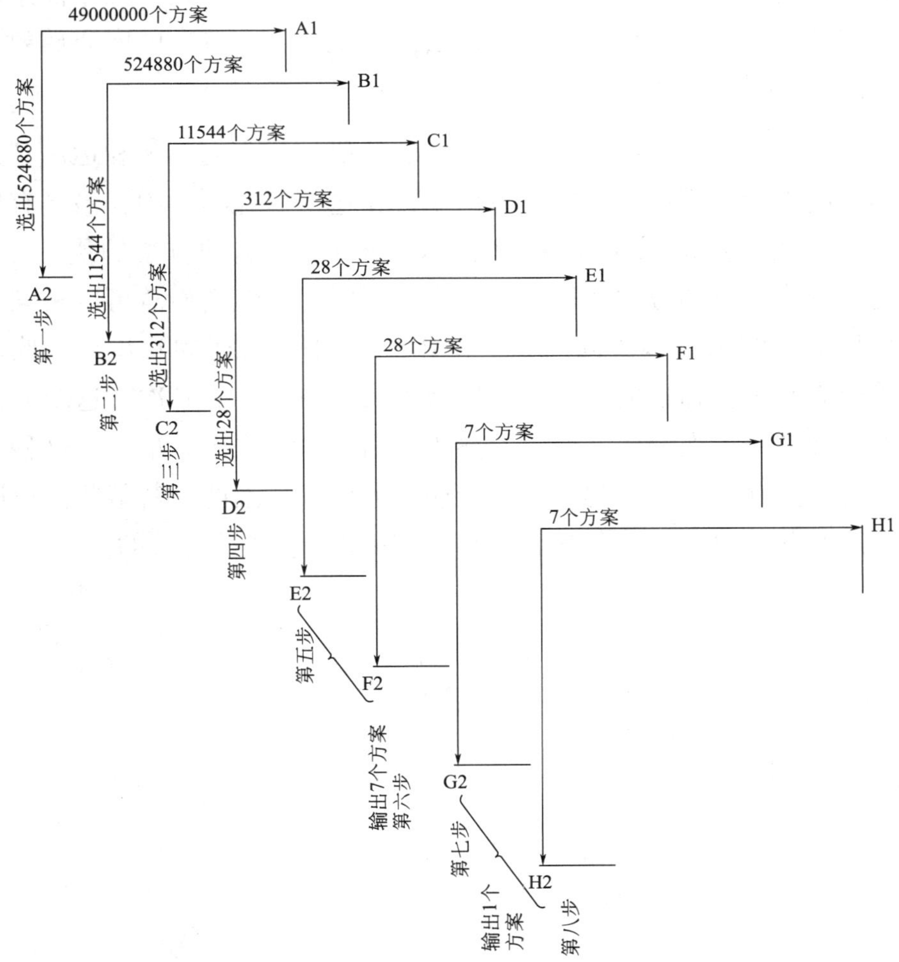

图 11-7　底特律城市地区 IDEA 法分步图解

资料来源：C. A. Doxiadis. Ekistics: An Introduction to the Science of Human Settlements, P388.

第五步和第六步引进了一个新的范围，即考虑基本就业情况和就业人口在底特律城市地区的分布情况，用数学模型对2000年本地区的人口分布情况（与就业可能性相联系考虑）作了模拟，并根据五项基本元素对由此得出的人口分布和密度分布模式作了评估，结果剩下7个合理方案。

第七和第八步主要是对这7个方案的交通量和投资费用作了深入的评价，考察比较了这7个方案对底特律中心商业区的不同压力，不同交通体系的费用和不同城市化方案的费用差别等，由此得出最佳方案和第二号、第三号方案。

最佳方案提出：底特律城市地区应当有双中心，第二个城市中心的位置选择在底特律附近的休伦港（Pore Huron），以减轻因人口集中而给底特律市带来的压力，同时建议本地区的公路系统应当由现在的向心放射状改为方格网状（图11–8）。

作为一个实例，底特律城市地区发展的研究对人们理解和运用“人类聚居学”的理论是很有帮助的。可以说，在这个研究项目中，最具有借鉴意义的是道氏应用的系统评价方法，即IDEA法。这种方法的优点在于：首先这种分步逼近的方法使得合理方案是无限的，但它们总可以按某些相同的性质而归纳为许多不同的族；在IDEA法中，最初的几步是按族而不是按单个方案进行筛选的，这样工作量就大大减轻了。其次，这个方法可以把评价标准按层次分成几部分，逐步地引入系统之中。最后，这种方法有很大的灵活性，它建立起一个逐步递进的框架，因此，若某些假设因素或评价标准有变动，只需作很小的改动，整个系统还是有效的。

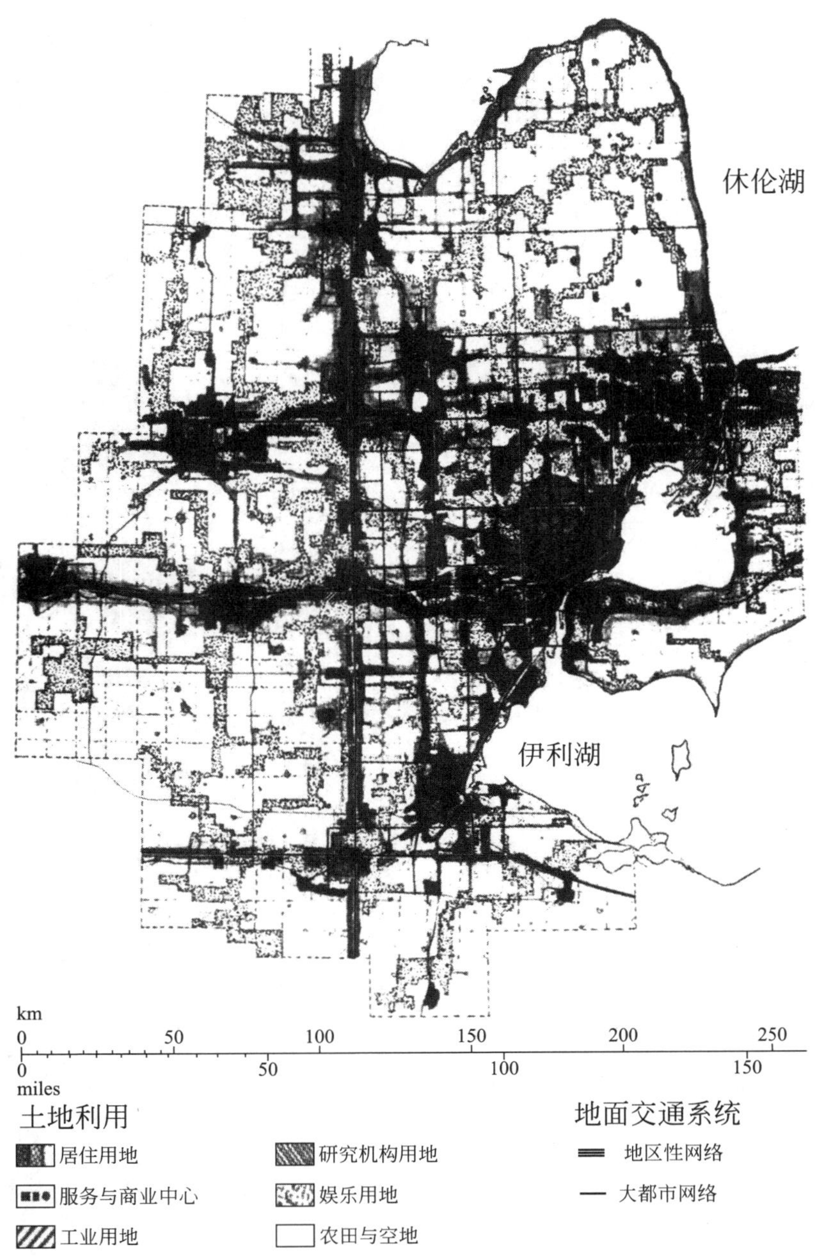

图 11-8　底特律城市地区 2100 年发展方案

资料来源：C. A. Doxiadis. Athropopolis: City for Human Settlements, Athens Publishing Center, 1975, P168.

附录一

道萨迪亚斯生平及著作

一、道萨迪亚斯生平

1913年，出生于保加利亚的施泰因麦考斯（Steinmacaos）。

1935年，毕业于雅典工科大学，获“建筑工程师”职称；随后进入柏林—夏洛登保大学深造，专门研究古希腊的城市规划。

1936年，毕业于柏林—夏洛登保大学，获得工科博士学位。

1936年，担任大雅典地区的总规划师，负责首都雅典及周围地区的规划工作。

1938年，任希腊公共事业部区域与城市规划局局长；二战爆发后，赴阿尔巴尼亚参加反法西斯的抵抗运动。

1941年，希腊沦陷，回到国内，组织规划人员成立了一支奇特的地下抵抗力量，专门负责记录希腊城市遭受战火破坏的情况，并为战争结束后重建家园做各种准备，如培训人员、制定重建规划等。

1945年，担任希腊住房与建设部副部长和希腊重建工作的总负责人，领导重建希腊的工作；作为希腊代表团成员，出席在纽约召开的联合国成立大会。在联合国讨论战后恢复工作的会议上，公布他们在战争期间就着手准备的希腊重建详细计划，引起很大反响。

1945～1950年，担任希腊规划和建设的负责工作，领导完成了全国约3000个村庄的重建。

1950年，因身患重病，离开政府机构，从此结束在行政部门的工作生涯；举家迁至澳大利亚。

1952年，重新回到希腊，创办道萨迪亚斯事务所，承接规划和建筑设计业务。

20世纪50年代，创办“雅典人类聚居学研究中心”（Athens Center of Ekistics）和“雅典工学院”（Athens Institute of Technology），从事人类聚居

学理论研究和人才培养工作。

1955年，创办《人类聚居学》(*Ekistics*)杂志。该杂志一直发行至今，对促进全世界的人类聚居研究起了很大的作用。

1963年7月，发起组织一次有关人类聚居问题的国际讨论会，希望这次会议能起到同“雅典会议”相同的划时代的影响。讨论会在希腊古城台劳斯举行①，会后发表“台劳斯宣言”。此后，每年举行一次台劳斯讨论会，直到1972年才停止。

1965年，在第三次台劳斯会议期间，倡议成立了世界人类聚居学会(World Society of Ekistics)。这对扩大人类聚居学的影响起了很大作用。

1975年6月28日，在希腊病逝。

1936 ~ 1951年是道氏职业生涯的第一个阶段。在此期间，他作为一名城市规划师和规划管理人员，先后在希腊的规划建设部门担任各种行政负责工作。

整个50年代是道氏职业生涯的第二个阶段，他主要从事城市规划和居住区规划建设的实践工作。

自60年代初直到他逝世为止，是道氏职业生涯的第三个阶段，也是最重要的一个阶段。这一时期他把全部精力都投入到研究和创立人类聚居学的理论工作上。在短短十多年的时间里，道氏写出了20多部著作，并在希腊和西方其他国家的许多专业刊物上发表了大量的文章，同时经常应邀在美国和欧洲的许多著名大学讲学。在这些著述和演讲中，道氏以深邃的思辩力、独特的方法，系统地归纳整理了他丰富的实践经验和思想，提出了

---

① 讨论会的33名参加者来自15个国家，包括规划师、建筑师、社会学家、人类学家、地理学家、经济学家、律师等，其中较著名的有：富勒(Buckminster Fuller，美国建筑师、工程师、发明家、哲学家兼诗人，《简明不列颠百科全书》誉之为20世纪下半叶最著名的思想家之一)、米德(Margaret Mead，美国著名的女人类学家)、罗伯特·马休(Robert Matthew，当时的国际建协主席)、沃德(Barbara Ward，西方著名经济学家)、汤因比(Arnald Toynbee，英国著名历史学家)、克里斯泰勒(Walter Christaller，西德著名地理学家)和吉里翁(S. Gedion，著名建筑评论家)。会议的形式仿照30年代由勒·柯布西耶发起的在希腊首都雅典举行的国际建筑讨论会，整个会议期间与会者们都乘坐一艘游艇，在爱琴海上游弋，一面观赏古希腊文明的遗迹，一面讨论现代的人类聚居问题。这种讨论会形式自由，对于开阔眼界、交流思想很有益处。

许多发人深思的理论观点，最终建立起一套比较完整的人类聚居学思想体系，从而使他在国际城市规划和城市科学研究领域中占有了很重要的地位。

二、道萨迪亚斯的著作

- 《希腊城市规划中的空间秩序》(Raumordnung im griechischen stadtebau) (1937)
- 《简单故事》(A simple Story) (1945)
- 《人类聚居分析》(Ekis tic Analysis) (1946)
- 《希腊集镇与村落的衰亡》(Destruction of Town and Villages in Greece) (1946)
- 《希腊人民的生态计划》(a plan for the survival of the Greek people) (1947)
- 《20年国家重建计划的人聚政策》(Ekistic Policies for the Reconstruction of the Country with a 20–year Program) (1947)
- 《Dodecanese》(1947)
- 《人民进行曲》(March of the people) (1948)
- 《首都及其未来》(Our capital and its future) (1960)
- 《演变中的建筑》(Architecture in transition) (1963)
- 《城里人的新世界》(The new world of urban man) (1965)
- 《城市更新与美国城市的未来》(Urban renewal and the future of the American city) (1966)
- 《在底死托邦与安托邦之间》(Between dystopia and utopia) (in English, Japanese and Spanish) (1966)
- 《人类聚居学导引》(Ekistics: an introduction to the science of human settlements) (1968)
- 《城市地区的出现与发展，发展中的底特律城市地区》

(Emergence and growth of an urban region, the developing urban Detroit area)(1966–1970)

- 《城市地区的校园规划，伦兹雷工艺学院总体规划》(Campus planning in an urban area, A master plan for Rensselaer polytechnic institute)(1971)
- 《双头鹰，人居的过去与未来》(The two–headed eagle, from the past to the future of human settlement)(1972)
- 《古希腊的建筑空间》(Architectural space in ancient Greece)(1972)
- 《法律允许的大城市犯罪》(The great urban crimes we permit by law)(1973)
- 《人类城市，为人类发展的城市》(Anthropopolis, city for human development)(1974)
- 《全球城市，未来不可避免的城市》(Ecumenopolis, the inevitable city of the future)(1975)
- 《建设安托邦》(Building Entopia)(1975)
- 《人类聚居行动》(Action for human settlements)(1976)
- 《生态学与人类聚居学》(Ecology and Ekistics)(1977)

一些重大项目

道氏及其同事们将人类聚居学理论应用于许多人居项目中，这些项目覆盖了多个领域，如乡村聚落、建筑及灌溉系统、工业聚落、工厂、动力及公共建筑、商业及旅游、交通通讯、房地产、城市重建、新城建设等。

巴西：　　大里约热内卢规划与计划

塞浦路斯：　利马索游客发展研究与总体规划

埃塞俄比亚：阿修姆教堂

法国：	地中海地区发展研究
	法兰西分区计划与发展地区
加纳：	迪马50万新城规划
	阿卡迪马地区规划与计划
希腊：	希腊西海岸及雅典海岸线游客发展研究
	罗德岛、埃俄亚尼亚，西里及其他城市的总体规划
	彼耶斯（Pierce）学院校园设计
	阿斯伯拉 斯匹迪亚新城（Aspra Spitia）
约旦：	南亚喀巴海岸线游客发展规划
伊朗：	里海海岸游客发展研究
伊拉克：	国家房地产发展计划
	巴格达及其他主要城市规划
意大利：	奥特朗托旅游发展研究
利比亚：	国家住房供给计划与国家交通规划
	昔兰尼加村镇区域规划
	马沙及贝达城市规划
巴基斯坦：	新首都伊斯兰堡规划
	大卡拉奇50万人口安置计划
	潘加大学新校规划等
沙特阿拉伯：	首都利雅得规划
西班牙：	安大路西亚工业发展规划
	安大路西亚及其东部旅游发展研究
	居浦柯亚（Guipuzcoa）省及特纳瑞夫（Tenerife）岛区域规划
苏丹：	大卡土姆及苏丹港规划
	科尔多凡省萨瓦那地区9万平方公里土地利用与水利用调查
叙利亚：	阿勒颇大学总体规划

哈马等城市规划

美国：　底特律城市地区发展研究及规划

大湖城市地区研究

东威克（Eastwick）等市的城市更新与发展规划

赞比亚：　卢萨卡等城市规划

其他：　中东到东南亚跨亚洲高速公路调查

非洲交通规划

普拉特（Plate）河流域（涉及阿根廷、玻利维亚、巴西、巴拉圭、乌拉圭）发展规划

附录二

台 劳 斯 宣 言①

序　论②

台劳斯宣言一、五、九

台劳斯之一，1963

我们来自不同的专业、国度、政治和文化团体，于1963年7月12日聚会台劳斯，郑重宣告：

纵观历史，城市是人类文明和进步的摇篮。今天，就像其他所有的人类机构一样，**城市被极度地卷入了一场袭击整个人类的迄今为止最为深广的革命之中。**

这场革命以动态的变化为标志。在以后的四十年内，世界人口将达到70亿。科学和技术越来越多地左右人类的生活进程。并且，随着科学技术的进步，人的社会行为发生了深刻变化。这些变化出现在生活的各个领域，既是风险，也是更大的机会。

这场革命波及全球，其总体特征就是**人们将以更快的速度进入城市住区**。世界人口每年递增2%，而城市人口递增则超过4%。在以后四十年内，城市建设将超过人类历史上迄今为止所有建设量的总和。事实已证明，错误的城市发展计划造成不可饶恕的损失。任何缺乏预见性的建设都将使城市陷入混乱，城市秩序日渐削弱，宝贵而丰富的历史传统遭到毁灭性的破坏。因此，无论是现在还是可预见的将来，对人类聚居进行理性的与动态的规划都是当今城市形势的内在要求。

一旦认识了问题，就可以找到解决的办法。确实，并非所有的地区都

---

① 译自 Ekistics: Reviews on the Problems and Science of Human Settlements. Vol.33, No.197, 1972（4）.

② 同上，P235 ~ 236.

同样可以找到问题的答案。有些社会仍然缺少行动的手段。但是这种缺憾不是绝对的，在实现现代化的过程中，由于得到技术较为发达地区的持续帮助，其情形也将有所改善。

台劳斯之五，1967

第五次讨论会的成员同样来自不同职业不同的国度的团体。前几次会议讨论了城市化的不同方面，如密度、交通、区域系统等，本次会议旨在将这些内容加以归纳，形成人聚环境的统一战略。通过交流，许多结论凸现出来，按惯例，在讨论会结束之时，将达成共识的要点概述如下。

从整体看来，直至最近，政府、学者、经济学家、专家们都已忽略了城市化在国家发展中的重要作用。城市化是发展的结果，也常常是发展的负担。但是，它还应该成为良性发展的手段。恰恰是城市增长对发展的这种促进作用没有得到足够的重视。运输与动力、工业化、资金筹措、教育等被优先考虑，农业也得到一定的关注，而城市增长却往往被看作是其他变化的结果，只得好自为之。

然而，相形之下，城市是最有活力的地区。城市人口增长速度是大都市地区的两倍，甚至三倍。在每一个动态增长的城市周围，都存在一个广泛的经济和社会引力场，它们深刻地影响着生活模式，即便是农村地区也不例外。这些变化预示着城市革命的完成，到下一世纪，大多数国家将为城市所主宰，其中较为发达的国家将有80% ~ 90%的人口生活在城市地区。

如果不是环境问题的事实日趋明显，城市爆炸的后果可能还不会受到重视。新的城市环境日趋混乱，迫使发达国家面临挑战，要么更好，要么更糟，许多发展中地区则更加面临着危机和变革。其实衰败的迹象早已是众所周知，交通模式制约可流动性，污染威胁生态环境，城市中心极不均衡的密度布局，带来一系列问题，用地与人流密集、容量超负荷，城市败落，农村人口迁入最残破的地区；而在城市边缘区，建筑散乱延展蚕食乡村，通勤时间被增加到令人难以忍受的地步，人们也难以接近自然。在过去的五年中，所有这些方面的城市问题都已为人们所熟知并得到分析研究。它们在全球范围的普遍出现，暗示着需要对此类压力采取共同的反应。事实上，唯一真正的不同之处在于，发达地区拥有现代化的工业和农业体系，可以为解决城市危机提供所需要的资源，只要他们愿意如此；而在其他地区，大城市兴起于工业化完成之前，它的吸引力可能导致人力和其他资源的过早撤出从而妨碍农业的发展。在此意义上，错误的城市化模式可能是导致世界粮食危机日益加剧的一个因素。

台劳斯之九，1971

当前，最重要的是毫不含糊地作出明确的保证，即让世界上每个人都拥有适当的住房和社区生活。当然，研究和试验必须不断继续下去。有关人类聚居的理论与实践的教育必须加强。此外，我们需要从现有的聚居中获取更多的反馈，更好地传播大量可用的信息；**但是，首先我们还是要继续从事建设聚居和提供家园的工作，否则，在地球上就不会存在什么人类秩序。**

为此，我们必须作出两点承诺。第一是大规模地重组资源。在国家预算和国际发展计划中，住房、城市基础设施以及城乡网络等必须获取更多的资金和更优先的权利。

但是，第二项承诺更为紧迫，它也是每个认识到这场危机的深刻性的人所作的承诺。我们每个人都知晓人类住房需求的总规模，可是多年来我们并没有提出任何根本性的异议和改观，这或许会成为后人所无法宽恕的失误。现在，如果我们不能以个人的信念和持续的努力献身于城市工作，那么就很难为我们的过失找到借口以求宽恕，也很难缓和由于我们的过失而造成的损害了。**作为市民，作为政治家，作为专业工作者、作为教师，作为地球社区中受威胁的成员，我们必须肩负起建设具有良好秩序的人类聚居的使命。任何马马虎虎、缩手缩脚的举动，都将使我们面对最终的判决，即我们所目睹、经历并且“回避”的一切。**

自　然①

台劳斯宣言四、八

台劳斯之四，1966

自然资源，诸如供人们游憩的荒野地带、供生物研究用的原始的生物

① 译自 Ekistics: Reviews on the Problems and Science of Human Settlements. Vol.33, No.197, P248.

栖息地、地下水及其循环系统、洁净的空气，所有这些需在不同程度上加以保护，以防人类侵蚀。

城市中心之间以及城市中心以外的土地，因农业和城市不恰当的乃至掠夺式的开发而受到日益严重的破坏。随着城市的发展，种种无序、疏漏和丑陋的现象呈现扩散的趋势。

台劳斯之八，1970

我们认为，许多人工制品的成分必须循环使用。未来发展的趋势不是占有，而是使用和再使用，不是单一的用途，而是连续的多种用途。尽管一些产品的循环使用需要采取复杂的运作，然而水的完全循环使用与多次利用，即使在小型社区，也是有可能实现的。

国际水稻研究协会堪称这方面的典范。作为一个全球性的科技机构，它根据水稻种植的历史发展，培育出多种能够适应不同气候条件、生长季节和土壤类型的新品种，并向不同的受援国提供种子和生产方法，使水稻的产量变为原来的4倍。同样，我们必须融合每个大洲、每种文明的古今技术，为每一个国家提供适宜的解决途径。

人[①]

台劳斯宣言一、二、三、四、六、七、九

台劳斯之一，1963

我们的目标是为人类建设住居以满足他们需求，不仅是作为父母和劳动者，而且作为学习者、艺术家和市民。每个人的积极参与对于构筑其自身的环境来说是至关重要的。人们必须能够创造性地运用不断发展的技术所提供的种种可能性，其潜力难以预计。规划本身则必须保证不因为静止的人类聚居观而将这些可能排除在考虑之外。尤其是市民在自己的文化中应该身心舒适，并且对其他文化保持开放的态度。

① 译自 Ekistics: Reviews on the Problems and Science of Human Settlements. Vol.33, No.197, P257 ~ 258.

城市化问题的出现要求对现行的机构与程序进行最为重要的改革和加强。目前，在教育体系的不同层面，既未能采取足够的行动来面对人类聚居的新问题，也没有通过理性规划来寻求解决问题的可能途径。在大学里，用以谋求人类福利的基础学科被支解了，他们只关心人的一部分，他的健康、营养、教育，而不是一个完整的人，也不是社区中的人。因此，我们急切呼吁，社会要求所有公共的或私立的高等教育机构：

1）建立独立的人类聚居新学科；

2）开始影响最深远的基础研究；

3）集中相关学科的专业人员，从事该领域的研究工作；

4）制定人员训练的新方法，使他们能够在实际中胜任领导工作并承担责任；

5）吸引青年英才进入这个新领域，从事研究、发展和实践工作。

台劳斯之二，1964

讨论会重申需要建立新的人类聚居学科。其目的在于强调人类在变化和日趋城市化的新环境中的困境，**它将各种孤立的解决途径综合在一起，使其协同作用，以解决人类聚居在急剧的增长变化中所产生的新问题。**

就一国而言，需要有特别的公共机构，在不同层面上将各个方面支离破碎的政策，联结为人类聚居的统一战略，作为研究、规划、财政和行动方面的准则等等。对此，有些国家在中间层次上有所缺失，而有些国家完全是空白。只要有这类机构存在，就应该加以强化和扩大，并给予更多的财政支持；如果还没有，则需尽快建立。

所有国家无论其机构组织如何，在人类聚居学领域都需要有更多的推动、信息和明确的战略。因此，这次讨论会更加着力重申在第一次台劳斯讨论会上提出的建议，即大学、研究机构、科学团体以及其他相关组织应当尽快建立或者扩大人类聚居研究中心；其研究、培训成果应当系统地为地方和国际所共享，如果某地因缺少此类机构而妨碍了交流，也应立即建立相应的机构。

台劳斯之三，1965

可为人类所用的地表极其有限，人口增长比以往更呈爆发性。联合国在过去10年中的20多次统计表明，人口增长的速度甚至比1960年预想的还要快，整个聚居世界的人口密度日趋高涨，在希腊城市中，经济与市政机构不得不随之剧烈变更，以应付人口不断增长的压力。

密度问题不是简单的人口增多问题，它还受到大量的技术变化的影响，因为后者总在不断地改变着人类的生活方式。与往昔相比，现代交通使得人们可以把城市住区扩散到更广阔的地域。许多现代城市的密度远低于前几个世纪的平均水平100 ~ 300人/公顷；在纽约，每公顷平均只有40人，洛杉矶只有12人。但是在某些时段和地段，这种交通系统却将数百万人运往城市中心，在交通线上和目的地都造成了无法容忍的高密度。同样，正是世界性的网络，如运输、动力、商业、财政网络，使得像比利时这样的国家达到了一个合理的令人安逸的人口密度，而这对于还没有完全适应世界经济的不发达地区来说则无异于一场灾难。

台劳斯之四，1966

知识的增加是人类的一个解放，这使人们能够在现世社会的不同层面上行使市民权。然而，最新的分析表明，作为市民个人所关心的也仅限于此，如果这一点都不能满足，则必须引起充分的重视。实际上，某些弊端已显现出来。人们需要在来自世界各地的信息流与自己直接介入的地方环境之间寻找平衡，防止各种新的技术形态对个人生活的侵扰，需要有更为敏捷的教育以识别事实与推测，并对各种信息的价值有更深入的理解。最重要的是要加强直接的个人联系，使之不会因为现代通讯系统的使用而有所减少。

台劳斯之六，1968

在全球范围内，青年一代的反叛向我们指出了问题的另一面，即时间方面。目前已有许多学生要求参与，而多年来他们完全可以积极参与的。随着各种变化以急剧加快的速度出现，他们要求越来越多的教师成为学习者，除了传播已有的知识外还要增加对未知的合作性探求。必须对现有的大学以及其他研究与发展机构的类型进行深刻的变革，以便吸纳学生成为发现过程的参与者，并且使大学自身完全作为参与者与城市社区的、国家的至全世界的其他机构进行合作。我们所关注的不再仅仅是那些给出答案的人，还包括那些提出问题并且必须接受后果的人。

台劳斯之七，1969

某些人的决策和行为是与人类聚居直接相关的，他们所制定的政策以及其他所有与人类聚居相关的政策都必须承认:构建聚居是我们的目的，在这个为了共同的利益而设计的环境中，所有的男人、妇女和儿童，无论其先前的阶层、肤色，或者是出生于地球上的不同地方，都可以最大限度地发挥个人潜力。但在过去，规划与政治、决策制定、经济企业、社会科学和技术等过于脱离了。

只有通过它们之间的合作，关注从村落到城市地区以至整个星球的完整体系，才能消除这种隔离。由于对个体来说，要充分作好准备以发挥其最大潜能的关键在于出生前和出生后的立即关注，因此，社会必须对生命周期中的这一时段给予优先重视。但我们必须认识到，在任何年龄阶段我们都可能面对变化，而要改变任何体系，我们就必须首先改变不同年龄的人对变化的态度。

教育体系是我们希望有所变化的重要部分，因为只有通过态度的改变或愿望的不断发展才可能出现并保持变化。大学作为一个核心机构（一个市场）或是功能遍布整个社区的分支机构，其未来的命运面临挑战，出路则在于处理好教育、知识的增长、贮存与恢复、学术生命以及社区其他部分之间的关系。

台劳斯之九，1971

我们已经把人类住房与聚居的需要的两个基本方面作为出发点。

第一是生物学方面的一般需要。它们所反映的是个人和家庭维持正常生活的起码条件。其中有些早已为人们所认识，包括对洁净的空气和水的需要，对卫生以及防御极端气候条件的需要等，并已被纳入国家标准和城市条例中。如今还必须在国际协定中增加污染治理的内容。

随着生物学知识的增长，我们迫切地认识到那些由于年轻、年老或残疾而特别脆弱的团体与个人的需要。因此，我们增加了防护措施，以防止过度密集和咄咄逼人的噪音等导致紧张的因素所造成的不利影响。我们特别强调以一种积极的、富有创造性的方式将人的需要与其住房和周围环境的布局联系在一起。

建　筑[1]

台劳斯宣言四、五、九

台劳斯之四，1966

在当代城市中，过度密集与无序蔓延相互交错，明显地产生了一种令人难以接受的城市景观。至今人类还没有找到一种美学方法，来理解那些已经主导城市布局的大量复杂而动态变化的元素，发挥创造性使它们变得井然有序。现在正是研究新的城市环境应当采取何种形态的时候。一个低密度的偏远地区转变为一个充满活力的多样化社区，可能成为使当前城市中心功能重组与重新布局的趋势日趋合理化的结果之一，受其影响的工业企业将提供就业机会，游乐场、游泳池、音乐厅和影剧院有助于培育真诚的、自愿的社区交流。城市公园穿插于城市之中，一系列的步行道使得不同社区既有明显界限，又相互联系。作为地方自豪和振奋的核心，大学、技校、运动中心不仅服务于地方社区，甚至可以服务于更大的城市社区，其中还包括小型邻里单位，其标志是人们居住在安全的青少年活动场地周围，并处于当地商店和小学的安全步行距离内。

台劳斯之五，1967

事实表明，就市民及其家庭基本生活水平而言，无论是在发达地区还是在发展中地区，通过改善社会和教育环境可以为贫困居民解决更多的实际困难，而不是简单地提供住房，对基础服务不闻不问。例如，在发展中国家的城市中，农村移民的数量已远远超出任何一个可以想象的住房预算所能提供的住房数量，安置一个新移民最好、最快的方法可能是留出一个地段作为特殊聚居地，或谓“公地”，提供土地，规划街道，提供给排水设施，预留公共用地和服务用地，将这一地区与城市的其他地区联系在一起，并向居住者提供技术、资金或其他方面的援助，以建设他们自己的住房。这个政策具有简化后期再发展工作的附加优势，并且，它并不预先确定提供城市住房是不是一项超出了贫困国家支付能力的高昂消费，或者对动态增长是不是有效的刺激。但有一点不断受到人们的重视，即以地方材

① 译自 Ekistics: Reviews on the Problems and Science of Human Settlements. Vol.33, No.197, P289 ～ 290.

料建造住房能够提供就业，激活地方储备用于住房建设，刺激面大量广的辅助产业的发展，而且不会对支出平衡造成过大的压力。

台劳斯之九，1971

问题：

1）无论在工业化国家还是正在进行现代化的国家，建设纪念性建筑的倾向造成了尺度的丧失；对人的需要和自然环境而言，均是如此。在某些地区，由于城市土地市场的不规范和地价暴涨，这种趋势更为明显。把巨大的高层建筑设计成办公楼，就像要扼杀城市的生命。作为公寓，它们甚至打破了传统的地方联系，把母亲和她年幼的子女们囚禁其中，使整个一代孩子本该丰富的生活陷于贫乏。这些高层建筑对第一批农村移民尤其不适合。作为另一种选择，通过制定公共政策，可以进行土地划拨、场地平整和自助建房。与之相比，高层建筑也显得过分昂贵。

2）在所有国家都有一些地区由于缺乏足够的资源，人们生活在条件恶劣的城市贫民窟中。在一些工业化国家，中心城市的大面积地区实际上遭到遗弃，而通货膨胀和错误的税收体系更是加剧了这种状况。由于无人居住，这些败落的房屋成为暴力和恐惧的巢穴。

3）城市和郊区的分离将使内城丧失居住就业功能和文化中心功能。只有将两者同时纳入大都市地区的决策，这种状况才能得到控制。

4）在郊区，住房建设与统一的社区发展毫不相干，要求提供分散的、昂贵的服务设施，并且浪费了大量土地。由于布局过于分散，以至于难以保护其间的开敞空间，也难以提供足够的游憩地。这些问题不只是目前工业化社会的现象，一些正处于现代化进程中的国家，在制定公共政策对其新城市周边地区的社区进行规划和改善时，也同样面临着诸如服务设施延展过长、工作机会较少以及存在蔓延发展的倾向等问题。

5）特别在以私人交通为主时，郊区与内城之间的联系往往过分优先考虑快速干道和道路交叉口，结果将使现有的地方社区遭到破坏，一些仍有利用价值的房屋也不能幸免于难。而对正在处于现代化进程中的国家而言，有机会设计出不具破坏性的多样化的交通系统。

6）在国家进行现代化的过程中，大批农村人口涌入城市，推动了城市的迅速生长，其增长速度在工业化早期达到了7% ~ 8%。它的巨大影响可以使一切化为乌有，除非我们为此付出极其巨大的和艰辛的努力。然而，对那些只能将2% ~ 3%的财政收入用于住房建设的国家而言，这种巨大和艰辛的努力是不可行的。

政策：

因此，我们提出下列政策，无论是其中之一，还是作为整体，都旨在为地球上正在增长的人口提供栖息之地。

1）政府必须自觉接受有关土地使用和土地市场调控的动态观念，并视其为自己的基本职责。所采取的措施可以是直接性的，如通过有偿征用、发放许可证和颁布标准等手段来实施调控；也可以是间接性的，如利用税收和补助等手段来实现。但无论措施是直接性的还是间接性的，它们都必须以保护土地为目的，同时，作为补偿，允许在设施配备齐全的人类聚居中开发建设受欢迎的住房。

2）政府应在建立富有创造性的、新形态的人类聚居中发挥先导作用，鼓励为建立平衡的人类社区而进行多种试验。建立这种鼓励机制是非常迫切的，在基本的生物学需要方面制定更多的政策规定也同样紧迫，包括用水、污水处理、未被污染的环境、空间、安全等。这些新要求不仅应写进法律条文，还要有实实在在的有效监督，包括自动监督设备，对违章进行严格处罚。

3）将更多的资源用于人类聚居是未来的普遍需要。而在那些主要以利率来调节需求的国家，这方面的需要则更为紧迫。但是，这些利率所产生的结果却难尽人意，因为住房与市政设施将首先因价格过高而难以为那些所谓的贫民所接受，而正是他们对此有着极大的需求。

4）在某些地区，由于经济困难往往难以立即进行许多大规模的建设，而市民们则有愿望并且有能力建设自己的家园，他们要求公共政策提供场地规划、配置公共设施，而将许多建设工作则留给市民自己。同时，向他们提供多种方式的援助，例如提供权利担保，或者向那些干劲十足的人低廉的抵押。

5）建议重新考虑是否将高层建筑用于家庭住宅，一些城市正在重新审视这一观点，我们表示欢迎。我们不排除那种可能性，即将这类建筑用来作为无子女或子女已成人家庭的住宅。也不否认，这类建筑在解决由于不可避免的城市密集所引起的各种问题时的有效性。但是，在建设高层建筑时，必须保证建筑内部不同楼层之间应当包括宽敞的通道，容量充足的电梯和公共设施，如天井、运动室、商店等。

6）有些国家，因其特殊的文化背景，对住居有着特别的要求，即希望两代或三代人能够共居，或者尽可能毗邻而居。在各种文化背景下，都应通过聚居方式来加强而不是削弱青年和老年之间的联系。

7）我们特别强调有必要保护现存的有价值的住房，各种财政调节政策完全能够实现这个目标；例如，鼓励开发单位在房屋的生命周期内对其进行维护，以保证质量，或者在住户保证对房屋进行自我维护的前提下向他们提供补助。在此我们特别强调住宅私有化程度的重要性，包括完全拥有房屋、有担保的长期租赁、住房合作社入股等，因为“建筑”可能成为人的尊严和个性的本质表露。

8）邻里应被看作是住区规划的一个基本单位，它们按照人的尺度建设，以满足人们直接的生物学需要和文化需要。在中心城市可以重建邻里；在许多集合城市，邻里从早期的村庄中存活下来，通过邻里建设，可以把不定型的蔓延集中成为社区群体；在小城镇和乡村地区，通过建设的类似的邻里中心，改善其环境，提供更多的工作机会，可以缓和由于人口迁移而造成的混乱，防止大量人口迅速涌向大城市。

9）同样对市民而言，住区的形态不应过于死板，也不应由外来的权威预先决定，以便为未来的发展和变化留下自由创造的余地。

社　会①

台劳斯宣言二、四、五、六、七、九

台劳斯之二，1964

国际经济和财政机构，特别是那些拥有相当规模的控制资金的机构，

① 译自 Ekistics: Reviews on the Problems and Science of Human Settlements. Vol.33, No.197, P303 ~ 305.

在其投资和技术援助战略中，应予城市化以更大的倾斜。迄今为止，城市化问题乃至包括住房问题，很少有根本没有引起人们的关注。必须纠正这种与现实不相称的状况，将更多的精力投入到制定有关的城市化政策中去。

国家政府和政府团体同样应尽力将城市化列为其国际援助计划的核心。在发展中国家，爆炸性的城市发展越来越使城市成为最糟糕、最令人绝望的人类贫困的集聚地。

台劳斯之四，1966

作为一种手段，公众决策未能跟上市民新需求的增长和变化。

1）有些问题与执法有关。某些问题是世界性的，但并没有一个有效的国际权力机构；有些问题与都市有关，但是国家、城市和地方分解了相关权力。新的需求与现行权力机构之间的不一致性引发了一个问题，即需要考虑是否有必要建立不同层次的新的政府机构。

2）区域功能分配不合理同样不是一个简单的问题。从本质上讲，在一个动态的社会中突发事件随时发生并且迅速变化；通过现行机制来应付这些变化是对有效的政府管理的持久挑战。在有些国家主要通过尽力调整现有的行政框架来适应新的形势；在其他国家则通过成立新机构，包括政府的、半公共的或私人机构来适应新的需求，一旦突发事件得到妥善处理，其中的某些机构就可以为通常的政府机构所吸纳，其余的继续作为自治机构。如果承认技术社会的动态特征，这些调整和反应就不可避免。然而，它们可能带来真正的危险，因为它们可能超出市民机构的控制和影响范围，从而削弱民主选择的进程。

3）政府管理方面的问题以及问题自身的复杂性共同削弱了地方自治政府的工作效率。在地方，由于经济利益和社会利益的驱动，常常使问题的解决难以符合广泛的社区或地方长期利益的要求。这些困难要求，市民更加宽泛地理解整个社会和人类的文脉，在这种文脉中，他们作出了自己的选择，并且更加自觉地参与民主进程。

台劳斯之五，1967

发达国家自身所拥有的资源并不稀缺，困难的是缺少一个富有远见的决策，即将更多的资源投入到城市方面。事实上这需要一个国家发挥更大的创造力，就像在国防和太空竞赛上所付出的努力和开销一样。只有这样，发达国家的民众才会乐于将现代技术设备、公众计划，以及在投资中的公私合作引入城市发展，在过去十年中，这种公私合作在有关国计民生的重要项目中发挥了不可或缺的作用。

但是，这种富足在发展中国家是罕见的。每年流入拉丁美洲的全部公共和私人投资，世界银行和所有地区银行在发展中地区的全部投资，还不及一些美国大财团在国内外10亿美元以上的年度投资。并且，直至目前，其中用于城市发展的更是少得可怜。因此，往往在需求量最大、需要最迫切的地方，可资利用的手段最少，并且也没有任何地方储备能够跟上已经超过其工农业基础的城市爆炸的速度。

通常，越过国境线便无慷慨和责任感可言。只有改变这种情形，社区内不正常的财富转移才能扩大到整个人类社会。因此，根据发达国家的财富规模和发展中国家的需求，富裕国家每年应至少将其1%的国民生产总值用于促进世界发展，作为财政资源的年度转移数量，这一比例原则上已为1964年联合国贸易和发展会议所采纳。

台劳斯之六，1968

五年前，在台劳斯，我们曾宣称："纵观历史，城市是人类文明和进步的摇篮。今天，它被极度地卷入了一场袭击整个人类的迄今为止最为深广的革命之中。"当时的紧迫感如今更为强烈，并且更为人们所认知。人类聚居的状况及其居住者的命运成为政府和政治家、法律和大学所关心的热点，大众传媒经常讨论的主题，以及回响在全球每一个角落的话题。现在我们认识到，必须更加重视这一进程以达到我们的目标。从生物发展和演进的过程中我们可以得到有益的启示。我们必须建立多种文化系统，将不断变化纳入到活生生的社会有机体中。线性规划必须为反馈系统所取代，"为谁规划"必须为"与谁规划"所取代，受现实条件束缚的目标必须为不断自我更新的未来过程所取代。针对那些束缚和危害人的城市设计，必须提供不同的体系以给人们选择的自由，对于那些限制和约束人的物质规划，则必须代之以恢复人的自由的物质规划，新的政府机构和社会机构将使每个人，包括生于城市的，新来到城市的，乃至还未出生的儿童，都能充分享有这种自由所带来的各种益处。但是，我们也必须认识到，在建设领域每天都可能作出数以千计的毫不相干的决定，它们将对未来产生深远的影响。我们希望，也必须建设道路、桥梁、港口、机场、数百人的城镇、数百万人的城市，必须为了人类及其生活，永不停息地建设。关心物质结构和关心人，两种观点的长久对立和沟通是问题的核心所在。

台劳斯之七，1969

现在的许多机构既不合理，又缺乏责任心。政治程序正在解体，致使各种集团采用超惯例的形式以示反抗。这种瓦解在历史上曾经发生过，根本的不同在于其规模已扩大到世界范围。当前我们必须决定是否保持、保护、变革或摧毁（或允许放弃）部分或多数作为社会标志的主要机构。在此过程中，我们不能仅限于现代工业化社会的机构，还要考虑世界不同地区具有文化多样性的家庭和社区的机构。这些机构同样需要有所改变，以使每个人在利用科学技术来完善自身的同时，能够使生命充满个性色彩。目前，各种类型的政治团体、最早的孤立村庄特征的人类聚居，与有关共同兴趣和特殊技能的世界性网络同时存在。

必须在民众中，在最小的社区中建立起责任感和参与意识，并与每一个更高层次的社区相联系，直至最高层的社区，使得每个人在决定资源分配和选择行动方式时都能够参与其中。在这一系统的不同层次之间必须有起始和反馈的过程，必须认识到，决策的覆盖面越广，技术专家参与其中对所采取的行动加以阐释就越重要。

台劳斯之九，1971

我们说，土地利用和城市区位等广泛问题属于最高层次政府的职责，这是一个基本原则；另一方面，有关邻里的决策应尽可能地由地方团体来决定，住房设计则应进一步由其中居民来决定。实际上，如此明确的责任分工在现实中是难以实现的。在这两个相对的政治极之间，不同层次所采取的行动都存在着种种问题。

1）公众普遍参与地方管理是保证社区充满活力的先决条件。但它不应成为一个造成分裂的特权机构，对城市社会的损失不负任何责任，拒绝不同阶层、不同文化、不同种族之间的交流。市民参与对于地方保证社区的活力和选择自由是至关重要的，但公众参与必须在一个能够保障广泛的公平与公正的原则框架下进行。

2）如果在都市层次上没有一个统一的决策，或得不到更高层政府的合理支持，大型集合城市内的城市政府将无能为力。

3）在社会的顶端，强有力的公共权威机构和相关的政治家们将独自保证制定并遵守国家政策和指导方针。在许多国家，现存的建筑和城市管理已不合时宜，需要进行彻底的改善。

4）在拥有大量乡村移民的地区，需要帮助新移民学会如何选择不同的城市生活方式。但是由于缺少城市教育和培训中心，移民们往往要经历痛苦的摸索而得不到任何有益的指导或选择。

联系网络①

台劳斯宣言四、七、八

台劳斯之四，1966

在某种意义上，现代人生活在大量同时并存又互相重叠的区域之中。通过便捷的通讯和速度日益提高的交通联系，越来越多的人在全球社会中漫游。就地方城市来说，它可以分为高密度地区，以及低密度地区。在高密度地区，每天（或在一天中的某段时间）都有数以千计的人摩肩接踵；而在低密度地区，许多人都在消磨时光，更有甚者，只是待在家里睡大觉。

高密度地区是权力机构的产物并满足其各种动机，但它经常受到交通和通讯堵塞的威胁；在城市中心汽车占用的空间日益增多，讯息需求量已超出中心接收器的额定负荷。低密度地区则苦于交通不便、隔远和贫困（例如，郊区闲散的家庭主妇所感受到的孤独，或是遥远的农业地区因缺乏必要的服务而造成的贫困）。但是，用以缓解这些矛盾的技术手段正在日益增加。我们可以建设新的交通系统，使所有用户拥有最大的选择自由和行动自由。

① 译自 Ekistics: Reviews on the Problems and Science of Human Settlements. Vol.33, No.197, P328 ~ 329.

台劳斯之七，1969

我们认识到，现在人类的环境就是整个地球。未出世的婴儿将是我们积极干预和保护人生的最大希望，儿童从出生日起就将在一个日渐全球化的环境中长大，所有的新闻都通过卫星传送。事实上，在这个相互交流的星球上，电视和无线电将对未来人们观念的形成有着决定性的意义。因此，在独立的城市系统内，在不同城市系统之间，在不同民族、文化、宗族和意识形态的团体之间，以及在不同国家之间，迫切需要采取行动，建立人口、信息、动力和物品的流通体系，并使之合理化。

我们可以利用人对种族团体、语言团体、城市地区以及国家的忠诚，来建设和维护小规模的社区，保持一种面对面的关系；可以利用像有线电视这样的技术发明，使地方决策制定即刻得到反馈。同时，覆盖全球的卫星电视系统能够将基本的科学思想和可能的人类共同目标传播到世界各地。当然这需要对上述系统进行技术的和社会的改进以完善其自治能力和秩序。

台劳斯之八，1970

网络不断扩展，相互联结，越过任何曾经分隔人类的物质和政治障碍，使世界上的货物更加公平地分配，使整个世界得到有序和平的发展。但是，国家、地区和种族特性的划分却使整个人类变得支离破碎，为这些网络的有效利用竖起了种种障碍。从国际上看，除了可行性、利益和国家权力以外，没有任何积极的或消极的约束力。

工程和科学技术的发展使网络建设成为可能，在此基础上建立起来的现代文明绵延、丰富了人类生活。网络系统间缺乏协调，既促发了城市扩张，又带来了城市崩溃。在许多情况下，它们拉大了国家内部、国家之间的贫富差距，导致那些重要的小规模社区的消失，而恰恰是在这些社区中，孩子们的创造力和人性才会得到充分的发展。网络未能克服决策者、获利者、纳税人之间权力和责任分离的缺憾。

交通设施走廊代表了一种类型的发展:它节约空间，为不断地更新提供条件，同时为不可预料的变革留有余地。现有的设计形式包括放射状的、树状的和网络状的，其中，网络状系统能够最大数量地提供平等的机会、选择的自由、点到点的运输，以及采用其他模式的灵活性，例如，混合使用自动公路和有人驾驶车辆双重模式体系，或者混合使用人行道和自动步行系统。

大型网络系统应被视为一种框架，在其内部不同类型的小型自我调节系统能够得到发展，它们适应于不同的地理条件、不同的技术水平、不同的地方目标。

网络是建设或毁坏城市的关键性因素，涉及巨额的资金、技能、教育和技术。它们构成了多数发展最为迅速的经济部门，并与其他极速扩张的行为密切相关。为发展技术先进的网络，我们必须在分配资源上予以优先考虑，并且增加资源数量，提高资源利用效率。

网络发展深深地影响着社区的规模和形态，后者又决定着人的行为。我们强调网络建设与合理的土地利用规划之间的互惠关系，以使它们能够补充、实现或替代运输、通讯和信息目标。

附录三

WSE计划提案[①]

——结合相关学科和专业的人类聚居学教育模型

1. 摘要

这是世界人类聚居学协会（WSE）成员在第三协会上提出的一项计划，它基于以往和当前的教学案例，试图提出能够在与人类聚居学有关的学科和专业之间实施的模型。这项提案的目的在于解决“在我们的学科中应该如何着手进行人类聚居学教育”这一问题。基本想法是，为了繁荣人类聚居学教育，WSE应该通过案例研究来确立领导地位。本文以新西兰奥克兰大学规划系目前的一项初步研究为例，抛砖引玉。

2. 导言

本文的目标是建议WSE采纳一项人类聚居学教育计划。这项计划将最大可能地涵盖WSE第三协会在全世界的会员。通过人类聚居学杂志1988年1月至6月的三期合刊P329 ~ 330的介绍，可知WSE关注人类聚居学教育已有12年了。在那之前，WSE已把教育问题列入1972年联合国Stokholm环境会议的筹备工作中（WSE,1971）。

WSE1971与1988年的建议[②]

1971年建议
- 在社会上创造一种关于人与环境之间相互关系的舆论氛围
- 在大学教育中引入人类聚居学思想——尤其是在专业学校
- 在正规教育中涵盖真实的生活经历
- 免除专业实践中的“束缚要求”

1988年建议（特别关注持续的专业教育）
- 激励现在的专业人士在思想和行动上更具有创新精神
- 应对专业工作环境前后关系的变化
- 质疑把教育视为令个人满足工作需要的工具的情形

---

① 新西兰奥克兰大学规划系Tom W. Fookes博士提出。

② 引自Fookes 1988, P4 ~ 10。

对这项计划更进一步的指导方针来自“未来的世界城市：国际城市设计竞赛”报告（Rapoport，Ollswang和Witzling，1995）。在对竞赛参加者考察基础上作出的解说中对竞赛的推论，直接认为：

似乎不存在知识的和专业的论坛、讨论或计划，来特别引导对未来城市综合目标和渴望的讨论和发表……（P247）

通过观察发现，问题不仅仅是这个，而且还缺乏激励人们“对城市未来长远决策进行思考”的机会（更谈不上从总体上考虑城市问题了）。另一个显著的问题是需要有一个参与人居环境研究的学科范围，结合对“参与城市研究的在规划或建筑学科中培养起来的学者和理论家”的恰当的考察，认为：

他们的工作很少与日益突出的、从心理学、社会学、文化、生态和其他方面对城市进行的研究相关。这样的结果是学术环境的记录存在某些缺陷……（他们）需要回答这样一个问题，即他们究竟是引导学生面对关于城市未来的经济、社会、文化、政治和其他的真相，抑或只是传播他们个人的价值观和目标。

这些考察建议，我们应该在工作中采用某种目标来解决这些问题，遵循如下规则：

提出一个通过人类聚居学的学习方向，引导学生确立对城市未来的综合目标和渴望，考虑经济、社会、文化、政治和其他的相关因素。

3. 计划提案

3.1 发起

建议这个计划以WSE的名义提出，由大学和其他第三协会的参加者直接赞助。赞助可以通过人员参与和其他不仅只是单独的经济支持的方式进行。赞助将被WSE在其计划文件的公开发表物上予以承认。

3.2 计划目标

这项计划的总体目标就是超越学科和专业界限，集合一些教学案例或模型，回答如下问题，“在我们的学科中应该如何着手进行人类聚居学教育”。基本的想法是，如果要繁荣人类聚居学教育，WSE应该通过案例研究来确立领导地位。

3.3 时间表

WSE文件的草稿应该在WSE2001年6月的年会之前准备好。这个文件将在2001年7月11 ~ 15日于上海举行的世界规划院校会议（ACSP, AESOP,APSA,ANZAPS）上提出。

4. 目标

论证人类聚居学科的组织、学习目标和内容；

提供最大限度地覆盖WSE成员的学科和专业范围的案例或模型；

发表案例以鼓励第三协会在它们的课程中增加人类聚居学教育。

5. 课程模型的实例

为了阐明一系列学科（比如规划，建筑学，工程学，社区卫生，政策科学等）的发展模型的样式，新西兰的奥克兰大学在规划学士的要求中安排了一门题为“聚居规划”的课程。这门课程在2000年下半年进行了试验，还会进行某些调整。比如，目前既存的课程安排，将会调试得更直接与课程的定位相关。这些攻读规划学士学位的学生在第一年学习了一门关于规划的起源、历史、经典思想/理论，以及关键因素的综合课程。那个规划的入门课程引导出这门第二年的课程。

5.1 课程安排（来自学校的2000年校历）

国家，区域，乡村，城市和海岸发展和规划体系。

5.2 学习目标

1）理解当在国家、区域、乡村、城市和海岸发展和规划体系的上下文关系中，处理人居规划问题时，整体地（或人类聚居学地）思考的含义。

通过运用人类聚居学（人类聚居的问题和科学）这个词，以及相关的“人类聚居学地思考”的观念，向学生们介绍人类聚居问题，把它作为一种复杂的、在对其进行分析和行动时需要整体思维的现象来介绍。人类聚居学被用作本文这个部分的基础，是因为它能够对人类聚居的历史和规划提供一种整体哲学。它还提供一种有用的长达30年的经验，显示了规划思想的演进，强调说明规划在与当前和未来相连的同时，还必须与过去相联系。除了引用

C.A.道萨迪亚斯与其同事和朋友在1960至70年代提出的人类聚居学理论之外，也利用从人类聚居学实践整理出来的文本的案例研究（比如，底特律城市地区研究:道萨迪亚斯合伙人1967 ~ 70）。在建立人类聚居学和“人类聚居学地思考”的原则之后，通过人类宇宙模型来表述本课程的平衡，讨论该模型的构造涉及国家、区域、乡村、城市和沿海发展和规划体系。

2）理解影响人类聚居的因素的改变（即增长和衰退），以及在规划中区域、亚区域和社区的地位，结合可持续发展社区的原则。

该目标试图拟定（a）人类聚居理论和框架，（b）可持续社区的原则，可辨识影响人居变化的因素的概念的结构和模型。通过重点关注模型的发展，可以达成对影响人居变化及其内部关系的因素的理解。这第二个目标拓展了对人居，以及来自第一个目标影响它们的动力的理解。第一学期的研讨课程，为达成奥克兰市的适于居住的、可持续社区，准备了背景资料，它将为这项工作提供参考/基准。

3）比较人居规划方法，以适合于一系列人居变化的场景。

引用的案例研究来自不同的空间尺度，比如奥克兰区域发展政策（1999），奥克兰市和Waitakere市的适于居住/可持续社区（1997 ~ 2000）的案例，评论把案例研究当作人居规划方法的基础实例的理论模型。这个目标将通过一系列包括团队工作和评论的工作室会议来实现。

第三个目标反过来与第一和第二个目标相联系，它们的整合框架的观念，比如人类宇宙模型，都以最初的“人类聚居学地思考”为基础。这些理解贯穿于评论中对场景的运用，以及在以前的课程规定范围内提出不同方法的过程中所有支持有效规划实践的概念。

6. 文件和参考读物

为课程准备了三组关于人类聚居学理论和实践的资料作为参考读物。第一组是选自人类聚居学杂志的一些文章，包括精选的1965年至今C.A.道萨迪亚斯及其他作者的文章；第二组是来自三卷的城市区域的崛起和发展——发展中的底特律城市地区的摘录。摘录来源于第二卷的第一部分（第一、二章）；第三组是来自人类聚居学杂志的一些文章，关于分析框架和人类聚居实践。除此之外，建筑图书馆还收藏有1964年以来的《人类聚居学》杂志。参考读物的目录附于下文。

6.1 文件组织

这门关于人居规划的课程起源于对一些主要概念和思想的考察，并支持这种作为思索历程的考察。从概念开始，就可以继续了解关于人类聚居和聚居规划，理解人们的思考过程，以及从思考过程中涌现出来的想法的重要性。

1）范式和世界观——及其在人居规划中的地位

我把"范式"简单地定义为"接近某种科学的观点"，"世界观"是"整体地看待和组织真相的方法"（Restivo, 1991,P3）。人们"看待"一门学科——比如聚居规划——的方法，反映出大量以前的经验和教育。对于一门学科的外行而言，他们所感受到的最大的影响来自各种经验的混合：包括好的经验和坏的经验（包括他们自己的，还有别人的经验）。课程的这个部分开始于把这种主张视为一种方法引入我们构筑对于世界的看法和模型，以及事物如何运转的想法。关于范式和世界观概念的一个明显的实例是C.A.道萨迪亚斯的思想和他提出的《人类聚居学》（参考第一组参考读物）。另外还有最近关于可持续发展和可持续城市的观念（Satterthwaite，David（ed.）1999：地球扫描文摘，关于可持续城市，地球扫描）。讲稿的提纲如下：

——术语学和定义解释

——人类聚居学地思考是什么

——可持续发展是什么

2）聚居规划中的空间层次和尺度的地位

人们及其聚居地在空间上被划分的方式，以及其中所反映出来的人类聚居的尺度范围，构成了聚居规划的一个主要部分。它还是一个在范式和世界观的介绍中的概念基础的实例。规划师们运用许多方法来组织他们的知识，而层次和尺度是其中两个基本的观念。这个部分的实例来自《人类聚居学》（参考读物第一、二组）。讲稿的提纲是：

——传统空间的分类：全球的、国家的、区域的、城市/市区的、社区的

——人类聚居单位

——管理单位和管治

3）运用的案例

① 人类宇宙模型

② 底特律市区（UDA）

③ 城市的容量

这三个案例研究的工作中运用聚居规划课程的A部分中所解释的观点。这三个介绍是为了阐明和结合课程在这个部分中所提出的原则。人类－宇宙模型表明了世界观和范式的观念，同时强调区分层次和尺度的方法可被用作整理自己思想的体系。底特律市区（UDA）的研究表明，区分层次和尺度的做法能够支持一种聚居规划的方法。提高城市容量的过程被用来阐明，在更广泛的城市可持续发展的背景下，如何用前述的一系列思想来创造一种评价聚居规划的框架。

6.2 影响聚居变化的因素

在A部分介绍了一些适用于聚居规划的重要概念基础。在B部分的讨论将转向理解影响聚居变化的因素。在这一阶段介绍变化的观念的原因是，这种现象（和过程）同样也是聚居规划的基础。如果你首先不了解规划是对变化及随之而来的不确定性的反应，其次，也不理解影响这变化的因素，则你便不具备参与任何规划的条件。简而言之，这是理解人类聚居为何以及如何运作的一个重要的步骤。一旦理解了这个问题，我们就可以开始讨论规划的方法了。

1）影响的因素是什么？

介绍影响聚居变化的因素（动力）的原因是，准备聚居规划需要了解聚居为何以及是如何建立和变化的（增长和衰退）。这个题目还可以提供对来自地理到社会、经济、文化的影响的分析，并阐明它们之间的相互作用。

2）各种因素会影响哪个空间层次？

对该题目更深入的研究，是把它与尺度和聚居在空间层次中的地位相联系。从洲际的层次观察各种因素和动力对聚居的影响，与从城市区域或地方社区的层次观察，其结果是非常不同的。

3）理解各种因素及其相互作用。我们能否发现整体？

最后，整体的观点（也就是“整体大于局部之和”）使得对各种因素之间关系、各种因素的不同分量，以及这些关系的未知结果的分析成为可能。

6.3　聚居规划方法（以工作室为基础的行动）

通过对一系列不同情形下聚居规划方法的研究，C部分重点关注实践，以及规划在聚居的不同层次和尺度的变化。

1）通过案例分析比较聚居规划方法

工作室的工作分成小组，根据规划类型的不同，使用不同的规划方法（比如，区域政策；结构；适于居住的社区等）。案例分析的标准是由课程确定的。

2）这些方法的理论意义是什么?

为了建立规划分析的标准，在每种方法后面都有理论分析。

3）这些方法的优缺点是什么?

选择一些聚居规划方法和结果进行评价和分析。

4）对既存的规划方法，是否有其他更好的方法?

通过一个综合训练（在一个单独的小组或班级的规模水平）就会有机会建立替代方案。

6.4　课程的附加部分

1）现场考察：用一整天的时间勘察奥克兰大城市区从城市中心区到城市周边区的一个城区。现场考察的目的是以实例说明在一个约100万人口的大城市不同区域外观上的差别，搜寻该城市目前发展明显存在的主要问题以及如何从它的历史中发展而来。这将同“规划的物理和社会基层结构”联系起来。

2）指导课（下半学期）:让一名事前在沙特阿拉伯与道萨迪亚斯合伙人事务所合作过的教师上三堂为时一小时的课，讲述人类聚居学理论在聚居实践中的具体运用。这名教师将用他的工作实例和他运用人类聚居学的经验，来阐明人类聚居学的概念在他所讲述的实践工作中是如何表现出来的。这些指导课组成下半学期工作室学习形式的部分内容。

6.5　读物的内容

这门课有三种读物，形成一个关于以前发表过的人类聚居学的系列读物，这些读物的主要内容有:

第一种：人类聚居学理论和实践

1）由道萨迪亚斯选择的工程实例

* 个人影响和目标
* 对人类聚居科学的需求
* 实施的方法论
* 人类聚居学原则：生活质量
* 人类宇宙模型

2）综合

* 人类聚居学:关于人类居住的科学
* 结构和形式的聚居学综合
* 如何建立我们需要的城市
* 1972雅典人类聚居学月:人类聚居学203的内容
* 为了人类发展的城市:18条假设
* 人类聚居学的实施

只需阅读部分内容，如人类聚居学课题、人类聚居学的问题、人类聚居学的目的、人类宇宙模型/UDA案例研究等。

第二种：一个城市区域的萌芽与成长——底特律城区的发展

（实际上只来自三卷道萨迪亚斯合伙人事务所报告）

第三种：人类聚居的分析框架和实践

1）人类聚居的分析框架

* 人类聚居元素
* 城市网络的实施方法
* 交通与城市
* 1972年雅典人类聚居月论文选
* 人类聚居单元
* 城市不是树（Alexander）
* 分层重建（Platt）
* 两种规模的规划:C.A.道萨迪亚斯的工作（Keller）
* 特大城市（Papaioannou）

* 大城市的合并：中西部案例研究（Culter）
* 走向世界都市
* 世界都市（Papaioannou）
* 人类社区（HUCO）
* HUCO：雅典的人类社区
* 住宅组团
* 讨论总结

2）道萨迪亚斯的实践和相关的读物（作为对底特律城市研究项目单项读物的附加）：

* 人类高密度住宅的设计标准（Tao Ho）
* 瑞士城市发展策略：多中心城市网络（Ringli）
* Iwitiniopolis：过去和未来的城区（Rae）
* 加拿大作为一个城市系统：一个概念性的框架（Simmons）
* 人类聚居的生态系统模型（Nelson, Hakim, Cott）
* 满足人类需求的设计（Dee等）
* 风景园林规划的理论和实践框架（Steinitz）
* 能建成可工作的城市吗？（Ward）
* 城镇规划1945 ~ 1980：规划概览初探（Albers, Papageorgiou Venetas）
* 城镇和乡村从底层的发展：十年的形成范例（Knesl）

7. 建议

对世界人类聚居学协会总集会有如下建议：

1）请求大会执行委员会采纳建议书"将有贡献的学科和专业树立为人类聚居教育典型"

并同意：

2）向2001年总集会大会提交的项目报告草稿

3）如果大会讨论通过，项目报告将在2001年7月11 ~ 15日在上海举行的世界规划院校大会（ACSP, AESOP, APSA, ANZAPS）上汇报。

参考文献

1. C. A. Doxiadis. Action for Human Settlements. Athens Publishing Center, 1975
2. C. A. Doxiadis. Architecture in Transition. Hutchinson of London, 1963
3. C. A. Doxiadis. Athropopolis: City for Human Development. Athens Publishing Center, 1975
4. C. A. Doxiadis. Building Entopia. Athens Publishing Center, 1975
5. C. A. Doxiadis. Ecology and Ekistics. Elek Books Ltd., 1977
6. C.A. Doxiadis. Ecumenopolis: the Inevitable City of the Future. Athens Publishing Center, 1975
7. C. A. Doxiadis. Ekistics: An Introduction to the Science of Human Settlements
8. C. A. Doxiadis. Islamabad, the Construction of a New Capital. City Planning Review, 1965（4）
9. C. A. Doxiadis. On Liner City. Urban Planning Review, 1967（4）
10. C. A. Doxiadis. We Need a Great Revolution. Ekistics 1974， Vol. 37
11. C. Alexander. The City is Not a Tree
12. C. Alexander. Theorizing a New Agenda for Architecture
13. C. Bauer. Modern Housing. Boston and New York: Houghton Mifflin Company, 1934
14. C.A. Doxiadis. Emergence and Growth of an Urban Region, Vol 1, Vol 2 .
15. Cliff Hague. The Development of Planning Thought–A Critical Perspective. Hutehinson, 1984
16. D. Freichel. 申福祥译．跨学科的工程师教育——技术、沟通和管理系统集成．工业工程管理．1998（5）
17. E. Ehrenkrantz, O. Tanner. The Remarkable Dr. Doxiadis. Arch. Form, 1965（5）
18. Ekistics, 1964（10）
19. Ekistics, 1965（1）
20. Ekistics, 1965（10）
21. Ekistics, 1967（12）
22. Ekistics, 1967（8）
23. Ekistics, 1974（12）
24. Erich Jantsch. A Systems Approach to Education and Innovation. Inter and Trans–disciplinary University .
25. F. 佩鲁．新发展观．华夏出版社，1987
26. Frederic J. Osborn, Arnold Whittich. New Towns: their origin, achievement and progress. 1977
27. G. Chadwick. A Systems View of Planning. Pergamon, 1971
28. J. B. Mloughlin. Urban and Regional Planning: A Systems Approach. Faber, 1969
29. J. Ockman. Architecture Culture 1943–1968: A Documentary Anthology. Columbia Books of Architecture
30. K. Frampton. 千年七题：一个不适时的宣言．国际建协第 20 届世界建筑师大会会议报告．1999
31. L. Mumford. The City in History, its Origins, its transformations, and its prospects. London: Secker & Warburg, 1963
32. M. C. Branch. Planning: Aspect and Applications. 1967
33. M. Cole. Eastwick Revisited. Ekistics, 1985（5/6）
34. P. Psomopoulos. The Apollonian in Attica: A Bricklayer's Dream. Ekistics, 1985（5/6）.
35. Peter G. Rowe, Modernity and Housing. The MIT Press
36. Peter Hall， Colin Ward. Sociable Cities, the Legacy of Ebenezer Howard. John Wiley &

Sons, 1998
37. Peter Hall. 1946 ~ 1996 From New Town to Sustainable Social City. T&CP November 1996
38. Peter Hall. 世界大城市．中国建筑工业出版社，1982
39. R. L. Meier. Islamabad is Already Twenty-five. Ekistics, 1985（5/6）
40. Robert W. Burchele, George Sternlieb. Planning Theory in the 1980's-A Search for Future Directions. Center for Urban Policy Research, 1978
41. T. S. Kuhn. The Structure of Scientific Revolution. Chicago: University of Chicago Press, 1970
42. 贝塔朗菲．林京义魏宏森译．一般系统论．清华大学出版社，1987.
43. 蔡元培．论科学与技术．河北科学出版社，1985
44. 成思危．试论科学的融合．复杂性科学探索．民主与建设出版社，1993
45. 黄鼎成，王毅，康晓光．人与自然关系导论．湖北科学技术出版社，1997
46. 卡普拉著．卫飒英等译．转折点－科学·社会和正在兴起的文化．四川科学技术出版社，1988
47. 拉卡托斯．科学研究纲领方法论．上海译文出版社，1986.
48. 李政道．展望 21 世纪的科学发展前景．吉林人民出版社，1998
49. 马丁等．全球化的陷阱．中央编译出版社，1998
50. 闵应华．计算科学的回顾与前瞻．自然科学进展，Vol. 10, No. 10， 2000
51. 普利高津．确定性的终极－实践混沌与自然法则．上海科技教育出版社，1998
52. 钱学森．一个科学新领域－开放的复杂巨系统及其方法论．自然杂志，Vol. 13, NO.1, 1981
53. 钱学森等．地理科学．浙江教育出版社，1994
54. 让・保罗・拉卡兹．高煜译 城市规划方法．商务印书馆，1996
55. 王绍增．必也正名乎－再认 LA 的中译名问题．中国园林，1999（6）
56. 王晓俊 .Landscape Architecture 是“景观 / 风景建筑学”吗？．中国园林，1999（6）
57. 吴传钧．论地理学的研究核心－人地关系地域系统．经济地理，Vol. 11, 1991（3）
58. 吴传钧．面向 21 世纪的中国地理科学．上海教育出版社，1997
59. 吴良镛，周干峙，林志群编著．我国建设事业的今天和明天．中国城市出版社，1993
60. 吴良镛．“人类聚居学”与“人居环境科学”．中国建筑工业出版社，1999
61. 吴良镛．北京旧城与菊儿胡同．中国建筑工业出版社，1996
62. 吴良镛．城市规划设计论文集．燕山出版社，1988.
63. 吴良镛．创造我国人居环境的新景象．建筑学报，1990（8）
64. 吴良镛．滇西北人居环境（含国家公园）可持续发展规划研究．科技导报，2000（8）
65. 吴良镛．关于北京市旧城控制性详细规划的若干意见．城市规划，1998（2）
66. 吴良镛．广义建筑学．清华大学出版社，1989
67. 吴良镛．世纪之交的凝思：建筑学的未来．清华大学出版社，1999
68. 吴良镛．城市研究论文集．中国建筑工业出版社，1996
69. 吴良镛等．发达地区城市化进程中建筑环境的保护与发展．中国建筑工业出版社，1999
70. 张兵．城市规划实效论．中国人民大学出版社，1998
71. “中等城市和世界城市化”文件．国际建协，1999
72. 中国大百科全书・环境科学．中国大百科全书出版社，1983
73. 周干峙．城市及其区域——一个开放的特殊复杂的巨系统．城市规划，1997（2）
74. 朱启钤．中国营造学社开会讲辞．学刊，Vol. 2

后 记

（一）

《人居环境科学导论》一书主要探讨中国人居环境发展的道路。中国幅员辽阔，历史悠久，城市发展类型多样。50年来，中国城乡建设成就斐然，面对当前举国上下的浩大建设，加之近20多年来社会经济转型，城市化发展速度加快，人居环境建设繁荣。差不多一个世纪来，西方城市规划等学科经历了不同发展阶段，其内容已经很丰富，也达到了相当的深度，这无疑成为中国城市发展理论与方法的基础，但它不可能为我们提供现成的答案。而我们现行的规划理论、方法、法制、程序等对解决急剧发展中的现实问题已难全然适应。当然这不是说我们现行的一切、所有的理论与方法一无是处，而是迫切需要的是提高规划设计的科学水平。探索有中国特色的人居环境建设道路。

当代科学前沿交叉、融合和一体化的进程在加速，对整体性的研究和复杂性科学的崛起集中地体现了这种新的思维方式，代表了一种新方向，也是解决经济、社会与管理中的困惑、推进可持续发展战略的希望所在。本书即吸取现代科学综合、集成、走向大科学等思想，建立了人居环境科学的概念，探索处理复杂巨系统的方法，落实到人居环境规划设计中，并提出相应的人居环境教育思想。

这些思想、认识的得来也不是一蹴而就的，可以说是我近20年来从事人居环境科学研究的简要回顾与初步总结。长时期来，在许多场合下，我并不愿意谈我自己如何如何，这次则不一样，有时似乎在与人对话、促膝而谈，其目的在于通过切身的认识过程，展望将来，以期与读者更好地交流。关于人居环境研究尚处于起步阶段，本书离人居环境科学导论的目标还很远，我也曾犹豫过是否急于出版，但最后还是用此书名，作为人居环境研究的倡议书，提供讨论框架。特别是，本书第一部分的第二章“人居环境科学基本框架构想”、第四章“人居环境规划与设计论——复杂体系中设计理念的探索”等凝聚了远非成熟的思绪，深望引起讨论、得到指教。

（二）

需要指出，本书形成今天这个样子，曾经过了一段堪称漫长的演进过程。20世纪80年代中期，我们一些城市规划和关心此事的理论者一度热衷于“城市学”的提倡与建设，我当时认为希腊之道萨迪亚斯在20世纪

60～70年代所提倡的“人类聚居学”已做了不少工作，很值得加以介绍，于是1985年指导建筑与城市研究所章肖明同志写成硕士论文《道萨迪亚斯与人类聚居学》，这是根据当时所掌握的材料，在我国第一次对道氏学说进行探讨，原希望他能将该论文展拓成书出版，因他负笈美国而未能实现。本书第二部分的定稿是在章肖明论文的基础上，根据后来陆续收集的材料，进一步由武廷海、刘健、梁伟、林文棋等博士研究生充实改写而成的，并将此稿送章肖明博士过目。

关于道氏的学术见解我在第一部分中已略加阐述，并在第二部分进行了全面介绍，从中可以较为完整地理解他的学术见解。他谢世已经25年多了，他的学术理论与实践是从二战后到他逝世前的30年间的工作。我们知道，二战以后城市规划思想活跃澎湃，但道萨迪亚斯独具慧眼，观察到城市正处于危机之中，于是另辟蹊径，整体地思考人类聚居问题。当然从他的文章中不免看到他理想主义的色彩，但这并不能忽视他对历史、理论分析的逻辑与基于现实发展的推论，即以“城市洲”与“普世城”理论为例观察近20年来西欧城市连绵带（北至荷兰、德国，南到意大利北部直至沿地中海北岸的西班牙）、中国东部沿海城市群（长江、珠江三角洲等沿海城市群）的形成及其可预见的发展，我们不能不感叹他的远见卓识。

第二部分中在介绍《为人类聚居而行动》一书时，还记载了道氏曾作为发起人之一而准备向1976年联合国人类住区大会递交的12条建议。可以认为这是一份高瞻远瞩的、促进人类聚居环境行动的宣言书，可惜他不能亲眼见到1976年6月温哥华会议的召开。在该届大会上，当时的世界人居环境学会主席富勒（B. Fuller）先生将道氏5本红皮著作奉献给大会，并作了意义深远的讲演。

说到在道氏倡导下的雅典人类聚居学研究中心的创立，还不能不提到世界人居环境学会（World Society of Ekistics）与1963年在台劳斯举行的（直到1973年才停止）、每年一度的人类聚居问题的国际讨论会，以及著名的《台劳斯宣言》。它对奠定人居环境学说起了很大作用。《台劳斯宣言》对城市规划学来说其价值一点也不亚于著名的《雅典宪章》，是有关人居环境学说的一部重要文献。该文件是经《人居环境（Ekistics）》杂志将历次会议宣言，分“绪论”“自然”“人”“建筑”“社会”“联系网络”——人居环境学五大基本要素重新加以编纂。除道氏本人外，当时还集中了不少不同专业的知名代表人物的思想观点，可以说极一时之盛，希望我国学者对此予以关注。《台劳斯宣言》由武廷海博士翻译，刘健同志校对，附于篇末以供参考。

（三）

本书的第一部分原本是为“人类聚居学”写的一篇书序，写完后一发而不可收，经不断扩写而成，金鹰博士归国余暇阅读后，建议列于篇首，遂成现在这个样子。近年来，由于我的工作芜杂，时受干扰，写作过程中夙兴夜寐，时断时续，苦不自拔。武廷海同志是这些初稿的第一个阅读者和评论者，并承他协助，我数易其稿。在我们这个集体里，关心本书的还有吴唯佳、毛其智、左川、朱文一、尹稚、张杰、宋晔皓、王英以及于海漪同志等，秦佑国院长也曾仔细审阅，他们都先后参加了有关本书的讨论，提出了中肯的意见，至以为感。在当今浮躁的社会风气下，能有这样的一个集体有志于学、矢志于道，是难能可贵的。在当前“万里城起百事兴”的大好形势下，对呈现的问题，时又不免杞人之忧，居安思危，往哲所训，我亦情不能已，畅述所怀。

本书前两部分相比，道氏学说有完整的思想体系，旨在将人居环境学构架成一种相对完整的科学；而我则重在结合中国情况、学术理论基础，立足于现实进行立论。人居环境科学的提出还是提倡以多学科、融贯的综合研究为第一步。近年来我们做过不少课题和项目研究，从总体上看，都可以归结到人居环境这样一个整体概念上来。人居环境科学体系既已初步建立，我们即可以结合不同领域，更为自觉地进行探索和实践，以期较快地发展起来，有助于在不同程度上引导我们走向系统的、科学的道路。

（四）

目前，尽管我们仍面临着艰巨的责任和重重困扰（包括如何处理公众的现实要求、长远的利益、领导意志、科学规律等等），前进的道路仍然崎岖，但前景已不再朦胧，一些新的思想的嫩芽在萌现，我们的园地呈现一片生机。人居环境科学思想激励我们要振奋精神发挥创造。针对15世纪下半叶的社会变革，即伟大的文艺复兴时代，恩格斯在《自然辩证法》中曾经指出：**“这是一次人类从来没有经历过的最伟大的、进步的变革，是一个需要巨人而且产生了巨人——在思维能力、热情和性格方面，在多才多艺和学识渊博方面的巨人的时代”，“差不多没有一个著名的人物……不在好几个专业上放射出光芒”，“他们的特征是他们几乎全都处在时代运动中”**。在面临世纪之交、剧烈变革的今天，我们面临“城市规划的第四个春天”。在这里，我们要意气风发地期待中国科学文化的“文艺复兴”。作为建筑师、城市规划师与城市研究工作者，我们自审难与“巨人”同日而语，但是都要努力向历史上的“巨人”学习，融汇个人的微小的智慧，组成"巨人"的集体，履行"巨人"的使命。正因如此，我们要严格地要求自己，不仅要有科学家、艺术家的素质，而且要加强品德修养:即为人民的服务精神、勤奋学习的敬业精神、勇于试验的科学精神、勇往直前的开拓精神。人居环境科学本身就是一个开放的体系，期待着志同道合的科学工作者（称之为"科学共同体"）协同工作，在新的世纪里，将中国人居环境建设事业创造性地推向前进!

（五）

在本书即将付梓之际，感谢来自各方面的鼓励与协助:

谨对希腊人类聚居学会、世界人居环境学会（WSE）以及秘书长索摩波罗斯（P. C. Psomopoulos）先生等多位志同道合之士的指教表示感谢。正是他们多次提供相关资料，使本书逐步充实。

谨对国家自然科学基金会等对中国人居环境科学探索的支持和赞助表示感谢。特别是先后云南、西安、广州、重庆四次讨论会，对人居环境科学研究的启动有很好的推动，对清华大学、云南大学"人居环境理论与典型案例研究"的重点课题的资助，使得它的研究能够进入正轨。

谨对联合国人居中心、建设部以及北京信息办公室的同道们的关心与支持表示感谢。

书成，愈发思念在1983至1993年十年来共同从事人居环境之研究的林志群教授，谨以此书作为香花敬献君前，惜无法聆听君之宏论矣。

清华大学人居环境科学研究中心

建筑与城市研究所

2001年2月